国家出版基金项目
NATIONAL PUBLICATION FOUNDATION

U0062765

"十四五"时期国家重点出版物出版专项规划项目

密码理论与技术丛书

非线性序列

戚文峰 田 甜 徐 洪 郑群雄 著

密码科学技术全国重点实验室资助

科学出版社

北 京

内 容 简 介

本书介绍基于密码应用的三类非线性序列，内容包括三部分. 第一部分是整数剩余类环上导出序列，主要介绍环上线性递归序列基础理论、本原序列的权位压缩导出序列的保熵性和模 2 压缩导出序列的保熵性；第二部分是带进位反馈移位寄存器 (FCSR) 序列，主要介绍 FCSR 序列算术表示、有理逼近算法和极大周期 FCSR 序列的密码性质；第三部分是非线性反馈移位寄存器 (NFSR) 序列，主要介绍 NFSR 序列簇的线性结构、NFSR 串联结构分解、环状串联结构分析、Galois NFSR 的非奇异性等.

本书可供数学、密码学、通信等专业的大学高年级本科生、研究生、教师和有关科研工作者学习参考.

图书在版编目（CIP）数据

非线性序列/戚文峰等著. —北京: 科学出版社, 2024.1

（密码理论与技术丛书）

国家出版基金项目 "十四五"时期国家重点出版物出版专项规划项目

ISBN 978-7-03-076898-8

I. ①非… II. ①戚… III. ①非线性-序列 IV. ①O17

中国国家版本馆 CIP 数据核字（2023）第 215481 号

责任编辑：李静科 李 萍／责任校对：杨聪敏
责任印制：张 伟／封面设计：无极书装

科学出版社 出版
北京东黄城根北街 16 号
邮政编码：100717
http://www.sciencep.com

北京建宏印刷有限公司 印刷
科学出版社发行 各地新华书店经销

*

2024 年 1 月第 一 版 开本：720×1000 B5
2024 年 1 月第一次印刷 印张：18 3/4
字数：370 000
定价：118.00 元
（如有印装质量问题，我社负责调换）

"密码理论与技术丛书" 序

　　随着全球进入信息化时代, 信息技术的飞速发展与广泛应用, 物理世界和信息世界越来越紧密地交织在一起, 不断引发新的网络与信息安全问题, 这些安全问题直接关乎国家安全、经济发展、社会稳定和个人隐私. 密码技术寻找到了前所未有的用武之地, 成为解决网络与信息安全问题最成熟、最可靠、最有效的核心技术手段, 可提供机密性、完整性、不可否认性、可用性和可控性等一系列重要安全服务, 实现数据加密、身份鉴别、访问控制、授权管理和责任认定等一系列重要安全机制.

　　与此同时, 随着数字经济、信息化的深入推进, 网络空间对抗日趋激烈, 新兴信息技术的快速发展和应用也促进了密码技术的不断创新. 一方面, 量子计算等新型计算技术的快速发展给传统密码技术带来了严重的安全挑战, 促进了抗量子密码技术等前沿密码技术的创新发展. 另一方面, 大数据、云计算、移动通信、区块链、物联网、人工智能等新应用层出不穷、方兴未艾, 提出了更多更新的密码应用需求, 催生了大量的新型密码技术.

　　为了进一步推动我国密码理论与技术创新发展和进步, 促进密码理论与技术高水平创新人才培养, 展现密码理论与技术最新创新研究成果, 科学出版社推出了 "密码理论与技术丛书", 该丛书覆盖密码学科基础、密码理论、密码技术和密码应用等四个层面的内容.

　　"密码理论与技术丛书" 坚持 "成熟一本, 出版一本" 的基本原则, 希望每一本都能成为经典范本. 近五年拟出版的内容既包括同态密码、属性密码、格密码、区块链密码、可搜索密码等前沿密码技术, 也包括密钥管理、安全认证、侧信道攻击与防御等实用密码技术, 同时还包括安全多方计算、密码函数、非线性序列等经典密码理论. 该丛书既注重密码基础理论研究, 又强调密码前沿技术应用; 既对已有密码理论与技术进行系统论述, 又紧密跟踪世界前沿密码理论与技术, 并科学设想未来发展前景.

　　"密码理论与技术丛书" 以学术著作为主, 具有体系完备、论证科学、特色鲜明、学术价值高等特点, 可作为从事网络空间安全、信息安全、密码学、计算机、通信以及数学等专业的科技人员、博士研究生和硕士研究生的参考书, 也可供高等院校相关专业的师生参考.

冯登国

2022 年 11 月 8 日于北京

前　　言

作为序列密码设计中的核心模块, 递归序列或移位寄存器序列的研究一直受到密码研究者和相关数学学者的重视. 20 世纪 80 年代, 相关攻击思想的提出和 21 世纪初代数攻击思想的提出, 使得以线性反馈移位寄存器序列或线性递归序列作为序列源的序列密码算法遇到很大的安全性问题. 以非线性序列作为序列源成为共识, 一直难以深入研究的非线性序列也由此得到推动.

非线性反馈移位寄存器或非线性递归是产生非线性序列最自然和直接的方式, 其研究历史可以追溯到一百多年之前数学家们研究的递归序列问题. 然而, 由于非线性问题的困难性以及没有涉及密码应用, 早期的研究少有与密码直接有关的成果. 直到近二十年, 特别是 2004 年欧洲启动了 ECRYPT (European network of excellence for cryptology) 计划, 其中的序列密码项目被称为 eSTREAM, 这使得学术界以序列密码非线性序列源的角度关注非线性反馈移位寄存器的问题, 并有力促进了非线性反馈移位寄存器序列的研究.

除了非线性反馈移位寄存器序列, 20 世纪 80 年代和 90 年代分别提出了整数剩余类环上导出序列和带进位反馈移位寄存器序列, 它们也是针对序列密码中的序列源而提出的两类非线性序列. 这两类非线性序列有共同的特点, 序列的非线性结构来自整数运算时所产生的进位运算, 而进位运算是自然的非线性运算.

本书将三类非线性序列分别作为三个部分. 第一部分是整数剩余类环上导出序列, 即整数剩余类环上线性递归序列的导出序列, 主要内容有导出序列的伪随机性、保熵性、局部保熵性等. 第二部分是带进位反馈移位寄存器序列, 即在普通线性反馈移位寄存器之上增加一个进位 (或记忆) 寄存器所产生的序列, 该类序列简称 FCSR 序列, 主要内容有 FCSR 序列的表示方式、极大周期 FCSR 序列的伪随机性质、有理逼近算法等. 第三部分是非线性反馈移位寄存器序列, 即非线性递归序列, 该类序列简称 NFSR 序列, 主要内容有非线性反馈移位寄存器的线性子簇、串联分解、环状串联结构、Galois 结构等.

本书介绍的学术成果集中在近四十年, 大多数成果是在近二十年. 作者是想把国际上近四十年来在非线性序列研究方面的成果系统地展现在读者面前, 对绝大部分成果给出了完整的证明过程. 读者通过阅读本书, 可以系统地掌握对这些非线性序列的处理方法和技巧.

　　本书的出版得到了国家出版基金、密码科学技术全国重点实验室学术专著出版基金、国家自然科学基金 "基于 NFSR 的序列密码设计与分析" (No.62372464) 和 "面向密码分析的格理论及其应用研究" (No.12371526) 的资助, 特此感谢!

　　在本书写作过程中, 作者力求做到叙述清晰, 表述准确, 证明严谨. 但由于水平有限, 对问题的认识或有肤浅之处. 对于本书中的错误和不足之处, 欢迎读者多予指正.

戚文峰　田　甜　徐　洪　郑群雄

2023 年 2 月

符 号 说 明

$\mathbb{N}$	自然数集合 $\{0,1,2,\cdots\}$
$\mathbb{N}^*$	正整数集合 $\{1,2,\cdots\}$
$\mathbb{Z}$	整数环
$\mathbb{Z}/(N)$	整数模 N 的剩余类环
$(\mathbb{Z}/(N))^*$	环 $\mathbb{Z}/(N)$ 的乘法群, 即 $\mathbb{Z}/(N)$ 中全体可逆元构成的集合
$(\mathbb{Z}/(N))^\infty$	环 $\mathbb{Z}/(N)$ 上所有序列之集
$G(f(x),N)$	环 $\mathbb{Z}/(N)$ 上由 $f(x)$ 生成的全体线性递归序列
$G'(f(x),N)$	环 $\mathbb{Z}/(N)$ 上由本原多项式 $f(x)$ 生成的全体本原序列
$\mathrm{per}(f(x),N)$	周期多项式 $f(x)$ 在环 $\mathbb{Z}/(N)$ 上的周期
$\lfloor a/b \rfloor$	小于等于 a/b 的最大整数, 即 a/b 的整数部分
$\ln a$	a 的自然对数
$\mathrm{wt}(n)$	正整数 n 的二进制展开中 1 的个数
$a \bmod n$ 或 $[a]\bmod n$	整数 a 模 n 的最小非负剩余
$v_2(n)$	最大非负整数 s 满足 $2^s \mid n$
$\mathrm{ord}_p(a)$	最小正整数 n 满足 $p \mid (a^n-1)$, 其中 p 是素数, 整数 a 和 p 互素
$e_m(\cdot)$	$\mathbb{Z}/(m)$ 的标准加法特征, 即对 $a\in\mathbb{Z}/(m)$, $e_m(a)=e^{2\pi ia/m}$
$\underline{a}$	序列 $\underline{a}$, 通常记为 $\underline{a}=(a_0,a_1,\cdots)$ 或 $(a_i)_{i=0}^\infty$
$\underline{a}(n-1)$	n 长有限序列 $\underline{a}(n-1)=(a_0,a_1,\cdots,a_{n-1})$
$[\underline{a}]\bmod b$	序列 $\underline{a}$ 模 b 后的序列
$\mathrm{per}(\underline{a})$	序列 $\underline{a}$ 的周期
$N(\underline{a},s)$	序列 $\underline{a}$ 的一个周期中元素 s 出现的个数
$LC(\underline{a})$	序列 $\underline{a}$ 的线性复杂度
$\varphi_2(\underline{a})$	序列 $\underline{a}$ 的 2-adic 复杂度
$\Psi(\underline{a})$	序列 $\underline{a}$ 的有理复杂度
$\mathbb{F}_2$	二元域
$\mathbb{F}_2^n$	二元域 $\mathbb{F}_2$ 上全体 n 维向量
$\mathbb{F}_2^\infty$	全体二元序列集合
$\mathbb{B}$	全体布尔函数的集合

$\mathbb{B}^*$	无常数项的全体布尔函数集合, 即 $\{f \in \mathbb{B} \mid f(0, \cdots, 0) = 0\}$
$T(\mathbb{B})$	$\mathbb{B}$ 中全体项的集合
$\preceq$	逆字典序
$\prec$	严格逆字典序, $s \prec t \Leftrightarrow s \preceq t$ 且 $s \neq t$, $s, t \in T(\mathbb{B})$
$T(f)$	布尔函数 f 代数正规型中所有项的集合
$\mathrm{HT}(f)$	布尔函数 f 关于逆字典序的首项
$L(f)$	布尔函数 f 代数正规型中所有一次项的和
$NL(f)$	布尔函数 f 代数正规型中所有二次以及大于二次项的和
$f_{[d]}$	布尔函数 f 代数正规型中全体 d 次项的和
$f_{\geqslant[d]}$	布尔函数 f 代数正规型中 d 次以及大于 d 次项的和
$\mathrm{ord}(f)$	布尔函数 f 代数正规型中变元的最大下标
$\mathrm{var}(f)$	布尔函数 f 代数正规型中出现的全体变元集合
$\mathrm{sub}(f)$	布尔函数 f 代数正规型中出现的全体变元下标的集合
$R(f)$	$R(f(x_0, x_1, \cdots, x_{n-1})) = f(x_{n-1}, x_{n-2}, \cdots, x_0)$
$D(f)$	$D(f(x_0, x_1, \cdots, x_{n-1})) = f(x_0 \oplus 1, x_1 \oplus 1, \cdots, x_{n-1} \oplus 1)$
$\mathrm{NFSR}(f)$	以 f 为特征多项式的非线性反馈移位寄存器
$\mathcal{C}$	非线性反馈移位寄存器非奇异特征函数的集合
$\mathcal{C}^*$	$\{f \in \mathcal{C} \mid f(0, \cdots, 0) = 0\}$
$\mathcal{C}_1^*$	$\{f \in \mathcal{C}^* \mid \deg(f) > 1\}$
$\mathrm{lcm}(a_1, a_2, \cdots, a_r)$	r 个正整数 $a_1, a_2, \cdots, a_r$ 的最小公倍数
$\gcd(a_1, a_2, \cdots, a_r)$	r 个正整数 $a_1, a_2, \cdots, a_r$ 的最大公因数

目　　录

第一部分　整数剩余类环上导出序列

第二部分　带进位反馈移位寄存器序列

第三部分　非线性反馈移位寄存器序列

第一部分
整数剩余类环上导出序列

整数剩余类环上导出序列 (简称环上导出序列) 是 20 世纪八九十年代我国学者[1,2] 和俄罗斯学者[3] 各自独立提出的. 回顾 20 世纪 80 年代可知, 该时期既是前馈序列、组合序列以及钟控序列盛行的时期, 也是相关攻击思想逐渐形成和发展的时期. 相关攻击的出现, 对基于前馈、非线性组合和钟控的密码系统构成严重的威胁. 因此, 寻求其他类型的非线性序列生成器成为人们抵抗相关攻击的一条出路. 尽管非线性反馈移位寄存器 (nonlinear feedback shift register, NFSR) 是产生非线性序列最直接的方式, 也是人们研究最早的一类非线性序列生成器, 然而由于缺乏有效的数学理论和分析工具, 一直以来 NFSR 的研究进展异常缓慢, 许多基本的问题一直未能得到有效的解决, 如 NFSR 的圈结构等. 环上导出序列正是在这样的背景下提出的: 一方面, 由于整数的加法和乘法运算在比特层面蕴含丰富的非线性结构, 因此环上导出序列自然能很好地抵抗相关攻击; 另一方面, 对比 NFSR 序列, 环上导出序列具有较好的代数结构和数学分析工具, 这使得其基本的密码性质在一定程度上能够被刻画, 如周期、线性复杂度、元素分布等. 经过三十余年的研究, 环上导出序列已取得丰硕的研究成果, 本部分将详细介绍其中的重要研究进展.

本部分总假定 $N > 1$ 是整数, $\mathbb{Z}/(N)$ 是整数模 N 的剩余类环. 为叙述简便, 在不引起混淆的情况下, 总是将 $\mathbb{Z}/(N)$ 等同于 N 元整数集 $\{0, 1, \cdots, N-1\}$. 因此, 将 $\mathbb{Z}/(N)$ 中的元素自然视为整数集 $\{0, 1, \cdots, N-1\}$ 中的元素, 将 $\mathbb{Z}/(N)$ 上的多项式和序列自然视为整数集 $\{0, 1, \cdots, N-1\}$ 上的多项式和序列.

首先对本部分常用符号给出统一说明.

设 m 是正整数, 对 $a \in \mathbb{Z}$, 记 a 模 m 的非负最小剩余为 $[a]_{\bmod m}$ 或简记为 $a_{\bmod m}$. 对 $a \in \mathbb{Z}/(N)$, 符号 "$[a]_{\bmod m}$" 表示先将 a 自然视为 $\{0, 1, \cdots, N-1\}$ 中对应的整数, 然后取该整数模 m 的非负最小剩余. 在后续讨论中, $[a]_{\bmod m}$ 或 $a_{\bmod m}$ 也可以自然视为 $\mathbb{Z}/(m)$ 中的元素.

对 $\mathbb{Z}/(N)$ 上序列 $\underline{a} = (a_0, a_1, a_2, \cdots)$, 记

$$[\underline{a}]_{\bmod m} = ([a_0]_{\bmod m}, [a_1]_{\bmod m}, [a_2]_{\bmod m}, \cdots),$$

自然视 $[\underline{a}]_{\bmod m}$ 为 $\mathbb{Z}/(m)$ 上序列. 有时也将 $[\underline{a}]_{\bmod m}$ 简记为 $\underline{a}_{\bmod m}$.

对 $\mathbb{Z}/(N)$ 上多项式 $f(x) = c_n x^n + c_{n-1} x^{n-1} + \cdots + c_0$, 记

$$[f(x)]_{\bmod m} = [c_n]_{\bmod m} x^n + [c_{n-1}]_{\bmod m} x^{n-1} + \cdots + [c_0]_{\bmod m},$$

自然视 $[f(x)]_{\bmod m}$ 为 $\mathbb{Z}/(m)$ 上多项式. 有时也将 $[f(x)]_{\bmod m}$ 简记为 $f(x)_{\bmod m}$.

第 1 章　环 $\mathbb{Z}/(N)$ 上线性递归序列

1.1　基本概念和基本性质

本节介绍环 $\mathbb{Z}/(N)$ 上线性递归序列的相关基本概念和基本性质.

定义 1.1　设 $n \geqslant 1$, $f(x) = x^n - (c_{n-1}x^{n-1} + \cdots + c_0)$ 是 $\mathbb{Z}/(N)$ 上 n 次首一多项式, 若 $\mathbb{Z}/(N)$ 上序列 $\underline{a} = (a_t)_{t=0}^{\infty}$ 满足线性递归关系式

$$a_{t+n} = [c_{n-1}a_{t+n-1} + \cdots + c_1 a_{t+1} + c_0 a_t]_{\bmod N}, \quad t \geqslant 0, \tag{1.1}$$

则称 $\underline{a}$ 是 $\mathbb{Z}/(N)$ 上由 $f(x)$ 生成的 n 阶线性递归序列, 简称为 $\mathbb{Z}/(N)$ 上 n 阶序列; 称 $f(x)$ 是 $\underline{a}$ 的特征多项式; 称 $\underline{a}$ 的次数最低的特征多项式为 $\underline{a}$ 的极小多项式; 称 $\underline{a}$ 的极小多项式的次数为 $\underline{a}$ 的线性复杂度, 并记为 $LC(\underline{a})$.

为了便于叙述, 通常将由 $f(x)$ 生成的 $\mathbb{Z}/(N)$ 上 n 阶线性递归序列全体记为 $G(f(x), N)$.

注 1.1　环 $\mathbb{Z}/(N)$ 上序列的线性复杂度是唯一的, 但极小多项式未必唯一.

环 $\mathbb{Z}/(N)$ 上 n 阶线性递归序列可由 $\mathbb{Z}/(N)$ 上 n 级线性反馈移位寄存器来生成. 如图 1.1 所示, 给定 n 个寄存器的初始状态

$$(x_0, x_1, \cdots, x_{n-1}) = (a_0, a_1, \cdots, a_{n-1}),$$

其中 $a_0, a_1, \cdots, a_{n-1} \in \mathbb{Z}/(N)$, 加载一次移位脉冲后, n 个寄存器的状态更新为

$$(x_0, x_1, \cdots, x_{n-1}) = (a_1, a_2, \cdots, a_n),$$

其中 $a_n = [c_{n-1}a_{n-1} + \cdots + c_1 a_1 + c_0 a_0]_{\bmod N}$. 通过连续加载移位脉冲, 线性反馈移位寄存器输出满足 (1.1) 式的序列 $\underline{a} = (a_t)_{t=0}^{\infty}$. 通常称 $(a_0, a_1, \cdots, a_{n-1})$ 为序列 $\underline{a}$ 的初态, 称 $(a_t, a_{t+1}, \cdots, a_{t+n-1})$ 为序列 $\underline{a}$ 的第 t 时刻状态. 序列 $\underline{a}$ 的线性复杂度 $LC(\underline{a})$ 事实上刻画了能够生成该序列的线性反馈移位寄存器的最少级数.

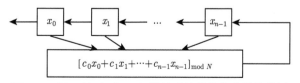

图 1.1　环 $\mathbb{Z}/(N)$ 上 n 级线性反馈移位寄存器结构图

注 1.2 给定环 $\mathbb{Z}/(N)$ 上一条 n 阶线性递归序列 $\underline{a}$, 其不同状态的个数至多为 N^n 个.

令 $(\mathbb{Z}/(N))^\infty$ 表示 $\mathbb{Z}/(N)$ 上所有序列全体, 即

$$(\mathbb{Z}/(N))^\infty = \{(a_t)_{t=0}^\infty \mid a_t \in \mathbb{Z}/(N), t \geqslant 0\}.$$

对 $\underline{a} = (a_t)_{t=0}^\infty, \underline{b} = (b_t)_{t=0}^\infty \in (\mathbb{Z}/(N))^\infty, c \in \mathbb{Z}/(N)$, 定义序列的加法、乘法和数乘运算如下:

$$\underline{a} + \underline{b} \triangleq ([a_t + b_t]_{\bmod N})_{t=0}^\infty,$$
$$\underline{a} \cdot \underline{b} \triangleq ([a_t \cdot b_t]_{\bmod N})_{t=0}^\infty,$$
$$c\underline{a} \triangleq ([ca_t]_{\bmod N})_{t=0}^\infty.$$

对 $k \geqslant 0$, 定义序列的 k-左移运算如下:

$$x^k \underline{a} \triangleq (a_{t+k})_{t=0}^\infty.$$

进一步, 设 $g(x) = c_n x^n + c_{n-1} x^{n-1} + \cdots + c_1 x + c_0 \in \mathbb{Z}/(N)[x]$, 定义多项式对序列的作用如下:

$$g(x)\underline{a} \triangleq c_n(x^n \underline{a}) + c_{n-1}(x^{n-1}\underline{a}) + \cdots + c_1(x\underline{a}) + c_0\underline{a}. \qquad (1.2)$$

由上面的定义易知, 多项式对序列作用有如下基本性质.

引理 1.1 设 $g(x), h(x) \in \mathbb{Z}/(N)[x], \underline{a}, \underline{b} \in (\mathbb{Z}/(N))^\infty, c \in \mathbb{Z}/(N)$, 则

$$(g(x) + h(x))\underline{a} = g(x)\underline{a} + h(x)\underline{a},$$
$$g(x)(\underline{a} + \underline{b}) = g(x)\underline{a} + g(x)\underline{b},$$
$$(g(x)h(x))\underline{a} = (h(x)g(x))\underline{a} = g(x)(h(x)\underline{a}) = h(x)(g(x)\underline{a}),$$
$$1\underline{a} = \underline{a}.$$

设 $f(x)$ 是 $\mathbb{Z}/(N)$ 上 $n \geqslant 1$ 次首一多项式, $\underline{a} \in (\mathbb{Z}/(N))^\infty$, 由 (1.1) 式和 (1.2) 式可知

$$\underline{a} \in G(f(x), N) \text{ 当且仅当 } f(x)\underline{a} = \underline{0},$$

其中 $\underline{0} = (0, 0, 0, \cdots)$ 表示全零序列, 因此

$$G(f(x), N) = \{\underline{a} \in (\mathbb{Z}/(N))^\infty \mid f(x)\underline{a} = \underline{0}\}.$$

定义 1.1 中要求特征多项式 $f(x)$ 的次数 $n \geqslant 1$. 当 $f(x) = 0$ 或 1 时, 虽然无法按 (1.1) 式定义线性递归序列, 但按多项式对序列的作用, 可自然认为: 以

$f(x) = 1$ 为特征多项式的序列只有全零序列 $\underline{0}$ (此时 $f(x) = 1$ 也是 $\underline{0}$ 的极小多项式); $(\mathbb{Z}/(N))^{\infty}$ 中每条序列均以 $f(x) = 0$ 为特征多项式, 因此自然可以定义

$$G(1, N) = \{\underline{0}\}, \quad G(0, N) = (\mathbb{Z}/(N))^{\infty}.$$

注 1.3 注意到 $\mathbb{Z}/(N)[x]$ 是含幺交换环, 并且 $G(f(x), N)$ 在序列加法运算下构成交换群. 因此, 由引理 1.1 知, $G(f(x), N)$ 构成一个 $\mathbb{Z}/(N)[x]$-模.

定义 1.2 设 $\underline{a} = (a_t)_{t=0}^{\infty} \in (\mathbb{Z}/(N))^{\infty}$, 若存在非负整数 t_0 和正整数 T, 使得对任意的 $t \geqslant t_0$, 都有 $a_{t+T} = a_t$, 则称 $\underline{a}$ 是准周期序列. 这样最小的 T 称为 $\underline{a}$ 的周期, 并记为 $\mathrm{per}(\underline{a}) = T$. 特别地, 若 $t_0 = 0$, 则称 $\underline{a}$ 是 (严格) 周期序列.

由定义 1.2 易知如下引理成立.

引理 1.2 设 $\underline{a} \in (\mathbb{Z}/(N))^{\infty}$, 则 $\underline{a}$ 是准周期序列当且仅当 $\underline{a}$ 是 $\mathbb{Z}/(N)$ 上线性递归序列, 即存在首一多项式 $f(x) \in \mathbb{Z}/(N)[x]$, 使得 $\underline{a} \in G(f(x), N)$.

设 $\underline{a}$ 是 $\mathbb{Z}/(N)$ 上线性递归序列, 记

$$I_N(\underline{a}) \triangleq \{g(x) \in \mathbb{Z}/(N)[x] \mid g(x)\underline{a} = \underline{0}\}.$$

由引理 1.1 知 $I_N(\underline{a})$ 构成 $\mathbb{Z}/(N)[x]$ 的一个理想, 称为 $\underline{a}$ 的零化理想. 下面的定理 1.1 给出 $I_N(\underline{a})$ 的代数结构刻画, 由中国剩余定理知定理 1.1 显然成立. 为简便, 下面简记 $I_m(\underline{a}) = I_m(\underline{a}_{\bmod m})$, 其中 $m > 1$ 是 N 的因子.

定理 1.1 设 $N = p_1^{d_1} p_2^{d_2} \cdots p_r^{d_r}$ 是 N 的标准分解, 其中 $p_1, p_2, \cdots, p_r$ 是素数, $d_1, d_2, \cdots, d_r$ 是正整数, $\underline{a}$ 是 $\mathbb{Z}/(N)$ 上线性递归序列,

(1) 设 $g(x) \in I_N(\underline{a})$, 则 $g(x)_{\bmod p_i^{d_i}} \in I_{p_i^{d_i}}(\underline{a})$, $i = 1, 2, \cdots, r$;

(2) 反之, 设 $g_i(x) \in \mathbb{Z}/(N)[x]$ 满足 $g_i(x)_{\bmod p_i^{d_i}} \in I_{p_i^{d_i}}(\underline{a})$, $i = 1, 2, \cdots, r$, 则存在唯一的 $g(x) \in \mathbb{Z}/(N)[x]$, 使得 $g(x) \in I_N(\underline{a})$, 并且

$$g(x) \equiv g_i(x) \bmod p_i^{d_i}, \quad i = 1, 2, \cdots, r.$$

在上述定理 1.1-(2) 中, 事实上可取 $g(x) = \sum_{i=1}^{r} M_i \cdot M_i' \cdot g_i(x)$, 其中 $M_i = N/p_i^{d_i} \in \mathbb{Z}/(N)$, 而 $M_i' \in \mathbb{Z}/(N)$ 满足 $M_i' \cdot M_i \equiv 1 \bmod p_i^{d_i}$.

定理 1.1 说明要刻画 $I_N(\underline{a})$ 的代数结构, 只需刻画 $I_{p^d}(\underline{a})$ 的代数结构即可, 其中 p 是素数, d 是正整数. 在给出 $I_{p^d}(\underline{a})$ 的代数结构前, 首先给出 $I_p(\underline{a})$ 和 $G(f(x), p)$ 的代数结构.

对 $g_1(x), \cdots, g_k(x) \in \mathbb{Z}/(p^d)[x]$, 令 $(g_1(x), \cdots, g_k(x))$ 表示 $\mathbb{Z}/(p^d)[x]$ 中由 $g_1(x), \cdots, g_k(x)$ 生成的理想, 即

$$(g_1(x), \cdots, g_k(x)) = \left\{ \sum_{i=1}^{k} u_i(x)g_i(x) \; \middle| \; u_i(x) \in \mathbb{Z}/(p^d)[x] \right\}.$$

注意到 $\mathbb{Z}/(p)[x]$ 是主理想整环, 因此 $I_p(\underline{a})$ 是一个主理想, 自然有如下定理.

定理 1.2   设 $\underline{a}$ 是 $\mathbb{Z}/(p)$ 上线性递归序列, 则 $\underline{a}$ 的极小多项式唯一. 进一步, 设 $f(x)$ 是 $\underline{a}$ 在 $\mathbb{Z}/(p)$ 上的极小多项式, 则 $I_p(\underline{a}) = (f(x))$.

设 $f(x)$ 是 $\mathbb{Z}/(p)$ 上 $n \geqslant 1$ 次首一多项式, 由注 1.3 知 $G(f(x), p)$ 构成 $\mathbb{Z}/(p)$ 上 n 维向量空间. 下面的定理 1.3 进一步刻画了 $G(f(x), p)$ 的代数结构.

定理 1.3   设 $f(x)$ 是 $\mathbb{Z}/(p)$ 上 $n \geqslant 1$ 次首一多项式, $\underline{a} \in G(f(x), p)$, 则 $f(x)$ 是 $\underline{a}$ 的极小多项式当且仅当 $\underline{a}, x\underline{a}, \cdots, x^{n-1}\underline{a}$ 是 $\mathbb{Z}/(p)$ 上向量空间 $G(f(x), p)$ 的一组基.

证明   必要性. 若 $\underline{a}, x\underline{a}, \cdots, x^{n-1}\underline{a}$ 在 $\mathbb{Z}/(p)$ 上线性相关, 即存在不全为 0 的 $c_0, c_1, \cdots, c_{n-1} \in \mathbb{Z}/(p)$, 使得 $c_0\underline{a} + c_1 x\underline{a} + \cdots + c_{n-1}x^{n-1}\underline{a} = \underline{0}$, 则 $(c_0 + c_1 x + \cdots + c_{n-1}x^{n-1})\underline{a} = \underline{0}$, 这与 $f(x)$ 是 $\underline{a}$ 的极小多项式矛盾, 所以 $\underline{a}, x\underline{a}, \cdots, x^{n-1}\underline{a}$ 在 $\mathbb{Z}/(p)$ 上线性无关. 又 $G(f(x), p)$ 是 n 维向量空间, 从而 $\underline{a}, x\underline{a}, \cdots, x^{n-1}\underline{a}$ 是 $G(f(x), p)$ 的一组基.

充分性. 因为 $\underline{a}, x\underline{a}, \cdots, x^{n-1}\underline{a}$ 是 $G(f(x), p)$ 的一组基, 从而线性无关, 所以任意次数小于 n 的多项式都不可能是 $\underline{a}$ 的特征多项式, 而 $f(x)\underline{a} = \underline{0}$ 且 $\deg f(x) = n$, 所以 $f(x)$ 是 $\underline{a}$ 的极小多项式.   □

在定理 1.3 中取 $\underline{a} = (\underbrace{0, 0, \cdots, 0}_{n-1}, 1, *, *, \cdots) \in G(f(x), p)$, 则 $\underline{a}$ 的极小多项式为 $f(x)$, 从而由定理 1.3 知 $\underline{a}, x\underline{a}, \cdots, x^{n-1}\underline{a}$ 是 $G(f(x), p)$ 的一组基. 进一步, 由定理 1.3 易知如下两个推论成立.

推论 1.1   设 $\underline{a}$ 在 $\mathbb{Z}/(p)$ 上的极小多项式为 $f(x)$, 则对任意 $\underline{b} \in G(f(x), p)$, 存在 $g(x) \in \mathbb{Z}/(p)[x]$, 使得 $\underline{b} = g(x)\underline{a}$. 进一步, 若上述 $g(x)$ 满足: $\deg g(x) < \deg f(x)$ 或 $g(x) = 0$, 则这样的 $g(x)$ 是唯一的.

推论 1.2   设 $\underline{a}$ 在 $\mathbb{Z}/(p)$ 上的极小多项式为 $f(x)$, 则对任意 $g(x) \in \mathbb{Z}/(p)[x]$, 序列 $\underline{b} = g(x)\underline{a}$ 的极小多项式是

$$\frac{f(x)}{\gcd(f(x), g(x))}.$$

注 1.4   推论 1.2 表明, $G(f(x), p)$ 中的序列 $g(x)\underline{a}$ 以 $f(x)$ 为极小多项式的充分必要条件是 $\gcd(f(x), g(x)) = 1$.

下面给出 $I_{p^d}(\underline{a})$ 的代数结构, 先给出一个必要的引理.

引理 1.3   设 $\underline{a}$ 是 $\mathbb{Z}/(p^d)$ 上线性递归序列, 首一多项式 $f_i(x) \in \mathbb{Z}/(p^d)[x]$ 满足 $f_i(x)_{\bmod p^i}$ 是 $\underline{a}_{\bmod p^i}$ 的一个极小多项式, $i = 1, 2, \cdots, d$, 则

$$0 \leqslant \deg f_1(x) \leqslant \deg f_2(x) \leqslant \cdots \leqslant \deg f_d(x).$$

进一步, 若 $r(x) \in I_{p^d}(\underline{a})$ 满足 $\deg r(x) < \deg f_d(x)$, 则 $r(x) \equiv 0 \bmod p$.

证明 注意到当 $1 \leqslant i < j \leqslant d$ 时, $f_j(x)_{\bmod p^i} \in I_{p^i}(\underline{a})$, 因此自然有

$$0 \leqslant \deg f_1(x) \leqslant \deg f_2(x) \leqslant \cdots \leqslant \deg f_d(x).$$

下面对 d 作归纳证明 $r(x) \equiv 0 \bmod p$.

当 $d = 1$ 时, 由定理 1.2 知结论显然成立. 假设结论对 $d-1$ 成立, 下面证明结论对 d 也成立.

设 $r(x) \in I_{p^d}(\underline{a})$ 使得 $\deg r(x) < \deg f_d(x)$, c 是 $r(x)$ 的首项系数, 则由 $f_d(x)$ 的极小性知 $c \equiv 0 \bmod p$. 由于 $f_{d-1}(x)$ 是首一多项式, 不妨设 $r'(x)$ 是使得如下 (1.3) 式在 $\mathbb{Z}/(p^d)$ 上成立的次数最低的多项式

$$r'(x) \equiv r(x) \bmod p \cdot f_{d-1}(x). \tag{1.3}$$

若 $\deg r'(x) \geqslant \deg f_{d-1}(x)$, 则 $\deg r'(x) < \deg r(x) < \deg f_d(x)$ 且 $r'(x)$ 的首项系数 $b \not\equiv 0 \bmod p$. 由 $r(x), p \cdot f_{d-1}(x) \in I_{p^d}(\underline{a})$ 知 $r'(x) \in I_{p^d}(\underline{a})$, 从而 $[b^{-1} \cdot r'(x)]_{\bmod p^d} \in I_{p^d}(\underline{a})$, 其中 b^{-1} 是 b 在 $\mathbb{Z}/(p^d)$ 中的乘法逆元, 这与 $f_d(x)$ 的极小性矛盾, 因此 $\deg r'(x) < \deg f_{d-1}(x)$. 而 $r'(x)_{\bmod p^{d-1}} \in I_{p^{d-1}}(\underline{a})$, 由归纳假设知 $r'(x) \equiv 0 \bmod p$, 再由 (1.3) 式知 $r(x) \equiv 0 \bmod p$, 即结论对 d 也成立, 引理得证. $\square$

定理 1.4 设 $\underline{a}$ 是 $\mathbb{Z}/(p^d)$ 上的线性递归序列, 首一多项式 $f_i(x) \in \mathbb{Z}/(p^d)[x]$ 满足 $f_i(x)_{\bmod p^i}$ 是 $\underline{a}_{\bmod p^i}$ 的一个极小多项式, $i = 1, 2, \cdots, d$, 则

$$I_{p^d}(\underline{a}) = \left(p^{d-1} \cdot f_1(x), \cdots, p \cdot f_{d-1}(x), f_d(x) \right).$$

证明 因为 $f_i(x)_{\bmod p^i}$ 是 $\underline{a}_{\bmod p^i}$ 的一个极小多项式, 所以自然有 $I_{p^d}(\underline{a}) \supseteq \left(p^{d-1} \cdot f_1(x), \cdots, p \cdot f_{d-1}(x), f_d(x) \right)$. 下面只要证明

$$I_{p^d}(\underline{a}) \subseteq \left(p^{d-1} \cdot f_1(x), \cdots, p \cdot f_{d-1}(x), f_d(x) \right).$$

当 $d = 1$ 时, 由定理 1.2 知结论自然成立. 归纳假设结论对 $d-1$ 成立, 下面证明结论对 d 也成立.

任取 $g(x) \in I_{p^d}(\underline{a})$, 注意到 $f_d(x)$ 是首一多项式, 在 $\mathbb{Z}/(p^d)$ 上可设

$$g(x) = q_d(x) \cdot f_d(x) + r_d(x), \tag{1.4}$$

其中 $\deg r_d(x) < \deg f_d(x)$, 则 $r_d(x) \in I_{p^d}(\underline{a})$. 由引理 1.3 知 $r_d(x) \equiv 0 \bmod p$, 故可设在 $\mathbb{Z}/(p^d)$ 上,

$$r_d(x) = p \cdot r_{d-1}(x), \tag{1.5}$$

则 $r_{d-1}(x)_{\bmod p^{d-1}} \in I_{p^{d-1}}(\underline{a})$, 从而由归纳假设知在 $\mathbb{Z}/(p^{d-1})$ 上

$$r_{d-1}(x) \in \left(p^{d-2} \cdot f_1(x), \cdots, p \cdot f_{d-2}(x), f_{d-1}(x)\right). \tag{1.6}$$

联立 (1.4)—(1.6) 三式得

$$g(x) \in \left(p^{d-1} \cdot f_1(x), \cdots, p \cdot f_{d-1}(x), f_d(x)\right).$$

由 $g(x)$ 的任意性知结论对 d 也成立, 定理得证. □

注 1.5　设 $\underline{a}$ 是 $\mathbb{Z}/(p^d)$ 上线性递归序列, $f(x) \in \mathbb{Z}/(p^d)[x]$ 是 $\underline{a}$ 在 $\mathbb{Z}/(p^d)$ 上的一个极小多项式, 若 $f(x)_{\bmod p}$ 是 $\underline{a}_{\bmod p}$ 在 $\mathbb{Z}/(p)$ 上极小多项式, 则由定理 1.4 知 $I_{p^d}(\underline{a}) = (f(x))$. 此时 $f(x)$ 是 $\underline{a}$ 在 $\mathbb{Z}/(p^d)$ 上唯一的极小多项式.

1.2　$\mathbb{Z}/(p^d)$ 上本原多项式与本原序列

设 $f(x), g(x), h(x) \in \mathbb{Z}/(p^d)[x]$, 记

$$g(x) \equiv h(x) \bmod (f(x), p^k)$$

表示 $g(x) \equiv h(x) \bmod f(x)$ 在 $\mathbb{Z}/(p^k)$ 上成立, 其中 $1 \leqslant k \leqslant d$.

下面先简要回顾有限域上多项式周期 (或阶) 的概念, 对相关细节感兴趣的读者可参考专著 [4, 第三章].

设 $f(x) \in \mathbb{Z}/(p)[x]$ 是 n 次首一多项式, 若 $f(0) \neq 0$, 则存在正整数 $T \leqslant p^n - 1$, 使得 $x^T - 1 \equiv 0 \bmod (f(x), p)$. 这样的最小正整数 T 称为 $f(x)$ 的周期 (或阶), 并记为 $\mathrm{per}(f(x), p)$. 特别地, 当 $\mathrm{per}(f(x), p) = p^n - 1$ 时, 称 $f(x)$ 是 $\mathbb{Z}/(p)$ 上 n 次本原多项式. 一般地, 对 $\mathbb{Z}/(p^d)$ 上多项式, 有如下定理, 该定理对第 2 章中权位序列的性质分析具有重要作用.

定理 1.5　设 $f(x)$ 是 $\mathbb{Z}/(p^d)$ 上 n 次首一多项式, $f(0)_{\bmod p} \neq 0$, 则

$$x^{p^{d-1}T} - 1 \equiv 0 \bmod (f(x), p^d),$$

其中 $\mathrm{per}(f(x), p) = T$. 进一步, 对 $i = 1, 2, \cdots, d-1$, 存在 $h_i(x) \in \mathbb{Z}/(p^d)[x]$, $\deg h_i(x) < n$, 使得

$$x^{p^{i-1}T} - 1 \equiv p^i h_i(x) \bmod (f(x), p^d). \tag{1.7}$$

证明　因为 $f(x)$ 是首一的及 $x^T - 1 \equiv 0 \bmod (f(x), p)$, 所以存在 $h_1(x) \in \mathbb{Z}/(p^d)[x]$ 且 $\deg h_1(x) < n$, 使得 $x^T - 1 \equiv p h_1(x) \bmod (f(x), p^d)$, 即

$$x^T \equiv 1 + p h_1(x) \bmod (f(x), p^d).$$

上式两边同时 p 次幂, 得

$$x^{pT} \equiv 1 + p^2 h_2(x) \bmod (f(x), p^d),$$

其中 $h_2(x) \in \mathbb{Z}/(p^d)[x]$, $\deg h_2(x) < n$. 一般地, 有

$$x^{p^{i-1}T} \equiv 1 + p^i h_i(x) \bmod (f(x), p^d), \quad i = 1, 2, \cdots, d,$$

其中 $h_i(x) \in \mathbb{Z}/(p^d)[x]$, $\deg h_i(x) < n$. 特别地, 有

$$x^{p^{d-1}T} - 1 \equiv 0 \bmod (f(x), p^d). \qquad \square$$

注 1.6 在定理 1.5 中,

(1) 当 $1 \leqslant i \leqslant d-1$ 时, $[h_i(x)]_{\bmod p^{d-i}}$ 是唯一的. 这是因为, 若另有 $h_i'(x) \in \mathbb{Z}/(p^d)[x]$, $\deg h_i'(x) < n$, 使得

$$x^{p^{i-1}T} \equiv 1 + p^i h_i'(x) \bmod (f(x), p^d),$$

则对比 (1.7) 式得 $p^i h_i'(x) \equiv p^i h_i(x) \bmod p^d$, 从而 $h_i'(x) \equiv h_i(x) \bmod p^{d-i}$.

(2) 若 $p \geqslant 3$, 则

$$h_1(x) \equiv h_2(x) \equiv \cdots \equiv h_{d-1}(x) \bmod p;$$

若 $p = 2$, 则

$$h_2(x) \equiv h_1(x) + h_1(x)^2 \bmod (f(x), 2),$$
$$h_2(x) \equiv \cdots \equiv h_{d-1}(x) \bmod 2.$$

(3) 在本书第一部分中会频繁使用 (1.7) 式, 若不作特别说明, 本书第一部分出现的 $h_i(x)$ 都如 (1.7) 式定义.

定义 1.3 设 $f(x) \in \mathbb{Z}/(p^d)[x]$ 是 n 次首一多项式, $f(0) \not\equiv 0 \bmod p$, 由定理 1.5 知存在正整数 P, 使得

$$x^P - 1 \equiv 0 \bmod (f(x), p^d). \tag{1.8}$$

称满足 (1.8) 式的最小正整数 P 为 $f(x)$ 的周期, 并记为 $\mathrm{per}(f(x), p^d)$. 对 $1 \leqslant k < d$, 记 $\mathrm{per}(f(x), p^k)$ 表示 $f(x)_{\bmod p^k}$ 在 $\mathbb{Z}/(p^k)$ 上的周期, 即满足 $x^S - 1 \equiv 0 \bmod (f(x), p^k)$ 的最小正整数 S.

注 1.7 设 $f(x)$ 如定义 1.3, 则对 $1 \leqslant k \leqslant d-1$, 有

$$\mathrm{per}(f(x), p^k) \mid \mathrm{per}(f(x), p^{k+1}), \quad \mathrm{per}(f(x), p^{k+1}) \mid p \cdot \mathrm{per}(f(x), p^k).$$

于是

$$\mathrm{per}(f(x), p^{k+1}) = \mathrm{per}(f(x), p^k) \text{ 或 } p \cdot \mathrm{per}(f(x), p^k),$$
$$\mathrm{per}(f(x), p^d) \leqslant p^{d-1} \cdot \mathrm{per}(f(x), p) \leqslant p^{d-1} \cdot (p^n - 1).$$

自然地, 将 $\mathbb{Z}/(p^d)$ 上周期达到最大的多项式称为 $\mathbb{Z}/(p^d)$ 上本原多项式.

定义 1.4　设 $f(x) \in \mathbb{Z}/(p^d)[x]$ 是 n 次首一多项式, $f(0) \not\equiv 0 \bmod p$, 若 $\mathrm{per}(f(x), p^d) = p^{d-1} \cdot (p^n - 1)$, 则称 $f(x)$ 是 $\mathbb{Z}/(p^d)$ 上 n 次本原多项式.

注 1.8　若 $f(x)$ 是 $\mathbb{Z}/(p^d)$ 上 n 次本原多项式, 则对 $k = 1, 2, \cdots, d-1$, $f(x)_{\bmod p^k}$ 是 $\mathbb{Z}/(p^k)$ 上 n 次本原多项式, 即 $\mathrm{per}(f(x), p^k) = p^{k-1} \cdot (p^n - 1)$. 特别地, $f(x)_{\bmod p}$ 是 p 元素域 $\mathbb{Z}/(p)$ 上 n 次本原多项式.

由定理 1.5 和注 1.6 易知如下定理 1.6 成立.

定理 1.6　设 $f(x) \in \mathbb{Z}/(p^d)[x]$ 是 n 次首一多项式, $d \geqslant 2$, $f(0) \not\equiv 0 \bmod p$, 记

$$h_f(x) \triangleq \begin{cases} h_1(x), & \text{当 } p \geqslant 3 \text{ 或 } p = d = 2, \\ h_2(x), & \text{当 } p = 2 \text{ 且 } d \geqslant 3, \end{cases} \tag{1.9}$$

则 $f(x)$ 是 $\mathbb{Z}/(p^d)$ 上 n 次本原多项式当且仅当 $f(x)_{\bmod p}$ 是 $\mathbb{Z}/(p)$ 上 n 次本原多项式并且 $h_f(x) \not\equiv 0 \bmod p$.

在第 3 章关于权位序列保熵性的讨论中, 经常会碰到一类称为强本原多项式的特殊本原多项式, 下面给出其具体定义.

定义 1.5　设 $f(x)$ 是 $\mathbb{Z}/(p^d)$ 上 n 次本原多项式, 若 $\deg([h_f(x)]_{\bmod p}) \geqslant 1$, 则称 $f(x)$ 是 $\mathbb{Z}/(p^d)$ 上 n 次强本原多项式.

注 1.9　在 $\mathbb{Z}/(p^d)$ 上所有 n 次本原多项式中, 非强本原多项式只占极小一部分. 特别地, 当 $p = 2$ 且 $d \geqslant 3$ 时, 若 n 为奇数, 则 $\mathbb{Z}/(p^d)$ 上 n 次本原多项式都是强本原多项式. 这是因为此时 $h_f(x) \equiv h_1(x) + h_1(x)^2 \bmod (f(x), 2)$. 若 $\deg([h_f(x)]_{\bmod 2}) = 0$, 则 $h_f(x) \equiv 1 \bmod 2$, 从而 $h_1(x)$ 是 2^n 元有限域 $\mathbb{F}_{2^n} = \mathbb{Z}/(2^d)[x]/(f(x), 2)$ 中的 3 阶元, 而当 n 为奇数时, 有限域 $\mathbb{F}_{2^n}$ 上不存在 3 阶元, 矛盾.

注 1.10 [1,4]　设 $\mathbb{Z}/(p^d)$ 上 n 次本原多项式的个数为 $N(p^d, n)$, 则

$$N(p^d, n) = \begin{cases} \varphi(p^n - 1)/n, & \text{当 } d = 1, \\ \varphi(2^n - 1)(2^n - 2)2^{n(d-2)}/n, & \text{当 } p = 2 \text{ 且 } d \geqslant 2, \\ \varphi(p^n - 1)(p^n - 1)p^{n(d-2)}/n, & \text{当 } p = d = 2 \text{ 或 } d \geqslant 3. \end{cases}$$

由 $\mathbb{Z}/(p^d)$ 上 n 次本原多项式生成的序列具有如下周期性质.

定理 1.7　设 $f(x)$ 是 $\mathbb{Z}/(p^d)$ 上 n 次本原多项式, $\underline{a} \in G(f(x), p^d)$, 则 $\underline{a}$ 是周期序列. 进一步, 若 $\underline{a} \not\equiv \underline{0} \bmod p$, 则 $\mathrm{per}(\underline{a}) = p^{d-1}(p^n - 1)$; 若 $\underline{a} \equiv \underline{0} \bmod p^k$ 且 $\underline{a} \not\equiv \underline{0} \bmod p^{k+1}$, $1 \leqslant k \leqslant d-1$, 则 $\mathrm{per}(\underline{a}) = p^{d-k-1}(p^n - 1)$.

证明　由 $x^{p^{d-1}(p^n-1)} - 1 \equiv 0 \bmod (f(x), p^d)$ 及 $\underline{a} \in G(f(x), p^d)$ 知

$$(x^{p^{d-1}(p^n-1)} - 1)\underline{a} = \underline{0},$$

从而对任意的 $t \geqslant 0$, 都有 $a_{t+p^{d-1}(p^n-1)} = a_t$, 故 $\underline{a}$ 是周期序列, 并且

$$\text{per}(\underline{a}) \leqslant p^{d-1}(p^n - 1). \tag{1.10}$$

若 $\underline{a} \not\equiv \underline{0} \bmod p$, 注意到此时 $f(x) \bmod p$ 是 $\underline{a} \bmod p$ 的极小多项式, 因此由注 1.5 知 $I_{p^d}(\underline{a}) = (f(x))$. 而 $x^{\text{per}(\underline{a})} - 1 \in I_{p^d}(\underline{a})$, 可知在 $\mathbb{Z}/(p^d)$ 上 $f(x) \mid (x^{\text{per}(\underline{a})} - 1)$, 进而由 $f(x)$ 是 $\mathbb{Z}/(p^d)$ 上 n 次本原多项式知

$$\text{per}(\underline{a}) \geqslant p^{d-1}(p^n - 1). \tag{1.11}$$

联立 (1.10) 和 (1.11) 两式即得 $\text{per}(\underline{a}) = p^{d-1}(p^n - 1)$.

若 $\underline{a} \equiv \underline{0} \bmod p^k$ 且 $\underline{a} \not\equiv \underline{0} \bmod p^{k+1}$, $1 \leqslant k \leqslant d-1$, 则可设 $\underline{a} = p^k \cdot \underline{a}'$, 其中 $\underline{a}' \not\equiv \underline{0} \bmod p$. 易知 $\text{per}(\underline{a}) = \text{per}(\underline{a}'_{\bmod p^{d-k}})$. 注意到 $I_{p^{d-k}}(\underline{a}') = (f(x)_{\bmod p^{d-k}})$, 因此同理可知

$$\text{per}(\underline{a}) = \text{per}(\underline{a}'_{\bmod p^{d-k}}) = p^{d-k-1}(p^n - 1). \qquad \square$$

定义 1.6 设 $f(x)$ 是 $\mathbb{Z}/(p^d)$ 上 n 次本原多项式, $\underline{a} \in G(f(x), p^d)$, 若 $\underline{a} \not\equiv \underline{0} \bmod p$, 则称 $\underline{a}$ 是 $\mathbb{Z}/(p^d)$ 上由 $f(x)$ 生成的 n 阶本原序列.

为了方便叙述, 通常将 $\mathbb{Z}/(p^d)$ 上由本原多项式 $f(x)$ 生成的本原序列全体记为 $G'(f(x), p^d)$.

注 1.11 设 $f(x)$ 是 $\mathbb{Z}/(p^d)$ 上 n 次本原多项式, 则 $f(x)_{\bmod p}$ 是 $\mathbb{Z}/(p)$ 上 n 次本原多项式. 注意到当 p 是奇素数时, $T = p^n - 1$ 是偶数, 从而由有限域上多项式理论知 $x^{T/2} + 1 \equiv 0 \bmod (f(x), p)$. 类似于定理 1.5 的证明过程可得

$$x^{p^{d-1}T/2} + 1 \equiv 0 \bmod (f(x), p^d). \tag{1.12}$$

故对任意的 $\underline{a} \in G'(f(x), p^d)$, 都有 $(x^{p^{d-1}T/2} + 1)\underline{a} \equiv \underline{0} \bmod p^d$, 即对任意 $t \geqslant 0$, 有

$$a_{t+p^{d-1}T/2} + a_t \equiv 0 \bmod p^d, \quad t = 0, 1, 2, \cdots. \tag{1.13}$$

这表明, $\mathbb{Z}/(p^d)$ 上本原序列间隔半个周期具有互补性质.

有限素域 $\mathbb{Z}/(p)$ 上的本原序列通常也简称为 m-序列, 下面的引理 1.4 给出线性无关 m-序列的一个性质. 关于 m-序列性质的系统介绍, 请参考 [4, Chapter 8].

引理 1.4 设 p 是素数, $f(x)$ 是 $\mathbb{Z}/(p)$ 上 n 次本原多项式, $\underline{a}_1, \underline{a}_2, \cdots, \underline{a}_r \in G'(f(x), p)$. 记 $\underline{a}_i = (a_i(0), a_i(1), \cdots)$, $\mathbf{0} = \underbrace{(0, 0, \cdots, 0)}_{r}$. 若 $\underline{a}_1, \underline{a}_2, \cdots, \underline{a}_r$ 在 $\mathbb{Z}/(p)$ 上线性无关, 则对任意的 $(b_1, b_2, \cdots, b_r) \in (\mathbb{Z}/(p))^r \setminus \{\mathbf{0}\}$, $(b_1, b_2, \cdots, b_r)$ 在集合

$$\{(a_1(t), a_2(t), \cdots, a_r(t)) \mid 0 \leqslant t \leqslant p^n - 2\}$$

中出现 p^{n-r} 次, 而 $\mathbf{0}$ 出现 $p^{n-r} - 1$ 次.

证明 任取 $\underline{a} \in G'(f(x), p)$, 则由定理 1.3 知 $\underline{a}, x\underline{a}, \cdots, x^{n-1}\underline{a}$ 是 n 维向量空间 $G(f(x), p)$ 的一组基, 进而由 $\underline{a}_1, \underline{a}_2, \cdots, \underline{a}_r$ 在 $\mathbb{Z}/(p)$ 上线性无关知, 存在 $\mathbb{Z}/(p)$ 上秩为 r 的 $r \times n$ 矩阵 $M_{r \times n}$ 使得

$$
M_{r \times n} \begin{pmatrix} \underline{a} \\ x\underline{a} \\ \vdots \\ x^{n-1}\underline{a} \end{pmatrix} = \begin{pmatrix} \underline{a}_1 \\ \underline{a}_2 \\ \vdots \\ \underline{a}_r \end{pmatrix}.
$$

因为 $\underline{a}$ 是 $\mathbb{Z}/(p)$ 上 m-序列, 所以当 t 遍历 $\{0, 1, \cdots, p^n - 2\}$ 时,

$$(a(t), a(t+1), \cdots, a(t+n-1))$$

遍历 $(\mathbb{Z}/(p))^r \setminus \{\mathbf{0}\}$, 由此知任意的 r 维向量 $(b_1, b_2, \cdots, b_r)$ 在集合

$$\{(a_1(t), a_2(t), \cdots, a_r(t)) \mid 0 \leqslant t \leqslant p^n - 2\}$$

中出现的个数等于如下线性方程组的非零解个数

$$
M_{r \times n} \begin{pmatrix} x_1 \\ x_2 \\ \vdots \\ x_n \end{pmatrix} = \begin{pmatrix} b_1 \\ b_2 \\ \vdots \\ b_r \end{pmatrix}.
$$

注意到 $M_{r \times n}$ 的秩为 r, 因此引理自然成立. □

1.3 $\mathbb{Z}/(N)$ 上本原多项式与本原序列

本节中总假定 $N = p_1^{d_1} p_2^{d_2} \cdots p_r^{d_r}$ 是 N 的标准分解, 其中 $p_1, p_2, \cdots, p_r$ 是互不相同的素数, $d_1, d_2, \cdots, d_r$ 是正整数.

设 $f(x) \in \mathbb{Z}/(N)[x]$ 是 $n \geqslant 1$ 次首一多项式, 若对每个 $i \in \{1, 2, \cdots, r\}$, 都有 $f(0) \not\equiv 0 \bmod p_i$, 则由注 1.7 知 $T_i \triangleq \mathrm{per}(f(x)_{\bmod p_i^{d_i}}, p_i^{d_i}) \leqslant p_i^{d_i - 1}(p_i^n - 1)$, 并且 $x^{T_i} - 1 \equiv 0 \bmod (f(x), p_i^{d_i})$, 从而

$$x^{\mathrm{lcm}(T_1, \cdots, T_r)} - 1 \equiv 0 \bmod (f(x), p_i^{d_i}), \quad 1 \leqslant i \leqslant r.$$

进而由中国剩余定理知

$$x^{\mathrm{lcm}(T_1, \cdots, T_r)} - 1 \equiv 0 \bmod (f(x), N), \tag{1.14}$$

即 $x^{\mathrm{lcm}(T_1, \cdots, T_r)} - 1 \equiv 0 \bmod f(x)$ 在 $\mathbb{Z}/(N)$ 上成立.

定义 1.7 设 $f(x) \in \mathbb{Z}/(N)[x]$ 是 $n \geqslant 1$ 次首一多项式, 若对每个 $i \in \{1, 2, \cdots, r\}$, 都有 $f(0) \not\equiv 0 \bmod p_i$, 则存在正整数 P, 使得

$$x^P - 1 \equiv 0 \bmod (f(x), N).$$

称满足上式的最小正整数 P 为 $f(x)$ 在 $\mathbb{Z}/(N)$ 上的周期, 并记为 $\mathrm{per}(f(x), N)$.

由 (1.14) 式知

$$\mathrm{per}(f(x), N) \leqslant \mathrm{lcm}(T_1, \cdots, T_r) \leqslant \mathrm{lcm}(p_1^{d_1-1}(p_1^n - 1), \cdots, p_r^{d_r-1}(p_r^n - 1)).$$

那么能否将满足

$$\mathrm{per}(f(x), N) = \mathrm{lcm}(p_1^{d_1-1}(p_1^n - 1), \cdots, p_r^{d_r-1}(p_r^n - 1)) \tag{1.15}$$

的多项式 $f(x)$ 自然定义为 $\mathbb{Z}/(N)$ 上 n 次本原多项式呢? 注意到当 $r > 1$ 时, 对 $1 \leqslant i < j \leqslant r$, $p_i^{d_i-1}(p_i^n - 1)$ 与 $p_j^{d_j-1}(p_j^n - 1)$ 之间可能有公因子, 因此如果按 (1.15) 式来定义 $\mathbb{Z}/(N)$ 上 n 次本原多项式, 可能会导致存在 $1 \leqslant i \leqslant r$, 使得 $f(x)_{\bmod p_i^{d_i}}$ 在 $\mathbb{Z}/(p_i^{d_i})$ 上的周期达不到最大, 这不是很合理. 正是基于这一考虑, 文献 [5] 中给出如下环 $\mathbb{Z}/(N)$ 上 n 次本原多项式和 n 阶本原序列的定义.

定义 1.8 [5] 设 $f(x)$ 是 $\mathbb{Z}/(N)$ 上 n 次首一多项式, 若对每个 $i \in \{1, 2, \cdots, r\}$, $f(x)_{\bmod p_i^{d_i}}$ 都是 $\mathbb{Z}/(p_i^{d_i})$ 上 n 次本原多项式, 则称 $f(x)$ 是 $\mathbb{Z}/(N)$ 上 n 次本原多项式. 进一步, 设 $f(x)$ 是 $\mathbb{Z}/(N)$ 上 n 次本原多项式, $\underline{a} \in G(f(x), N)$, 若对每个 $i \in \{1, 2, \cdots, r\}$, 都有 $\underline{a}_{\bmod p_i} \neq \underline{0}$, 即 $\underline{a}_{\bmod p_i^{d_i}}$ 是 $\mathbb{Z}/(p_i^{d_i})$ 上由 $f(x)_{\bmod p_i^{d_i}}$ 生成的 n 阶本原序列, 则称 $\underline{a}$ 是 $\mathbb{Z}/(N)$ 上由 $f(x)$ 生成的 n 阶本原序列.

注 1.12 环 $\mathbb{Z}/(N)$ 上 n 次本原多项式和 n 阶本原序列的周期均等于

$$\mathrm{lcm}(p_1^{d_1-1}(p_1^n - 1), \cdots, p_r^{d_r-1}(p_r^n - 1)).$$

但反之, 若 $\mathbb{Z}/(N)$ 上 n 次首一多项式 $f(x)$ 的周期 (或 n 阶序列 $\underline{a}$ 的周期) 等于

$$\mathrm{lcm}(p_1^{d_1-1}(p_1^n - 1), \cdots, p_r^{d_r-1}(p_r^n - 1)),$$

则 $f(x)$ (或 $\underline{a}$) 未必是 $\mathbb{Z}/(N)$ 上 n 次本原多项式 (或 n 阶本原序列).

为了方便叙述, 通常将 $\mathbb{Z}/(N)$ 上由本原多项式 $f(x)$ 生成的本原序列全体记为 $G'(f(x), N)$.

引理 1.5 设 N_1, N_2 是两个大于 1 的整数且 $\gcd(N_1, N_2) = 1$, $f(x)$ 是 $\mathbb{Z}/(N_1 N_2)$ 上的 n 次本原多项式, $\underline{a}, \underline{b} \in (\mathbb{Z}/(N_1 N_2))^{\infty}$. 若

$$\underline{a}_{\bmod N_1} \in G'(f(x), N_1) \quad \text{且} \quad \underline{b}_{\bmod N_2} \in G'(f(x), N_2),$$

则

$$N_2 \cdot \underline{a} + N_1 \cdot \underline{b} \in G'\left(f(x), N_1 \cdot N_2\right).$$

证明　设 $f(x) = x^n - (c_{n-1}x^{n-1} + \cdots + c_1x + c_0) \in \mathbb{Z}/(N_1N_2)[x]$. 由 $\underline{a}_{\bmod N_1} \in G'\left(f(x), N_1\right)$ 知

$$a_{t+n} \equiv \sum_{i=0}^{n-1} c_i a_{t+i} \bmod N_1, \quad t \geqslant 0,$$

从而

$$N_2 a_{t+n} \equiv \sum_{i=0}^{n-1} c_i N_2 a_{t+i} \bmod N_1 N_2, \quad t \geqslant 0. \tag{1.16}$$

同理, 由 $\underline{b}_{\bmod N_2} \in G'\left(f(x), N_2\right)$ 知

$$N_1 b_{t+n} \equiv \sum_{i=0}^{n-1} c_i N_1 b_{t+i} \bmod N_1 N_2, \quad t \geqslant 0. \tag{1.17}$$

令 $\underline{z} = N_2 \cdot \underline{a} + N_1 \cdot \underline{b}$, 则由 (1.16) 式和 (1.17) 式知

$$z_{t+n} \equiv \sum_{i=0}^{n-1} c_i z_{t+i} \bmod N_1 N_2, \quad t \geqslant 0,$$

从而 $\underline{z} \in G\left(f(x), N_1 N_2\right)$.

设 p 是 $N_1 N_2$ 的任意素因子, 若 $p \mid N_1$, 则 $[\underline{z}]_{\bmod p} = [N_2 \cdot \underline{a}]_{\bmod p}$, 进而由 $\gcd(p, N_2) = 1$ 及 $\underline{a}_{\bmod N_1} \in G'\left(f(x), N_1\right)$ 知 $[\underline{z}]_{\bmod p} \neq \underline{0}$; 若 $p \mid N_2$, 同理有 $[\underline{z}]_{\bmod p} \neq \underline{0}$. 因此对 $N_1 N_2$ 的任意素因子 p, 都有 $[\underline{z}]_{\bmod p} \neq \underline{0}$, 故 $\underline{z} \in G'\left(f(x), N_1 N_2\right)$, 引理得证. □

对于素数 p, 由有限域理论知 (详见 [4, 定理 3.18]), 若 $f(x)$ 是 $\mathbb{Z}/(p)$ 上 n 次本原多项式, 则 $x^{(p^n-1)/(p-1)} \equiv (-1)^n f(0) \bmod (f(x), p)$, 其中 $(-1)^n f(0)$ 是 $\mathbb{Z}/(p)$ 的本原元, 即 $(-1)^n f(0)$ 在乘法群 $(\mathbb{Z}/(p))^*$ 的阶为 $p-1$. 对于 $\mathbb{Z}/(N)$ 上 n 次本原多项式 $f(x)$, 是否也有类似的性质呢? 即是否存在正整数 S 和 $\mathbb{Z}/(N)$ 的本原元 ξ (见定义 1.9), 使得

$$x^S \equiv \xi \bmod (f(x), N) \tag{1.18}$$

成立呢? 简单验证可知, 即使 N 是无平方因子合数, (1.18) 式也未必成立. 例如, 可以验证 $f(x) = x^2 + x + 41$ 是 $\mathbb{Z}/(11 \cdot 13)$ 上的 2 次本原多项式, 但 $f(x)$ 不满

足 (1.18) 式. 满足 (1.18) 式的多项式首次在文献 [5] 中提出, 随后文献 [6] 中将其命名为典型本原多项式, 并对典型本原多项式的存在性给出了若干个易于判断的充要条件.

定义 1.9 设 $N = p_1^{d_1} p_2^{d_2} \cdots p_r^{d_r}$ 是 N 的标准分解, $\xi \in (\mathbb{Z}/(N))^*$, 若对每个 $i \in \{1, 2, \cdots, r\}$, $\xi_{\bmod p_i^{d_i}}$ 在乘法群 $(\mathbb{Z}/(p_i^{d_i}))^*$ 中的阶为 $p_i^{d_i-1}(p_i - 1)$, 则称 ξ 是 $\mathbb{Z}/(N)$ 的本原元.

定义 1.10 [5,6] 设 $N = p_1 p_2 \cdots p_r$ 是 r 个不同素数之积, $f(x)$ 是 $\mathbb{Z}/(N)$ 上 n 次本原多项式, 若存在正整数 S 和 $\mathbb{Z}/(N)$ 的本原元 ξ, 使得 $x^S \equiv \xi \bmod (f(x), N)$, 则称 $f(x)$ 是 $\mathbb{Z}/(N)$ 上 n 次典型本原多项式.

定理 1.8 [6] 设 $N = p_1 p_2 \cdots p_r$ 是 r 个不同素数之积, $f(x)$ 是 $\mathbb{Z}/(N)$ 上 n 次本原多项式, 则下述三个结论等价:

(1) $f(x)$ 是 $\mathbb{Z}/(N)$ 上 n 次典型本原多项式;

(2) 存在本原元 $\xi \in \mathbb{Z}/(N)$, 使得 $x^{\theta_N} \equiv \xi \bmod (f(x), N)$, 其中

$$\theta_N = \mathrm{lcm}\left(\frac{p_1^n - 1}{p_1 - 1}, \frac{p_2^n - 1}{p_2 - 1}, \cdots, \frac{p_r^n - 1}{p_r - 1}\right);$$

(3) 对任意的 $1 \leqslant i \neq j \leqslant r$, 都有 $\gcd\left(\theta_{p_i p_j}, p_i^n - 1\right) = \frac{p_i^n - 1}{p_i - 1}$, 其中

$$\theta_{p_i p_j} = \mathrm{lcm}\left(\frac{p_i^n - 1}{p_i - 1}, \frac{p_j^n - 1}{p_j - 1}\right).$$

定理 1.8 事实上刻画了典型本原多项式存在的充要条件. 由定理 1.8 (3) 知, 当 N 无平方因子时, 或者 $\mathbb{Z}/(N)$ 上所有 n 次本原多项式都是典型本原的, 或者 $\mathbb{Z}/(N)$ 上不存在 n 次典型本原多项式. 当 N 含有平方因子时, 尽管也可以同样定义 $\mathbb{Z}/(N)$ 上典型本原多项式, 但由于此时 n 次典型本原多项式的存在性不仅依赖于 N 和 n, 还与具体的本原多项式有关, 此时讨论 $\mathbb{Z}/(N)$ 上 n 次典型本原多项式的存在性意义不大.

1.4 $\mathbb{Z}/(N)$ 上本原序列的元素分布性质

本节中总假定 $N = p_1 p_2 \cdots p_r$ 是 r 个不相同素数之积. 本节将利用 $\mathbb{Z}/(N)$ 上的指数和估计来研究 $\mathbb{Z}/(N)$ 上原序列的元素分布性质, 这些性质是第 4 章中模 2 压缩导出序列保熵性研究的重要基础. 首先介绍与指数和相关的基本概念和基本性质.

对任意的整数 $m \geqslant 2$, 记 $e_m(\cdot)$ 为 $\mathbb{Z}/(m)$ 上的标准加法特征, 即

$$e_m(a) \triangleq e^{\frac{2\pi i a}{m}} = \cos\left(\frac{2\pi a}{m}\right) + i\sin\left(\frac{2\pi a}{m}\right),$$

其中 $a \in \mathbb{Z}$, 则易知如下引理 1.6 成立.

引理 1.6 对任意的整数 c, 都有

$$\sum_{a=0}^{m-1} e_m(c \cdot a) = \begin{cases} m, & \text{若 } m \mid c, \\ 0, & \text{否则}. \end{cases}$$

下面的引理 1.7 引自 [7, Theorem 13].

引理 1.7 [7] 设 $\underline{a} = (a_t)_{t=0}^{\infty}$ 是 $\mathbb{Z}/(N)$ 上的 n 阶本原序列, 周期为 T, 则

$$\left| \sum_{t=0}^{T-1} e_N(a_t) \right| \leqslant N^{\frac{n}{2}}.$$

下面考察 $\mathbb{Z}/(N)$ 上本原序列的元素分布问题.

问题 1.1 设 $\underline{a}$ 是 $\mathbb{Z}/(N)$ 上的 n 阶本原序列, 问 $\mathbb{Z}/(N)$ 中每一元素是否均在 $\underline{a}$ 中出现?

易知, 当 $n = 1$ 时, 由于 $\mathbb{Z}/(N)$ 中的零因子一定不在 $\underline{a}$ 中出现, 所以此时问题 1.1 肯定不成立. 回顾有限域上本原序列的相关理论可知, 若 $\underline{a}$ 是有限域 $\mathbb{F}_q$ 上 $n \geqslant 2$ 阶本原序列, 则 $\mathbb{F}_q$ 中每一元素均在 $\underline{a}$ 中出现. 那么当 $n \geqslant 2$ 时, 问题 1.1 是否一定成立? 答案是否定的. 例如:

$$\underline{a} = (1, 0, 13, 7, 2, 9, 2, 5, 1, 9, 4, 13, 14, 0, 2, 8, 13, 6, 13, 10, 14, 6, 11, 2, \cdots)$$

是 $\mathbb{Z}/(3 \cdot 5)$ 上由 2 次本原多项式 $f(x) = x^2 - (4x + 13)$ 生成的 2 阶本原序列, 周期为 24. 可知元素 3 和 12 并不在 $\underline{a}$ 中出现. 但是实验显示, 随着 n 的增大, 问题 1.1 似乎是成立的. 利用 $\mathbb{Z}/(N)$ 上的指数和估计, 下面将给出使问题 1.1 成立的一个充分条件, 并进一步从理论上证明: 对给定的 N, 当 n 充分大时, 问题 1.1 总是成立的.

引理 1.8 设 p 是素数, $\underline{a} = (a_t)_{t=0}^{\infty}$ 是 $\mathbb{Z}/(p)$ 上 n 阶本原序列, 则对任意整数 s,

$$\sum_{t=0}^{p^n-2} \sum_{h=0}^{p-1} e_p(h \cdot (a_t - s)) = E_p(s),$$

其中

$$E_p(s) \triangleq \begin{cases} p^n - p, & s \equiv 0 \bmod p, \\ p^n, & \gcd(s, p) = 1. \end{cases} \tag{1.19}$$

证明 由引理 1.6 知 $\frac{1}{p}\sum_{t=0}^{p^n-2}\sum_{h=0}^{p-1}e_p\left(h\cdot(a_t-s)\right)$ 是 $s \bmod p$ 在序列 $\underline{a}$ 的一个周期中出现的次数, 所以由有限域上本原序列的理论知结论成立. □

设 $\underline{a}=(a_t)_{t=0}^{\infty}$ 是 $\mathbb{Z}/(N)$ 上的 n 阶本原序列, 周期为 T. 对 $s\in\mathbb{Z}/(N)$, 记 $N(\underline{a},s)$ 表示 $\underline{a}$ 的一个周期 T 中元素 s 出现的次数, 即

$$N(\underline{a},s)=\left|\{t\mid a_t=s, 0\leqslant t\leqslant T-1\}\right|.$$

引理 1.9 [8] 设 $E_p(s)$ 如 (1.19) 式定义, 则

$$\left|\frac{N(\underline{a},s)}{T}-\frac{1}{N}\cdot\left(1-r+\sum_{i=1}^{r}\frac{E_{p_i}(s)}{p_i^n-1}\right)\right|$$

$$\leqslant\frac{1}{N}\cdot\sum_{k=2}^{r}\sum_{1\leqslant i_1<\cdots<i_k\leqslant r}\frac{\prod_{j=1}^{k}\left(p_{i_j}-1\right)p_{i_j}^{n/2}}{\operatorname{lcm}\left(p_{i_1}^n-1,\cdots,p_{i_k}^n-1\right)}. \tag{1.20}$$

证明 由于 $N=p_1p_2\cdots p_r$, 故由引理 1.6 易知

$$N(\underline{a},s)=\frac{1}{N}\sum_{t=0}^{T-1}\sum_{h_1=0}^{p_1-1}e_{p_1}\left(h_1(a_t-s)\right)\cdots\sum_{h_r=0}^{p_r-1}e_{p_r}\left(h_r(a_t-s)\right). \tag{1.21}$$

记 $D_i=\sum_{h_i=1}^{p_i-1}e_{p_i}\left(h_i(a_t-s)\right)$, $i=1,2,\cdots,r$, 则由 (1.21) 式知

$$N(\underline{a},s)=\frac{1}{N}\sum_{t=0}^{T-1}\prod_{i=1}^{r}(D_i+1)$$

$$=\frac{1}{N}\sum_{t=0}^{T-1}\left(1+\sum_{i=1}^{r}D_i+\sum_{k=2}^{r}\sum_{1\leqslant i_1<\cdots<i_k\leqslant r}D_{i_1}\cdots D_{i_k}\right)$$

$$=\frac{T}{N}+\frac{1}{N}\sum_{i=1}^{r}\sum_{t=0}^{T-1}D_i+\frac{1}{N}\sum_{t=0}^{T-1}\sum_{k=2}^{r}\sum_{1\leqslant i_1<\cdots<i_k\leqslant r}D_{i_1}\cdots D_{i_k}. \tag{1.22}$$

由于对任意的 $i=1,2,\cdots,r$, 都有

$$\sum_{t=0}^{T-1}D_i=\sum_{t=0}^{T-1}\sum_{h_i=1}^{p_i-1}e_{p_i}\left(h_i(a_t-s)\right)=\sum_{t=0}^{T-1}\sum_{h_i=0}^{p_i-1}e_{p_i}\left(h_i(a_t-s)\right)-T$$

$$=\frac{T}{p_i^n-1}\sum_{t=0}^{p_i^n-2}\sum_{h_i=0}^{p_i-1}e_{p_i}\left(h_i(a_t-s)\right)-T,$$

从而由引理 1.8 知

$$\sum_{t=0}^{T-1} D_i = \frac{T \cdot E_{p_i}(s)}{p_i^n - 1} - T, \quad i = 1, 2, \cdots, r. \tag{1.23}$$

将 (1.23) 式代入 (1.22) 式并整理得

$$\left| N(\underline{a}, s) - \frac{T}{N} \cdot \left(1 - r + \sum_{i=1}^{r} \frac{E_{p_i}(s)}{p_i^n - 1} \right) \right|$$

$$= \frac{1}{N} \left| \sum_{k=2}^{r} \sum_{1 \leqslant i_1 < \cdots < i_k \leqslant r} \sum_{t=0}^{T-1} D_{i_1} \cdots D_{i_k} \right|$$

$$\leqslant \frac{1}{N} \sum_{k=2}^{r} \sum_{1 \leqslant i_1 < \cdots < i_k \leqslant r} \sum_{h_{i_1}=1}^{p_{i_1}-1} \cdots \sum_{h_{i_k}=1}^{p_{i_k}-1} \left| \sum_{t=0}^{T-1} e_{p_{i_1}}(h_{i_1}(a_t - s)) \cdots e_{p_{i_k}}(h_{i_k}(a_t - s)) \right|$$

$$= \frac{1}{N} \sum_{k=2}^{r} \sum_{1 \leqslant i_1 < \cdots < i_k \leqslant r} \sum_{h_{i_1}=1}^{p_{i_1}-1} \cdots \sum_{h_{i_k}=1}^{p_{i_k}-1} \left| \sum_{t=0}^{T-1} e_{p_{i_1}}(h_{i_1} a_t) \cdots e_{p_{i_k}}(h_{i_k} a_t) \right|. \tag{1.24}$$

对任意的 $1 \leqslant i_1 < i_2 < \cdots < i_k \leqslant r$, 记

$$g_{i_u} = \frac{\prod_{1 \leqslant j \leqslant k} p_{i_j}}{p_{i_u}}, \quad u = 1, 2, \cdots, k,$$

则

$$e_{p_{i_1}}(h_{i_1} a_t) \cdots e_{p_{i_k}}(h_{i_k} a_t) = e_{p_{i_1} \cdots p_{i_k}} \left(\left(\sum_{u=1}^{k} g_{i_u} h_{i_u} \right) \cdot a_t \right).$$

注意到 $1 \leqslant h_{i_u} \leqslant p_{i_u} - 1$, $u = 1, 2, \cdots, k$, 因此对任意的 $1 \leqslant j \leqslant k$, 都有

$$\sum_{u=1}^{k} g_{i_u} h_{i_u} \not\equiv 0 \bmod p_{i_j},$$

故在 $\mathbb{Z}/(p_{i_1} \cdots p_{i_k})$ 上, 序列

$$\underline{b} \triangleq \left(\sum_{u=1}^{k} g_{i_u} h_{i_u} \right) \cdot \underline{a} = \left(\sum_{u=1}^{k} g_{i_u} h_{i_u} \cdot a_t \right)_{t=0}^{\infty}$$

是 n 阶本原序列, 周期为 $\mathrm{lcm}(p_{i_1}^n - 1, \cdots, p_{i_k}^n - 1)$, 从而由引理 1.7 可知

$$\left| \sum_{t=0}^{T-1} e_{p_{i_1}} \left(h_{i_1} a_t \right) \cdots e_{p_{i_k}} \left(h_{i_k} a_t \right) \right| = \left| \sum_{t=0}^{T-1} e_{p_{i_1} \cdots p_{i_k}} \left(b_t \right) \right|$$

$$\leqslant \frac{T \cdot \left(p_{i_1} \cdots p_{i_k} \right)^{n/2}}{\mathrm{lcm} \left(p_{i_1}^n - 1, \cdots, p_{i_k}^n - 1 \right)}. \tag{1.25}$$

将 (1.25) 式代入 (1.24) 式后两边同除以 T 即得 (1.20) 式, 故引理得证. □

下面进一步说明, 对于任意给定的 N, 当 n 充分大时, (1.20) 式右端式子将充分小. 为此, 首先给出数论函数 $\gcd(\cdot)$ 的一个性质.

引理 1.10 [9] 设 $1 < a < b$ 且 $\gcd(a, b) = 1$, 则对任意的 $\varepsilon > 0$, 存在与 ε 有关的整数 N_ε, 使得当整数 $n > N_\varepsilon$ 时, $\gcd(a^n - 1, b^n - 1) < a^{n\varepsilon}$.

引理 1.11 [8] 对任意给定的 N, 都有

$$\lim_{n \to \infty} \frac{1}{N} \cdot \sum_{k=2}^{r} \sum_{1 \leqslant i_1 < \cdots < i_k \leqslant r} \frac{\prod_{j=1}^{k} \left(p_{i_j} - 1 \right) p_{i_j}^{n/2}}{\mathrm{lcm} \left(p_{i_1}^n - 1, \cdots, p_{i_k}^n - 1 \right)} = 0. \tag{1.26}$$

证明 由引理 1.10 知, 对任意给定的 $\varepsilon > 0$ 及任意给定的 i 和 j, $1 \leqslant i < j \leqslant r$, 总存在整数 $N_\varepsilon^{(i,j)}$, 使得当 $n > N_\varepsilon^{(i,j)}$ 时, $\gcd(p_i^n - 1, p_j^n - 1) < p_i^{n\varepsilon}$. 令

$$N_\varepsilon = \max \left\{ \left\lceil \frac{\ln p_i}{\ln p_1} \cdot N_\varepsilon^{(i,j)} \right\rceil \ \middle| \ 1 \leqslant i < j \leqslant r \right\},$$

则当 $n > N_\varepsilon$ 时,

$$\gcd(p_i^n - 1, p_j^n - 1) < p_1^{n\varepsilon}, \quad 1 \leqslant i < j \leqslant r. \tag{1.27}$$

设 $2 \leqslant k \leqslant r$, $1 \leqslant i_1 < \cdots < i_k \leqslant r$, 注意到

$$\mathrm{lcm} \left(p_{i_1}^n - 1, \cdots, p_{i_k}^n - 1 \right) \geqslant \frac{\prod_{j=1}^{k} \left(p_{i_j}^n - 1 \right)}{\prod_{1 \leqslant u < v \leqslant k} \gcd \left(p_{i_u}^n - 1, p_{i_v}^n - 1 \right)}, \tag{1.28}$$

将 (1.27) 式应用于 (1.28) 式右端得

$$\mathrm{lcm} \left(p_{i_1}^n - 1, \cdots, p_{i_k}^n - 1 \right) \geqslant p_1^{-k^2 n\varepsilon/2} \cdot \prod_{j=1}^{k} \left(p_{i_j}^n - 1 \right) \geqslant p_1^{-r^2 n\varepsilon/2} \cdot \prod_{j=1}^{k} \left(p_{i_j}^n - 1 \right),$$

从而

$$\frac{\prod_{j=1}^{k} \left(p_{i_j} - 1 \right) p_{i_j}^{n/2}}{\mathrm{lcm} \left(p_{i_1}^n - 1, \cdots, p_{i_k}^n - 1 \right)} \leqslant p_1^{r^2 n\varepsilon/2} \cdot \prod_{j=1}^{k} \frac{\left(p_{i_j} - 1 \right) p_{i_j}^{n/2}}{p_{i_j}^n - 1}$$

$$< p_1^{r^2 n \varepsilon / 2} \cdot \prod_{j=1}^{k} p_{i_j}^{1 - n/2}$$

$$\leqslant p_1^{r^2 n \varepsilon / 2} \cdot N \cdot \prod_{j=1}^{k} p_{i_j}^{-n/2}. \tag{1.29}$$

因为 $k \geqslant 2$ 且 $p_{i_j} > p_1 > 1$, $1 \leqslant j \leqslant k$, 所以由 (1.29) 式知

$$\frac{\prod_{j=1}^{k} (p_{i_j} - 1) \, p_{i_j}^{n/2}}{\mathrm{lcm} \left(p_{i_1}^n - 1, \cdots, p_{i_k}^n - 1 \right)} < p_1^{r^2 n \varepsilon / 2} \cdot N \cdot p_1^{-nk/2} \leqslant p_1^{r^2 n \varepsilon / 2} \cdot N \cdot p_1^{-n}$$

$$= N \cdot p_1^{-n(2 - r^2 \varepsilon)/2},$$

故

$$\frac{1}{N} \cdot \sum_{k=2}^{r} \sum_{1 \leqslant i_1 < \cdots < i_k \leqslant r} \frac{\prod_{j=1}^{k} (p_{i_j} - 1) \, p_{i_j}^{n/2}}{\mathrm{lcm} \left(p_{i_1}^n - 1, \cdots, p_{i_k}^n - 1 \right)} < 2^r \cdot p_1^{-n(2 - r^2 \varepsilon)/2}.$$

取 $\varepsilon < r^{-2}$, 则

$$0 \leqslant \frac{1}{N} \cdot \sum_{k=2}^{r} \sum_{1 \leqslant i_1 < \cdots < i_k \leqslant r} \frac{\prod_{j=1}^{k} (p_{i_j} - 1) \, p_{i_j}^{n/2}}{\mathrm{lcm} \left(p_{i_1}^n - 1, \cdots, p_{i_k}^n - 1 \right)} < 2^r \cdot p_1^{-n/2}.$$

注意到 r, p_1 均为给定常数且 $p_1 > 1$, 因此

$$\lim_{n \to \infty} 2^r \cdot p_1^{-n/2} = 0,$$

故 (1.26) 式成立, 引理得证.   □

在 (1.20) 式中, 两边分别令 $n \to \infty$, 则由引理 1.11 即得如下的定理 1.9.

定理 1.9 [8]   设 $N(\underline{a}, s)$ 是 $\underline{a}$ 的一个周期 T 中元素 s 出现的次数, 记

$$H(n) = \max \left\{ N(\underline{a}, s) \mid \underline{a} \text{ 是 } \mathbb{Z}/(N) \text{ 上 } n \text{ 阶本原序列} \right\},$$

$$h(n) = \min \left\{ N(\underline{a}, s) \mid \underline{a} \text{ 是 } \mathbb{Z}/(N) \text{ 上 } n \text{ 阶本原序列} \right\},$$

则 $\lim\limits_{n \to \infty} H(n)/T = \lim\limits_{n \to \infty} h(n)/T = 1/N$.

定理 1.9 说明, 当 n 充分大时 (实验数据显示 $n \geqslant 7$ 时), $\mathbb{Z}/(N)$ 上任意 n 阶本原序列的元素分布是比较均衡的.

结合引理 1.8 和引理 1.9, 有如下的定理 1.10.

定理 1.10 [8]　设 $s \in \mathbb{Z}/(N)$, $\underline{a}$ 是 $\mathbb{Z}/(N)$ 上的 n 阶本原序列. 若

$$
\sum_{k=2}^{r} \sum_{1 \leqslant i_1 < \cdots < i_k \leqslant r} \frac{\prod_{j=1}^{k} (p_{i_j} - 1) \, p_{i_j}^{n/2}}{\mathrm{lcm}(p_{i_1}^{n} - 1, \cdots, p_{i_k}^{n} - 1)} < 1 - r + \sum_{i=1}^{r} \frac{E_{p_i}(s)}{p_i^{n} - 1},
$$

则元素 s 在 $\underline{a}$ 中出现, 其中 $E_p(s)$ 如 (1.19) 式定义. 特别地, 若

$$
\sum_{k=2}^{r} \sum_{1 \leqslant i_1 < \cdots < i_k \leqslant r} \frac{\prod_{j=1}^{k} (p_{i_j} - 1) \, p_{i_j}^{n/2}}{\mathrm{lcm}(p_{i_1}^{n} - 1, \cdots, p_{i_k}^{n} - 1)} < 1 + \sum_{i=1}^{r} \frac{1}{p_i^{n} - 1},
$$

则 $\mathbb{Z}/(N)$ 中每一个可逆元均在 $\underline{a}$ 中出现; 若

$$
\sum_{k=2}^{r} \sum_{1 \leqslant i_1 < \cdots < i_k \leqslant r} \frac{\prod_{j=1}^{k} (p_{i_j} - 1) \, p_{i_j}^{n/2}}{\mathrm{lcm}(p_{i_1}^{n} - 1, \cdots, p_{i_k}^{n} - 1)} < 1 - \sum_{i=1}^{r} \frac{p_i - 1}{p_i^{n} - 1}, \tag{1.30}
$$

则 $\mathbb{Z}/(N)$ 中每一元素均在 $\underline{a}$ 中出现.

　　注 1.13　当 $n = 1$ 时, (1.30) 式显然不成立. 下面进一步说明, 当 $n = 2$ 时, (1.30) 式也不成立. 事实上, 当 $i \in \{1, 2, \cdots, r\}$ 时, $p_i^2 \equiv 1 \bmod 4$, 故

$$
\mathrm{lcm}(p_1^{n} - 1, \cdots, p_r^{n} - 1) \leqslant \frac{\prod_{i=1}^{r} (p_i^2 - 1)}{4^{r-1}} \leqslant \frac{\prod_{i=1}^{r} (p_i^2 - 1)}{2^{r}},
$$

从而

$$
\sum_{k=2}^{r} \sum_{1 \leqslant i_1 < \cdots < i_k \leqslant r} \frac{\prod_{j=1}^{k} (p_{i_j} - 1) \, p_{i_j}}{\mathrm{lcm}(p_{i_1}^2 - 1, \cdots, p_{i_k}^2 - 1)} \geqslant \frac{\prod_{i=1}^{r} (p_i - 1) \, p_i}{\mathrm{lcm}(p_1^2 - 1, \cdots, p_r^2 - 1)}
$$

$$
\geqslant 2^{r} \prod_{i=1}^{r} \frac{p_i}{p_i + 1}
$$

$$
> 1 - \sum_{i=1}^{r} \frac{p_i - 1}{p_i^2 - 1},
$$

可知此时 (1.30) 不成立.

　　由引理 1.11 知, 对任意给定的 N, 当 n 趋于无穷大时, (1.30) 式的左边是趋于 0 的, 而右边是趋于 1 的, 故当 n 充分大时, (1.30) 式必成立, 从而有如下的定理 1.11.

　　定理 1.11 [8]　给定 N, 存在仅与 N 有关的整数 n_N, 使得当 $n > n_N$ 时, 对 $\mathbb{Z}/(N)$ 上任意 n 阶本原序列 $\underline{a}$, $\mathbb{Z}/(N)$ 中每一元素均在 $\underline{a}$ 中出现.

在实际使用中, n 的值不可能太大, 因此对于较小的 n, $\mathbb{Z}/(N)$ 中每一元素是否一定都在 $\underline{a}$ 中出现显得更为有意义. 借助于计算机, 文献 [8] 测试了 (1.30) 式的有效性: 给定不同的次数 n, $n \in \{3, 4, \cdots, 20\}$, 分别测试 $\Omega_{1000000}$, $\Omega_{5000000}$ 和 $\Omega_{10000000}$ 中满足 (1.30) 式的 N 的比例, 其中 Ω_k 表示所有小于 k 的无平方因子奇合数所构成的集合, 测试结果见表 1.1. 例如, 当 $n = 3$ 时, 集合 $\Omega_{1000000}$ 之中有 76.347% 的 N 满足 (1.30) 式. 由表 1.1 可知, 当 $n \geqslant 7$ 时, 绝大部分的 N 满足 (1.30) 式, 从而可知, 当 $n \geqslant 7$ 时, 对绝大部分的 N, $\mathbb{Z}/(N)$ 中每一元素均在 $\underline{a}$ 中出现, 其中 $\underline{a}$ 是 $\mathbb{Z}/(N)$ 上的任意 n 阶本原序列. 此外, 从表 1.1 还可知, 满足 (1.30) 式的比例大小主要取决于 n 的选择, 而与 N 的范围的选择相对无关, 并且随着 N 的范围的变化, 比例的变化始终比较平稳.

表 1.1　满足 (1.30) 式的 (N, n) 的比例之测试结果

n	$\Omega_{1000000}$	$\Omega_{5000000}$	$\Omega_{10000000}$	n	$\Omega_{1000000}$	$\Omega_{5000000}$	$\Omega_{10000000}$
3	76.347%	76.669%	76.811%	12	99.999%	99.999%	99.999%
4	67.918%	69.891%	70.482%	13	100%	100%	100%
5	99.998%	99.998%	99.998%	14	100%	100%	100%
6	95.964%	96.164%	96.204%	15	100%	100%	100%
7	100%	100%	100%	16	100%	100%	100%
8	100%	100%	100%	17	100%	100%	100%
9	100%	100%	100%	18	100%	100%	100%
10	100%	100%	100%	19	100%	100%	100%
11	100%	100%	100%	20	100%	100%	100%

第 2 章　环 $\mathbb{Z}/(p^d)$ 上权位序列

本章中, 总假定 p 是素数, d 是大于 1 的整数. 本章介绍环 $\mathbb{Z}/(p^d)$ 上权位序列的密码性质, 包括周期、线性复杂度、元素分布、自相关性等.

2.1　权位序列及其周期

设 $a \in \mathbb{Z}/\left(p^d\right)$, 自然视 a 为集合 $\{0,1,\cdots,p^d-1\}$ 中的整数, 则 a 有如下唯一的 p-adic 分解

$$a = a_0 + a_1 \cdot p + \cdots + a_{d-1} \cdot p^{d-1},$$

其中 $0 \leqslant a_i \leqslant p-1$, 称 a_i 为 a 的第 i 权位.

同理, 对 $\mathbb{Z}/\left(p^d\right)$ 上序列 $\underline{a}$, 有唯一的 p-adic 分解

$$\underline{a} = \underline{a}_0 + \underline{a}_1 \cdot p + \cdots + \underline{a}_{d-1} \cdot p^{d-1},$$

其中 $\underline{a}_i$ 是集合 $\{0,1,\cdots,p-1\}$ 上序列. 称 $\underline{a}_i$ 是 $\underline{a}$ 的第 i 权位序列, 特别称 $\underline{a}_{d-1}$ 是 $\underline{a}$ 的最高权位序列.

设 $f(x)$ 是 $\mathbb{Z}/\left(p^d\right)$ 上首一多项式, $\underline{0} \neq \underline{a} \in G(f(x), p^d)$, 若 $\underline{a}_{\bmod p^k} = \underline{0}$, 其中 $1 \leqslant k < d$, 此时 $\underline{a}$ 的 p-adic 分解为

$$\underline{a} = \underline{a}_k \cdot p^k + \underline{a}_{k+1} \cdot p^{k+1} + \cdots + \underline{a}_{d-1} \cdot p^{d-1},$$

则 $\underline{a}_k + \underline{a}_{k+1} \cdot p + \cdots + \underline{a}_{d-1} \cdot p^{d-1-k}$ 可自然视为 $\mathbb{Z}/\left(p^{d-k}\right)$ 上序列, 并且有

$$\underline{a}_k + \underline{a}_{k+1} \cdot p + \cdots + \underline{a}_{d-1} \cdot p^{d-1-k} \in G(f(x), p^{d-k}).$$

为叙述方便和统一, 本章中记序列 $\underline{a}$ 在第 t 时刻的取值为 $a(t)$, 则序列 $\underline{a}$ 表示为 $\underline{a} = (a(t))_{t=0}^{\infty} = (a(0), a(1), a(2), \cdots)$. 特别地, $\underline{a}$ 的第 i 权位序列 $\underline{a}_i$ 表示为

$$\underline{a}_i = (a_i(t))_{t=0}^{\infty} = (a_i(0), a_i(1), a_i(2), \cdots).$$

下面的引理 2.1 和引理 2.2 给出了高低权位之间的代数关系, 它是研究权位序列密码性质的重要工具.

引理2.1　设 $f(x)$ 是 $\mathbb{Z}/(p^d)$ 上首一多项式, $T=\mathrm{per}(f(x),p)$, $h_i(x)$ 如 (1.7) 式确定, $\underline{a} \in G(f(x),p^d)$ 且 $\underline{a} = \underline{a}_0 + \underline{a}_1 \cdot p + \cdots + \underline{a}_{d-1} \cdot p^{d-1}$ 是 $\underline{a}$ 的 p-adic 分解, 则对 $1 \leqslant i \leqslant d-1$, 有

$$\left(x^{p^{i-1}T} - 1\right)\left(\underline{a}_i + \underline{a}_{i+1} \cdot p + \cdots + \underline{a}_{d-1} \cdot p^{d-1-i}\right)$$
$$\equiv h_i(x)\left(\underline{a}_0 + \underline{a}_1 \cdot p + \cdots + \underline{a}_{d-1-i} \cdot p^{d-1-i}\right) \mod p^{d-i}. \tag{2.1}$$

特别地, 有

$$\left(x^{p^{i-1}T} - 1\right)\underline{a}_i \equiv h_i(x)\underline{a}_0 \mod p. \tag{2.2}$$

证明　在 (2.1) 式两边同时模 p 即得 (2.2) 式, 因此只需证明 (2.1) 式即可. 对 $1 \leqslant i \leqslant d-1$, 因为 $\mathrm{per}([\underline{a}]_{\mathrm{mod}\, p^i}) \mid p^{i-1}T$, 所以

$$\left(x^{p^{i-1}T} - 1\right)\underline{a} = \left(x^{p^{i-1}T} - 1\right)\left(\underline{a}_i \cdot p^i + \underline{a}_{i+1} \cdot p^{i+1} + \cdots + \underline{a}_{d-1} \cdot p^{d-1}\right).$$

由 (1.7) 式知 $x^{p^{i-1}T} - 1 \equiv p^i h_i(x) \mod (f(x),p^d)$, 将其两边分别作用于序列 $\underline{a}$ 得

$$\left(x^{p^{i-1}T} - 1\right)\left(\underline{a}_i \cdot p^i + \underline{a}_{i+1} \cdot p^{i+1} + \cdots + \underline{a}_{d-1} \cdot p^{d-1}\right)$$
$$\equiv h_i(x)\left(\underline{a}_0 + \underline{a}_1 \cdot p + \cdots + \underline{a}_{d-1-i} \cdot p^{d-1-i}\right) \cdot p^i \mod p^d,$$

所以

$$\left(x^{p^{i-1}T} - 1\right)\left(\underline{a}_i + \underline{a}_{i+1} \cdot p + \cdots + \underline{a}_{d-1} \cdot p^{d-1-i}\right)$$
$$\equiv h_i(x)\left(\underline{a}_0 + \underline{a}_1 \cdot p + \cdots + \underline{a}_{d-1-i} \cdot p^{d-1-i}\right) \mod p^{d-i}. \qquad \square$$

引理 2.2　设 $f(x)$ 是 $\mathbb{Z}/(p^d)$ 上 n 次本原多项式, $\underline{a} \in G'(f(x),p^d)$ 且 $\underline{a} = \underline{a}_0 + \underline{a}_1 \cdot p + \cdots + \underline{a}_{d-1} \cdot p^{d-1}$ 是 $\underline{a}$ 的 p-adic 分解. 令 $\underline{\alpha} = [h_f(x)\underline{a}_0]_{\mathrm{mod}\, p}$, 其中 $h_f(x)$ 同 (1.9) 式定义, 则对 $t \geqslant 0$ 及 $j \in \{0,1,\cdots,p-1\}$, 有

$$a_{d-1}\left(t+j \cdot p^{d-2}T\right) \equiv a_{d-1}(t) + j \cdot \alpha(t) \mod p, \tag{2.3}$$

其中 $T = p^n - 1$. 进一步, 当 $\alpha(t) \neq 0$ 时,

$$\{a_{d-1}\left(t+j \cdot p^{d-2}T\right) \mid j = 0,1,\cdots,p-1\} = \{0,1,\cdots,p-1\}. \tag{2.4}$$

证明　只需证明 (2.3) 式即可. 由 (2.2) 式及注 1.6 知

$$\left(x^{p^{d-2}T} - 1\right)\underline{a}_{d-1} \equiv h_{d-1}(x)\underline{a}_0 \equiv \underline{\alpha} \mod p,$$

从而对 $t \geqslant 0$, 有 $a_{d-1}\left(t+p^{d-2}T\right) = a_{d-1}(t) + \alpha(t)$. 注意到 $\mathrm{per}\,(\underline{\alpha}) = T$, 因此对 $j \in \{1, 2, \cdots, p-1\}$, 有

$$
\begin{aligned}
a_{d-1}\left(t+j \cdot p^{d-2}T\right) &\equiv a_{d-1}\left(t+(j-1)\cdot p^{d-2}T\right) + \alpha\left(t+(j-1)\cdot p^{d-2}T\right) \\
&\equiv a_{d-1}\left(t+(j-1)\cdot p^{d-2}T\right) + \alpha(t) \\
&\equiv \cdots \\
&\equiv a_{d-1}(t) + j \cdot \alpha(t) \bmod p.
\end{aligned}
$$

当 $j = 0$ 时, (2.3) 式显然成立, 故引理得证. $\hfill\square$

设 $f(x)$ 是 $\mathbb{Z}/\left(p^d\right)$ 上 n 次本原多项式, $\underline{a}$ 是由 $f(x)$ 生成的 n 阶本原序列, 即 $\underline{a} \in G'(f(x), p^d)$, 并设 $\underline{a} = \underline{a}_0 + \underline{a}_1 \cdot p + \cdots + \underline{a}_{d-1} \cdot p^{d-1}$ 是 $\underline{a}$ 的 p-adic 分解, 自然 视 $\underline{a}_i$, $0 \leqslant i \leqslant d-1$ 为有限域 $\mathbb{F}_p$ 上的序列. 易知 $\underline{a}_0$ 是由 $f(x)_{\bmod p}$ 生成的本原 序列 (m-序列), 其周期 $\mathrm{per}(\underline{a}_0) = p^n - 1$. 下面进一步说明 $\mathrm{per}(\underline{a}_i) = p^i \cdot (p^n - 1)$. 特别地, 有 $\mathrm{per}(\underline{a}_{d-1}) = \mathrm{per}(\underline{a}) = p^{d-1} \cdot (p^n - 1)$.

定理 2.1 设 $f(x)$ 是 $\mathbb{Z}/\left(p^d\right)$ 上 n 次本原多项式, $\underline{a} \in G'(f(x), p^d)$, $m(x) \in \mathbb{F}_p[x]$ 是 $\underline{a}_{d-1}$ 的极小多项式, 记 $f_0(x) \triangleq f(x)_{\bmod p} \in \mathbb{F}_p[x]$, 则

$$
f_0(x)^{1+p^{d-2}} \,\|\, m(x), \tag{2.5}
$$

即 $f_0(x)^{1+p^{d-2}} \mid m(x)$, 但 $f_0(x)^{2+p^{d-2}} \nmid m(x)$, 从而

$$
\mathrm{per}(\underline{a}_{d-1}) = \mathrm{per}(\underline{a}) = p^{d-1} \cdot (p^n - 1).
$$

证明 记 $T = p^n - 1$, 则由 (2.2) 式知

$$
\left(x^{p^{d-2}T} - 1\right)\underline{a}_{d-1} \equiv h_{d-1}(x)\underline{a}_0 \bmod p, \tag{2.6}
$$

从而

$$
m(x) \mid f_0(x)\left(x^{p^{d-2}T} - 1\right). \tag{2.7}
$$

注意到在 $\mathbb{F}_p$ 上,

$$
f_0(x) \,\|\, x^T - 1, \quad f_0(x)^{p^{d-2}} \,\|\, \left(x^T - 1\right)^{p^{d-2}},
$$

而 $\left(x^T - 1\right)^{p^{d-2}} = x^{p^{d-2}T} - 1$, 因此 $f_0(x)^{1+p^{d-2}} \,\|\, f_0(x)\left(x^{p^{d-2}T} - 1\right)$. 再注意到 在 $\mathbb{F}_p$ 上,

$$
\gcd\left(f_0(x), h_{d-1}(x)\right) = 1,
$$

可知 $h_{d-1}(x)\underline{a}_0 \not\equiv \underline{0} \bmod p$, 故显然有 $f_0(x)^{1+p^{d-2}} \parallel m(x)$, 否则由 (2.7) 式知 $m(x) \mid (x^{p^{d-2}T} - 1)$, 这与 (2.6) 式矛盾.

因为

$$\mathrm{per}\left(f_0(x)^{1+p^{d-2}}\right) = p^{d-1} \cdot \mathrm{per}(f_0(x)) = p^{d-1} \cdot (p^n - 1),$$

所以 $p^{d-1} \cdot (p^n - 1) \mid \mathrm{per}(m(x))$, 从而 $p^{d-1} \cdot (p^n - 1) \mid \mathrm{per}(\underline{a}_{d-1})$. 又 $\mathrm{per}(\underline{a}_{d-1})$ 整除 $\mathrm{per}(\underline{a}) = p^{d-1} \cdot (p^n - 1)$, 所以 $\mathrm{per}(\underline{a}_{d-1}) = p^{d-1} \cdot (p^n - 1)$. □

注 2.1　由定理 2.1 知, 对 $1 \leqslant k \leqslant d-1$, 有

$$\mathrm{per}\left(\underline{a}_{k-1}\right) = \mathrm{per}\left(\underline{a}_{\bmod p^k}\right) = \mathrm{per}\left(f(x)_{\bmod p^k}\right) = p^{k-1} \cdot (p^n - 1).$$

由此可知, $\underline{a}$ 的权位序列周期具有分层现象, 最低权位周期最小, 随着权位的升高, 周期逐渐变大, 直至最高权位时具有最大周期. 这也说明不同权位序列的地位是不对等的.

2.2　权位序列的线性复杂度

线性复杂度是衡量序列随机性的一个重要指标. 密码意义下好的伪随机序列必须具有高的线性复杂度, 以抵抗 Berlekamp-Massey 算法[10] 的攻击.

本章后三节中, 总假定 $f(x)$ 是 $\mathbb{Z}/(p^d)$ 上 n 次本原多项式, $\underline{a} \in G'(f(x), p^d)$, 并且 $\underline{a} = \underline{a}_0 + \underline{a}_1 \cdot p + \cdots + \underline{a}_{d-1} \cdot p^{d-1}$ 是 $\underline{a}$ 的 p-adic 分解, 对 $0 \leqslant i \leqslant d-1$, 自然视 $\underline{a}_i$ 为有限域 $\mathbb{F}_p$ 上的序列.

易知 $\underline{a}_0$ 的线性复杂度 $LC(\underline{a}_0) = n$, 其极小多项式为 $f(x)_{\bmod p}$. 下面介绍其他权位序列线性复杂度的研究成果.

文献 [11, 定理 2] 给出了第 1 权位序列 $\underline{a}_1$ 线性复杂度的精确计算公式. 在介绍该结果前, 首先给出相关的定义.

定义 2.1[12]　设 $p \geqslant 5$ 是奇素数, $a \in \{1, 2, \cdots, (p-3)/2\}$, 若

$$\sum_{k=1}^{p-1} k^{2a} \not\equiv 0 \bmod p^2,$$

则称 $(p, 2a)$ 是一个正则对(regular pair), 否则称 $(p, 2a)$ 是一个非正则对(irregular pair). 进一步, 当 a 遍历集合 $\{1, 2, \cdots, (p-3)/2\}$ 时, 使得 $(p, 2a)$ 是非正则对的 a 的个数称为 p 的非正则度(index of irregularity), 并记为 $ii(p)$. 若 $ii(p) = 0$, 则称 p 是正则素数(regular prime number), 否则称为非正则素数(irregular prime number).

注 2.2 正则素数是大量存在的, 例如在小于 100 的素数中, 除 37, 59, 67 外, 其余都是正则素数. 文献 [12] 进一步指出, 在 5 — 4001 内, 共有 332 个正则素数、216 个非正则素数, 非正则素数的详细列表见 [12, 表 9]. 此外, 文献 [11] 还指出 $ii(p)$ 通常比较小. 例如, 当 $p < 125000$ 时, $ii(p) \leqslant 5$, 并且等于 5 的只有两个素数.

定理 2.2 [11] 设 $f(x)$, $\underline{a}$, $\underline{a}_1$ 如前定义, 则

$$
LC\left(\underline{a}_1\right) = \begin{cases}
n\left(n+3\right)/2, & \text{若 } p = 2, \\
n + \dbinom{n+1}{2} + \dbinom{n+2}{3}, & \text{若 } p = 3, \\
n + \displaystyle\sum_{k \in \Omega} \dbinom{n+k-1}{k} + \dbinom{n+p-2}{p-1} + \dbinom{n+p-1}{p}, & \text{若 } p \geqslant 5,
\end{cases}
$$

其中 $\Omega = \left\{ k \mid 3 \leqslant k \leqslant p-2, k \text{是奇数}, (p, p-k) \text{是正则对} \right\}$.

由定理 2.2 立即有如下推论.

推论 2.1 设 p 是奇素数, 其余符号同定理 2.2, 则

$$
LC\left(\underline{a}_1\right) \geqslant n + \binom{n+p-2}{p-1} + \binom{n+p-1}{p},
$$

$$
LC\left(\underline{a}_1\right) \leqslant n + \sum_{\substack{3 \leqslant k \leqslant p-2, \\ k \text{是奇数}}} \binom{n+k-1}{k} + \binom{n+p-2}{p-1} + \binom{n+p-1}{p}.
$$

注 2.3 推论 2.1 中的上下界都是紧的. 特别地, 当 p 是正则素数时, $LC\left(\underline{a}_1\right)$ 达到上界值. 当 p 不是正则素数, 由注 2.2 知 $LC\left(\underline{a}_1\right)$ 也非常接近上界值.

从所掌握的资料来看, 目前还没有第二权位及以上权位序列线性复杂度的精确计算公式, 但是关于它们的上下界估计, 取得了许多研究成果.

文献 [13] 研究了 $\mathbb{Z}/(2^d)$ 上本原序列最高权位序列的线性复杂度, 并得到如下的估计.

定理 2.3 [13] 设整数 $d \geqslant 3$, $f(x)$ 是 $\mathbb{Z}/(2^d)$ 上 n 次本原多项式, $\theta \in \mathbb{F}_{2^n}$ 是 $f(x)_{\bmod 2}$ 的一个根. 记 $g(x) = [h_f(x)]_{\bmod 2}$, 其中 $h_f(x)$ 如 (1.9) 式定义, 令 $\Delta = g(\theta)$,

$$
\mathcal{N}_k\left(\Delta\right) = \left\{ (i_1, i_2, \cdots, i_{2^k+1}) \,\middle|\, 0 \leqslant i_1 < i_2 < \cdots < i_{2^k+1} < n, \sum_{j=1}^{2^k+1} \Delta^{2^{i_j}} \neq 0 \right\},
$$

则对任意 $\underline{a} \in G'(f(x), 2^d)$, $\underline{a}_{d-1}$ 的线性复杂度满足

$$LC\left(\underline{a}_{d-1}\right) \geqslant \sum_{k=2}^{K}\left(2^{d-2} - 2^{k-1} + 1\right) \cdot \left|\mathcal{N}_k\left(\Delta\right)\right|,$$

其中 $K = \min\left(d-1, \lfloor \log_2\left(n-1\right)\rfloor\right)$.

当 $2^k < n$ 时,

$$\left|\mathcal{N}_k\left(\Delta\right)\right| \leqslant \binom{n}{2^k + 1},$$

并且 $\left|\mathcal{N}_k\left(\Delta\right)\right|$ 很接近上界值. 进一步, 有如下推论.

推论 2.2 [13]   设符号同定理 2.3, 若 $\mathbb{F}_2\left(\Delta\right) = \mathbb{F}_{2^n}$, 且 $\{\Delta, \Delta^2, \cdots, \Delta^{2^{n-1}}\}$ 是 $\mathbb{F}_2\left(\Delta\right)$ 在 $\mathbb{F}_2$ 上的一组正规基, 则

$$LC\left(\underline{a}_{d-1}\right) \geqslant \begin{cases} \displaystyle\sum_{k=2}^{\lfloor \log_2(n-1)\rfloor}\left(2^{d-2} - 2^{k-1} + 1\right)\binom{n}{2^k + 1}, & \text{若 } n < 2^{d-1}, \\ \displaystyle\binom{n}{2^{d-1}} + \sum_{k=2}^{d-2}\left(2^{d-2} - 2^{k-1} + 1\right)\binom{n}{2^k + 1}, & \text{若 } n \geqslant 2^{d-1}. \end{cases}$$

推论 2.2 表明 $\underline{a}_{d-1}$ 应具有较高的线性复杂度 (对比它们的周期而言). 例如, 取 $n = 2\left(2^w + 1\right) < 2^{d-1}$, 则 [13]

$$LC\left(\underline{a}_{d-1}\right) \geqslant \left(2^{d-2} - 2^{w-1} + 1\right)\binom{n}{2^w + 1} \geqslant 2^{d-3} \cdot \binom{n}{n/2}$$

$$\geqslant 2^{d-3} \cdot 2^n / (2n)^{1/2} \geqslant \frac{\mathrm{per}\left(\underline{a}_{d-1}\right)}{4\sqrt{2\left(\log_2\left(\mathrm{per}\left(\underline{a}_{d-1}\right)\right) - d + 1\right)}}.$$

文献 [14, 定理 1.6] 给出了环 $\mathbb{Z}/\left(p^d\right)$ 上权位序列线性复杂度的下界估计. 设 A 和 B 是正整数, p 是素数, 令

$$\begin{Bmatrix} A \\ B \end{Bmatrix}_p \triangleq \left|\{(x_0, \cdots, x_{A-1}) \mid x_0 + \cdots + x_{A-1} = B, 0 \leqslant x_0, \cdots, x_{A-1} \leqslant p-1\}\right|,$$

则

$$\begin{Bmatrix} A \\ B \end{Bmatrix}_p = \sum_{s \geqslant 0} (-1)^s \binom{A}{s}\binom{A + B - ps - 1}{A - 1},$$

其中, 当 $a < b$ 时, 约定 $\binom{a}{b} = 0$.

定理 2.4 [14]   设整数 $d \geqslant 3$, 则存在 $\mathbb{Z}/(p^d)$ 上的 n 次本原多项式 $f(x)$, 使得对任意的 $\underline{a} \in G'(f(x), p^d)$, $\underline{a}$ 的权位序列的线性复杂度满足

(1) 当 $p = 2$ 时, 令 $D = \lfloor \log_2(n-2) \rfloor - 1$, 则

$$LC(\underline{a}_2) \geqslant 3n + 2 \cdot \binom{n}{3},$$

$$LC(\underline{a}_i) \geqslant \sum_{k=1}^{D} \binom{n}{2^{k+1}+1}(2^{i-1} - 2^k + 1) + \binom{n}{2^i}$$

$$+ n \cdot (2^{i-1} + 1) + \binom{n}{4} \cdot 2^{i-1}, \quad 3 \leqslant i \leqslant d-1. \tag{2.8}$$

(2) 当 $p \geqslant 3$ 时,

$$LC(\underline{a}_i) \geqslant n \cdot (p^{i-1} + 1) + \sum_{k=1}^{i-2} \left\{ \begin{matrix} n \\ p^{k+1}+p-1 \end{matrix} \right\}_p \cdot (p^{i-1} - p^k + 1)$$

$$+ \left\{ \begin{matrix} n \\ i \end{matrix} \right\}_p, \quad 2 \leqslant i \leqslant d-1.$$

除上述下界估计外, 文献 [3, 15] 还各自给出了 $LC(\underline{a}_i)$ 上界的一个估计. 这些估计结果表明本原序列的权位序列, 特别是最高权位序列应具有较高的线性复杂度 (对比它们的周期而言). 关于权位序列的线性复杂度和极小多项式, 可进一步参考文献 [16].

2.3 权位序列的元素分布

元素分布也是衡量序列伪随机性的一个重要指标. 密码意义下好的伪随机序列元素分布应该是平衡的, 以抵抗可能的攻击方法, 如区分攻击. 本节介绍环 $\mathbb{Z}/(p^d)$ 上本原序列所导出的权位序列的元素分布性质.

引理 2.3 [17]   设 p 是素数, e 是正整数, 给定 $u, v \in \mathbb{Z}/(p^e)$ 且 $v \neq 0$, 记

$$S(i) = \left\{ k \in \mathbb{Z}/(p^e) \,\middle|\, [u+vk]_{\bmod p^e} \text{ 的第 } e-1 \text{ 权位等于 } i \right\},$$

其中 $i \in \{0, 1, \cdots, p-1\}$, 则 $|S(0)| = |S(1)| = \cdots = |S(p-1)| = p^{e-1}$.

证明 设 $a \in \mathbb{Z}/(p^e)$, 考察如下线性同余方程

$$u + vx \equiv a \bmod p^e. \tag{2.9}$$

设 $p^t = \gcd(v, p^e)$, 其中 $0 \leqslant t \leqslant e - 1$, 则 (2.9) 式有解当且仅当 $p^t \mid (a - u)$, 并且当 (2.9) 式有解时, 恰有 p^t 个解. 对 $i \in \{0, 1, \cdots, p - 1\}$, 令

$$S'(i) = \left\{ a \in \mathbb{Z}/(p^e) \mid a \equiv u \bmod p^t \text{ 且 } a_{e-1} = i \right\},$$

其中 a_{e-1} 是 a 的第 $e - 1$ 权位, 则 $|S'(i)| = p^{e-1-t}$. 注意到对每个 $a \in S'(i)$, 都恰好有 p^t 个 $k \in S(i)$, 使得 $u + vk \equiv a \bmod p^e$. 反之, 对每个 $k \in S(i)$, 都有 $[u + vk]_{\bmod p^e} \in S'(i)$. 由此可知

$$|S(i)| = p^t \cdot |S'(i)| = p^{e-1}. \qquad \square$$

设 $\underline{z}$ 是一条周期序列, 记 $P(\underline{z}, s)$ 为 $\underline{z}$ 的一个周期中元素 s 出现的频率, 即 $P(\underline{z}, s) = N(\underline{z}, s)/\operatorname{per}(\underline{z})$. 基于引理 2.3, 下面的定理 2.5 给出了关于 $P(\underline{a}_{d-1}, s)$ 的一个重要不等式, 其中 $\underline{a}_{d-1}$ 是 $\mathbb{Z}/(p^d)$ 上 n 阶本原序列 $\underline{a}$ 的最高权位序列.

定理 2.5 [17] 设 p 是素数, 整数 $d \geqslant 2$, $f(x)$ 是 $\mathbb{Z}/(p^d)$ 上 n 次本原多项式, $\underline{a} \in G'(f(x), p^d)$, $1 \leqslant e \leqslant d/2$. 令 $\underline{\alpha} = [h_{d-e}(x)\underline{a}]_{\bmod p^e}$, 其中 $h_{d-e}(x)$ 如 (1.7) 式定义, 则对 $s \in \{0, 1, \cdots, p - 1\}$, 有

$$\left| P(\underline{a}_{d-1}, s) - \frac{1}{p} \right| \leqslant \frac{N(\underline{\alpha}, 0)}{p^e T},$$

其中 $N(\underline{\alpha}, 0)$ 表示 $\underline{\alpha}$ 的一个周期中 0 的个数, $T = p^n - 1$.

证明 在 (1.7) 式中取 $i = d - e$, 则

$$\left(x^{p^{d-e-1}T} - 1 \right) \left(\underline{a}_{d-e} + \underline{a}_{d-e+1} \cdot p + \cdots + \underline{a}_{d-1} \cdot p^{e-1} \right)$$
$$\equiv h_{d-e}(x) \left(\underline{a}_0 + \underline{a}_1 \cdot p + \cdots + \underline{a}_{e-1} \cdot p^{e-1} \right)$$
$$\equiv \underline{\alpha} \bmod p^e. \tag{2.10}$$

记 $\underline{\beta} = \underline{a}_{d-e} + \underline{a}_{d-e+1} \cdot p + \cdots + \underline{a}_{d-1} \cdot p^{e-1} = (\beta(0), \beta(1), \beta(2), \cdots)$, 其中 $\beta(t) \in \mathbb{Z}/(p^e)$, $t = 0, 1, 2, \cdots$, 则 (2.10) 式简化为

$$\left(x^{p^{d-e-1}T} - 1 \right) \underline{\beta} \equiv \underline{\alpha} \bmod p^e. \tag{2.11}$$

设 $\underline{\alpha} = (\alpha(0), \alpha(1), \alpha(2), \cdots)$, 则由 (2.11) 式知, 对任意非负整数 t 和任意正整数 k, 有

$$\beta\left(t + kp^{d-e-1}T \right) \equiv \beta\left(t + (k-1)p^{d-e-1}T \right) + \alpha\left(t + (k-1)p^{d-e-1}T \right) \bmod p^e. \tag{2.12}$$

因为 $1 \leqslant e \leqslant d/2$, 所以 $d - e - 1 \geqslant e - 1$, 从而 $p^{e-1}T \mid p^{d-e-1}T$. 注意到 $\operatorname{per}(\underline{\alpha}) = p^{e-1}T$, 因此 $\operatorname{per}(\underline{\alpha}) \mid p^{d-e-1}T$, 从而由 (2.12) 式知

$$\beta\left(t + kp^{d-e-1}T\right) \equiv \beta(t) + k\alpha(t) \mod p^e. \tag{2.13}$$

而 $\operatorname{per}(\underline{\beta}) = p^{d-1}T$, 故当 t 跑遍集合 $\{0, 1, \cdots, p^{d-e-1}T - 1\}$, k 跑遍集合 $\{0, 1, \cdots, p^e - 1\}$ 时, $\beta\left(t + kp^{d-e-1}T\right)$ 恰好跑遍 $\underline{\beta}$ 的第一个周期.

由于 $\underline{\alpha}$ 在长为 $p^{d-e-1}T$ 的一段序列中零的个数为 $p^{d-2e}N(\underline{\alpha}, 0)$, 非零的个数为 $p^{d-e-1}T - p^{d-2e}N(\underline{\alpha}, 0)$, 故由 (2.13) 式和引理 2.3 知

$$N\left(\underline{\beta}_{e-1}, s\right) \geqslant p^{e-1}\left(p^{d-e-1}T - p^{d-2e}N(\underline{\alpha}, 0)\right) = p^{d-2}T - p^{d-e-1}N(\underline{\alpha}, 0) \tag{2.14}$$

且

$$N\left(\underline{\beta}_{e-1}, s\right) \leqslant p^{e-1}\left(p^{d-e-1}T - p^{d-2e}N(\underline{\alpha}, 0)\right) + p^e\left(p^{d-2e}N(\underline{\alpha}, 0)\right)$$
$$= p^{d-2}T + p^{d-e-1}N(\underline{\alpha}, 0). \tag{2.15}$$

而 $\underline{\beta}_{e-1} = \underline{\alpha}_{d-1}$, 将 $N\left(\underline{\beta}_{e-1}, s\right) = N\left(\underline{\alpha}_{d-1}, s\right) = P\left(\underline{a}_{d-1}, s\right) \cdot p^{d-1}T$ 代入 (2.14) 和 (2.15) 两式即得定理结论. $\qquad\square$

定理 2.5 将最高权位序列的元素分布估计转化为对序列 $\underline{\alpha}$ 中 0 元素个数的估计, 由此可知, 若能给出 $N(\underline{\alpha}, 0)$ 的较好估计, 便能给出关于 $P\left(\underline{a}_{d-1}, s\right)$ 的有效估计.

设 $\underline{a}$ 是 $\mathbb{Z}/(4)$ 上 n 阶本原序列, 周期为 $2 \cdot (2^n - 1)$, 表 2.1 [18,19] 给出了 $\underline{a}$ 在一个周期中各个元素出现次数的精确结果①.

由表 2.1 即得如下引理.

表 2.1 $\mathbb{Z}/(4)$ 上 n 阶本原序列的元素分布

	$n = 2m$		$n = 2m + 1$
$N(\underline{a}, 0)$	$2^{n-1} - \delta \cdot 2^m - 2$	$2^{n-1} - \delta \cdot 2^{m-1} - 2$	$2^{n-1} - \delta \cdot 2^m - 2$
$N(\underline{a}, 1)$	$2^{n-1} - \varepsilon \cdot 2^m$	$2^{n-1} - \varepsilon \cdot 2^{m-1}$	$2^{n-1} - \varepsilon \cdot 2^m$
$N(\underline{a}, 2)$	$2^{n-1} + \delta \cdot 2^m$	$2^{n-1} + \delta \cdot 2^{m-1}$	$2^{n-1} + \delta \cdot 2^m$
$N(\underline{a}, 3)$	$2^{n-1} + \varepsilon \cdot 2^m$	$2^{n-1} + \varepsilon \cdot 2^{m-1}$	$2^{n-1} + \varepsilon \cdot 2^m$
δ 和 ε	$\delta \cdot \varepsilon = 0$	$\delta \cdot \varepsilon \neq 0$	$\lvert\delta\rvert = \lvert\varepsilon\rvert$

---

① 文献 [18] 中首次给出 $\mathbb{Z}/(4)$ 上 n 阶本原序列元素分布的精确结果, 但没有提供具体证明过程. 文献 [19] 将 [18] 中结论推广至特征为 4 的 Galois 环上, 给出详细的证明过程, 并指出当 $n = 2m + 1$ 时, [18] 中 $\lvert\delta\rvert \neq \lvert\varepsilon\rvert$ 的情形是冗余的.

引理 2.4   设 $\underline{a}$ 是 $\mathbb{Z}/(4)$ 上 n 阶本原序列, 周期为 $2 \cdot (2^n - 1)$, 则对任意的 $s \in \mathbb{Z}/(4)$, 均有

$$|N(\underline{a}, s)| \leqslant 2^{n-1} + 2^{\lfloor n/2 \rfloor} - 2.$$

结合定理 2.5 和引理 2.4, 可得 $\mathbb{Z}/(2^d)$ 上本原序列最高权位序列之元素分布的一个有效估计.

定理 2.6 [17]   设 $d \geqslant 4$, $\underline{a}$ 是 $\mathbb{Z}/(2^d)$ 上 n 阶本原序列, 则对任意的 $s \in \{0, 1\}$, 均有

$$\left| P(\underline{a}_{d-1}, s) - \frac{1}{2} \right| \leqslant \frac{2^{n-1} + 2^{\lfloor n/2 \rfloor} - 2}{2^2 (2^n - 1)}.$$

由定理 2.6 知, 当 $n \geqslant 10$ 时, $36.7546\% < P(\underline{a}_{d-1}, s) < 63.2454\%$. 进一步, 文献 [20] 通过改进 $N(\underline{\alpha}, 0)$ 的估计, 给出了 $P(\underline{a}_{d-1}, s)$ 的更好估计结果:

(1) 当 $n \leqslant 7$ 时, $40.1579\% < P(\underline{a}_{d-1}, s) < 59.8421\%$;

(2) 当 $n \geqslant 8$ 时, $40.2505\% < P(\underline{a}_{d-1}, s) < 59.7495\%$;

(3) 当 $n \geqslant 30$ 时, $40.6249\% < P(\underline{a}_{d-1}, s) < 59.3751\%$.

当 $f(x)$ 是 $\mathbb{Z}/(2^d)$ 上 n 次强本原多项式且 $d \geqslant 8$ 时, 文献 [21] 通过采用线性组合叠加的方法进一步改进了 $N(\underline{\alpha}, 0)$ 的估计, 得到如下结果:

(1) 当 $n \geqslant 10$ 时, $41.4467\% < P(\underline{a}_{d-1}, s) < 58.5533\%$;

(2) 当 $n \geqslant 20$ 时, $43.6768\% < P(\underline{a}_{d-1}, s) < 56.3232\%$;

(3) 当 $n \geqslant 30$ 时, $43.7477\% < P(\underline{a}_{d-1}, s) < 56.2523\%$.

若 $d \geqslant 16$ 且 $h_2^2(x) + h_2(x) \not\equiv 1 \bmod 2$, 其中 $h_2(x)$ 如 (1.7) 式定义, 则上述结论可进一步改进为 [22]

(1) 当 $n \geqslant 10$ 时, $46.6440\% < P(\underline{a}_{d-1}, s) < 53.3560\%$;

(2) 当 $n \geqslant 20$ 时, $47.8123\% < P(\underline{a}_{d-1}, s) < 52.1877\%$;

(3) 当 $n \geqslant 30$ 时, $47.8504\% < P(\underline{a}_{d-1}, s) < 52.1496\%$.

此外, 文献 [17] 中还证明, 当 d 足够大时, 至多只有极少数的本原序列 $\underline{a}$, 使得 $P(\underline{a}_{d-1}, s)$ 不接近 $1/2$.

定理 2.7 [17]   设整数 $d \geqslant 2$, $e = \lfloor d/2 \rfloor$, $f(x)$ 是 $\mathbb{Z}/(2^d)$ 上 n 次本原多项式, $s \in \{0, 1\}$, 则对任意的 $1 \leqslant k \leqslant \lfloor d/2 \rfloor$, 满足

$$\left| P(\underline{a}_{d-1}, s) - \frac{1}{2} \right| \leqslant \frac{1}{2^{e-k+1}}$$

的序列 $\underline{a}$ 在集合 $G'(f(x), 2^d)$ 中所占的比例至少为 $(2^k - 1)/2^k$.

定理 2.7 说明, 当 d 足够大时, 在集合 $G'(f(x), 2^d)$ 中随机抽取一条序列 $\underline{a}$, 在大部分情况下, $\underline{a}$ 的最高权位序列 $\underline{a}_{d-1}$ 中 $0, 1$ 分布是相当理想的. 例如当

$d = 32$ 时, 取 $k = 8$, 则满足

$$0.498046975 < P\left(\underline{a}_{d-1}, s\right) < 0.501953125$$

的序列 $\underline{a}$ 在 $G'\left(f(x), 2^d\right)$ 中所占的比例至少为 99.6%; 再如当 $d = 64$ 时, 取 $k = 16$, 则满足

$$0.499992371 < P\left(\underline{a}_{d-1}, s\right) < 0.500007629$$

的序列 $\underline{a}$ 在 $G'\left(f(x), 2^d\right)$ 中所占的比例至少为 99.998474%.

设 p 是素数, 整数 $r \geqslant 1$. 记

$$\bar{t} \triangleq (t_1, t_2, \cdots, t_r), \quad \bar{s} \triangleq (s_1, s_2, \cdots, s_r),$$

其中 $t_1, t_2, \cdots, t_r$ 是 r 个非负整数, $s_1, s_2, \cdots, s_r \in \mathbb{Z}/(p)$, 称 $(\bar{t}, \bar{s})$ 为一个 r-样式. 进一步, 设 $\underline{z}$ 是 $\mathbb{Z}/(p)$ 上周期序列, γ 是 $\underline{z}$ 的极小多项式在分裂域中的一个根, 若 $\gamma^{t_1}, \gamma^{t_2}, \cdots, \gamma^{t_r}$ 在 $\mathbb{Z}/(p)$ 上线性无关, 则称 $(\bar{t}, \bar{s})$ 为序列 $\underline{z}$ 的一个独立 r-样式. 记

$$N_{\underline{z}}\left(\bar{t}, \bar{s}\right) \triangleq |\{0 \leqslant t \leqslant \mathrm{per}\,(\underline{z}) - 1 \mid z(t + t_i) = s_i, 1 \leqslant i \leqslant r\}|,$$

$$P_{\underline{z}}\left(\bar{t}, \bar{s}\right) \triangleq \frac{N_{\underline{z}}\left(\bar{t}, \bar{s}\right)}{\mathrm{per}\,(\underline{z})},$$

则称 $N_{\underline{z}}\left(\bar{t}, \bar{s}\right)$ 和 $P_{\underline{z}}\left(\bar{t}, \bar{s}\right)$ 分别为 r-样式 $(\bar{t}, \bar{s})$ 在序列 $\underline{z}$ 中出现的次数和频率.

文献 [23] 给出了 $\mathbb{Z}/(p^d)$ 上本原序列最高权位序列独立 r-样式频率的一个估计.

定理 2.8 [23]　设 $\underline{a}$ 是 $\mathbb{Z}/(p^d)$ 上 n 阶本原序列, $(\bar{t}, \bar{s})$ 是 $\underline{a}_{d-1}$ 的一个独立 r-样式, 则

$$\left| P_{\underline{a}_{d-1}}\left(\bar{t}, \bar{s}\right) - P\left(\bar{s}\right) \right| \leqslant \frac{p^{(d-1)(r+1)}}{p^{n/2} - p^{-n/2}},$$

其中

$$P\left(\bar{s}\right) = \begin{cases} \dfrac{p^{n-r} - 1}{p^n - 1}, & \text{若 } \bar{s} = \bar{0}, \\[2mm] \dfrac{p^{n-r}}{p^n - 1}, & \text{否则}. \end{cases}$$

注意到 $P(\bar{s}) \approx p^{-r}$, 因此定理 2.8 实际上刻画了 $P_{\underline{a}_{d-1}}\left(\bar{t}, \bar{s}\right)$ 离均匀分布的偏差. 上述估计对 d 小 n 大是比较有效的, 这跟前面的估计刚好相反, 互相形成补充. 对于给定的 d, 当 $r < \dfrac{n}{2(d-1)} - 1$ 时, 可知当 n 趋于无穷时, $P_{\underline{a}_{d-1}}\left(\bar{t}, \bar{s}\right)$ 与 $P(\bar{s})$ 的偏差趋于 0. 这说明上述估计对足够大的 n 是非常理想的. 特别地, 在定理 2.8 中取 $p = 2$, $r = 1$, $\bar{s} = (0)$, 即得如下推论.

推论 2.3 [23]　　设 $\underline{a}$ 是 $\mathbb{Z}/\left(2^d\right)$ 上 n 阶本原序列, 则

$$\left| P\left(\underline{a}_{d-1}, 0\right) - \frac{2^{n-1} - 1}{2^n - 1} \right| \leqslant \frac{2^{2(d-1)+n/2}}{2^n - 1}. \tag{2.16}$$

推论 2.3 中 (2.16) 式右端的量级为 $O\left(2^{2d-n/2}\right)$, 利用指数和估计, 文献 [24] 和 [25] 进一步将此量级分别降为 $O(2^{3d/2-n/2})$ 和 $O(d \cdot 2^{d-n/2})$.

定理 2.9 [24]　　设 $\underline{a}$ 是 $\mathbb{Z}/\left(2^d\right)$ 上 n 阶本原序列, 则

$$\left| P\left(\underline{a}_{d-1}, 0\right) - \frac{2^{n-1} - 1}{2^n - 1} \right| \leqslant 2^{(d-3)/2}\left(2^{d-1} - 1\right) \cdot \frac{2^{n/2}}{2^n - 1}.$$

定理 2.10 [25]　　设 $\underline{a}$ 是 $\mathbb{Z}/\left(2^d\right)$ 上 n 阶本原序列, 则

$$\left| P\left(\underline{a}_{d-1}, 0\right) - \frac{1}{2} \right| \leqslant \frac{\left(2^{d-1} - 1\right) 2^{n/2} + 1}{2\left(2^n - 1\right)} \cdot \left(\frac{2d \ln 2}{\pi} + 1\right).$$

对 $p = 2$ 情形, 文献 [26] 将定理 2.8 的量级由 $O\left(2^{(d-1)r+d-n/2}\right)$ 降为 $O((1 + 2d \ln 2/\pi)^r \cdot 2^{d-n/2})$.

定理 2.11 [26]　　设 $\underline{a}$ 是 $\mathbb{Z}/\left(2^d\right)$ 上 n 阶本原序列, $(\bar{t}, \bar{s})$ 是 $\underline{a}_{d-1}$ 的一个独立 r-样式, 则

$$\left| P_{\underline{a}_{d-1}}\left(\bar{t}, \bar{s}\right) - \frac{1}{2^r} \right| \leqslant \left(\frac{2d \ln 2}{\pi} + 1\right)^r 2^{d-1-n/2}.$$

随后, 文献 [27] 将上述量级进一步改进为 $O\left((1 + d \ln 2/\pi)^r \cdot 2^{d-n/2}\right)$.

定理 2.12 [27]　　设 $\underline{a}$ 是 $\mathbb{Z}/\left(2^d\right)$ 上 n 阶本原序列, $(\bar{t}, \bar{s})$ 是 $\underline{a}_{d-1}$ 的一个独立 r-样式, 则

$$\left| P_{\underline{a}_{d-1}}\left(\bar{t}, \bar{s}\right) - \frac{1}{2^r} \right| \leqslant \frac{\left(2^{d-1} - 1\right) \cdot 2^{n/2} + 1}{2^n - 1} \left(\left(\frac{d \ln 2}{\pi} + 1\right)^r - \frac{1}{2^r}\right).$$

2.4　权位序列的自相关性

序列的自相关性也是衡量序列伪随机性的一个重要指标. 早在 1967 年, Golomb [28] 提出的三条著名的伪随机性准则中就包含理想的自相关性.

设 $\underline{a} = (a(t))_{t=0}^{\infty}$ 是周期为 T 的二元序列, 则序列 $\underline{a}$ 关于移位 $\tau \geqslant 0$ 的自相关函数值定义为

$$C_{\underline{a}}(\tau) = \sum_{t=0}^{T-1} (-1)^{a(t)+a(t+\tau)}.$$

序列的自相关函数值 $C_{\underline{a}}(\tau)$ 衡量了序列 $\underline{a}$ 与其自身 τ-移位序列 $x^\tau \underline{a}$ 之间的相似性, 其绝对值越大, 说明 $\underline{a}$ 与 $x^\tau \underline{a}$ 越相似. 特别地, 当 $C_{\underline{a}}(\tau) = T$ 时, 说明 $\underline{a}$ 与 $x^\tau \underline{a}$ 完全一样, 即 $\underline{a} = x^\tau \underline{a}$. 密码意义下 "好" 的伪随机序列应具有理想的自相关函数值, 即当 $1 \leqslant \tau \leqslant T - 1$ 时, $\left| C_{\underline{a}}(\tau) \right|$ 应等于 0 或等于一个较小的数.

关于 $\mathbb{Z}/(2^d)$ 上本原序列最高权位序列的自相关性, 有如下估计.

定理 2.13 [24]　设 $\underline{a}$ 是 $\mathbb{Z}/(2^d)$ 上 n 阶本原序列, 则

$$\left| C_{\underline{a}_{d-1}}(\tau) \right| \leqslant 2^{d-1+n/2} \left(2^{d-1} - 1 \right) \sqrt{3\left(2^{2d} - 1 \right)} + 2^{d-1},$$

其中 $0 < \tau < 2^{d-1} \left(2^n - 1 \right)$.

注 2.4　由定理 2.13 知, $\left| C_{\underline{a}_{d-1}}(\tau) \right| \leqslant 2^{d-1} \left(2^{2d+n/2} - 1 \right)$, 故当 $n > 4d$ 时, 定理 2.13 给出的估计是非平凡的.

定理 2.13 中估计的量级为 $O\left(2^{3d+n/2} \right)$, 利用 Fourier 变换, 文献 [25] 将其改进为 $O\left((1 + 2d \ln 2/\pi)^2 \, 2^{2d+n/2} \right)$.

定理 2.14 [25]　设 $\underline{a}$ 是 $\mathbb{Z}/(2^d)$ 上 n 阶本原序列, 则

$$\left| C_{\underline{a}_{d-1}}(\tau) \right| \leqslant 2^{d-1} \left(\left(2^{d-1} - 1 \right) 2^{n/2} + 1 \right) \left(\frac{2d \ln 2}{\pi} + 1 \right)^2,$$

其中 $0 < \tau < 2^{d-1} \left(2^n - 1 \right)$.

第 3 章 环 $\mathbb{Z}/(p^d)$ 上本原序列压缩导出序列的保熵性

本章中, 总假定 p 是素数, d 是大于 1 的整数. 设 $\underline{a}$ 是 $\mathbb{Z}/(p^d)$ 上本原序列, 将 $\underline{a}$ 进行 p-adic 分解 $\underline{a} = \underline{a}_0 + \underline{a}_1 \cdot p + \cdots + \underline{a}_{d-1} \cdot p^{d-1}$, 则 $\underline{a}$ 可自然导出 d 条 p 元序列 $\underline{a}_0, \underline{a}_1, \cdots, \underline{a}_{d-1}$. 由于进位的影响, 最高权位序列 $\underline{a}_{d-1}$ 蕴含了丰富的非线性结构. 文献 [1, 2] 证明了最高权位序列是保熵的, 即 $\underline{a}_{d-1}$ 保留了 $\underline{a}$ 的全部信息, 理论上由 $\underline{a}_{d-1}$ 可唯一还原出 $\underline{a}$. 同期, 俄罗斯学者 Kuzmin 和 Nechaev [3] 以摘要形式给出相同结论, 但没有给出具体证明. 最高权位序列的保熵性研究拉开了环 $\mathbb{Z}/(p^d)$ 上权位压缩导出序列保熵性研究的序幕, 随后保熵性的研究对象拓展为 $\psi\left(\underline{a}_0, \underline{a}_1, \cdots, \underline{a}_{d-1}\right)$, 其中 $\psi\left(x_0, x_1, \cdots, x_{d-1}\right)$ 是有限素域 $\mathbb{Z}/(p)$ 上的 d 元函数, $\psi\left(\underline{a}_0, \underline{a}_1, \cdots, \underline{a}_{d-1}\right) = \left(\psi\left(a_0(t), a_1(t), \cdots, a_{d-1}(t)\right)\right)_{t=0}^{\infty}$, 这里 $\underline{a}_i = (a_i(t))_{t=0}^{\infty}, 0 \leqslant i \leqslant d-1$.

本章中, 为了叙述方便, 总是假定 $\underline{a}_i$ 是 $\mathbb{Z}/(p^d)$ 上序列 $\underline{a}$ 的第 i 权位序列, $0 \leqslant i \leqslant d-1$, 并记

$$\underline{a}_i = (a_i(t))_{t=0}^{\infty}, \quad \underline{a} = (a(t))_{t=0}^{\infty}.$$

3.1 最高权位序列的保熵性

"保熵" 一词意在刻画从 $\mathbb{Z}/(p^d)$ 上本原序列到其权位压缩导出序列的压缩过程中没有信息损失, 从而使得压缩后的导出序列保留压缩前本原序列的所有信息. 用数学语言来描述, 保熵性实际上是指由 $\mathbb{Z}/(p^d)$ 上本原多项式 $f(x)$ 和 $\mathbb{Z}/(p)$ 上 d 元多项式函数 $\psi(x_0, x_1, \cdots, x_{d-1})$ 诱导出的压缩映射

$$\psi : \begin{cases} G'\left(f(x), p^d\right) & \longrightarrow & (\mathbb{Z}/(p))^{\infty} \\ \underline{a} & \longmapsto & \psi\left(\underline{a}_0, \underline{a}_1, \cdots, \underline{a}_{d-1}\right) \end{cases}$$

是单射, 即对任意的 $\underline{a}, \underline{b} \in G'\left(f(x), p^d\right)$,

$$\underline{a} = \underline{b} \text{ 当且仅当 } \psi\left(\underline{a}_0, \underline{a}_1, \cdots, \underline{a}_{d-1}\right) = \psi\left(\underline{b}_0, \underline{b}_1, \cdots, \underline{b}_{d-1}\right).$$

本节关注 $\mathbb{Z}/(p^d)$ 上最高权位序列 (即 $\psi(x_0, x_1, \cdots, x_{d-1}) = x_{d-1}$) 的保熵性证明, 分两个小节分别给出 p 为奇素数和 $p = 2$ 两种情形下的保熵性证明.

3.1.1 p 为奇素数情形

引理 3.1 设 p 是素数, $f(x)$ 是 $\mathbb{Z}/(p^d)$ 上 n 次本原多项式, $\underline{a} \in G'\left(f(x), p^d\right)$, 则对任意的 $s \in \left(\mathbb{Z}/(p^d)\right)^*$, 存在 $t^* \geqslant 0$, 使得 $a(t^*) = s$. 进一步, 若 $f(x)$ 是 $\mathbb{Z}/(p^d)$ 上 n 次强本原多项式, 则对任意的 $s \in \mathbb{Z}/(p^d)$, 存在 $t^* \geqslant 0$, 使得 $a(t^*) = s$.

证明 首先证明 $f(x)$ 是强本原多项式情形. 设 $\underline{a} = \underline{a}_0 + \underline{a}_1 \cdot p + \cdots + \underline{a}_{d-1} \cdot p^{d-1}$ 是 $\underline{a}$ 的 p-adic 分解, 令 $\underline{\alpha} = [h_f(x)\underline{a}_0]_{\bmod p}$, 其中 $h_f(x)$ 如 (1.9) 式确定, 则由 $f(x)$ 是强本原多项式知 $\underline{a}_0$ 与 $\underline{\alpha}$ 在 $\mathbb{Z}/(p)$ 上线性无关. 任取 $s \in \mathbb{Z}/(p^d)$, 设 $s = s_0 + s_1 \cdot p + \cdots + s_{d-1} \cdot p^{d-1}$ 是 s 的 p-adic 分解, 则由引理 1.4 知存在 $t_0 \geqslant 0$, 使得

$$\alpha(t_0) \neq 0, \quad a_0(t_0) = s_0.$$

进而由引理 2.2 知, 存在 $j_0 \in \{0, 1, \cdots, p-1\}$, 使得

$$a_1(t_0 + j_0 \cdot T) = s_1,$$

其中 $T = p^n - 1$. 因为 $\alpha(t_0 + j_0 \cdot T) = \alpha(t_0) \neq 0$, 所以类似地, 存在 $j_1 \in \{0, 1, \cdots, p-1\}$, 使得

$$a_2(t_0 + j_0 \cdot T + j_1 \cdot pT) = s_2.$$

递归下去可知, 存在 $j_2, \cdots, j_{d-2} \in \{0, 1, \cdots, p-1\}$, 使得

$$a_{d-1}\left(t_0 + j_0 \cdot T + j_1 \cdot pT + \cdots + j_{d-2} \cdot p^{d-2}T\right) = s_{d-1}.$$

注意到 $\operatorname{per}(\underline{a}_i) = p^i T$, $0 \leqslant i \leqslant d-1$. 令

$$t^* = t_0 + j_0 \cdot T + j_1 \cdot pT + \cdots + j_{d-2} \cdot p^{d-2}T,$$

则

$$\begin{aligned}
a(t^*) &= a_0(t^*) + a_1(t^*) \cdot p + \cdots + a_{d-1}(t^*) \cdot p^{d-1} \\
&= a_0(t_0) + a_1(t_0 + j_0 T) \cdot p + \cdots + a_{d-1}(t^*) \cdot p^{d-1} \\
&= s_0 + s_1 \cdot p + \cdots + s_{d-1} \cdot p^{d-1} = s.
\end{aligned}$$

由 s 的任意性知, 引理结论成立.

当 $f(x)$ 是一般本原多项式时, 只需将上述证明中的 $s \in \mathbb{Z}/(p^d)$ 替换为 $s \in \left(\mathbb{Z}/(p^d)\right)^*$, 其余证明保持不变, 同理可证得相应结论. $\qquad\square$

注 3.1　事实上, 从引理 3.1 的证明过程可知, 当 $f(x)$ 是 n 次本原多项式时, 对任意的 $s \in \left(\mathbb{Z}/\left(p^d\right)\right)^*$, 存在 $t^* \geqslant 0$, 使得 $a\left(t^*\right) = s$ 且 $\alpha\left(t^*\right) \neq 0$. 进一步, 当 $f(x)$ 是 n 次强本原多项式时, 对任意的 $s \in \mathbb{Z}/\left(p^d\right)$, 存在 $t^* \geqslant 0$, 使得 $a\left(t^*\right) = s$ 且 $\alpha\left(t^*\right) \neq 0$.

下面给出 p 为奇素数情形下, $\mathbb{Z}/\left(p^d\right)$ 上最高权位序列的保熵性证明.

定理 3.1 [2,3]　设 p 是奇素数, $d \geqslant 2$, $f(x)$ 是 $\mathbb{Z}/\left(p^d\right)$ 上 n 次本原多项式. 对 $\underline{a}, \underline{b} \in G\left(f(x), p^d\right)$, 则 $\underline{a} = \underline{b}$ 当且仅当 $\underline{a}_{d-1} = \underline{b}_{d-1}$.

证明　只需证明充分性, 即: 设 $\underline{a}_{d-1} = \underline{b}_{d-1}$, 证明 $\underline{a} = \underline{b}$.

(反证) 假设 $\underline{a} \neq \underline{b}$, 令 $\underline{c} = [\underline{a} - \underline{b}]_{\bmod p^d}$, 则可设

$$\underline{c} = \underline{c}_k \cdot p^k + \underline{c}_{k+1} \cdot p^{k+1} + \cdots + \underline{c}_{d-1} \cdot p^{d-1}$$

是 $\underline{c}$ 的 p-adic 分解, 其中 $\underline{c}_k \neq \underline{0}$, $0 \leqslant k \leqslant d-1$. 记

$$\underline{s}_0 = \underline{c}_k, \underline{s}_1 = \underline{c}_{k+1}, \cdots, \underline{s}_{d-k-1} = \underline{c}_{d-1},$$

则 $\underline{c} = p^k \cdot \underline{s}$, 其中

$$\underline{s} = \underline{s}_0 + \underline{s}_1 \cdot p + \cdots + \underline{s}_{d-k-1} \cdot p^{d-k-1} \in G'\left(f(x), p^{d-k}\right).$$

一方面, 由 $\underline{a}_{d-1} = \underline{b}_{d-1}$ 知 $\underline{s}_{d-k-1}$ 中出现的元素只可能是 0 和 $p-1$; 另一方面, 由引理 3.1 知, 存在 $t^* \geqslant 0$, 使得 $s_{d-k-1}\left(t^*\right) = 1$, 矛盾. 因此假设不成立, 可知 $\underline{a} = \underline{b}$.　　　　　　□

3.1.2　$p = 2$ 情形

当 $p = 2$ 时, 定理 3.1 也是成立的, 但证明比较复杂, 为此, 先做以下准备. 以下内容主要参考文献 [1] 和 [2].

引理 3.2　设 $f(x)$ 是 $\mathbb{Z}/(2)$ 上 n 次本原多项式, $\alpha, \beta \in G'\left(f(x), 2\right)$, 则 $\alpha \cdot \beta \neq \underline{0}$. 进一步, 若存在二元序列 $\underline{s}$, 使得 $\alpha = \underline{s} \cdot \beta$, 则 $\alpha = \beta$.

证明　若 $\alpha = \beta$, 则显然有 $\alpha \cdot \beta = \alpha \neq \underline{0}$. 若 $\alpha \neq \beta$, 则 α, β 在 $\mathbb{Z}/(2)$ 上线性无关, 由引理 1.4 知存在 $t_1 \geqslant 0$, 使得 $\alpha(t_1) = \beta(t_1) = 1$, 从而 $\alpha \cdot \beta \neq \underline{0}$.

进一步, 若 $\alpha = \underline{s} \cdot \beta$, 则 $\alpha = \beta$. 这是因为若 $\alpha \neq \beta$, 则 α, β 在 $\mathbb{Z}/(2)$ 上线性无关, 从而存在 $t_2 \geqslant 0$, 使得 $\alpha(t_2) = 1$, $\beta(t_2) = 0$, 这与 $\alpha = \underline{s} \cdot \beta$ 矛盾.　　　□

对 $\underline{a} = (a(t))_{t=0}^\infty, \underline{b} = (b(t))_{t=0}^\infty \in (\mathbb{Z}/(2))^\infty$, 记 $\underline{a} \oplus \underline{b}$ 为 $\underline{a}$ 和 $\underline{b}$ 的异或序列, 即 $\underline{a} \oplus \underline{b} = (a(t) \oplus b(t))_{t=0}^\infty$.

引理 3.3　设 $d \geqslant 2$, $f(x)$ 是 $\mathbb{Z}/\left(2^d\right)$ 上 n 次本原多项式, $\underline{a} \in G\left(f(x), 2^d\right)$, $\underline{m} \in G'\left(f(x), 2\right)$, 若

$$\operatorname{per}\left(\underline{m} \cdot \left(\underline{a}_{d-1} \oplus \underline{a}_{d-2}\right)\right) \mid 2^n - 1,$$

则 $\underline{a} \equiv \underline{0} \bmod 2^{d-1}$.

证明 记 $T = 2^n - 1$. 若 $d = 2$, 由题设 $\mathrm{per}\left(\underline{m} \cdot \left(\underline{a}_1 \oplus \underline{a}_0\right)\right) \mid T$ 及 (2.2) 式知, 在 $\mathbb{Z}/(2)$ 上,

$$\underline{0} = \left(x^T - 1\right)\left(\underline{m} \cdot \left(\underline{a}_1 \oplus \underline{a}_0\right)\right) = \underline{m} \cdot \left(x^T - 1\right) \underline{a}_1 = \underline{m} \cdot \left[h_1\left(x\right) \underline{a}_0\right]_{\bmod 2},$$

其中 $h_1\left(x\right)$ 如 (1.7) 式定义, 进而由引理 3.2 知 $\left[h_1\left(x\right)\underline{a}_0\right]_{\bmod 2} = \underline{0}$, 可知 $\underline{a}_0 = \underline{0}$, 结论成立.

设 $d \geqslant 3$, 并归纳假设 $d - 1$ 时结论成立. 同理在 $\mathbb{Z}/(2)$ 上,

$$\begin{aligned}
\underline{0} &= \left(x^{2^{d-2}T} - 1\right)\left(\underline{m} \cdot \left(\underline{a}_{d-1} \oplus \underline{a}_{d-2}\right)\right) \\
&= \underline{m} \cdot \left(x^{2^{d-2}T} - 1\right) \underline{a}_{d-1} \\
&= \underline{m} \cdot \left[h_{d-1}\left(x\right) \underline{a}_0\right]_{\bmod 2},
\end{aligned}$$

从而由引理 3.2 知 $\left[h_{d-1}\left(x\right)\underline{a}_0\right]_{\bmod 2} = \underline{0}$, 得 $\underline{a}_0 = \underline{0}$. 进一步, 令

$$\underline{a}' \triangleq \underline{a}/2 = \underline{a}_1 + \underline{a}_2 \cdot 2 + \cdots + \underline{a}_{d-1} \cdot 2^{d-2} \in G\left(f\left(x\right), 2^{d-1}\right),$$

由归纳假设知结论成立. $\qquad\square$

引理 3.4 设 $a, b \in \mathbb{Z}/\left(2^d\right)$, 并设

$$\begin{aligned}
a &= a_0 + a_1 \cdot 2 + \cdots + a_{d-1} \cdot 2^{d-1}, \\
b &= b_0 + b_1 \cdot 2 + \cdots + b_{d-1} \cdot 2^{d-1}
\end{aligned}$$

是 a, b 的 2-adic 分解. 记

$$\begin{aligned}
u &\triangleq [b - a]_{\bmod 2^d} = u_0 + u_1 \cdot 2 + \cdots + u_{d-1} \cdot 2^{d-1}, \\
v &\triangleq [a + b]_{\bmod 2^d} = v_0 + v_1 \cdot 2 + \cdots + v_{d-1} \cdot 2^{d-1}, \\
\delta_i &\triangleq u_i \oplus a_i \oplus b_i, \\
\gamma_i &\triangleq v_i \oplus a_i \oplus b_i,
\end{aligned}$$

则 $\delta_0 = \gamma_0 = 0$, 且对 $i = 1, 2, \cdots, d - 1$,

$$\delta_i = \left(a_{i-1} \oplus b_{i-1}\right) a_{i-1} \oplus \left(a_{i-1} \oplus b_{i-1} \oplus 1\right) \delta_{i-1}, \tag{3.1}$$

$$\gamma_i = a_{i-1} b_{i-1} \oplus \left(a_{i-1} \oplus b_{i-1}\right) \gamma_{i-1}. \tag{3.2}$$

证明 注意到 $u_0 = v_0 = a_0 \oplus b_0$, 因此显然有 $\delta_0 = \gamma_0 = 0$.

下面首先证明 (3.1) 式成立. 注意到对 $i = 1, 2, \cdots, d-1$,

$$\delta_i = u_i \oplus a_i \oplus b_i = 1 \text{ 当且仅当 } b_{\bmod 2^i} < a_{\bmod 2^i}.$$

而

$$b_{\bmod 2^i} < a_{\bmod 2^i}$$
$$\Leftrightarrow (a_{i-1}, b_{i-1}) = (1, 0) \text{ 或者}$$
$$a_{i-1} = b_{i-1} \text{ 且 } b_{\bmod 2^{i-1}} < a_{\bmod 2^{i-1}} \text{ (即 } \delta_{i-1} = 1),$$

可知 (3.1) 式成立.

最后证明 (3.2) 式成立. 注意到对 $i = 1, 2, \cdots, d-1$,

$$\gamma_i = v_i \oplus a_i \oplus b_i = 1 \text{ 当且仅当 } a_{\bmod 2^i} + b_{\bmod 2^i} \geqslant 2^i.$$

而

$$a_{\bmod 2^i} + b_{\bmod 2^i} \geqslant 2^i$$
$$\Leftrightarrow (a_{i-1}, b_{i-1}) = (1, 1) \text{ 或者}$$
$$a_{i-1} \oplus b_{i-1} = 1 \text{ 且 } a_{\bmod 2^{i-1}} + b_{\bmod 2^{i-1}} \geqslant 2^{i-1} \text{ (即 } \gamma_{i-1} = 1),$$

可知 (3.2) 式成立. □

引理 3.5　设 $d \geqslant 3$, $f(x)$ 是 $\mathbb{Z}/(2^d)$ 上 n 次本原多项式, $\underline{a}, \underline{b} \in G'(f(x), 2^d)$, $h_i(x)$ 如 (1.7) 式定义. 记 $T \triangleq 2^n - 1$, $m_i \triangleq [h_i(x)\underline{a}_0]_{\bmod 2}$, 其中 $i = 1, 2, \cdots, d-1$. 若 $\underline{a}_{d-1} \oplus \underline{b}_{d-1} \in G(f(x), 2)$, 则

$$(\underline{a}_{d-2} \oplus \underline{b}_{d-2}) \cdot \underline{m}_{d-2} = \varepsilon \cdot \underline{m}_{d-2}, \qquad \text{其中 } \varepsilon \in \{0, 1\}.$$

证明　由题设知 $\operatorname{per}(\underline{a}_{d-1} \oplus \underline{b}_{d-1}) \mid T$, 再由引理 2.1 知

$$\left(x^{2^{d-2}T} - 1\right)\underline{a}_{d-1} \equiv h_{d-1}(x)\underline{a}_0 \bmod 2,$$
$$\left(x^{2^{d-2}T} - 1\right)\underline{b}_{d-1} \equiv h_{d-1}(x)\underline{b}_0 \bmod 2,$$

从而

$$\underline{0} \equiv \left(x^{2^{d-2}T} - 1\right)\left(\underline{a}_{d-1} \oplus \underline{b}_{d-1}\right) \equiv h_{d-1}(x)\left(\underline{a}_0 \oplus \underline{b}_0\right) \bmod 2.$$

注意到 $\underline{a}_0 \oplus \underline{b}_0 \in G(f(x), 2)$ 且 $f(x)_{\bmod 2}$ 是 $\mathbb{Z}/(2)$ 上本原多项式, 因此由 m-序列理论知 $\underline{a}_0 = \underline{b}_0$.

记 $\underline{u} \triangleq [\underline{b} - \underline{a}]_{\bmod 2^d} \in G(f(x), 2^d)$, 由 $\underline{a}_0 = \underline{b}_0$ 得 $\underline{u} \equiv \underline{0} \bmod 2$. 令

$$\underline{u}' \triangleq \underline{u}/2 = \underline{u}_1 + \underline{u}_2 \cdot 2 + \cdots + \underline{u}_{d-1} \cdot 2^{d-2} \in G(f(x), 2^{d-1}),$$

则在 $\mathbb{Z}/(2)$ 上 $\left(x^{2^{d-3}T} - 1\right) \underline{u}_{d-1} = [h_{d-2}(x)\underline{u}_1]_{\bmod 2} \in G(f(x), 2)$. 记 $\underline{\delta}_i \triangleq \underline{u}_i \oplus \underline{a}_i \oplus \underline{b}_i$, $i = 1, 2, \cdots, d-1$, 由引理 3.4 知

$$\underline{\delta}_i = \left(\underline{a}_{i-1} \oplus \underline{b}_{i-1}\right) \underline{a}_{i-1} \oplus \left(\underline{a}_{i-1} \oplus \underline{b}_{i-1} \oplus \underline{1}\right) \underline{\delta}_{i-1},$$

从而

$$\begin{aligned}
\underline{u}_{d-1} &= \underline{\delta}_{d-1} \oplus \underline{a}_{d-1} \oplus \underline{b}_{d-1} \\
&= \left(\underline{a}_{d-2} \oplus \underline{b}_{d-2}\right) \underline{a}_{d-2} \oplus \left(\underline{a}_{d-2} \oplus \underline{b}_{d-2} \oplus \underline{1}\right) \underline{\delta}_{d-2} \oplus \underline{a}_{d-1} \oplus \underline{b}_{d-1}. \quad (3.3)
\end{aligned}$$

由

$$\left(x^{2^{d-3}T} - 1\right)\left(\underline{a}_{d-2} \oplus \underline{b}_{d-2}\right) \equiv h_{d-2}(x)\left(\underline{a}_0 \oplus \underline{b}_0\right) \equiv \underline{0} \bmod 2$$

知 $\mathrm{per}\left(\underline{a}_{d-2} \oplus \underline{b}_{d-2}\right) \mid 2^{d-3}T$. 注意到 $\underline{\delta}_{d-2}$ 是 $\underline{b} \bmod 2^{d-2} - \underline{a} \bmod 2^{d-2}$ 的借位序列, 而 $\mathrm{per}\left(\underline{a} \bmod 2^{d-2}\right) = \mathrm{per}\left(\underline{b} \bmod 2^{d-2}\right) = 2^{d-3}T$, 因此 $\mathrm{per}\left(\underline{\delta}_{d-2}\right) \mid 2^{d-3}T$. 将 $x^{2^{d-3}T} - 1$ 作用 (3.3) 式并结合题设条件 $\mathrm{per}\left(\underline{a}_{d-1} \oplus \underline{b}_{d-1}\right) \mid 2^{d-3}T$ 得

$$\begin{aligned}
h_{d-2}(x)\underline{u}_1 &\equiv \left(x^{2^{d-3}T} - 1\right)\underline{u}_{d-1} \\
&\equiv \left(\underline{a}_{d-2} \oplus \underline{b}_{d-2}\right) \cdot \left(x^{2^{d-3}T} - 1\right)\underline{a}_{d-2} \\
&\equiv \left(\underline{a}_{d-2} \oplus \underline{b}_{d-2}\right) \cdot h_{d-2}(x)\underline{a}_0 \\
&\equiv \left(\underline{a}_{d-2} \oplus \underline{b}_{d-2}\right) \cdot \underline{m}_{d-2} \bmod 2,
\end{aligned}$$

从而

$$\left(\underline{a}_{d-2} \oplus \underline{b}_{d-2}\right) \cdot \underline{m}_{d-2} = [h_{d-2}(x)\underline{u}_1]_{\bmod 2} \in G(f(x), 2).$$

当 $[h_{d-2}(x)\underline{u}_1]_{\bmod 2} \neq \underline{0}$ 时, $\underline{m}_{d-2}, [h_{d-2}(x)\underline{u}_1]_{\bmod 2} \in G'(f(x), 2)$, 由引理 3.2 知 $[h_{d-2}(x)\underline{u}_1]_{\bmod 2} = \underline{m}_{d-2}$, 故

$$\left(\underline{a}_{d-2} \oplus \underline{b}_{d-2}\right) \cdot \underline{m}_{d-2} = \varepsilon \cdot \underline{m}_{d-2}, \quad \text{其中 } \varepsilon \in \{0, 1\}. \qquad \square$$

引理 3.6 设符号同引理 3.5, 则当 $\varepsilon = 0$ 时, $\underline{b} - \underline{a} \equiv \underline{0} \bmod 2^{d-1}$; 当 $\varepsilon = 1$ 时, $\underline{a} + \underline{b} \equiv \underline{0} \bmod 2^{d-1}$.

证明　首先证明 $\varepsilon = 0$ 情形, 此时 $(\underline{a}_{d-2} \oplus \underline{b}_{d-2}) \cdot \underline{m}_{d-2} = \underline{0}$.
记 $\underline{u} \triangleq [\underline{b} - \underline{a}]_{\bmod 2^d} \in G(f(x), 2^d)$, 则由引理 3.3 知只需证明

$$\text{per}\left((\underline{u}_{d-1} \oplus \underline{u}_{d-2}) \cdot \underline{m}_{d-2}\right) \mid T. \tag{3.4}$$

由 $\underline{u}_{d-1} = \underline{\delta}_{d-1} \oplus \underline{a}_{d-1} \oplus \underline{b}_{d-1}$ 知

$$
\begin{aligned}
&(\underline{u}_{d-1} \oplus \underline{u}_{d-2}) \cdot \underline{m}_{d-2} \\
&= (\underline{\delta}_{d-1} \oplus \underline{a}_{d-1} \oplus \underline{b}_{d-1} \oplus \underline{u}_{d-2}) \cdot \underline{m}_{d-2} \\
&= (\underline{\delta}_{d-1} \oplus \underline{u}_{d-2}) \cdot \underline{m}_{d-2} \oplus (\underline{a}_{d-1} \oplus \underline{b}_{d-1}) \cdot \underline{m}_{d-2}.
\end{aligned}
\tag{3.5}
$$

一方面, 由引理 3.4 知

$$\underline{\delta}_{d-1} = (\underline{a}_{d-2} \oplus \underline{b}_{d-2}) \cdot \underline{a}_{d-2} \oplus (\underline{a}_{d-2} \oplus \underline{b}_{d-2} \oplus \underline{1}) \cdot \underline{\delta}_{d-2}.$$

结合 $\underline{u}_{d-2} = \underline{\delta}_{d-2} \oplus \underline{a}_{d-2} \oplus \underline{b}_{d-2}$, 并利用 $(\underline{a}_{d-2} \oplus \underline{b}_{d-2}) \cdot \underline{m}_{d-2} = \underline{0}$ 化简得

$$
\begin{aligned}
&(\underline{\delta}_{d-1} \oplus \underline{u}_{d-2}) \cdot \underline{m}_{d-2} \\
&= ((\underline{a}_{d-2} \oplus \underline{b}_{d-2}) \cdot \underline{a}_{d-2} \oplus (\underline{a}_{d-2} \oplus \underline{b}_{d-2} \oplus \underline{1}) \cdot \underline{\delta}_{d-2} \oplus \underline{u}_{d-2}) \cdot \underline{m}_{d-2} \\
&= (\underline{\delta}_{d-2} \oplus \underline{u}_{d-2}) \cdot \underline{m}_{d-2} \\
&= (\underline{a}_{d-2} \oplus \underline{b}_{d-2}) \cdot \underline{m}_{d-2} \\
&= \underline{0}.
\end{aligned}
\tag{3.6}
$$

另一方面, 由 $\underline{a}_{d-1} \oplus \underline{b}_{d-1}, \underline{m}_{d-2}$ 的周期均整除 T 知

$$\text{per}\left((\underline{a}_{d-1} \oplus \underline{b}_{d-1}) \cdot \underline{m}_{d-2}\right) \mid T. \tag{3.7}$$

联立 (3.5)—(3.7) 三式即得 (3.4) 式, 结论得证.

最后证明 $\varepsilon = 1$ 情形, 此时 $(\underline{a}_{d-2} \oplus \underline{b}_{d-2}) \cdot \underline{m}_{d-2} = \underline{m}_{d-2}$, 即

$$(\underline{a}_{d-2} \oplus \underline{b}_{d-2} \oplus \underline{1}) \cdot \underline{m}_{d-2} = \underline{0}.$$

记 $\underline{v} \triangleq [\underline{a} + \underline{b}]_{\bmod 2^d} = \underline{v}_0 + \underline{v}_1 \cdot 2 + \cdots + \underline{v}_{d-1} \cdot 2^{d-1}$, $\underline{\gamma}_i \triangleq \underline{v}_i \oplus \underline{a}_i \oplus \underline{b}_i$, $i = 1, 2, \cdots, d-1$, 则由引理 3.3 知只需证明

$$\text{per}\left((\underline{v}_{d-1} \oplus \underline{v}_{d-2}) \cdot \underline{m}_{d-2}\right) \mid T. \tag{3.8}$$

由引理 3.4 得

$$\underline{\gamma}_i = \underline{a}_{i-1} \cdot \underline{b}_{i-1} \oplus (\underline{a}_{i-1} \oplus \underline{b}_{i-1}) \cdot \underline{\gamma}_{i-1}, \quad i = 1, 2, \cdots, d-1.$$

将其代入 $\underline{v}_{d-1} = \underline{\gamma}_{d-1} \oplus \underline{a}_{d-1} \oplus \underline{b}_{d-1}$ 得

$$\underline{v}_{d-1} = \underline{a}_{d-2} \cdot \underline{b}_{d-2} \oplus \left(\underline{a}_{d-2} \oplus \underline{b}_{d-2}\right) \cdot \underline{\gamma}_{d-2} \oplus \underline{a}_{d-1} \oplus \underline{b}_{d-1}.$$

注意到此时

$$\underline{a}_{d-2} \cdot \underline{b}_{d-2} \cdot \underline{m}_{d-2} = \underline{a}_{d-2} \cdot \left(\underline{a}_{d-2} \oplus \underline{b}_{d-2} \oplus \underline{1}\right) \cdot \underline{m}_{d-2} = \underline{0},$$

因此, 利用 $\left(\underline{a}_{d-2} \oplus \underline{b}_{d-2}\right) \cdot \underline{m}_{d-2} = \underline{m}_{d-2}$ 进行化简得

$$\begin{aligned} \underline{v}_{d-1} \cdot \underline{m}_{d-2} &= \underline{\gamma}_{d-2} \cdot \underline{m}_{d-2} \oplus \left(\underline{a}_{d-1} \oplus \underline{b}_{d-1}\right) \cdot \underline{m}_{d-2} \\ &= \left(\underline{v}_{d-2} \oplus \underline{a}_{d-2} \oplus \underline{b}_{d-2}\right) \cdot \underline{m}_{d-2} \oplus \left(\underline{a}_{d-1} \oplus \underline{b}_{d-1}\right) \cdot \underline{m}_{d-2} \\ &= \underline{m}_{d-2} \oplus \underline{v}_{d-2} \cdot \underline{m}_{d-2} \oplus \left(\underline{a}_{d-1} \oplus \underline{b}_{d-1}\right) \cdot \underline{m}_{d-2}, \end{aligned}$$

从而

$$\left(\underline{v}_{d-1} \oplus \underline{v}_{d-2}\right) \cdot \underline{m}_{d-2} = \underline{m}_{d-2} \oplus \left(\underline{a}_{d-1} \oplus \underline{b}_{d-1}\right) \cdot \underline{m}_{d-2}.$$

由 $\underline{a}_{d-1} \oplus \underline{b}_{d-1}, \underline{m}_{d-2}$ 的周期均整除 T 知 (3.8) 式成立, 结论得证. $\qquad\square$

引理 3.7 设 $d \geqslant 2$, $f(x)$ 是 $\mathbb{Z}/\left(2^d\right)$ 上 n 次本原多项式, $\underline{a}, \underline{b} \in G'\left(f(x), 2^d\right)$. 若 $\underline{a}_{d-1} \oplus \underline{b}_{d-1} \in G\left(f(x), 2\right)$, 则 $\underline{a} \equiv \underline{b} \bmod 2^{d-1}$.

证明 令 $T = 2^n - 1$. 若 $d = 2$, 则

$$\underline{0} = \left(x^T - 1\right)\left(\underline{a}_1 \oplus \underline{b}_1\right) = h_1(x)\left(\underline{a}_0 \oplus \underline{b}_0\right),$$

而 $\underline{a}_0 \oplus \underline{b}_0 \in G\left(f(x), 2\right)$, 所以 $\underline{a}_0 \oplus \underline{b}_0 = \underline{0}$, 即 $\underline{a} \equiv \underline{b} \bmod 2$, 此时结论成立.

若 $d = 3$, 假设结论不成立, 即 $\underline{a} \not\equiv \underline{b} \bmod 2^2$, 记 $\underline{m}_1 \triangleq \left[h_1(x)\underline{a}_0\right]_{\bmod 2}$, 则由引理 3.5 和引理 3.6 知

$$\left(\underline{a}_1 \oplus \underline{b}_1\right) \cdot \underline{m}_1 = \underline{m}_1, \tag{3.9}$$

并且 $\underline{a} + \underline{b} \equiv \underline{0} \bmod 2^2$, 可知

$$\underline{a}_0 = \underline{b}_0, \quad \underline{a}_1 \oplus \underline{b}_1 = \underline{a}_0 \in G\left(f(x), 2\right),$$

从而由 (3.9) 式及引理 3.2 知 $\underline{a}_1 \oplus \underline{b}_1 = \underline{m}_1$, 所以 $\underline{a}_0 = \underline{m}_1 = \left[h_1(x)\underline{a}_0\right]_{\bmod 2}$, 这与 $f(x)$ 是本原多项式矛盾.

下面设 $d \geqslant 4$. 记

$$\begin{aligned} \underline{v} &\triangleq [\underline{a} + \underline{b}]_{\bmod 2^d} = \underline{v}_0 + \underline{v}_1 \cdot 2 + \cdots + \underline{v}_{d-1} \cdot 2^{d-1} \in G\left(f(x), 2^d\right), \\ \underline{\gamma}_i &\triangleq \underline{v}_i \oplus \underline{a}_i \oplus \underline{b}_i, \quad i = 1, 2, \cdots, d-1. \end{aligned}$$

归纳假设结论对 $d-1$ 成立, 即: 若 $\underline{a}_{d-2} \oplus \underline{b}_{d-2} \in G(f(x), 2)$, 则 $\underline{a} \equiv \underline{b} \bmod 2^{d-2}$.
下面证明结论对 d 也成立, 即: 设 $\underline{a}_{d-1} \oplus \underline{b}_{d-1} \in G(f(x), 2)$, 往证 $\underline{a} \equiv \underline{b} \bmod 2^{d-1}$.

　　(反证) 假设 $\underline{a} \not\equiv \underline{b} \bmod 2^{d-1}$, 则由引理 3.5 和引理 3.6 知

$$\left(\underline{a}_{d-2} \oplus \underline{b}_{d-2}\right) \cdot \underline{m}_{d-2} = \underline{m}_{d-2} \quad \text{且} \quad \underline{a} + \underline{b} \equiv \underline{0} \bmod 2^{d-1}.$$

此时, $\underline{v}_{d-1} \in G(f(x), 2)$. 由 $\underline{a} + \underline{b} \equiv \underline{0} \bmod 2^{d-1}$ 及 $\underline{\gamma}_{d-1}$ 是 $\underline{a}_{\bmod 2^{d-1}} + \underline{b}_{\bmod 2^{d-1}}$
的进位序列知

$$\underline{\gamma}_{d-1} = \underline{a}_{d-2} \vee \underline{b}_{d-2} = \underline{a}_{d-2} \cdot \underline{b}_{d-2} \oplus \underline{a}_{d-2} \oplus \underline{b}_{d-2}, \tag{3.10}$$

其中 $\vee$ 表示或运算, 从而

$$\begin{aligned}
\underline{v}_{d-1} &= \underline{a}_{d-1} \oplus \underline{b}_{d-1} \oplus \underline{\gamma}_{d-1} \\
&= \underline{a}_{d-1} \oplus \underline{b}_{d-1} \oplus \underline{a}_{d-2} \cdot \underline{b}_{d-2} \oplus \underline{a}_{d-2} \oplus \underline{b}_{d-2}.
\end{aligned}$$

将上式两边同时乘上序列 $\underline{m}_{d-2}$, 并注意到

$$\begin{aligned}
\left(\underline{a}_{d-2} \oplus \underline{b}_{d-2}\right) \cdot \underline{m}_{d-2} &= \underline{m}_{d-2}, \\
\underline{a}_{d-2} \cdot \underline{b}_{d-2} \cdot \underline{m}_{d-2} &= \underline{a}_{d-2} \cdot \left(\underline{a}_{d-2} \oplus \underline{b}_{d-2} \oplus \underline{1}\right) \cdot \underline{m}_{d-2} = \underline{0},
\end{aligned}$$

得

$$\begin{aligned}
\underline{v}_{d-1} \cdot \underline{m}_{d-2} &= \left(\underline{a}_{d-1} \oplus \underline{b}_{d-1}\right) \cdot \underline{m}_{d-2} \oplus \underline{m}_{d-2} \\
&= \left(\underline{a}_{d-1} \oplus \underline{b}_{d-1} \oplus \underline{m}_{d-2}\right) \cdot \underline{m}_{d-2},
\end{aligned}$$

即

$$\left(\underline{a}_{d-1} \oplus \underline{b}_{d-1} \oplus \underline{m}_{d-2} \oplus \underline{v}_{d-1}\right) \cdot \underline{m}_{d-2} = \underline{0}.$$

因为 $\underline{a}_{d-1} \oplus \underline{b}_{d-1}, \underline{m}_{d-2}, \underline{v}_{d-1} \in G(f(x), 2)$, 所以

$$\underline{a}_{d-1} \oplus \underline{b}_{d-1} \oplus \underline{m}_{d-2} \oplus \underline{v}_{d-1} \in G(f(x), 2),$$

从而 $\underline{a}_{d-1} \oplus \underline{b}_{d-1} \oplus \underline{m}_{d-2} \oplus \underline{v}_{d-1} = \underline{0}$, 即

$$\underline{m}_{d-2} = \underline{a}_{d-1} \oplus \underline{b}_{d-1} \oplus \underline{v}_{d-1} = \underline{\gamma}_{d-1}.$$

将 (3.10) 式代入上式得

$$\underline{m}_{d-2} = \underline{a}_{d-2} \cdot \underline{b}_{d-2} \oplus \underline{a}_{d-2} \oplus \underline{b}_{d-2}.$$

上式两边同时乘上序列 $\underline{a}_{d-2} \oplus \underline{b}_{d-2}$ 得

$$\underline{a}_{d-2} \oplus \underline{b}_{d-2} = \left(\underline{a}_{d-2} \oplus \underline{b}_{d-2}\right) \cdot \underline{m}_{d-2} = \underline{m}_{d-2} \in G\left(f\left(x\right), 2\right).$$

由归纳假设知 $\underline{a} \equiv \underline{b} \bmod 2^{d-2}$，又 $\underline{a} + \underline{b} \equiv \underline{0} \bmod 2^{d-1}$，得

$$\underline{a} \equiv \underline{0} \bmod 2^{d-3},$$

这与 $\underline{a}$ 是本原序列矛盾. 因此假设不成立，从而 $\underline{a} \equiv \underline{b} \bmod 2^{d-1}$. □

有了以上准备工作，下面给出本节主要结论.

定理 3.2 [2,3]   设 $d \geqslant 2$，$f(x)$ 是 $\mathbb{Z}/(2^d)$ 上 n 次本原多项式，则对 $\underline{a}, \underline{b} \in G\left(f\left(x\right), 2^d\right)$，$\underline{a} = \underline{b}$ 当且仅当 $\underline{a}_{d-1} = \underline{b}_{d-1}$.

证明   必要性显然，只需证明充分性，即证明 $\underline{a} \equiv \underline{b} \bmod 2^{d-1}$.

因为 $\underline{a}_{d-1} = \underline{b}_{d-1}$，则在 $\mathbb{Z}/(2)$ 上有

$$h_{d-1}\left(x\right)\underline{a}_0 = \left(x^{2^{d-2}T} - 1\right)\underline{a}_{d-1} = \left(x^{2^{d-2}T} - 1\right)\underline{b}_{d-1} = h_{d-1}\left(x\right)\underline{b}_0,$$

所以 $\underline{a}_0 = \underline{b}_0$.

若 $\underline{a}_0 = \underline{b}_0 = 0$，考虑 $G\left(f\left(x\right), 2^{d-1}\right)$ 中序列

$$\underline{a}' = \underline{a}/2, \quad \underline{b}' = \underline{b}/2,$$

此时 $\underline{a}'_0 = \underline{a}_1$，$\underline{b}'_0 = \underline{b}_1$. 同理有

$$h_{d-2}\left(x\right)\underline{a}_1 = \left(x^{2^{d-3}T} - 1\right)\underline{a}_{d-1} = \left(x^{2^{d-3}T} - 1\right)\underline{b}_{d-1} = h_{d-2}\left(x\right)\underline{b}_1,$$

所以 $\underline{a}_1 = \underline{b}_1$.

由此，不妨设 $\underline{a}_0 = \underline{b}_0 \neq \underline{0}$，从而由引理 3.7 知结论成立. □

注 3.2   定理 3.1 和定理 3.2 说明，通过进位作用，本原序列 $\underline{a}$ 的低权位序列 $\underline{a}_0, \underline{a}_1, \cdots, \underline{a}_{d-2}$ 的信息已经全部嵌入到最高权位序列 $\underline{a}_{d-1}$ 中，从而使 $\underline{a}_{d-1}$ 包含原序列 $\underline{a}$ 的所有信息. 当 $f(x)$ 已知时，理论上由 $\underline{a}_{d-1}$ 可唯一确定 $\underline{a}$. 那么，至少需要已知 $\underline{a}_{d-1}$ 多长的子序列片段才能唯一还原出 $\underline{a}$ 呢？此问题称为最高权位序列的信息量问题. 到目前为止，关于信息量的研究成果非常少，只有文献 [29] 研究了 $\mathbb{Z}/(4)$ 上一类特殊本原多项式的信息量，并给出其紧的上界估计. 此外，文献 [1, 30 − 33] 还研究了如何由 $\underline{a}_{d-1}$ 或其部分序列片段来唯一还原出原序列 $\underline{a}$ 的问题.

3.2　一般压缩映射的保熵性

由 3.1 节知 $\mathbb{Z}/(p^d)$ 上本原序列的最高权位序列是保熵的, 本节将给出更一般形式的保熵性结论. 首先, 对于 $p=2$ 情形, 文献 [1] 给出了如下进一步的保熵定理.

定理 3.3 [1]　设 $d \geqslant 2$, $f(x)$ 是 $\mathbb{Z}/(2^d)$ 上 n 次强本原多项式, 令

$$\psi(x_0, x_1, \cdots, x_{d-1}) = x_{d-1} \oplus c x_{d-2} \oplus \eta(x_0, x_1, \cdots, x_{d-3})$$

是 d 元布尔函数, 其中 $c \in \mathbb{Z}/(2)$, $\eta(x_0, x_1, \cdots, x_{d-3})$ 是 $d-2$ 元布尔函数, 则压缩映射

$$\psi : \begin{cases} G'\left(f(x), 2^d\right) \longrightarrow & (\mathbb{Z}/(2))^{\infty} \\ \underline{a} \longmapsto & \psi\left(\underline{a}_0, \underline{a}_1, \cdots, \underline{a}_{d-1}\right) \end{cases}$$

是单射, 即对 $\underline{a}, \underline{b} \in G'\left(f(x), 2^d\right)$,

$$\underline{a} = \underline{b} \text{ 当且仅当 } \psi\left(\underline{a}_0, \underline{a}_1, \cdots, \underline{a}_{d-1}\right) = \psi\left(\underline{b}_0, \underline{b}_1, \cdots, \underline{b}_{d-1}\right).$$

随后, 文献 [34, 35] 进一步证明, 当

$$\psi(x_0, x_1, \cdots, x_{d-1}) = x_{d-1} \oplus \eta(x_0, x_1, \cdots, x_{d-2})$$

时, 定理 3.3 的结论依然成立, 其中 $\eta(x_0, x_1, \cdots, x_{d-2})$ 是任意一个 $d-1$ 元布尔函数.

定理 3.4 [34,35]　设 $d \geqslant 2$, $f(x)$ 是 $\mathbb{Z}/(2^d)$ 上 n 次强本原多项式, 令

$$\psi(x_0, x_1, \cdots, x_{d-1}) = x_{d-1} \oplus \eta(x_0, x_1, \cdots, x_{d-2})$$

是 d 元布尔函数, 其中 $\eta(x_0, x_1, \cdots, x_{d-2})$ 是 $d-1$ 元布尔函数, 则压缩映射

$$\psi : \begin{cases} G'\left(f(x), 2^d\right) \longrightarrow & (\mathbb{Z}/(2))^{\infty} \\ \underline{a} \longmapsto & \psi\left(\underline{a}_0, \underline{a}_1, \cdots, \underline{a}_{d-1}\right) \end{cases}$$

是单射, 即对 $\underline{a}, \underline{b} \in G'\left(f(x), 2^d\right)$,

$$\underline{a} = \underline{b} \text{ 当且仅当 } \psi\left(\underline{a}_0, \underline{a}_1, \cdots, \underline{a}_{d-1}\right) = \psi\left(\underline{b}_0, \underline{b}_1, \cdots, \underline{b}_{d-1}\right).$$

文献 [17, 35] 还给出了更一般性的结论.

定理3.5 [17,35] 设 $d \geqslant 3$, $f(x)$ 是 $\mathbb{Z}/(2^d)$ 上 n 次强本原多项式, $\psi(x_0, x_1, \cdots, x_{d-1})$ 是 d 元布尔函数且 $x_{k_0} x_{k_1} \cdots x_{k_{t-1}}$ 是 $\psi(x_0, x_1, \cdots, x_{d-1})$ 在逆字典序下的首项, 其中 $k_0 < k_1 < \cdots < k_{t-1}$. 若 $k_{t-1} = d - 1$ 且 $k_0 \geqslant 2$, 则压缩映射

$$\psi : \begin{cases} G(f(x), 2^d) \longrightarrow (\mathbb{Z}/(2))^\infty \\ \underline{a} \longmapsto \psi(\underline{a}_0, \underline{a}_1, \cdots, \underline{a}_{d-1}) \end{cases}$$

是单射, 即对 $\underline{a}, \underline{b} \in G(f(x), 2^d)$,

$$\underline{a} = \underline{b} \text{ 当且仅当 } \psi(\underline{a}_0, \underline{a}_1, \cdots, \underline{a}_{d-1}) = \psi(\underline{b}_0, \underline{b}_1, \cdots, \underline{b}_{d-1}).$$

对奇素数 p, 关于 $\mathbb{Z}/(p^d)$ 上本原序列的压缩导出序列, 文献 [36 − 38] 给予了较详细研究, 综合起来有下面的结论.

定理 3.6 [36−38] 设 p 是奇素数, $d \geqslant 2$, $f(x)$ 是 $\mathbb{Z}/(p^d)$ 上 n 次强本原多项式. 设

$$\psi(x_0, x_1, \cdots, x_{d-1}) = g(x_{d-1}) + \eta(x_0, x_1, \cdots, x_{d-2})$$

是 $\mathbb{Z}/(p)$ 上 d 元函数, 其中 $1 \leqslant \deg g(x_{d-1}) \leqslant p - 1$, $\eta(x_0, x_1, \cdots, x_{d-2})$ 是 $\mathbb{Z}/(p)$ 上 $d - 1$ 元函数, 则压缩映射

$$\psi : \begin{cases} G'(f(x), p^d) \longrightarrow (\mathbb{Z}/(p))^\infty \\ \underline{a} \longmapsto \psi(\underline{a}_0, \underline{a}_1, \cdots, \underline{a}_{d-1}) \end{cases}$$

是单射, 即对 $\underline{a}, \underline{b} \in G'(f(x), p^d)$,

$$\underline{a} = \underline{b} \text{ 当且仅当 } \psi(\underline{a}_0, \underline{a}_1, \cdots, \underline{a}_{d-1}) = \psi(\underline{b}_0, \underline{b}_1, \cdots, \underline{b}_{d-1}).$$

关于 $\mathbb{Z}/(p^d)$ 上权位压缩导出序列保熵性研究的更多进展, 可参考文献 [39, 40].

3.3 最高权位序列的局部保熵性

保熵性研究说明权位压缩导出序列保留了压缩前本原序列的所有信息, 本节中的局部保熵性研究用于进一步刻画权位压缩导出序列中的信息分布规律.

定义 3.1 设 p 是素数, $\underline{\alpha} = (\alpha(t))_{t=0}^\infty$, $\underline{\beta} = (\beta(t))_{t=0}^\infty$ 和 $\underline{\gamma} = (\gamma(t))_{t=0}^\infty$ 是 $\mathbb{Z}/(p)$ 上的三条序列. 若对所有非负整数 t, 都有 $\alpha(t) = 0$ 当且仅当 $\beta(t) = 0$, 则称序列 $\underline{\alpha}$ 和 $\underline{\beta}$ 的 0 元素分布相同, 简称为 $\underline{\alpha}$ 和 $\underline{\beta}$ 同 0 分布; 若对所有满足 $\gamma(t) \neq 0$ 的非负整数 t, 都有 $\alpha(t) = 0$ 当且仅当 $\beta(t) = 0$, 则称序列 $\underline{\alpha}$ 和 $\underline{\beta}$ 在 $\underline{\gamma}$ 的控制下同 0 分布.

　　文献 [41] 证明当 $p \geqslant 5$ 时, $\mathbb{Z}/(p^d)$ 上本原序列的最高权位序列中 0 元素的分布是唯一的, 即已知最高权位的 0 元素分布, 理论上可以唯一确定出相应的本原序列, 这一性质后来被称为最高权位序列的 0 保熵性. 随后, 文献 [42] 进一步证明 $\mathbb{Z}/(3^d)$ 上本原序列的最高权位序列中 0 元素的分布也是唯一的.

　　定理 3.7 [41,42]　设 p 是奇素数, $d \geqslant 2$, $f(x)$ 是 $\mathbb{Z}/(p^d)$ 上 n 次本原多项式, 则对 $\underline{a}, \underline{b} \in G'\left(f(x), p^d\right)$, $\underline{a} = \underline{b}$ 当且仅当 $\underline{a}_{d-1}$ 和 $\underline{b}_{d-1}$ 同 0 分布.

　　注 3.3　当 $p = 2$ 时, $\underline{a}_{d-1}$ 和 $\underline{b}_{d-1}$ 同 0 分布等价于 $\underline{a}_{d-1} = \underline{b}_{d-1}$, 故由定理 3.2 知定理 3.7 对 $p = 2$ 也成立.

　　文献 [43] 进一步将定理 3.7 的结论改进为本原序列的最高权位序列在部分时刻 0 元素的分布是唯一的.

　　定理 3.8 [43]　设 p 是奇素数, $d \geqslant 2$, $f(x)$ 是 $\mathbb{Z}/(p^d)$ 上 n 次本原多项式, 则对 $\underline{a}, \underline{b} \in G'\left(f(x), p^d\right)$, $\underline{a} = \underline{b}$ 当且仅当 $\underline{a}_{d-1}$ 和 $\underline{b}_{d-1}$ 在 $\underline{\alpha}$ 的控制下同 0 分布, 其中 $\underline{\alpha} = [h_f(x)\,\underline{a}_0]_{\mathrm{mod}\,p}$, $h_f(x)$ 如 (1.9) 式定义.

　　对 $p = 2$ 的情形, 在强本原多项式条件下, 文献 [31] 中也给出相应的结论.

　　定理 3.9 [31]　设 $d \geqslant 2$, $f(x)$ 是 $\mathbb{Z}/(2^d)$ 上 n 次强本原多项式, 则对 $\underline{a}, \underline{b} \in G'\left(f(x), p^d\right)$, $\underline{a} = \underline{b}$ 当且仅当 $\underline{a}_{d-1}$ 和 $\underline{b}_{d-1}$ 在 $\underline{\alpha}$ 的控制下同 0 分布, 其中 $\underline{\alpha} = [h_f(x)\,\underline{a}_0]_{\mathrm{mod}\,2}$, $h_f(x)$ 如 (1.9) 式定义.

　　定理 3.1 和定理 3.2 说明 $\mathbb{Z}/(p^d)$ 上本原序列 $\underline{a}$ 的最高权位序列 $\underline{a}_{d-1}$ 包含了原序列 $\underline{a}$ 的所有信息, 而定理 3.8 和定理 3.9 则进一步阐述了这些信息就蕴含于 $\underline{a}_{d-1}$ 在部分时刻的 0 元素分布当中, 其中这些时刻可由本原多项式 $f(x)$ 和 $\underline{a}_0$ 唯一确定, 从而更深层次地揭示了本原序列蕴含信息的规律. 定理 3.8 和定理 3.9 所刻画的最高权位序列的性质被称为最高权位序列的局部 0 保熵性. 局部 0 保熵性不仅揭示了 $\mathbb{Z}/(p^d)$ 上本原序列的信息分布规律, 同时也是第 4 章中分析 $\mathbb{Z}/(p^d)$ 上本原序列模 2 压缩导出序列密码性质的一个重要工具.

　　下面给出定理 3.8 的证明, 首先给出一些必要的引理.

　　引理 3.8　设 p 是素数, $f(x)$ 是 $\mathbb{Z}/(p)$ 上 n 次本原多项式, $\underline{\alpha}, \underline{\beta} \in G'(f(x), p)$,

　　(1) 设 $g(x) \in \mathbb{Z}/(p)[x]$, 若 $\gcd(g(x), f(x)) = 1$, 则 $\underline{\alpha}$ 和 $\underline{\beta}$ 同 0 分布当且仅当 $[g(x)\underline{\alpha}]_{\mathrm{mod}\,p}$ 和 $[g(x)\underline{\beta}]_{\mathrm{mod}\,p}$ 同 0 分布;

　　(2) 序列 $\underline{\alpha}$ 和 $\underline{\beta}$ 同 0 分布当且仅当存在 $\lambda \in \{1, 2, \cdots, p-1\}$, 使得 $\underline{\alpha} = [\lambda \cdot \underline{\beta}]_{\mathrm{mod}\,p}$.

　　证明　(1) 由 $f(x)$ 是 $\mathbb{Z}/(p)$ 上 n 次本原多项式知, 存在 $0 \leqslant k \leqslant p^n - 2$, 使得 $x^k \equiv g(x) \bmod (f(x), p)$, 从而

$$[g(x)\underline{\alpha}]_{\mathrm{mod}\,p} = x^k \underline{\alpha}, \quad [g(x)\underline{\beta}]_{\mathrm{mod}\,p} = x^k \underline{\beta}.$$

可知 $\underline{\alpha}$ 和 $\underline{\beta}$ 同 0 分布当且仅当 $x^k\underline{\alpha}$ 和 $x^k\underline{\beta}$ 同 0 分布当且仅当 $\left[g\left(x\right)\underline{\alpha}\right]_{\bmod p}$ 和 $\left[g\left(x\right)\underline{\beta}\right]_{\bmod p}$ 同 0 分布.

(2) 由于 $\underline{\alpha}$ 和 $\underline{\beta}$ 同 0 分布, 故由 m-序列理论知, 存在 $0 \leqslant t \leqslant p^n - 2$, 使得

$$x^t\underline{\alpha} = (\underbrace{0,\cdots,0}_{n-1},\delta_1,\cdots), \quad x^t\underline{\beta} = (\underbrace{0,\cdots,0}_{n-1},\delta_2,\cdots),$$

其中 $\delta_1, \delta_2 \in \{1, 2, \cdots, p-1\}$. 令 $\lambda = \left[\delta_1 \cdot \delta_2^{-1}\right]_{\bmod p}$, 则 $\underline{\alpha} = \left[\lambda \cdot \underline{\beta}\right]_{\bmod p}$. $\qquad\square$

设 $\underline{a} = (a(t))_{t=0}^{\infty}$, $\underline{b} = (b(t))_{t=0}^{\infty}$ 和 $\underline{c} = (c(t))_{t=0}^{\infty}$ 是 $\mathbb{Z}$ 上的三条序列. 记符号 "$\underline{a} \overset{c}{\underset{\bmod p}{\approx}} \underline{b}$" 表示对所有满足 $c(t) \neq 0$ 的非负整数 t, 都有 $a(t) \equiv b(t) \bmod p$.

注 3.4 若 $\underline{a} \overset{c}{\underset{\bmod p}{\approx}} \underline{b}$ 且 $\mathrm{per}\,(\underline{c}) \mid T$, 则 $\left(x^T - 1\right)\underline{a} \overset{c}{\underset{\bmod p}{\approx}} \left(x^T - 1\right)\underline{b}$. 事实上, 对所有满足 $c(t) \neq 0$ 的非负整数 t, $c(t + T) = c(t) \neq 0$, 从而 $a(t) \equiv b(t) \bmod p$ 和 $a(t+T) \equiv b(t+T) \bmod p$ 同时成立, 故有

$$a(t+T) - a(t) \equiv b(t+T) - b(t) \bmod p.$$

由 t 取值的任意性即知 $\left(x^T - 1\right)\underline{a} \overset{c}{\underset{\bmod p}{\approx}} \left(x^T - 1\right)\underline{b}$.

引理 3.9 设 p 是素数, $d \geqslant 2$, $f(x)$ 是 $\mathbb{Z}/\left(p^d\right)$ 上 n 次本原多项式. 设 $\underline{a}, \underline{b} \in G'\left(f(x), p^d\right)$, $\underline{\alpha} = \left[h_f(x)\underline{a}_0\right]_{\bmod p}$, 其中 $h_f(x)$ 如 (1.9) 式定义. 若 $\underline{a}_{d-1}$ 和 $\underline{b}_{d-1}$ 在 $\underline{\alpha}$ 的控制下同 0 分布, 则 $\underline{a}_0 = \underline{b}_0$ 并且

$$\underline{a}_{d-1} \overset{\alpha}{\underset{\bmod p}{\approx}} \underline{b}_{d-1}. \tag{3.11}$$

证明 首先证明 $\underline{\alpha}$ 和 $\underline{\beta}$ 同 0 分布, 其中 $\underline{\beta} = \left[h_f(x)\underline{b}_0\right]_{\bmod p}$. (反证) 假设 $\underline{\alpha}$ 和 $\underline{\beta}$ 不同 0 分布, 因为 $\underline{\alpha}$ 和 $\underline{\beta}$ 都是 $\mathbb{Z}/(p)$ 上由 $f(x)_{\bmod p}$ 生成的本原序列, 即 $\underline{\alpha}, \underline{\beta} \in G'\left(f(x), p\right)$, 所以由引理 3.8 知 $\underline{\alpha}$ 和 $\underline{\beta}$ 在 $\mathbb{Z}/(p)$ 上线性无关. 再由引理 1.4 知, 存在非负整数 t^*, 使得 $\alpha(t^*) \neq 0$, $\beta(t^*) = 0$, 从而由引理 2.2 知

$$\begin{aligned}
&\left\{a_{d-1}\left(t^* + j \cdot p^{d-2}T\right) \mid j = 0, 1, \cdots, p-1\right\} \\
&= \left\{a_{d-1}(t^*) + j \cdot \alpha(t^*) \mid j = 0, 1, \cdots, p-1\right\} \\
&= \{0, 1, \cdots, p-1\},
\end{aligned} \tag{3.12}$$

以及

$$\left\{b_{d-1}\left(t^* + j \cdot p^{d-2}T\right) \mid j = 0, 1, \cdots, p-1\right\}$$

$$= \{b_{d-1}(t^*) + j \cdot \beta(t^*) \mid j = 0, 1, \cdots, p-1\}$$
$$= \{b_{d-1}(t^*)\}, \tag{3.13}$$

其中 $T = p^n - 1$. 由于 (3.12) 式中的集合是 p 个元素的集合, 而 (3.13) 式中的集合是单元素集合, 故存在整数 j^*, $0 \leqslant j^* \leqslant p-1$, 使得 $a_{d-1}(t^* + j^* \cdot p^{d-2}T)$ 和 $b_{d-1}(t^* + j^* \cdot p^{d-2}T)$ 不同时等于 0. 而此时 $\alpha(t^* + j^* \cdot p^{d-2}T) = \alpha(t^*) \neq 0$, 这与题设 $\underline{a}_{d-1}$ 和 $\underline{b}_{d-1}$ 在 $\underline{\alpha}$ 的控制下同 0 分布矛盾, 所以假设不成立, 从而 $\underline{\alpha}$ 和 $\underline{\beta}$ 同 0 分布.

由于 $\underline{\alpha}$ 和 $\underline{\beta}$ 都是 $\mathbb{Z}/(p)$ 上由本原多项式 $f(x)_{\bmod p}$ 生成的 m-序列, 所以由引理 3.8 知, 存在 $\lambda \in \{1, 2, \cdots, p-1\}$, 使得 $\underline{\beta} = [\lambda \cdot \underline{\alpha}]_{\bmod p}$, 从而 $\underline{b}_0 = [\lambda \cdot \underline{a}_0]_{\bmod p}$.

下面证明 $\lambda \cdot \underline{a}_{d-1} \underset{\bmod p}{\overset{\alpha}{\approx}} \underline{b}_{d-1}$. 由于 $\underline{a}_{d-1}$ 和 $\underline{b}_{d-1}$ 在 $\underline{\alpha}$ 的控制下同 0 分布, 故由 (3.12) 式知, 对任意 $\alpha(t) \neq 0$ 的非负整数 t, 存在 j_t, $0 \leqslant j_t \leqslant p-1$, 使得

$$a_{d-1}(t) + j_t \cdot \alpha(t) \equiv 0 \bmod p, \tag{3.14}$$

以及

$$b_{d-1}(t) + j_t \cdot \beta(t) \equiv 0 \bmod p. \tag{3.15}$$

利用 $\underline{\beta} = [\lambda \cdot \underline{\alpha}]_{\bmod p}$ 合并 (3.14) 式和 (3.15) 式可得

$$\lambda \cdot a_{d-1}(t) \equiv b_{d-1}(t) \bmod p.$$

由 t 的任意性知

$$\lambda \cdot \underline{a}_{d-1} \underset{\bmod p}{\overset{\alpha}{\approx}} \underline{b}_{d-1}. \tag{3.16}$$

最后证明 $\lambda = 1$, 只需对 p 是奇素数情形进行证明. 由注 3.1 知, 存在 $t^* \geqslant 0$, 使得 $\alpha(t^*) \neq 0$ 且 $a(t^*) = p^{d-1} + 1$, 从而 $a_{d-1}(t^*) = 1$. 进一步, 由 (1.13) 式知

$$a\left(t^* + p^{d-1}T/2\right) = [-a(t^*)]_{\bmod p^d} = (p-2)p^{d-1} + \left(p^{d-1} - 1\right),$$

其中 $T = p^n - 1$, 从而 $a_{d-1}\left(t^* + p^{d-1}T/2\right) = p - 2$. 一方面, 由 (3.16) 式知 $b_{d-1}(t^*) = \lambda$. 注意到 $\underline{b}_0 = [\lambda \cdot \underline{a}_0]_{\bmod p}$ 且 $a_0(t^*) = 1$, 因此 $[b(t^*)]_{\bmod p^{d-1}} \neq 0$, 从而由 $b\left(t^* + p^{d-1}T/2\right) = [-b(t^*)]_{\bmod p^d}$ 知

$$b_{d-1}\left(t^* + p^{d-1}T/2\right) = p - 1 - \lambda. \tag{3.17}$$

另一方面, 注意到 $\alpha\left(t^* + p^{d-1}T/2\right) = \alpha(t^* + T/2) = [-\alpha(t^*)]_{\bmod p} \neq 0$, 因此, 由 (3.16) 式知

$$b_{d-1}\left(t^* + p^{d-1}T/2\right) = \left[\lambda \cdot a_{d-1}\left(t^* + p^{d-1}T/2\right)\right]_{\bmod p} = [p - 2\lambda]_{\bmod p}. \tag{3.18}$$

联立 (3.17) 和 (3.18) 两式即知 $\lambda = 1$. □

基于引理 3.9, 下面首先给出定理 3.8 的证明.

定理 3.8 的证明 必要性显然, 只需证明充分性. 令 $\underline{c} = [\underline{a} - \underline{b}]_{\bmod p^d}$, 则

$$c_{d-1} = [\underline{a}_{d-1} - \underline{b}_{d-1} + \underline{\delta}]_{\bmod p}, \tag{3.19}$$

其中 $\underline{\delta} = (\delta(t))_{t=0}^{\infty}$ 是借位序列, 即

$$\delta(t) = \begin{cases} 0, & \text{若 } [a(t)]_{\bmod p^{d-1}} \geqslant [b(t)]_{\bmod p^{d-1}}, \\ p-1, & \text{若 } [a(t)]_{\bmod p^{d-1}} < [b(t)]_{\bmod p^{d-1}}. \end{cases} \tag{3.20}$$

由引理 3.9 知 $\underline{a}_0 = \underline{b}_0$ 且 $\underline{a}_{d-1} \overset{\alpha}{\underset{\bmod p}{\approx}} \underline{b}_{d-1}$, 故对任意满足 $\alpha(t) \neq 0$ 的非负整数 t, 都有 $a_{d-1}(t) = b_{d-1}(t)$, 从而由 (3.19) 和 (3.20) 两式知

$$c_{d-1}(t) \in \{0, p-1\}. \tag{3.21}$$

假设 $\underline{a} \neq \underline{b}$, 则 $\underline{c} \in G(f(x), p^d)$, 进而由 $\underline{a}_0 = \underline{b}_0$ 知, 存在 $1 \leqslant k \leqslant d-1$ 使得 $\underline{c} = p^k \cdot \underline{u}$, 其中 $\underline{u}_{\bmod p^{d-k}} \in G'(f(x), p^{d-k})$. 设

$$\underline{u}_{\bmod p^{d-k}} = \underline{u}_0 + \underline{u}_1 \cdot p + \cdots + \underline{u}_{d-k-1} \cdot p^{d-k-1}$$

是 $\underline{u}_{\bmod p^{d-k}}$ 的 p-adic 分解, 下面分两种情形分别构造矛盾.

(1) 若 $k = d-1$, 则 $\underline{c}_{d-1}$ 是 $\mathbb{Z}/(p)$ 上由 $f(x)_{\bmod p}$ 生成的 m-序列. 注意到 $\underline{\alpha}$ 也是 $\mathbb{Z}/(p)$ 上由 $f(x)_{\bmod p}$ 生成的 m-序列. 若 $\underline{c}_{d-1}$ 和 $\underline{\alpha}$ 在 $\mathbb{Z}/(p)$ 上线性相关, 则存在 $0 \leqslant t < p^n - 1$, 使得 $\alpha(t) \neq 0$ 并且 $c_{d-1}(t) = 1$, 这与 (3.21) 式矛盾; 若 $\underline{c}_{d-1}$ 和 $\underline{\alpha}$ 在 $\mathbb{Z}/(p)$ 上线性无关, 则由引理 1.4 知存在 $0 \leqslant t < p^n - 1$, 使得 $\alpha(t) \neq 0$ 并且 $c_{d-1}(t) = 1$, 这也与 (3.21) 式矛盾.

(2) 若 $1 \leqslant k \leqslant d-2$, 记 $\underline{\gamma} = [h_f(x)\underline{u}_0]_{\bmod p}$, 则 $\underline{\alpha}$ 和 $\underline{\gamma}$ 均是 $\mathbb{Z}/(p)$ 上由 $f(x)_{\bmod p}$ 生成的 m-序列. 类似于 (1) 的证明可知, 存在 $0 \leqslant t < p^n - 1$, 使得 $\alpha(t) \neq 0$ 并且 $\gamma(t) \neq 0$. 再由引理 2.2 知存在 $0 \leqslant j^* \leqslant p-1$, 使得 $u_{d-k-1}(t + j^* p^{d-k-2}T) = 1$. 注意到 $\underline{c}_{d-1} = \underline{u}_{d-k-1}$, 因此

$$c_{d-1}(t + j^* p^{d-k-2}T) = u_{d-k-1}(t + j^* p^{d-k-2}T) = 1.$$

而此时 $\alpha(t + j^* p^{d-k-2}T) = \alpha(t) \neq 0$, 这与 (3.21) 式矛盾. □

下面将给出定理 3.9 的证明.

引理 3.10 设 $d \geqslant 2$, $f(x)$ 是 $\mathbb{Z}/(2^d)$ 上 n 次本原多项式, $\underline{a}, \underline{b} \in G'(f(x), 2^d)$, $\underline{\alpha} = [h_f(x)\underline{a}_0]_{\bmod 2}$, 其中 $h_f(x)$ 如 (1.9) 式定义. 若 $\underline{a}_{d-1}$ 和 $\underline{b}_{d-1}$ 在 $\underline{\alpha}$ 的控制下同 0 分布且 $[\underline{a}]_{\bmod 2^{d-1}} = [\underline{b}]_{\bmod 2^{d-1}}$, 则 $\underline{a} = \underline{b}$.

证明　令 $\underline{c} = [\underline{a} - \underline{b}]_{\bmod 2^d}$，则由 $[\underline{a}]_{\bmod 2^{d-1}} = [\underline{b}]_{\bmod 2^{d-1}}$ 知 $\underline{c}_{d-1} = \underline{a}_{d-1} \oplus \underline{b}_{d-1}$. 进一步，由引理 3.9 知 $\underline{a}_{d-1} \underset{\bmod 2}{\overset{\alpha}{\approx}} \underline{b}_{d-1}$，从而 $\underline{c}_{d-1} \underset{\bmod 2}{\overset{\alpha}{\approx}} \underline{0}$. 假设 $\underline{a} \neq \underline{b}$，则 $\underline{c}_{d-1}$ 和 $\underline{\alpha}$ 均是 $\mathbb{Z}/(2)$ 上由本原多项式 $f(x)_{\bmod 2}$ 生成的 m-序列，无论 $\underline{c}_{d-1}$ 和 $\underline{\alpha}$ 在 $\mathbb{Z}/(2)$ 上是线性相关还是线性无关，均存在 $t \geqslant 0$，使得 $\alpha(t) = c_{d-1}(t) = 1$，这与 $\underline{c}_{d-1} \underset{\bmod 2}{\overset{\alpha}{\approx}} \underline{0}$ 矛盾.　　　　$\square$

若 $\underline{a}_{d-1}$ 和 $\underline{b}_{d-1}$ 在 $\underline{\alpha}$ 的控制下同 0 分布，则由引理 3.9 知 $\underline{a}_0 = \underline{b}_0$ 且 $\underline{a}_{d-1} \underset{\bmod 2}{\overset{\alpha}{\approx}} \underline{b}_{d-1}$，下面的引理 3.11 用来对权位序列进行递归降权位处理.

引理 3.11　设整数 $d \geqslant 3$, $f(x)$ 是 $\mathbb{Z}/(2^d)$ 上 n 次强本原多项式, $\underline{a}, \underline{b} \in G'(f(x), 2^d)$ 且 $\underline{a}_0 = \underline{b}_0$. 记 $\underline{\alpha} = [h_f(x)\underline{a}_0]_{\bmod 2}$, $\underline{\gamma}_i = [h_i(x)(\underline{a}_1 + \underline{b}_1)]_{\bmod 2}$，其中 $h_f(x)$ 如 (1.9) 式定义, $1 \leqslant i \leqslant d-1$. 若存在 $s \in \{0, 1\}$，使得

$$\underline{a}_{d-1} + \underline{b}_{d-1} \underset{\bmod 2}{\overset{\alpha}{\approx}} s \cdot \underline{\gamma}_{d-1}, \tag{3.22}$$

则

(1) 当 $d \geqslant 4$ 时, $\underline{a}_{d-2} + \underline{b}_{d-2} \underset{\bmod 2}{\overset{\alpha}{\approx}} \underline{\gamma}_{d-2}$;

(2) 当 $d = 3$ 时, $(\underline{a}_1 + \underline{b}_1) \cdot (h_1(x)\underline{a}_0) \underset{\bmod 2}{\overset{\alpha}{\approx}} \underline{\gamma}_1$.

证明　由 $\underline{a}_0 = \underline{b}_0$ 知 $\underline{a}_1 \oplus \underline{b}_1$ 要么是全零序列，要么是由 $f(x)_{\bmod 2}$ 生成的 m-序列，可知 $\mathrm{per}(\underline{\gamma}_{d-1}) \mid T$，从而

$$\left(x^{2^{d-3}T} - 1\right) s \cdot \underline{\gamma}_{d-1} = \underline{0},$$

其中 $T = 2^n - 1$. 将 $\left(x^{2^{d-3}T} - 1\right)$ 作用于 (3.22) 式两端，由 $\mathrm{per}(\underline{\alpha}) = T \mid 2^{d-3}T$ 及注 3.4 知

$$\left(x^{2^{d-3}T} - 1\right) \underline{a}_{d-1} \underset{\bmod 2}{\overset{\alpha}{\approx}} \left(x^{2^{d-3}T} - 1\right) \underline{b}_{d-1}. \tag{3.23}$$

另一方面，由引理 2.1 知

$$\left(x^{2^{d-3}T} - 1\right)\left(\underline{a}_{d-2} + \underline{a}_{d-1} \cdot 2\right) \equiv h_{d-2}(x)\left(\underline{a}_0 + \underline{a}_1 \cdot 2\right) \mod 2^2. \tag{3.24}$$

对 (3.24) 式作个简单变形得

$$\left(x^{2^{d-3}T} - 1\right) \underline{a}_{d-1} \cdot 2 + x^{2^{d-3}T} \underline{a}_{d-2} \equiv \underline{a}_{d-2} + h_{d-2}(x)\left(\underline{a}_0 + \underline{a}_1 \cdot 2\right) \mod 2^2. \tag{3.25}$$

设 $h_{d-2}(x)\underline{a}_0 \equiv \underline{m} + \underline{u} \cdot 2 \bmod 2^2$, 其中 $\underline{m}$ 和 $\underline{u}$ 均是二元序列. 考察 (3.25) 式两边的第 1 权位序列可知

$$\left(x^{2^{d-3}T} - 1\right)\underline{a}_{d-1} \equiv h_{d-2}(x)\underline{a}_1 + \underline{u} + \underline{m} \cdot \underline{a}_{d-2} \bmod 2. \tag{3.26}$$

注意到 $\underline{a}_0 = \underline{b}_0$, 因此同理有

$$\left(x^{2^{d-3}T} - 1\right)\underline{b}_{d-1} \equiv h_{d-2}(x)\underline{b}_1 + \underline{u} + \underline{m} \cdot \underline{b}_{d-2} \bmod 2. \tag{3.27}$$

将 (3.26), (3.27) 两式代入 (3.23) 式并整理得

$$h_{d-2}(x)\underline{a}_1 + \underline{m} \cdot \underline{a}_{d-2} \underset{\bmod 2}{\overset{\alpha}{\approx}} h_{d-2}(x)\underline{b}_1 + \underline{m} \cdot \underline{b}_{d-2},$$

即

$$\underline{m} \cdot \left(\underline{a}_{d-2} + \underline{b}_{d-2}\right) \underset{\bmod 2}{\overset{\alpha}{\approx}} \underline{\gamma}_{d-2}. \tag{3.28}$$

当 $d = 3$ 时, 由 $\underline{m} = [h_1(x)\underline{a}_0]_{\bmod 2}$ 及 (3.28) 式即知引理结论成立.

当 $d \geqslant 4$ 时, 由注 1.6 知

$$\underline{m} = [h_{d-2}(x)\underline{a}_0]_{\bmod 2} = [h_f(x)\underline{a}_0]_{\bmod 2} = \underline{\alpha},$$

此时 (3.28) 式简化为 $\underline{a}_{d-2} + \underline{b}_{d-2} \underset{\bmod 2}{\overset{\alpha}{\approx}} \underline{\gamma}_{d-2}$, 引理结论成立. $\qquad\square$

基于引理 3.11, 可以对权位序列进行递归降权位处理. 下面的引理 3.12 用来处理递归到只留下第 0,1 权位序列的情形.

设 $f(x)_{\bmod 2}$ 是 $\mathbb{Z}/(2)$ 上 n 次本原多项式, $\underline{z}_1, \underline{z}_2, \cdots, \underline{z}_k$ 是由 $f(x)_{\bmod 2}$ 生成的 k 条 m-序列, 其中 $1 \leqslant k \leqslant n$. 对 $u_1, u_2, \cdots, u_k \in \{0,1\}$, 记

$$N_{\underline{z}_1,\underline{z}_2,\cdots,\underline{z}_k}(u_1, u_2, \cdots, u_k) \triangleq |\{t \mid z_i(t) = u_i, 1 \leqslant i \leqslant k, 0 \leqslant t \leqslant 2^n - 2\}|.$$

引理 3.12 设符号同引理 3.11, 若 $\underline{a}_0 = \underline{b}_0$ 且 $\underline{m} \cdot (\underline{a}_1 + \underline{b}_1) \underset{\bmod 2}{\overset{\alpha}{\approx}} \underline{\gamma}_1$, 其中 $\underline{m} = [h_1(x)\underline{a}_0]_{\bmod 2}$, $\underline{\gamma}_1 = [h_1(x)(\underline{a}_1 + \underline{b}_1)]_{\bmod 2}$, 则 $\underline{a}_1 = \underline{b}_1$.

证明 (反证) 假设 $\underline{a}_1 \neq \underline{b}_1$, 则 $[\underline{a}_1 + \underline{b}_1]_{\bmod 2}$, $\underline{m} = [h_1(x)\underline{a}_0]_{\bmod 2}$, $\underline{\gamma}_1 = [h_1(x)(\underline{a}_1 + \underline{b}_1)]_{\bmod 2}$, $\underline{\alpha} = [h_f(x)\underline{a}_0]_{\bmod 2}$ 均是 $\mathbb{Z}/(2)$ 上由 $f(x)_{\bmod 2}$ 生成的 m-序列. 记 $\underline{\delta} = [\underline{a}_1 + \underline{b}_1]_{\bmod 2}$, 则由题设知

$$\underline{m} \cdot \underline{\delta} \underset{\bmod 2}{\overset{\alpha}{\approx}} \underline{\gamma}_1, \tag{3.29}$$

从而

$$N_{\underline{m},\underline{\delta},\underline{\alpha}}(1,1,1) = N_{\underline{\gamma}_1,\underline{\alpha}}(1,1). \tag{3.30}$$

首先断言 $\underline{\alpha} \neq \underline{\gamma}_1$ (此时 $\underline{\alpha},\underline{\gamma}_1$ 在 $\mathbb{Z}/(2)$ 上线性无关). 否则 $\underline{\alpha} = \underline{\gamma}_1$, 则由 (3.29) 式知, 对所有满足 $\alpha(t) = 1$ 的非负整数 t, 都有 $\delta(t) = 1$, 由此可知 $N_{\underline{\delta}}(1) \geqslant N_{\underline{\alpha}}(1) = 2^{n-1}$. 另一方面, 由于 $\underline{\delta}$ 是 n 阶 m-序列, 故 $N_{\underline{\delta}}(1) = 2^{n-1}$. 这意味着 $\underline{\alpha} = \underline{\delta}$, 从而 $\underline{\gamma}_1 = \underline{\delta}$, 即

$$[h_1(x)(\underline{a}_1 + \underline{b}_1)]_{\bmod 2} = [\underline{a}_1 + \underline{b}_1]_{\bmod 2},$$

得 $h_1(x) \equiv 1 \bmod (f(x),2)$, 这与 $f(x)$ 是 $\mathbb{Z}/(2^d)$ 上 n 次本原多项式矛盾.

下面分 $\underline{m},\underline{\delta},\underline{\alpha}$ 在 $\mathbb{Z}/(2)$ 上线性无关和线性相关两种情形分别讨论.

情形 1　若 $\underline{m},\underline{\delta},\underline{\alpha}$ 在 $\mathbb{Z}/(2)$ 上线性无关, 则由引理 1.4 知

$$N_{\underline{m},\underline{\delta},\underline{\alpha}}(1,1,1) = 2^{n-3} \neq 2^{n-2} = N_{\underline{\gamma}_1,\underline{\alpha}}(1,1),$$

这与 (3.30) 式矛盾.

情形 2　若 $\underline{m},\underline{\delta},\underline{\alpha}$ 在 $\mathbb{Z}/(2)$ 上线性相关, 分以下 4 种子情形分别讨论.

情形 2.1　若 $\underline{m} = \underline{\delta}$, 则

$$\underline{\gamma}_1 = [h_1(x)\underline{\delta}]_{\bmod 2} = [h_1(x)\underline{m}]_{\bmod 2} = \left[h_1^2(x)\underline{a}_0\right]_{\bmod 2},$$

从而由 (3.29) 式知 $h_1(x)\underline{a}_0 \underset{\bmod 2}{\overset{\underline{\alpha}}{\approx}} h_1^2(x)\underline{a}_0$, 即

$$\left(h_1^2(x) + h_1(x)\right)\underline{a}_0 \underset{\bmod 2}{\overset{\underline{\alpha}}{\approx}} \underline{0}. \tag{3.31}$$

而由注 1.6 知

$$\underline{\alpha} = [h_f(x)\underline{a}_0]_{\bmod 2} = \left[\left(h_1^2(x) + h_1(x)\right)\underline{a}_0\right]_{\bmod 2},$$

将其代入 (3.31) 式得 $\underline{\alpha} \underset{\bmod 2}{\overset{\underline{\alpha}}{\approx}} \underline{0}$. 由 " $\underset{\bmod 2}{\overset{\underline{\alpha}}{\approx}}$ " 的含义知这不可能成立, 矛盾.

情形 2.2　若 $\underline{\delta} = \underline{\alpha}$, 则

$$\underline{\gamma}_1 = [h_1(x)\underline{\delta}]_{\bmod 2} = [h_1(x)\underline{\alpha}]_{\bmod 2} = [h_1(x)h_2(x)\underline{a}_0]_{\bmod 2}.$$

由 (3.29) 式知 $\underline{m} \underset{\bmod 2}{\overset{\underline{\alpha}}{\approx}} \underline{\gamma}_1$, 即

$$(h_2(x) + 1)h_1(x)\underline{a}_0 \underset{\bmod 2}{\overset{\underline{\alpha}}{\approx}} \underline{0}. \tag{3.32}$$

由 (3.32) 式知 $[(h_2(x)+1)h_1(x)\underline{a}_0]_{\bmod 2}$ 在长为 $2^n - 1$ 的一个连续片段中 0 的个数至少为 $N_{\underline{\alpha}}(1) = 2^{n-1}$ 个, 所以 $[(h_2(x)+1)h_1(x)\underline{a}_0]_{\bmod 2}$ 不是 m-序列, 从而

$$[(h_2(x)+1)h_1(x)\underline{a}_0]_{\bmod 2} = \underline{0},$$

得 $(h_2(x)+1)h_1(x) \equiv 0 \bmod (f(x), 2)$. 由于 $h_1(x)$ 与 $f(x)$ 在 $\mathbb{Z}/(2)$ 上互素, 故 $h_2(x)+1 \equiv 0 \bmod (f(x), 2)$, 这与 $f(x)$ 是强本原多项式矛盾.

情形 2.3 若 $\underline{m} = \underline{\alpha}$, 则由 (3.29) 式知 $\underline{\delta} \underset{\bmod 2}{\overset{\underline{\alpha}}{\approx}} \underline{\gamma}_1$, 即

$$(h_1(x)+1)(\underline{a}_1 + \underline{b}_1) \underset{\bmod 2}{\overset{\underline{\alpha}}{\approx}} \underline{0},$$

类似情形 2.2 的分析可得 $h_1(x)+1 \equiv 0 \bmod (f(x), 2)$, 这与 $f(x)$ 是本原多项式矛盾.

情形 2.4 若 $\underline{m}+\underline{\delta}+\underline{\alpha} = 0 \bmod 2$, 则 $\underline{m} \cdot \underline{\delta} \cdot \underline{\alpha} = 0$. 由 (3.29) 式知对所有满足 $\alpha(t) = 1$ 的非负整数 t, 都 $\gamma_1(t) = m(t) \cdot \delta(t) = 0$, 因此 $N_{\underline{\gamma}_1}(0) \geqslant N_{\underline{\alpha}}(1) = 2^{n-1}$, 这与 $\underline{\gamma}_1$ 是 n 级 m-序列矛盾.

综上讨论可知, 假设不成立, 因此 $\underline{a}_1 = \underline{b}_1$. $\qquad\square$

有了上述准备, 下面给出定理 3.9 的证明.

定理 3.9 的证明 必要性显然, 只需证明充分性. 首先, 由引理 3.9 知 $\underline{a}_0 = \underline{b}_0$, 并且

$$\underline{a}_{d-1} \underset{\bmod 2}{\overset{\underline{\alpha}}{\approx}} \underline{b}_{d-1}. \tag{3.33}$$

当 $d = 2$ 时, 由引理 3.10 知, 此时结论成立.

当 $d = 3$ 时, 由 (3.33) 式和引理 3.11 知 $(\underline{a}_1 + \underline{b}_1) \cdot (h_1(x)\underline{a}_0) \underset{\bmod 2}{\overset{\underline{\alpha}}{\approx}} \underline{\gamma}_1$, 进而由引理 3.12 知 $\underline{a}_1 = \underline{b}_1$, 从而 $[\underline{a}]_{\bmod 2^2} = [\underline{b}]_{\bmod 2^2}$. 再由引理 3.10 知, 此时结论也成立.

下面假设 $d \geqslant 4$, 则由 (3.33) 式和引理 3.11 知

$$\underline{a}_{d-2} + \underline{b}_{d-2} \underset{\bmod 2}{\overset{\underline{\alpha}}{\approx}} \underline{\gamma}_{d-2}. \tag{3.34}$$

若 $d-2 \geqslant 3$, 即 $d \geqslant 5$, 同理由 (3.34) 式和引理 3.11 知

$$\underline{a}_{d-3} + \underline{b}_{d-3} \underset{\bmod 2}{\overset{\underline{\alpha}}{\approx}} \underline{\gamma}_{d-3}.$$

一般地, 递归利用引理 3.11 可得

$$\underline{a}_k + \underline{b}_k \underset{\bmod 2}{\overset{\underline{\alpha}}{\approx}} \underline{\gamma}_k, \quad k = d-2, d-3, \cdots, 2. \tag{3.35}$$

特别地, 取 $k = 2$, 有 $\underline{a}_2 + \underline{b}_2 \underset{\mathrm{mod}\ 2}{\overset{\alpha}{\approx}} \underline{\gamma}_2$, 进而由引理 3.11 知

$$(\underline{a}_1 + \underline{b}_1) \cdot (h_1(x)\,\underline{a}_0) \underset{\mathrm{mod}\ 2}{\overset{\alpha}{\approx}} \underline{\gamma}_1.$$

再由引理 3.12 知 $\underline{a}_1 = \underline{b}_1$, 从而 $[\underline{a}]_{\mathrm{mod}\ 2^2} = [\underline{b}]_{\mathrm{mod}\ 2^2}$. 注意到

$$\underline{\gamma}_k = [h_k(x)\,(\underline{a}_1 + \underline{b}_1)]_{\mathrm{mod}\ 2},$$

因此 $\underline{\gamma}_k = \underline{0}$, 其中 $2 \leqslant k \leqslant d - 2$. 将其代入 (3.35) 式得

$$\underline{a}_k \underset{\mathrm{mod}\ 2}{\overset{\alpha}{\approx}} \underline{b}_k, \quad k = d-2, d-3, \cdots, 2.$$

特别地, $\underline{a}_2 \underset{\mathrm{mod}\ 2}{\overset{\alpha}{\approx}} \underline{b}_2$, 可知 $\underline{a}_2$ 和 $\underline{b}_2$ 在 $\underline{\alpha}$ 的控制下同 0 分布, 从而由引理 3.10 知 $[\underline{a}]_{\mathrm{mod}\ 2^3} = [\underline{b}]_{\mathrm{mod}\ 2^3}$. 同理, 递归下去最终可得 $[\underline{a}]_{\mathrm{mod}\ 2^d} = [\underline{b}]_{\mathrm{mod}\ 2^d}$. 　□

　　最高权位序列事实上是由压缩函数 $\psi(x_0, x_1, \cdots, x_{d-1}) = x_{d-1}$ 所导出的序列, 那么是否其他的压缩函数所导出的权位压缩序列也具有类似的性质? 对于 $p = 2$ 情形, 文献 [44] 在强本原多项式的条件下证明了形如 $\underline{a}_{d-1} \oplus \eta(\underline{a}_0, \underline{a}_1, \cdots, \underline{a}_{d-2})$ 的权位压缩导出序列都是局部 0 保熵的.

　　定理 3.10 [44]　设整数 $d \geqslant 2$, $f(x)$ 是 $\mathbb{Z}/(2^d)$ 上 n 次强本原多项式, $\eta(x_0, x_1, \cdots, x_{d-2})$ 是任意 $d-1$ 元布尔函数, 则对任意的 $\underline{a}, \underline{b} \in G'(f(x), p^d)$, $\underline{a} = \underline{b}$ 当且仅当

$$\underline{a}_{d-1} \oplus \eta(\underline{a}_0, \underline{a}_1, \cdots, \underline{a}_{d-2}) \quad \text{和} \quad \underline{b}_{d-1} \oplus \eta(\underline{b}_0, \underline{b}_1, \cdots, \underline{b}_{d-2})$$

在 $\underline{\alpha}$ 的控制下同 0 分布, 其中 $\underline{\alpha} = [h_f(x)\,\underline{a}_0]_{\mathrm{mod}\ 2}$, $h_f(x)$ 如 (1.9) 式定义.

　　对于奇素数 p, 关于 $\mathbb{Z}/(p^d)$ 上局部保熵性的更多结论可参考文献 [40, 45 − 48].

第 4 章　环 $\mathbb{Z}/(N)$ 上本原序列模 2
压缩导出序列的保熵性

设 $N \geqslant 3$ 是整数, 整数 $H < N$, $\underline{a} = (a(t))_{t=0}^{\infty}$ 是 $\mathbb{Z}/(N)$ 上序列, 下面称 $[\underline{a}]_{\mathrm{mod}\,H} = ([a(t)]_{\mathrm{mod}\,H})_{t=0}^{\infty}$ 为 $\underline{a}$ 的模 H 压缩导出序列. 进一步, 设 $f(x)$ 是 $\mathbb{Z}/(N)$ 上 n 次本原多项式, 若由 $f(x)$ 和 $\mathrm{mod}\,H$ 诱导出来的压缩映射

$$\chi : \begin{cases} G'(f(x), N) & \longrightarrow & (\mathbb{Z}/(H))^{\infty} \\ \underline{a} & \longmapsto & [\underline{a}]_{\mathrm{mod}\,H} \end{cases}$$

是单射, 即对 $\underline{a}, \underline{b} \in G'(f(x), N)$,

$$\underline{a} = \underline{b} \text{ 当且仅当 } [\underline{a}]_{\mathrm{mod}\,H} = [\underline{b}]_{\mathrm{mod}\,H},$$

则称由 $f(x)$ 生成的本原序列是模 H 保熵的.

由于参数 N, n, H 选择的灵活性, 模压缩导出序列涵盖了许多类序列. 例如, 1986 年由美国学者 Chan 和 Games 所提出的奇偶序列[49] (parity sequence) 事实上是 $\mathbb{Z}/(p)$ 上的模 2 压缩导出序列, 其中 p 是奇素数; 再如, 由 FCSR 序列的算术表示 (参见定理 5.4) 可知, 著名的 l-序列事实上是 $\mathbb{Z}/(p^d)$ 上 1 阶本原序列的模 2 压缩导出序列, 其中 p^d 是奇素数方幂且 2 是模 p^d 的原根.

保熵性对模压缩导出序列的应用具有尤为重要的意义, 它保证了模压缩导出序列保留了压缩前本原序列的全部信息, 从而使得导出序列与原序列具有相同的周期. 由于原序列的周期是已知的且可控的, 因此相应的模压缩导出序列的周期也是已知的且可控的. 进一步, 当 $N = 2^d - 1$ 时, 模 2 保熵性还具有更为重要的密码意义, 即它保证了 $\mathbb{Z}/(2^d - 1)$ 上本原序列 $\underline{a} = \underline{a}_0 + \underline{a}_1 \cdot 2 + \cdots + \underline{a}_{d-1} \cdot 2^{d-1}$ 经 2-adic 分解后得到的 d 条二元序列 $\underline{a}_0, \underline{a}_1, \cdots, \underline{a}_{d-1}$ 是等价保熵的: 对 $0 \leqslant i \leqslant d-1$, 每条二元序列 $\underline{a}_i$ 都保留了原序列 $\underline{a}$ 的全部信息, 并且与 $\underline{a}$ 具有相同的周期.

4.1　环 $\mathbb{Z}/(p^d)$ 上本原序列模 2 保熵性

本节中, 总假定 p 是奇素数, d 是正整数.

引理 4.1　设 $f(x)$ 是 $\mathbb{Z}/(p^d)$ 上 n 次本原多项式, $\underline{a}, \underline{b} \in G'(f(x), p^d)$, $q < p^d$ 是素数且 $q \neq p$, 若 $\underline{a}_{\mathrm{mod}\,q} = \underline{b}_{\mathrm{mod}\,q}$, 则 $\underline{a}_{\mathrm{mod}\,p} = \underline{b}_{\mathrm{mod}\,p}$.

证明　令 $\underline{c} = [\underline{a} - \underline{b}]_{\bmod p^d}$, 则 $\underline{c} \in G\left(f(x), p^d\right)$.

假设 $\underline{a}_{\bmod p} \neq \underline{b}_{\bmod p}$, 则 $\underline{c} \in G'\left(f(x), p^d\right)$. 由引理 3.1 知, 存在 $t \geqslant 0$, 使得 $c(t) = 1$, 从而

$$\begin{cases} a(t) = b + 1, \\ 0 \leqslant b(t) = b < p^d - 1. \end{cases} \quad \text{或者} \quad \begin{cases} a(t) = 0, \\ b(t) = p^d - 1. \end{cases}$$

由 $[a(t)]_{\bmod q} = [b(t)]_{\bmod q}$ 知前者显然不成立, 因此

$$\begin{cases} a(t) = 0, \\ b(t) = p^d - 1. \end{cases}$$

进而由 (1.13) 式知

$$\begin{cases} a\left(t + p^{d-1}(p^n - 1)/2\right) = 0, \\ b\left(t + p^{d-1}(p^n - 1)/2\right) = 1. \end{cases}$$

这与 $\underline{a}_{\bmod q} = \underline{b}_{\bmod q}$ 矛盾. 因此假设不成立, 引理得证.　　□

定理 4.1　设 $f(x)$ 是 $\mathbb{Z}/\left(p^d\right)$ 上 n 次本原多项式, $\underline{a}, \underline{b} \in G'\left(f(x), p^d\right)$, $q < p^d$ 是素数且 $q \neq p$, 则

(1) $\underline{a} = \underline{b}$ 当且仅当 $\underline{a}_{\bmod q} = \underline{b}_{\bmod q}$;

(2) $\mathrm{per}\left(\underline{a}_{\bmod q}\right) = \mathrm{per}(\underline{a}) = p^{d-1}(p^n - 1)$.

证明　(1) 必要性显然, 只需证明充分性, 即若 $\underline{a}_{\bmod q} = \underline{b}_{\bmod q}$, 则 $\underline{a} = \underline{b}$.

设 $\underline{a} = \underline{a}_0 + \underline{a}_1 \cdot p + \cdots + \underline{a}_{d-1} \cdot p^{d-1}, \underline{b} = \underline{b}_0 + \underline{b}_1 \cdot p + \cdots + \underline{b}_{d-1} \cdot p^{d-1}$ 分别是 $\underline{a}, \underline{b}$ 的 p-adic 分解, 则由引理 4.1 知 $\underline{a}_0 = \underline{b}_0$, 因此当 $d = 1$ 时, 结论成立. 下面设 $d \geqslant 2$.

假设 $\underline{a} \neq \underline{b}$, 则由定理 3.8 知, 存在 $t \geqslant 0$, 使得 $\alpha(t) \neq 0$ 且 $a_{d-1}(t), b_{d-1}(t)$ 不同 0 分布. 不妨设 $a_{d-1}(t) = 0, 0 < b_{d-1}(t) = k \leqslant p - 1$, 令 $a = [a(t)]_{\bmod p^{d-1}}$, $b = [b(t)]_{\bmod p^{d-1}}$, 则

$$a(t) = a_{d-1}(t) \cdot p^{d-1} + a = a, \quad b(t) = b_{d-1}(t) \cdot p^{d-1} + b = k \cdot p^{d-1} + b.$$

由 $\underline{a}_{\bmod q} = \underline{b}_{\bmod q}$ 知 $a(t) \equiv b(t) \bmod q$, 即

$$a \equiv k \cdot p^{d-1} + b \bmod q. \tag{4.1}$$

令 $\alpha = [h_f(x)\underline{a}_0]_{\bmod p} = [h_f(x)\underline{b}_0]_{\bmod p}$, 其中 $h_f(x)$ 如 (1.9) 式定义, 则由引理 2.2 知, 对 $0 \leqslant j \leqslant p - 1$, 有

$$a_{d-1}\left(t + j \cdot p^{d-2}T\right) \equiv a_{d-1}(t) + j \cdot \alpha(t) \bmod p,$$

$$b_{d-1}\left(t+j \cdot p^{d-2}T\right) \equiv b_{d-1}(t) + j \cdot \alpha(t) \bmod p,$$

其中 $T = p^n - 1$, 从而

$$
\begin{aligned}
&a\left(t+j \cdot p^{d-2}T\right)\\
&= [a_{d-1}(t) + j \cdot \alpha(t)]_{\bmod p} \cdot p^{d-1} + a_{d-2}(t) \cdot p^{d-2} + \cdots + a_0(t)\\
&= \left[a(t) + [j \cdot \alpha(t)]_{\bmod p} \cdot p^{d-1}\right]_{\bmod p^d}\\
&= a + [j \cdot \alpha(t)]_{\bmod p} \cdot p^{d-1},
\end{aligned}
$$

$$
\begin{aligned}
&b\left(t+j \cdot p^{d-2}T\right)\\
&= [b_{d-1}(t) + j \cdot \alpha(t)]_{\bmod p} \cdot p^{d-1} + b_{d-2}(t) \cdot p^{d-2} + \cdots + b_0(t)\\
&= \left[b(t) + [j \cdot \alpha(t)]_{\bmod p} \cdot p^{d-1}\right]_{\bmod p^d}\\
&= b + [k + j \cdot \alpha(t)]_{\bmod p} \cdot p^{d-1}.
\end{aligned}
$$

由于 $\alpha(t) \neq 0$, 故存在 $0 \leqslant j_0 \leqslant p-1$, 使得 $[j_0 \cdot \alpha(t)]_{\bmod p} = p-k$, 此时

$$a\left(t+j_0 \cdot p^{d-2}T\right) = a + (p-k) \cdot p^{d-1}, \quad b\left(t+j_0 \cdot p^{d-2}T\right) = b,$$

从而

$$a + (p-k) \cdot p^{d-1} \equiv b \bmod q. \tag{4.2}$$

联立 (4.1), (4.2) 两式得 $p^d \equiv 0 \bmod q$, 这与题设矛盾, 因此假设不成立, 结论得证.

(2) 对任意的 $1 \leqslant t < \text{per}\,(\underline{a})$, 因为 $x^t\underline{a} \neq \underline{a}$, 所以由 (1) 知

$$\underline{a}_{\bmod q} \neq [x^t\underline{a}]_{\bmod q} = x^t\underline{a}_{\bmod q},$$

可知 $\text{per}\,(\underline{a}_{\bmod q}) \geqslant \text{per}\,(\underline{a})$. 另一方面, 显然有 $\text{per}\,(\underline{a}_{\bmod q}) \leqslant \text{per}\,(\underline{a})$, 所以结论成立. $\qquad\square$

在定理 4.1 中, 当 p 是奇素数时, 取 $q = 2$, 则有如下推论.

推论 4.1 设 p 是奇素数, $f(x)$ 是 $\mathbb{Z}/\left(p^d\right)$ 上 n 次本原多项式, 则对 $\underline{a},\underline{b} \in G'\left(f(x), p^d\right)$, $\underline{a} = \underline{b}$ 当且仅当 $\underline{a}_{\bmod 2} = \underline{b}_{\bmod 2}$, 并且 $\text{per}\,(\underline{a}_{\bmod 2}) = p^{d-1}\left(p^n - 1\right)$.

4.2 环 $\mathbb{Z}/(2^d-1)$ 上本原序列及基本性质

早期环上序列研究的重点对象是环 $\mathbb{Z}/\left(p^d\right)$ 上本原序列. 尽管由其导出的非线性序列具有许多优良的密码性质, 如保熵性、良好的元素分布特性、复杂的非线性结构等. 但当 $d \geqslant 2$ 时, $\mathbb{Z}/\left(p^d\right)$ 上本原序列仍存在以下不足.

(1) **周期性质不理想**　环 $\mathbb{Z}/(p^d)$ 上 n 阶本原序列的周期为 $p^{d-1}(p^n-1)$. 当参数 d 稍大时 (例如, $d=8,16$ 或 32), 周期 $p^{d-1}(p^n-1)$ 远小于 p^{dn}. 这导致提高序列周期需要耗费的寄存器资源增长太快, 远大于周期增长的幅度. 例如, 假设 $\mathbb{Z}/(2^d)$ 上本原序列的周期需要达到 2^{64} 以上, 则当 d 分别为 $8, 16$ 和 32 时, 所需寄存器的规模至少分别为 $456, 784$ 和 1056 比特. 因此, $\mathbb{Z}/(2^d)$ 上本原序列的周期特性不理想.

(2) **权位序列地位不等价**　由于模 p^d 的加法运算具有从低权位向高权位进位的特性, 这导致 $\mathbb{Z}/(p^d)$ 上本原序列的权位越高, 非线性结构越复杂, 周期越大, 相应的密码性质也越好. 这意味着应用这类序列进行密码算法设计时, 必须舍弃低权位序列或者掩盖权位序列之间的这种不等价性. 然而, 舍弃低权位序列势必造成效率低下, 而掩盖序列弱点的做法总是令人担忧的. 因此, 无论怎样, 权位序列的这种不等价性必然给后端的序列设计带来极大的困难, 同时也增加了后端设计的复杂性.

除以上两点外, 对于奇素数 p, 由于模 p^d 运算软硬件实现效率相对较低, $\mathbb{Z}/(p^d)$ 上线性递归序列的实现效率往往满足不了现实需要.

设 $N>1$, 对 $a \in \mathbb{Z}/(N)$, 视 a 为 $\{0,1,\cdots,N-1\}$ 中的整数, 则 a 有如下唯一的 2-adic 分解

$$a = a_0 + a_1 \cdot 2 + \cdots + a_{d-1} \cdot 2^{d-1},$$

其中 $a_i \in \{0,1\}$, $d = \lceil \log_2 N \rceil$. 为了方便叙述, 有时也记

$$B_i(a) = a_i, \quad 0 \leqslant i \leqslant d-1. \tag{4.3}$$

同理, 对 $\mathbb{Z}/(N)$ 上序列 $\underline{a}$ 有如下唯一的 2-adic 分解

$$\underline{a} = \underline{a}_0 + \underline{a}_1 \cdot 2 + \cdots + \underline{a}_{d-1} \cdot 2^{d-1},$$

其中 $\underline{a}_i$ 是二元序列, 称为 $\underline{a}$ 的第 i 分位序列 (这里, $\underline{a}_0, \underline{a}_1, \cdots, \underline{a}_{d-1}$ 不称为权位序列, 因为它们之间未必有高低位之分), 并记为 $B_i(\underline{a})$. 因此, $\mathbb{Z}/(N)$ 上一条序列 $\underline{a}$ 可自然导出 d 条二元序列 $\underline{a}_0, \underline{a}_1, \cdots, \underline{a}_{d-1}$. 显然, 这 d 条二元序列的密码性质与模数 N 密切相关. 如何设计模数 N, 使得 $\mathbb{Z}/(N)$ 上本原序列及其导出的分位序列都具有 "好" 的密码性质?

2008 年, 研究发现当 $N=2^d-1$ 时, 环 $\mathbb{Z}/(2^d-1)$ 上本原序列不仅继承了 $\mathbb{Z}/(p^d)$ 上本原序列的许多优良密码性质, 如丰富的非线性结构, 同时还克服了 $\mathbb{Z}/(p^d)$ 上本原序列本身的不足. 下面介绍环 $\mathbb{Z}/(2^d-1)$ 上本原序列的优良密码性质, 其特殊形式 $\mathbb{Z}/(2^{31}-1)$ 上本原序列已应用于 ZUC 密码算法 (祖冲之密码算法) 设计中. ZUC 密码算法在 2009 年 5 月获得 3GPP 安全算法组 SA 立项,

并于 2011 年 9 月正式被 3GPP SA 全会通过, 成为第四代移动加密标准, 是我国第一个成为国际密码标准的密码算法.

(1) 2-adic **分位序列地位相同**.

设 $\underline{a}$ 是 $\mathbb{Z}/\left(2^d-1\right)$ 上本原序列, 则 $\underline{a}, [2 \cdot \underline{a}]_{\bmod 2^d-1}, \cdots, [2^{d-1} \cdot \underline{a}]_{\bmod 2^d-1}$ 均是 $\mathbb{Z}/\left(2^d-1\right)$ 上本原序列, 并且它们的 2-adic 分解为

$$\underline{a}=\underline{a}_0+\underline{a}_1 \cdot 2+\cdots+\underline{a}_{d-1} \cdot 2^{d-1},$$

$$[2 \cdot \underline{a}]_{\bmod 2^d-1}=\underline{a}_{d-1}+\underline{a}_0 \cdot 2+\cdots+\underline{a}_{d-2} \cdot 2^{d-1},$$

$$\cdots\cdots$$

$$\left[2^{d-1} \cdot \underline{a}\right]_{\bmod 2^d-1}=\underline{a}_1+\underline{a}_2 \cdot 2+\cdots+\underline{a}_0 \cdot 2^{d-1}.$$

这意味着本原序列 $\underline{a}$ 的第 i 分位序列 $\underline{a}_i$ 实际上是另一条本原序列 $\left[2^k \cdot \underline{a}\right]_{\bmod 2^d-1}$ 的第 $j=[k+i]_{\bmod d}$ 分位序列, 因此 $\underline{a}$ 所导出的 d 条分位序列 $\underline{a}_0, \underline{a}_1, \cdots, \underline{a}_{d-1}$ 本质上没有高低位之分.

进一步, 若 2^d-1 是素数, 则有如下更深刻的结论.

定理 4.2　设 $d>1$ 且 2^d-1 是素数, $f(x)$ 是 $\mathbb{Z}/\left(2^d-1\right)$ 上 n 次本原多项式, $\underline{a}, \underline{b} \in G'\left(f(x), 2^d-1\right)$, 则对任意给定的 $i \in \{0, 1, \cdots, d-1\}$, 都有

$$\underline{a}=\underline{b} \text{ 当且仅当 } \underline{a}_i=\underline{b}_i.$$

进一步, $\mathrm{per}\left(\underline{a}_0\right)=\mathrm{per}\left(\underline{a}_1\right)=\cdots=\mathrm{per}\left(\underline{a}_{d-1}\right)=\mathrm{per}\left(\underline{a}\right)=\left(2^d-1\right)^n-1$.

证明　必要性显然, 只需证明充分性.

设 $\underline{a}_i=\underline{b}_i$. 记 $\underline{a}'=\left[2^{d-i} \cdot \underline{a}\right]_{\bmod 2^d-1}$, $\underline{b}'=\left[2^{d-i} \cdot \underline{b}\right]_{\bmod 2^d-1}$, 则 $\underline{a}', \underline{b}' \in G'\left(f(x), 2^d-1\right)$, 并且

$$\left[\underline{a}'\right]_{\bmod 2}=\underline{a}_i=\underline{b}_i=\left[\underline{b}'\right]_{\bmod 2},$$

则由推论 4.1 知 $\underline{a}'=\underline{b}'$, 从而 $\underline{a}=\underline{b}$, 充分性得证. 进一步由推论 4.1 知

$$\mathrm{per}\left(\underline{a}_0\right)=\mathrm{per}\left(\underline{a}_1\right)=\cdots=\mathrm{per}\left(\underline{a}_{d-1}\right)=\mathrm{per}\left(\underline{a}\right)=\left(2^d-1\right)^n-1. \qquad \square$$

定理 4.2 说明从蕴含信息的角度而言, d 条分位序列 $\underline{a}_0, \underline{a}_1, \cdots, \underline{a}_{d-1}$ 地位是完全相同的, 其中任何一条序列完全包含了原序列 $\underline{a}$ 的所有信息, 或者说完全确定了原序列 $\underline{a}$. 分位序列地位相同是环 $\mathbb{Z}/\left(2^d-1\right)$ 上本原序列区别其他常规 (多比特输出) 序列的最本质特征. 该性质保证了 $\mathbb{Z}/\left(2^d-1\right)$ 上本原序列的信息在所有分位均匀分布, 没有给攻击者留下可利用的信息分布差异特征.

例 4.1　已知 $2^{31}-1$ 是素数, 设 $f(x)$ 是 $\mathbb{Z}/\left(2^{31}-1\right)$ 上 n 次本原多项式, 对 $\underline{a}, \underline{b} \in G'\left(f(x), 2^{31}-1\right)$ 有 2-adic 分解

$$\underline{a}=\underline{a}_0+\underline{a}_1 \cdot 2+\cdots+\underline{a}_{30} \cdot 2^{30},$$

$$b = \underline{b}_0 + \underline{b}_1 \cdot 2 + \cdots + \underline{b}_{30} \cdot 2^{30}.$$

对任意给定的 $i, 0 \leqslant i \leqslant 30$, 由定理 4.2 知

$$\underline{a} = \underline{b} \text{ 当且仅当 } \underline{a}_i = \underline{b}_i.$$

因此, $\underline{a}$ 中任意一个 2-adic 分位序列都是保熵的, 并且

$$\mathrm{per}\,(\underline{a}_0) = \mathrm{per}\,(\underline{a}_1) = \cdots = \mathrm{per}\,(\underline{a}_{30}) = \mathrm{per}\,(\underline{a}) = \left(2^{31} - 1\right)^n - 1.$$

从蕴含信息的角度而言, 上述 31 条序列的地位是完全相同的, 这在序列密码设计中有重要意义. 该模型已应用于祖冲之密码算法中.

注 4.1　当 $2^d - 1$ 不是素数时, 环 $\mathbb{Z}/\left(2^d - 1\right)$ 上本原序列未必总是模 2 保熵的. 例如, $f(x) = x - 5 \in \mathbb{Z}/\left(2^6 - 1\right)[x]$ 是 $\mathbb{Z}/\left(2^6 - 1\right)$ 上 1 次本原多项式,

$$\underline{a} = (1, 5, 4, 20, 16, 17, \cdots),$$
$$\underline{b} = (11, 13, 2, 10, 8, 19, \cdots)$$

是由 $f(x)$ 生成的本原序列, 周期为 6, 可知

$$[\underline{a}]_{\bmod 2} = (1, 1, 0, 0, 0, 1, \cdots) = [\underline{b}]_{\bmod 2},$$

但 $\underline{a} \neq \underline{b}$. 尽管存在模 2 保熵性不成立的例子, 但大量的实验显示模 2 保熵性应该是广泛成立的. 在 4.3 节和 4.5 节, 将给出模 2 保熵性的更多结论.

下面进一步说明只有当模数为形如 $2^d - 1$ 的整数时, 才有可能导出地位相同的 2-adic 分位序列.

给定 $i \geqslant 0$, 设 $B_i(\cdot)$ 如 (4.3) 式定义. 对任意的整数 $a \geqslant 0$, a 都可以唯一表示成 $a = x \cdot 2^i + y$, 其中 $0 \leqslant y < 2^i$, 则 $B_i(a) = [x]_{\bmod 2}$.

引理 4.2　设 N 是大于 1 的整数且 $N \notin \left\{2^d - 1 \mid d \geqslant 1\right\}$, $0 \leqslant i \leqslant \lfloor \log_2 N \rfloor$. 记

$$i_0 = \min\left\{k \mid B_k(N) = 0, 0 \leqslant k \leqslant \lfloor \log_2 N \rfloor\right\}. \tag{4.4}$$

则对任意的 $0 \leqslant a \leqslant N - 1$, 都有 $B_i(a) = B_i\left([-a]_{\bmod N}\right)$ 当且仅当 $i = i_0$.

证明　首先证明充分性. 设

$$N = z \cdot 2^{i_0} + w, \quad a = x \cdot 2^{i_0} + y,$$

其中 $0 \leqslant w, y < 2^{i_0}$. 由 i_0 的定义知 $[z]_{\bmod 2} = 0$ 且 $w = 2^{i_0} - 1$, 此时

$$[-a]_{\bmod N} = N - a = (z - x) \cdot 2^{i_0} + (w - y),$$

可知 $B_{i_0}\left([-a]_{\bmod N}\right) = [z-x]_{\bmod 2} = [x]_{\bmod 2} = B_{i_0}(a)$. 由 a 的任意性知充分性成立.

其次证明必要性. 设

$$N = z \cdot 2^i + w, \quad a = x \cdot 2^i + y,$$

其中 $0 \leqslant w, y < 2^i$, 则 $B_i(N) = [z]_{\bmod 2}$, $B_i(a) = [x]_{\bmod 2}$. 若对任意的 $0 \leqslant a \leqslant N-1$, 都有 $B_i(a) = B_i\left([-a]_{\bmod N}\right)$, 则断言 $B_i(N) = 0$. 否则 $B_i(N) = 1$, 即 $[z]_{\bmod 2} = 1$, 取 $1 \leqslant a \leqslant N-1$, 使得 $0 \leqslant y \leqslant w$, 此时

$$[-a]_{\bmod N} = N - a = (z-x) \cdot 2^i + (w-y),$$

可知 $B_i\left([-a]_{\bmod N}\right) = [z-x]_{\bmod 2} = [1-x]_{\bmod 2} \neq [x]_{\bmod 2} = B_i(a)$, 矛盾. 因此 $B_i(N) = 0$. 进一步, 断言 $w = 2^i - 1$. 否则 $0 \leqslant w < 2^i - 1$, 取 $1 \leqslant a \leqslant N-1$, 使得 $y = w+1$, 此时

$$[-a]_{\bmod N} = N - a = (z-x-1) \cdot 2^i + (2^i - 1),$$

可知 $B_i\left([-a]_{\bmod N}\right) = [z-x-1]_{\bmod 2} = [x+1]_{\bmod 2} \neq [x]_{\bmod 2} = B_i(a)$, 矛盾. 因此 $w = 2^i - 1$, 可知 $B_0(N) = B_1(N) = \cdots = B_{i-1}(N) = 1$, $B_i(N) = 0$, 由 i_0 的定义知 $i = i_0$. $\qquad\square$

由引理 4.2 知, 当 N 不是形如 $2^d - 1$ 的整数时, 对 $\mathbb{Z}/(N)$ 上任意序列 $\underline{a}$, 都有

$$B_{i_0}(\underline{a}) = B_{i_0}\left([-\underline{a}]_{\bmod N}\right),$$

其中 i_0 如 (4.4) 式定义. 注意到当序列 $\underline{a}$ 是 $\mathbb{Z}/(N)$ 上由本原多项式 $f(x)$ 生成的本原序列, 即当 $\underline{a} \in G'(f(x), N)$ 时, 显然有 $[-\underline{a}]_{\bmod N} \in G'(f(x), N)$ 且 $[-\underline{a}]_{\bmod N} \neq \underline{a}$. 因此在集合 $G'(f(x), N)$ 中存在不同的本原序列 $\underline{a}$ 和 $[-\underline{a}]_{\bmod N}$, 它们的第 i_0 分位序列 $B_{i_0}(\underline{a})$ 和 $B_{i_0}\left([-\underline{a}]_{\bmod N}\right)$ 是相同的. 这说明由 $f(x)$ 生成的本原序列的第 i_0 分位序列不是保熵的. 因此, 当模数不是形如 $2^d - 1$ 的整数时, 所导出分位序列的地位不是完全相同的.

(2) 拥有理想的周期性质.

设 $2^d - 1 = p_1^{e_1} p_2^{e_2} \cdots p_r^{e_r}$ 是 $2^d - 1$ 的标准分解, 则环 $\mathbb{Z}/(2^d-1)$ 上 n 次本原多项式和 n 阶本原序列的周期均为

$$T \triangleq \operatorname{lcm}\left(p_1^{e_1-1}\left(p_1^n - 1\right), p_2^{e_2-1}\left(p_2^n - 1\right), \cdots, p_r^{e_r-1}\left(p_r^n - 1\right)\right).$$

因为 $2^d - 1$ 通常含有较大的素因子, 所以随着 n 的增大, T 的值也迅速增大, 故 $\mathbb{Z}/(2^d-1)$ 上本原序列通常具有理想的周期性质. 表 4.1 给出了当 $8 \leqslant n \leqslant 20$

时, $\mathbb{Z}/(2^{16})$ 与 $\mathbb{Z}/(2^{16}-1)$ 上本原序列的周期以及 $\mathbb{Z}/(2^{32})$ 与 $\mathbb{Z}/(2^{32}-1)$ 上本原序列的周期之对比. 从表中可以看出, 环 $\mathbb{Z}/(2^d-1)$ 上本原序列的周期远大于环 $\mathbb{Z}/(2^d)$ 上本原序列的周期, 两者不在一个量级上. 例如, 环 $\mathbb{Z}/(2^{16}-1)$ 上 8 阶本原序列的周期大于 2^{103}, 而 $\mathbb{Z}/(2^{16})$ 上 8 阶本原序列的周期还不到 2^{23}.

表 4.1　不同环上本原序列周期之对比

T	$\mathbb{Z}/(2^{16}-1)$	$\mathbb{Z}/(2^{16})$	$\mathbb{Z}/(2^{32}-1)$	$\mathbb{Z}/(2^{32})$
$n=8$	$>2^{103}$	$<2^{23}$	$>2^{210}$	$<2^{39}$
$n=9$	$>2^{132}$	$<2^{24}$	$>2^{264}$	$<2^{40}$
$n=10$	$>2^{129}$	$<2^{25}$	$>2^{273}$	$<2^{41}$
$n=11$	$>2^{164}$	$<2^{26}$	$>2^{332}$	$<2^{42}$
$n=12$	$>2^{147}$	$<2^{27}$	$>2^{307}$	$<2^{43}$
$n=13$	$>2^{201}$	$<2^{28}$	$>2^{401}$	$<2^{44}$
$n=14$	$>2^{204}$	$<2^{29}$	$>2^{416}$	$<2^{45}$
$n=15$	$>2^{221}$	$<2^{30}$	$>2^{453}$	$<2^{46}$
$n=16$	$>2^{212}$	$<2^{31}$	$>2^{446}$	$<2^{47}$
$n=17$	$>2^{265}$	$<2^{32}$	$>2^{529}$	$<2^{48}$
$n=18$	$>2^{238}$	$<2^{33}$	$>2^{487}$	$<2^{49}$
$n=19$	$>2^{297}$	$<2^{34}$	$>2^{585}$	$<2^{50}$
$n=20$	$>2^{277}$	$<2^{35}$	$>2^{569}$	$<2^{51}$

(3) 2-adic 分位序列蕴含复杂的非线性结构.

环 $\mathbb{Z}/(2^d-1)$ 上本原序列的 2-adic 分位序列具有复杂的非线性结构, 其本质原因在于 $\mathbb{Z}/(2^d-1)$ 上加法运算具有复杂的进位结构.

引理 4.3　设 $a,b\in\{0,1,\cdots,2^d-1\}$, 并设 a,b 的 2-adic 分解分别为

$$a=a_0+a_1\cdot 2+\cdots+a_{d-1}\cdot 2^{d-1},\quad b=b_0+b_1\cdot 2+\cdots+b_{d-1}\cdot 2^{d-1},$$

其中 $a_i,b_i\in\{0,1\},0\leqslant i\leqslant d-1$, 则

$$\left\lfloor\frac{a+b}{2^d}\right\rfloor=a_{d-1}b_{d-1}\oplus\left(\bigoplus_{i=0}^{d-2}a_ib_i\prod_{j=i+1}^{d-1}\left(a_j\oplus b_j\right)\right),$$

其中 $\lfloor s\rfloor$ 表示小于或等于 s 的最大整数.

证明　对 d 进行归纳假设证明. 当 $d=1$ 时, $a=a_0,b=b_0$, 可知 $\left\lfloor\dfrac{a+b}{2}\right\rfloor=a_0b_0$, 此时引理成立.

设 $d>1$, 假设引理对 $d-1$ 成立, 下面证明引理对 d 也成立. 设

$$a=a_{d-1}\cdot 2^{d-1}+a',\quad b=b_{d-1}\cdot 2^{d-1}+b',$$

其中 $a' = a_0 + a_1 \cdot 2 + \cdots + a_{d-2} \cdot 2^{d-2}, b' = b_0 + b_1 \cdot 2 + \cdots + b_{d-2} \cdot 2^{d-2}$. 令 $c = \left\lfloor \dfrac{a' + b'}{2^{d-1}} \right\rfloor$, 则由归纳假设知

$$c = a_{d-2}b_{d-2} \oplus \left(\bigoplus_{i=0}^{d-3} a_i b_i \prod_{j=i+1}^{d-2} (a_j \oplus b_j) \right). \tag{4.5}$$

注意到

$$\left\lfloor \frac{a + b}{2^d} \right\rfloor = a_{d-1}b_{d-1} \oplus c \left(a_{d-1} \oplus b_{d-1} \right). \tag{4.6}$$

将 (4.5) 式代入 (4.6) 式, 可知引理对 d 也成立. $\qquad\square$

事实上, $\left\lfloor \dfrac{a + b}{2^d} \right\rfloor$ 是 $a + b$ 的进位值. 下面基于引理 4.3 给出模 $2^d - 1$ 加法运算的比特关系刻画.

引理 4.4 设 $a, b \in \{0, 1, \cdots, 2^d - 2\}$, $z = [a + b]_{\bmod 2^d - 1}$, 并设 a, b, z 的 2-adic 分解分别为

$$a = a_0 + a_1 \cdot 2 + \cdots + a_{d-1} \cdot 2^{d-1},$$
$$b = b_0 + b_1 \cdot 2 + \cdots + b_{d-1} \cdot 2^{d-1},$$
$$z = z_0 + z_1 \cdot 2 + \cdots + z_{d-1} \cdot 2^{d-1},$$

其中 $a_i, b_i, z_i \in \{0, 1\}, 0 \leqslant i \leqslant d - 1$, 则

$$z_i = \begin{cases} a_i \oplus b_i \oplus c_i, & \text{若 } a + b \neq 2^d - 1, \\ 0, & \text{否则}, \end{cases} \tag{4.7}$$

其中

$$c_0 = a_{d-1}b_{d-1} \oplus \left(\bigoplus_{i=0}^{d-2} a_i b_i \prod_{j=i+1}^{d-1} (a_j \oplus b_j) \right), \tag{4.8}$$

$$c_{j+1} = a_j b_j \oplus a_j c_j \oplus b_j c_j, \quad 0 \leqslant j \leqslant d - 2. \tag{4.9}$$

证明 因为 $a + b = \left\lfloor \dfrac{a + b}{2^d} \right\rfloor \cdot 2^d + [a + b]_{\bmod 2^d}$ 且 $0 \leqslant a + b \leqslant 2^{d+1} - 4$, 所以当 $a + b \neq 2^d - 1$ 时,

$$z = [a + b]_{\bmod 2^d - 1} = \left\lfloor \frac{a + b}{2^d} \right\rfloor + [a + b]_{\bmod 2^d}. \tag{4.10}$$

记 $c_0 = \left\lfloor \dfrac{a+b}{2^d} \right\rfloor$，则由引理 4.3 知

$$c_0 = a_{d-1}b_{d-1} \oplus \left(\bigoplus_{i=0}^{d-2} a_i b_i \prod_{j=i+1}^{d-1} (a_j \oplus b_j) \right).$$

比较 (4.10) 式两边的 2-adic 比特可知 $z_i = a_i \oplus b_i \oplus c_i, 0 \leqslant i \leqslant d-1$，其中

$$c_{j+1} = a_j b_j \oplus a_j c_j \oplus b_j c_j, \quad 0 \leqslant j \leqslant d-2.$$

当 $a+b = 2^d - 1$ 时，$z = [a+b]_{\bmod 2^d - 1} = 0$，可知 (4.7) 式显然成立.　　□

从引理 4.4 可知，z 的每个比特 z_i 与 a, b 的每一比特都相关，这与模 2^d 的加法运算有着本质的区别 (事实上，设 $w = w_0 + w_1 \cdot 2 + \cdots + w_{d-1} \cdot 2^{d-1} = [a+b]_{\bmod 2^d}$，则

$$w_0 = a_0 \oplus b_0,$$
$$w_i = a_i \oplus b_i \oplus \left\lfloor \frac{[a]_{\bmod 2^i} + [b]_{\bmod 2^i}}{2^i} \right\rfloor, \quad 1 \leqslant i \leqslant d-1,$$

从而由引理 4.3 知 w_i 仅与 $a_0, a_1, \cdots, a_i$ 和 $b_0, b_1, \cdots, b_i$ 有关). 当参与加法运算的元素更多时，可知上述比特关系式将变得更为复杂. 因此环 $\mathbb{Z}/(2^d - 1)$ 上本原序列的 2-adic 分位序列蕴含复杂的非线性结构.

4.3　环 $\mathbb{Z}/(2^d - 1)$ 上本原序列的模 2 保熵性

考虑到当前主要有 $4, 8, 16, 32$ 和 64 比特计算平台，本节中对 $d \in \{4, 8, 16, 32, 64\}$，利用 $\mathbb{Z}/(2^d - 1)$ 上本原序列的特殊代数性质，将相对完整地证明 $\mathbb{Z}/(2^d - 1)$ 上本原序列是模 2 保熵的.

首先给出一些必要的引理.

对任意的整数 $m \geqslant 2$，记 $v_2(m)$ 为最大的非负整数 s，使得 $2^s \mid m$. 关于 $v_2(\cdot)$ 有如下性质.

引理 4.5　设 $a \geqslant 3$ 是奇数，t 是非负整数，则

$$v_2\left(a^{2^t} - 1 \right) = \begin{cases} v_2(a+1) + t, & \text{若 } [a]_{\bmod 4} = 3 \text{ 且 } t \geqslant 1, \\ v_2(a-1) + t, & \text{若 } [a]_{\bmod 4} = 1 \text{ 或 } t = 0. \end{cases}$$

证明　当 $t = 0$ 时，结论显然. 下面设 $t \geqslant 1$.

设 $a = 2^e u + 1$, 其中 $e \geqslant 1$ 且 $u > 0$ 是奇数. 注意到

$$a^{2^t} = (2^e u + 1)^{2^t} = 1 + 2^{e+t} u + \sum_{i=2}^{2^t} \binom{2^t}{i} \cdot (2^e u)^i. \tag{4.11}$$

对 $i \geqslant 2$, 由

$$\binom{2^t}{i} = \frac{2^t}{i} \cdot \frac{2^t - 1}{1} \cdot \frac{2^t - 2}{2} \cdots \frac{2^t - i + 1}{i - 1}$$

知

$$v_2\left(\binom{2^t}{i}\right) = t - v_2(i). \tag{4.12}$$

若 $[a]_{\bmod 4} = 1$, 此时 $e \geqslant 2$, 从而对 $i \geqslant 2$ 有

$$e \cdot (i - 1) \geqslant 2 \cdot (i - 1) \geqslant i > v_2(i),$$

可知

$$e + t < e \cdot i + t - v_2(i). \tag{4.13}$$

联立 (4.11)—(4.13) 知

$$v_2\left(a^{2^t} - 1\right) = e + t = v_2(a - 1) + t.$$

若 $[a]_{\bmod 4} = 3$, 此时 $a = 2u + 1$, 从而

$$a^{2^t} - 1 = (2u + 1)^{2^t} - 1 = 2u \cdot (2u + 2) \cdot \prod_{i=1}^{t-1}\left((2u + 1)^{2^i} + 1\right).$$

注意到 $(2u + 1)^{2^i} + 1 \equiv 2 \bmod 4$, $1 \leqslant i \leqslant t - 1$, 因此

$$v_2\left((2u + 1)^{2^i} + 1\right) = 1, \quad 1 \leqslant i \leqslant t - 1,$$

从而 $v_2\left(a^{2^t} - 1\right) = v_2(2u + 2) + t = v_2(a + 1) + t.$ $\qquad\square$

引理 4.6 设 $a \geqslant 3$ 是奇数, n 是正整数, 则

$$v_2(a^n - 1) = \begin{cases} v_2(a + 1) + v_2(n), & \text{若 } [a]_{\bmod 4} = 3 \text{ 且 } n \text{ 是偶数}, \\ v_2(a - 1) + v_2(n), & \text{若 } [a]_{\bmod 4} = 1 \text{ 或 } n \text{ 是奇数}. \end{cases}$$

证明 设 $n = 2^t n'$, 其中 n' 是奇数, $t \geqslant 0$, 则 $v_2(n) = t$. 由 a 是奇数知

$$a^{2^t(n'-1)} + a^{2^t(n'-2)} + \cdots + a^{2^t} + 1 \equiv n' \not\equiv 0 \bmod 2.$$

注意到

$$a^n - 1 = \left(a^{2^t} - 1\right)\left(a^{2^t(n'-1)} + a^{2^t(n'-2)} + \cdots + a^{2^t} + 1\right),$$

因此 $v_2(a^n - 1) = v_2\left(a^{2^t} - 1\right)$, 从而由引理 4.5 及 $v_2(n) = t$ 知结论成立. □

引理 4.7 设 $d \in \{4, 8, 16, 32\}$, $f(x)$ 是 $\mathbb{Z}/\left(2^d - 1\right)$ 上的 n 次本原多项式, 周期为 T, $\underline{a} \in G'\left(f(x), 2^d - 1\right)$, 则对任意的 $t \geqslant 0$, 都有

$$a(t + T/2) = \left[2^{d/2} \cdot a(t)\right]_{\bmod 2^d - 1}.$$

证明 对 $d \in \{4, 8, 16, 32\}$, 可设

$$2^d - 1 = p_1 \cdot p_2 \cdot \cdots \cdot p_r$$

是 $2^d - 1$ 的标准分解, 其中 $r \in \{2, 3, 4, 5\}$ 且 $p_i = 2^{2^{i-1}} + 1$, $1 \leqslant i \leqslant r$. 进一步, 验证可知

$$2^{d/2} \equiv \begin{cases} 1 \bmod p_i, & \text{若 } 1 \leqslant i \leqslant r - 1, \\ -1 \bmod p_i, & \text{若 } i = r, \end{cases}$$

因此, 由中国剩余定理知只需证明

$$a(t + T/2) \equiv \begin{cases} a(t) \bmod p_i, & \text{若 } 1 \leqslant i \leqslant r - 1, \\ -a(t) \bmod p_i, & \text{若 } i = r. \end{cases} \tag{4.14}$$

对 $1 \leqslant i \leqslant r$, 由 $p_i = 2^{2^{i-1}} + 1$ 及引理 4.6 知

$$v_2(p_i^n - 1) = \begin{cases} 2 + v_2(n), & \text{若 } i = 1 \text{ 且 } n \text{ 是偶数}, \\ 2^{i-1} + v_2(n), & \text{否则}, \end{cases}$$

从而

$$v_2(p_i^n - 1) < v_2(p_r^n - 1), \quad 1 \leqslant i \leqslant r - 1.$$

由于 $T = \mathrm{lcm}(p_1^n - 1, p_2^n - 1, \cdots, p_r^n - 1)$, 故由上式知

$$v_2(T) = v_2(p_r^n - 1) > v_2(p_i^n - 1), \quad 1 \leqslant i \leqslant r - 1.$$

这意味着

$$[T/2]_{\bmod p_i^n - 1} = \begin{cases} 0, & \text{若 } 1 \leqslant i \leqslant r - 1, \\ (p_r^n - 1)/2, & \text{若 } i = r. \end{cases}$$

结合 (1.12) 式及本原多项式的定义有

$$x^{T/2} \equiv \begin{cases} 1 \mod (f(x), p_i), & \text{若 } 1 \leqslant i \leqslant r - 1, \\ -1 \mod (f(x), p_i), & \text{若 } i = r. \end{cases} \tag{4.15}$$

将 (4.15) 式作用于序列 $\underline{a}$ 即得 (4.14) 式, 引理得证. $\qquad\square$

引理 4.8 设 $f(x)$ 是 $\mathbb{Z}/(2^{64}-1)$ 上的 n 次本原多项式, 周期为 T, $\underline{a} \in G'(f(x), 2^{64}-1)$, 则对任意的 $t \geqslant 0$ 及 $h \in \{1, 2\}$, 都有

$$a(t + T/2^h) \equiv W_h \cdot a(t) \bmod 2^{64} - 1,$$

其中

$$W_1 = 9223512772195680256,$$

$$W_2 \in \{13817114299316846656, 13853142546588385216\}.$$

证明 验证可知 $2^{64} - 1 = p_1 \cdot p_2 \cdot p_3 \cdot p_4 \cdot p_5 \cdot p_6 \cdot p_7$, 其中

$$p_1 = 3, \quad p_2 = 5, \quad p_3 = 17, \quad p_4 = 257,$$

$$p_5 = 641, \quad p_6 = 65537, \quad p_7 = 6700417.$$

因为

$$[W_h]_{\bmod p_i} = \begin{cases} 1, & \text{若 } i \in \{1, 2, 3, 4, 5, 7\}, \\ 65536, & \text{若 } i = 6 \text{ 且 } h = 1, \\ 256 \text{ 或 } 65281, & \text{若 } i = 6 \text{ 且 } h = 2, \end{cases}$$

所以由中国剩余定理知, 只需证明

$$a(t + T/2^h) = \begin{cases} a(t), & \text{若 } i \in \{1, 2, 3, 4, 5, 7\}, \\ [-a(t)]_{\bmod p_i}, & \text{若 } i = 6 \text{ 且 } h = 1, \\ [u \cdot a(t)]_{\bmod p_i}, & \text{若 } i = 6 \text{ 且 } h = 2, \end{cases} \tag{4.16}$$

其中 $u \in \{256, 65281\}$.

由引理 4.6 知

$$v_2\left(p_i^n - 1\right) = \begin{cases} 1, & \text{若 } i = 1 \text{ 且 } n \text{ 是奇数}, \\ 2 + v_2\left(n\right), & \text{若 } i = 1 \text{ 且 } n \text{ 是偶数}, \\ 2^{i-1} + v_2\left(n\right), & \text{若 } i \in \{2, 3, 4\}, \\ 7 + v_2\left(n\right), & \text{若 } i \in \{5, 7\}, \\ 16 + v_2\left(n\right), & \text{若 } i = 6. \end{cases} \tag{4.17}$$

记 $D_i = T / \left(p_i^n - 1\right), 1 \leqslant i \leqslant 7$, 其中 $T = \mathrm{lcm}\left(p_1^n - 1, \cdots, p_7^n - 1\right)$, 则易知

$$\left[\frac{T}{2^h}\right]_{\bmod p_i^n - 1} = \frac{[D_i]_{\bmod 2^h}}{2^h} \cdot \left(p_i^n - 1\right). \tag{4.18}$$

注意到对 $1 \leqslant i \leqslant 7$,

$$v_2\left(D_i\right) = v_2\left(T\right) - v_2\left(p_i^n - 1\right) = v_2\left(p_6^n - 1\right) - v_2\left(p_i^n - 1\right), \tag{4.19}$$

因此, 由 (4.17)—(4.19) 式知

$$\left[\frac{T}{2^h}\right]_{\bmod p_i^n - 1} = \begin{cases} 0, & \text{若 } i \in \{1, 2, 3, 4, 5, 7\}, \\ \left(p_6^n - 1\right)/2, & \text{若 } i = 6 \text{ 且 } h = 1, \\ \left(p_6^n - 1\right)/4 \text{ 或 } 3 \cdot \left(p_6^n - 1\right)/4, & \text{若 } i = 6 \text{ 且 } h = 2. \end{cases}$$

结合 (1.12) 式及本原多项式的定义有

$$x^{T/2^h} \equiv \begin{cases} 1 \ \bmod\left(f\left(x\right), p_i\right), & \text{若 } i \in \{1, 2, 3, 4, 5, 7\}, \\ -1 \ \bmod\left(f\left(x\right), p_i\right), & \text{若 } i = 6 \text{ 且 } h = 1, \\ u \ \bmod\left(f\left(x\right), p_i\right), & \text{若 } i = 6 \text{ 且 } h = 2, \end{cases} \tag{4.20}$$

其中 $u \in \{256, 65281\}$(这是因为 $u \equiv x^{(p_6^n - 1)/4} \bmod\left(f\left(x\right), p_6\right)$ 或者 $u \equiv x^{3 \cdot (p_6^n - 1)/4} \bmod\left(f\left(x\right), p_6\right)$, 所以 u 是素域 $\mathbb{Z}/\left(p_6\right)$ 上的 4 阶元, 而 $\mathbb{Z}/\left(p_6\right)$ 上的 4 阶元只有两个, 即 256 和 65281). 将 (4.20) 式作用于序列 $\underline{a}$ 即得 (4.16) 式, 引理得证. □

引理 4.9　设 W_1, W_2 如引理 4.8 中定义, 记

$$\Omega \triangleq \left\{d \mid d \text{ 整除 } \left(2^{64} - 1\right)/65537 \text{ 且 } d > 1\right\},$$

$$\Delta \triangleq \{3, 15, 51, 255, 771, 1923, 3855, 9615, 13107, 32691, 65535\}.$$

对任意的 $R \in \Omega$, 记 $Q = \left(2^{64} - 1\right)/R$, 则

(1) 当 $R \in \Omega \backslash \Delta$ 时, 总存在整数 $s, 0 \leqslant s < R$, 使得

$$
\begin{aligned}
&\left[W_1 \cdot [Q \cdot s]_{\bmod R}\right]_{\bmod 2^{64}-1} \\
&\not\equiv \left[W_1 \cdot \left(2^{64}-1-R+[Q \cdot s]_{\bmod R}\right)\right]_{\bmod 2^{64}-1} \bmod 2.
\end{aligned}
\tag{4.21}
$$

(2) 当 $R \in \Delta$ 时, 总存在整数 $s, 0 \leqslant s < R$, 使得

$$
\begin{aligned}
&\left[W_2 \cdot [Q \cdot s]_{\bmod R}\right]_{\bmod 2^{64}-1} \\
&\not\equiv \left[W_2 \cdot \left(2^{64}-1-R+[Q \cdot s]_{\bmod R}\right)\right]_{\bmod 2^{64}-1} \bmod 2.
\end{aligned}
\tag{4.22}
$$

证明 由表 4.2 和表 4.3 直接验算可知结论成立. □

表 4.2 使得 (4.21) 式成立的 (R, s) 取值之对应表

$(5, 0)$	$(494211, 1)$	$(569535445, 1)$	$(146370609365, 0)$
$(17, 0)$	$(823685, 0)$	$(1708606335, 1)$	$(219043332147, 0)$
$(85, 0)$	$(2471055, 0)$	$(1722007169, 0)$	$(365072220245, 0)$
$(257, 0)$	$(2800529, 4)$	$(4294967297, 0)$	$(439111828095, 41811)$
$(641, 0)$	$(6700417, 64)$	$(5166021507, 0)$	$(1095216660735, 0)$
$(1285, 0)$	$(8401587, 1)$	$(8610035845, 0)$	$(1103806595329, 0)$
$(3205, 0)$	$(14002645, 1)$	$(12884901891, 0)$	$(3311419785987, 0)$
$(4369, 0)$	$(20101251, 0)$	$(21474836485, 0)$	$(5519032976645, 0)$
$(10897, 0)$	$(33502085, 0)$	$(25830107535, 0)$	$(16557098929935, 0)$
$(21845, 0)$	$(42007935, 62)$	$(29274121873, 0)$	$(18764712120593, 0)$
$(54485, 0)$	$(100506255, 0)$	$(64424509455, 0)$	$(56294136361779, 0)$
$(163455, 0)$	$(113907089, 4)$	$(73014444049, 0)$	$(93823560602965, 0)$
$(164737, 5)$	$(341721267, 0)$	$(87822365619, 0)$	$(281470681808895, 0)$

表 4.3 使得 (4.22) 式成立的 (R, s) 取值之对应表

当 $W_2 = 13817114299316846656$ 时	当 $W_2 = 13853142546588385216$ 时
$(3, 0)$	$(3, 0)$
$(15, 1)$	$(15, 1)$
$(51, 0)$	$(51, 0)$
$(255, 1)$	$(255, 32)$
$(771, 1)$	$(771, 1)$
$(1923, 0)$	$(1923, 0)$
$(3855, 1)$	$(3855, 1)$
$(9615, 1)$	$(9615, 0)$
$(13107, 1)$	$(13107, 6)$
$(32691, 0)$	$(32691, 0)$
$(65535, 1)$	$(65535, 128)$

本节主要结论的证明需要假定环中每一元素均在本原序列中出现. 因此, 为了方便叙述, 给出如下元素分布假设.

假设 4.1　设 $N > 1$ 是无平方因子整数, $f(x)$ 是 $\mathbb{Z}/(N)$ 上的 n 次本原多项式, 则对任意的 $\underline{z} \in G'(f(x), N)$, $\mathbb{Z}/(N)$ 中每一元素均在 $\underline{z}$ 中出现.

利用指数和估计, 1.4 节已给出使得假设 4.1 成立的充分条件 (见定理 1.10). 实验显示当 $n \geqslant 7$ 时, 绝大部分的 N 是满足此充分条件的 (见表 1.1), 并且理论上已证明: 对任意给定的 N, 当 n 充分大时, 假设 4.1 总是成立的 (见定理 1.11).

引理 4.10　设 $d \in \{4, 8, 16, 32, 64\}$, $f(x)$ 是 $\mathbb{Z}/(2^d - 1)$ 上的 n 次本原多项式, $\underline{a}, \underline{b} \in G'(f(x), 2^d - 1)$, 若假设 4.1 对 $f(x)$ 成立且 $[\underline{a}]_{\bmod 2} = [\underline{b}]_{\bmod 2}$, 则存在 $2^d - 1$ 的素因子 p, 使得 $[\underline{a}]_{\bmod p} = [\underline{b}]_{\bmod p}$.

证明　(反证) 假设对 $2^d - 1$ 的任意素因子 p, 都有 $[\underline{a}]_{\bmod p} \neq [\underline{b}]_{\bmod p}$. 令 $\underline{c} = [\underline{a} - \underline{b}]_{\bmod 2^d - 1}$, 则 $\underline{c} \in G'(f(x), 2^d - 1)$. 由假设 4.1 知存在 $t^* \geqslant 0$, 使得 $c(t^*) = 1$, 即 $[a(t^*) - b(t^*)]_{\bmod 2^d - 1} = 1$, 进而由 $[a(t^*)]_{\bmod 2} = [b(t^*)]_{\bmod 2}$ 知

$$a(t^*) = 0, \quad b(t^*) = 2^d - 2. \tag{4.23}$$

当 $d \in \{4, 8, 16, 32\}$ 时, 由 (4.23) 式及引理 4.7 知

$$a(t^* + T/2) = 0, \quad b(t^* + T/2) = 2^d - 1 - 2^{d/2},$$

其中 $T = \operatorname{per}(f(x), 2^d - 1)$, 这与 $[\underline{a}]_{\bmod 2} = [\underline{b}]_{\bmod 2}$ 矛盾.

当 $d = 64$ 时, 由 (4.23) 式及引理 4.8 知

$$a(t^* + T/2) = 0, \quad b(t^* + T/2) = 2^{64} - 1 - 9223512772195680256,$$

这也与 $[\underline{a}]_{\bmod 2} = [\underline{b}]_{\bmod 2}$ 矛盾.

综上可知, 假设不成立, 引理得证.　　　　　　　　　　　　　　　　□

引理 4.11　设 N 是无平方因子整数, $f(x)$ 是 $\mathbb{Z}/(N)$ 上本原多项式, $\underline{a}, \underline{b} \in G'(f(x), N)$ 且 R 是 N 的最大因子, 使得 $[\underline{a}]_{\bmod R} = [\underline{b}]_{\bmod R}$. 若

(1) 假设 4.1 对 $f(x)$ 成立;

(2) $1 < R < N$;

(3) $[\underline{a}]_{\bmod 2} = [\underline{b}]_{\bmod 2}$,

则对任意的 $0 \leqslant k < R$, 都存在 $t^* \geqslant 0$ 使得

$$a(t^*) = [Q \cdot k]_{\bmod R}, \quad b(t^*) = N - R + [Q \cdot k]_{\bmod R},$$

其中 $Q = N/R$.

证明　注意到 N 无平方因子, 因此 $\gcd(R, Q) = 1$, 故由中国剩余定理知

$$\underline{a} = [Q \cdot \underline{v} + R \cdot \underline{u}_a]_{\bmod N}, \quad \underline{b} = [Q \cdot \underline{v} + R \cdot \underline{u}_b]_{\bmod N}, \tag{4.24}$$

其中 $\underline{v}, \underline{u}_a, \underline{u}_b$ 是 $\mathbb{Z}/(N)$ 上序列满足

$$[\underline{v}]_{\bmod R} = [Q^{-1} \cdot \underline{a}]_{\bmod R} = [Q^{-1} \cdot \underline{b}]_{\bmod R} \in G'(f(x), R),$$

$$[\underline{u}_a]_{\bmod Q} = [R^{-1} \cdot \underline{a}]_{\bmod Q}, \quad [\underline{u}_b]_{\bmod Q} = [R^{-1} \cdot \underline{b}]_{\bmod Q} \in G'(f(x), Q).$$

由于 R 是 N 的最大因子使得 $[\underline{a}]_{\bmod R} = [\underline{b}]_{\bmod R}$, 所以对任意的 $q \mid Q$, 都有 $[\underline{a}]_{\bmod q} \neq [\underline{b}]_{\bmod q}$, 从而 $[\underline{u}_a]_{\bmod q} \neq [\underline{u}_b]_{\bmod q}$, 这意味着 $[\underline{u}_a - \underline{u}_b]_{\bmod Q} \in G'(f(x), Q)$. 令

$$\underline{z} = [Q \cdot \underline{v} + R \cdot (\underline{u}_a - \underline{u}_b)]_{\bmod N},$$

则由引理 1.5 知 $\underline{z} \in G'(f(x), N)$.

由题设 (1) 知, 当 t 遍历集合 $\{0, 1, \cdots, \operatorname{per}(\underline{z}) - 1\}$ 时,

$$\Big([v(t)]_{\bmod R}, [u_a(t) - u_b(t)]_{\bmod Q}\Big)$$

遍历笛卡儿积 $\mathbb{Z}/(R) \times \mathbb{Z}/(Q)$. 因此对任意的 $0 \leqslant k < R$, 都存在 $t^* \geqslant 0$ 使得

$$[v(t^*)]_{\bmod R} = k, \quad [u_a(t^*) - u_b(t^*)]_{\bmod Q} = 1,$$

即

$$[v(t^*)]_{\bmod R} = k, \quad [u_a(t^*)]_{\bmod Q} = 0, \quad [u_b(t^*)]_{\bmod Q} = Q - 1, \quad (4.25)$$

或者

$$[v(t^*)]_{\bmod R} = k, \quad [u_a(t^*)]_{\bmod Q} = w + 1, \quad [u_b(t^*)]_{\bmod Q} = w, \quad (4.26)$$

其中 $0 \leqslant w \leqslant Q - 2$. 将 (4.25) 和 (4.26) 式分别代入 (4.24) 式得

$$a(t^*) = Q \cdot k, \quad b(t^*) = [Q \cdot k + N - R]_{\bmod N}, \quad (4.27)$$

或者

$$a(t^*) = [Q \cdot k + R \cdot (w + 1)]_{\bmod N}, \quad b(t^*) = [Q \cdot k + R \cdot w]_{\bmod N}. \quad (4.28)$$

情形 1 若 $0 \leqslant k \leqslant \lfloor R/Q \rfloor$, 则对任意的 $0 \leqslant s \leqslant Q - 1$, 都有

$$Q \cdot k + R \cdot s \leqslant Q \cdot k + R \cdot (Q - 1) < R + R \cdot (Q - 1) = N,$$

由此可知 (4.28) 式不成立 (否则 $[a(t^*)]_{\bmod 2} \neq [b(t^*)]_{\bmod 2}$, 这与题设 $[\underline{a}]_{\bmod 2} = [\underline{b}]_{\bmod 2}$ 矛盾), 只能 (4.27) 式成立. 注意到此时 $Q \cdot k = [Q \cdot k]_{\bmod R}$, 由 (4.27) 式得

$$a(t^*) = [Q \cdot k]_{\bmod R}, \quad b(t^*) = N - R + [Q \cdot k]_{\bmod R}.$$

情形 2　若 $\lfloor R/Q \rfloor < k \leqslant R - 1$, 则

$$[Q \cdot k + N - R]_{\bmod N} = Q \cdot k - R,$$

由此可知 (4.27) 式不成立 (否则 $[a(t^*)]_{\bmod 2} \neq [b(t^*)]_{\bmod 2}$, 这与题设 $[a]_{\bmod 2} = [b]_{\bmod 2}$ 矛盾), 只能 (4.28) 式成立.

下面进一步确定 (4.28) 式中 w 的值. 注意到当 (4.28) 式成立时, 要使 $[a(t^*)]_{\bmod 2} = [b(t^*)]_{\bmod 2}$, 必然有

$$N \leqslant Q \cdot k + R \cdot (w + 1) < 2N, \quad 0 \leqslant Q \cdot k + R \cdot w < N. \tag{4.29}$$

计算可得

$$Q - \frac{Q \cdot k}{R} - 1 \leqslant w < Q - \frac{Q \cdot k}{R}.$$

由于 w 是整数且在半开半闭区间 $\left[Q - \dfrac{Q \cdot k}{R} - 1, Q - \dfrac{Q \cdot k}{R} \right)$ 中只有一个整数, 即 $Q - \left\lfloor \dfrac{Q \cdot k}{R} \right\rfloor - 1$, 因此 $w = Q - \left\lfloor \dfrac{Q \cdot k}{R} \right\rfloor - 1$. 将其代入 (4.28) 式并结合 (4.29) 式得

$$\begin{aligned}
a(t^*) &= Q \cdot k + R \cdot \left(Q - \left\lfloor \frac{Q \cdot k}{R} \right\rfloor \right) - N \\
&= Q \cdot k - R \cdot \left\lfloor \frac{Q \cdot k}{R} \right\rfloor \\
&= [Q \cdot k]_{\bmod R},
\end{aligned}$$

$$\begin{aligned}
b(t^*) &= Q \cdot k + R \cdot \left(Q - \left\lfloor \frac{Q \cdot k}{R} \right\rfloor - 1 \right) \\
&= N - R + Q \cdot k - R \cdot \left\lfloor \frac{Q \cdot k}{R} \right\rfloor \\
&= N - R + [Q \cdot k]_{\bmod R}.
\end{aligned}$$

综上, 无论是情形 1 还是情形 2, 都有

$$a(t^*) = [Q \cdot k]_{\bmod R}, \quad b(t^*) = N - R + [Q \cdot k]_{\bmod R},$$

引理得证.　　　　　　　　　　　　　　　　　　　　　　　　　　　□

有了上述准备工作, 下面给出本节主要结论及其证明.

定理 4.3 设 $d \in \{4, 8, 16, 32, 64\}$, $f(x)$ 是 $\mathbb{Z}/(2^d-1)$ 上本原多项式. 若假设 4.1 对 $f(x)$ 成立, 则对 $\underline{a}, \underline{b} \in G'\left(f(x), 2^d - 1\right)$,

$$[\underline{a}]_{\bmod 2} = [\underline{b}]_{\bmod 2} \quad \text{当且仅当} \quad \underline{a} = \underline{b}.$$

证明 充分性显然, 只需证明必要性.

设 R 是 2^d-1 的最大因子, 使得 $[\underline{a}]_{\bmod R} = [\underline{b}]_{\bmod R}$, 则由引理 4.10 知 $R > 1$. (反证) 假设 $R \neq 2^d - 1$, 则 $1 < R < 2^d - 1$, 下面通过分类讨论来推导矛盾. 为了方便叙述, 记 $Q = (2^d - 1)/R$, 则由 $2^d - 1$ 是无平方因子知 $\gcd(Q, R) = 1$.

情形 1 $e \in \{4, 8, 16, 32\}$.

情形 1.1 $1 < R < 2^{d/2}$.

由引理 4.11 知存在 $t^* \geqslant 0$, 使得

$$a\left(t^*\right) = 0, \quad b\left(t^*\right) = 2^d - 1 - R,$$

进而由引理 4.7 知

$$\begin{aligned} a\left(t^* + T/2\right) &= 0, \\ b\left(t^* + T/2\right) &= \left[2^{d/2} \cdot \left(2^d - 1 - R\right)\right]_{\bmod 2^d - 1} = 2^d - 1 - 2^{d/2} \cdot R, \end{aligned}$$

得 $\left[a\left(t^* + T/2\right)\right]_{\bmod 2} = 0 \neq 1 = \left[b\left(t^* + T/2\right)\right]_{\bmod 2}$, 这与 $[\underline{a}]_{\bmod 2} = [\underline{b}]_{\bmod 2}$ 矛盾.

情形 1.2 $2^{d/2} < R < 2^d - 1$.

由 $\gcd(Q, R) = 1$ 知, 当 k 遍历集合 $\{0, 1, \cdots, R-1\}$ 时, $[Q \cdot k]_{\bmod R}$ 也遍历集合 $\{0, 1, \cdots, R-1\}$. 因此由引理 4.11 知存在 $t^* \geqslant 0$, 使得

$$a\left(t^*\right) = 2^{d/2} - 1, \quad b\left(t^*\right) = 2^d + 2^{d/2} - 2 - R,$$

进而由引理 4.7 知

$$a\left(t^* + T/2\right) = 2^d - 2^{d/2}, \tag{4.30}$$

$$b\left(t^* + T/2\right) = \left[2^d - 2^{d/2} - 2^{d/2} \cdot R\right]_{\bmod 2^d - 1}. \tag{4.31}$$

下面化简 (4.31) 式. 一方面, 由于当 $d \in \{4, 8, 16, 32\}$ 时, $2^{d/2} + 1$ 是 $2^d - 1$ 的素因子, 故 $2^{d/2} + 1 \mid R$ (否则 $R \leqslant 2^{d/2} - 1$, 这与 $R > 2^{d/2}$ 矛盾). 设 $R = \left(2^{d/2} + 1\right) \cdot r$, 其中 $r \mid 2^{d/2} - 1$, 则

$$\left[2^{d/2} \cdot R\right]_{\bmod 2^d - 1} = \left[2^{d/2} \cdot \left(2^{d/2} + 1\right) \cdot r\right]_{\bmod 2^d - 1} = R. \tag{4.32}$$

另一方面, 由于 R 是 $2^d - 1$ 的非平凡因子 $(1 < R < 2^d - 1)$, 并且 3 是 $2^d - 1$ 的最小素因子, 故

$$R \leqslant \left(2^d - 1\right)/3 < 2^{d-1} < 2^d - 2^{d/2}. \tag{4.33}$$

将 (4.32), (4.33) 两式代入 (4.31) 式得

$$b\left(t^* + T/2\right) = 2^d - 2^{d/2} - R. \tag{4.34}$$

联立 (4.30), (4.34) 式得 $\left[a\left(t^* + T/2\right)\right]_{\mathrm{mod}\,2} = 0 \neq 1 = \left[b\left(t^* + T/2\right)\right]_{\mathrm{mod}\,2}$, 这与 $[\underline{a}]_{\mathrm{mod}\,2} = [\underline{b}]_{\mathrm{mod}\,2}$ 矛盾.

情形 2　$e = 64$.

情形 2.1　$65537 \mid R$.

由引理 4.11 知, 存在 $t^* \geqslant 0$, 使得 $a\left(t^*\right) = 1, b\left(t^*\right) = 2^{64} - R$, 进而由引理 4.8 知

$$a\left(t^* + T/2\right) = \left[W_1 \cdot a\left(t^*\right)\right]_{\mathrm{mod}\,2^{64}-1} = W_1, \tag{4.35}$$

$$
\begin{aligned}
b\left(t^* + T/2\right) &= \left[W_1 \cdot \left(2^{64} - R\right)\right]_{\mathrm{mod}\,2^{64}-1} \\
&= \left[W_1 - W_1 \cdot R\right]_{\mathrm{mod}\,2^{64}-1},
\end{aligned}
\tag{4.36}
$$

其中 $W_1 = 9223512772195680256$. 设 $R = 65537 \cdot R'$, 由于

$$65537 \cdot W_1 \equiv 65537 \bmod 2^{64} - 1,$$

故

$$W_1 \cdot R \equiv W_1 \cdot 65537 \cdot R' \equiv R \bmod 2^{64} - 1. \tag{4.37}$$

将 (4.37) 式代入 (4.36) 式并利用 $R \leqslant \left(2^{64} - 1\right)/3 < W_1$ 可得

$$b\left(t^* + T/2\right) = W_1 - R. \tag{4.38}$$

联立 (4.35), (4.38) 两式得 $\left[a\left(t^* + T/2\right)\right]_{\mathrm{mod}\,2} = 0 \neq 1 = \left[b\left(t^* + T/2\right)\right]_{\mathrm{mod}\,2}$, 这与 $[\underline{a}]_{\mathrm{mod}\,2} = [\underline{b}]_{\mathrm{mod}\,2}$ 矛盾.

情形 2.2　$65537 \nmid R$.

由引理 4.11 知, 对任意的 $0 \leqslant k < R$, 总存在 $t^* \geqslant 0$ 使得

$$a\left(t^*\right) = [Q \cdot k]_{\mathrm{mod}\,R}, \quad b\left(t^*\right) = 2^{64} - 1 - R + [Q \cdot k]_{\mathrm{mod}\,R},$$

进而由引理 4.8 知

$$a\left(t^* + T/2^h\right) = \left[W_h \cdot [Q \cdot k]_{\mathrm{mod}\,R}\right]_{\mathrm{mod}\,2^{64}-1},$$

$$b\left(t^* + T/2^h\right) = \left[W_h \cdot \left(2^{64} - 1 - R + [Q \cdot k]_{\bmod R}\right)\right]_{\bmod 2^{64}-1},$$

其中 $h \in \{1, 2\}$, W_1, W_2 如引理 4.8 中定义. 注意到 R 整除 $\left(2^{64} - 1\right)/65537$ 且 $R > 1$, 因此由引理 4.9 知

$$\left[a\left(t^* + T/2\right)\right]_{\bmod 2} \neq \left[b\left(t^* + T/2\right)\right]_{\bmod 2}$$

或者

$$\left[a\left(t^* + T/4\right)\right]_{\bmod 2} \neq \left[b\left(t^* + T/4\right)\right]_{\bmod 2}$$

这都与 $[\underline{a}]_{\bmod 2} = [\underline{b}]_{\bmod 2}$ 矛盾.

综上可知假设不成立, 于是 $\underline{a} = \underline{b}$, 定理得证. $\qquad\square$

类似于定理 4.2 的证明, 易知如下推论成立.

推论 4.2 设符号同定理 4.3, $0 \leqslant i \leqslant d-1$, 若假设 4.1 对 $f(x)$ 成立, 则

$$\underline{a}_i = \underline{b}_i \text{ 当且仅当 } \underline{a} = \underline{b}.$$

进一步, $\mathrm{per}\left(\underline{a}_0\right) = \mathrm{per}\left(\underline{a}_1\right) = \cdots = \mathrm{per}\left(\underline{a}_{d-1}\right) = \mathrm{per}\left(f(x), 2^d - 1\right).$

4.4 环 $\mathbb{Z}/(p)$ 上本原序列 2-adic 分位序列的保熵性

本节内容主要参考文献 [50]. 本节中总假定 p 是奇素数且 $p+1$ 不等于 2 的方幂. 设

$$p = p_0 + p_1 \cdot 2 + \cdots + p_{d-1} \cdot 2^{d-1}$$

为 p 的 2-adic 展开, 其中 $d = \lceil \log_2 p \rceil$, $p_0, p_1, \cdots, p_{d-1} \in \{0, 1\}$, 则存在 $i \in \{1, 2, \cdots, d-2\}$, 使得 $p_i = 0$. 令

$$i_0 = \min\{i \mid 1 \leqslant i \leqslant d-2 \text{ 且 } p_i = 0\}.$$

设 $a \in \{0, 1, \cdots, p-1\}$, 并设

$$a = a_0 + a_1 \cdot 2 + \cdots + a_{d-1} \cdot 2^{d-1}$$

是 a 的 2-adic 展开, 其中 $a_0, a_1, \cdots, a_{d-1} \in \{0, 1\}$. 为了方便叙述, 有时也记 $B_i(a) = a_i$. 进一步, 若设 $a = x \cdot 2^i + y$, 其中 $0 \leqslant y < 2^i$, 则 $B_i(a) = [x]_{\bmod 2}$.

引理 4.12 设 p, i_0, d 如上定义, $0 \leqslant i \leqslant d-1$, 则对任意的 $0 \leqslant a \leqslant p-1$, 都有 $B_i(a) = B_i\left([-a]_{\bmod p}\right)$ 当且仅当 $i = i_0$.

证明　首先证明充分性. 设

$$p = z \cdot 2^{i_0} + w, \quad a = x \cdot 2^{i_0} + y,$$

其中 $0 \leqslant w, y < 2^{i_0}$. 由 i_0 的定义知 $[z]_{\bmod 2} = 0$ 且 $w = 2^{i_0} - 1$, 此时

$$[-a]_{\bmod p} = p - a = (z - x) \cdot 2^{i_0} + (w - y),$$

可知 $B_{i_0}\left([-a]_{\bmod p}\right) = [z - x]_{\bmod 2} = [x]_{\bmod 2} = B_{i_0}(a)$. 由 a 的任意性知充分性成立.

　　其次证明必要性. 设

$$p = z \cdot 2^i + w, \quad a = x \cdot 2^i + y,$$

其中 $0 \leqslant w, y < 2^i$, 则 $B_i(p) = [z]_{\bmod 2}$, $B_i(a) = [x]_{\bmod 2}$. 若对任意的 $0 \leqslant a \leqslant p - 1$, 都有 $B_i(a) = B_i\left([-a]_{\bmod p}\right)$, 则断言 $B_i(p) = 0$. 否则 $B_i(p) = 1$, 即 $[z]_{\bmod 2} = 1$, 取 $1 \leqslant a \leqslant p - 1$, 使得 $0 \leqslant y \leqslant w$, 此时

$$[-a]_{\bmod p} = p - a = (z - x) \cdot 2^i + (w - y),$$

可知 $B_i\left([-a]_{\bmod p}\right) = [z - x]_{\bmod 2} = [1 - x]_{\bmod 2} \neq [x]_{\bmod 2} = B_i(a)$, 矛盾. 因此 $B_i(p) = 0$. 进一步, 断言 $w = 2^i - 1$. 否则 $0 \leqslant w < 2^i - 1$, 取 $1 \leqslant a \leqslant p - 1$, 使得 $y = w + 1$, 此时

$$[-a]_{\bmod p} = p - a = (z - x - 1) \cdot 2^i + \left(2^i - 1\right),$$

可知 $B_i\left([-a]_{\bmod p}\right) = [z - x - 1]_{\bmod 2} = [x + 1]_{\bmod 2} \neq [x]_{\bmod 2} = B_i(a)$, 矛盾. 因此 $w = 2^i - 1$, 可知 $B_0(p) = B_1(p) = \cdots = B_{i-1}(p) = 1$, $B_i(p) = 0$, 由 i_0 的定义知 $i = i_0$. $\qquad\square$

引理 4.13　设 p, d 如上定义, $1 \leqslant i \leqslant d - 1$, $1 < \lambda < p - 1$. 进一步, 设

$$\lambda = x \cdot 2^{i+1} + y, \quad p = z \cdot 2^{i+1} + c \cdot 2^i + w,$$

其中 $0 \leqslant y \leqslant w < 2^i, c \in \{0, 1\}$. 令

$$\Lambda(\lambda) = \left\{1 \leqslant b \leqslant p - 1 \mid B_i(b) = 0 \text{ 且 } B_i\left([b + \lambda]_{\bmod p}\right) = 1\right\}, \tag{4.39}$$

则

$$|\Lambda(\lambda)| = \begin{cases} (z - x)y + x(w - y), & \text{若 } c = 0, \\ (z + 1)y + x(2^i - w), & \text{若 } c = 1. \end{cases}$$

证明 令

$$\Lambda_1(\lambda) = \{1 \leqslant b < p - \lambda \mid B_i(b) = 0 \ \text{且} \ B_i(b + \lambda) = 1\},$$

$$\Lambda_2(\lambda) = \{p - \lambda \leqslant b \leqslant p - 1 \mid B_i(b) = 0 \ \text{且} \ B_i(b + \lambda - p) = 1\},$$

则

$$|\Lambda(\lambda)| = |\Lambda_1(\lambda)| + |\Lambda_2(\lambda)|. \tag{4.40}$$

对任意的 $1 \leqslant b \leqslant p - 1$, 记 $b = q_b \cdot 2^{i+1} + r_b$, 其中 $0 \leqslant r_b < 2^{i+1}$.

首先计算 $|\Lambda_1(\lambda)|$ 的值. 注意到

$$B_i(b) = 0 \ \text{且} \ B_i(b + \lambda) = 1$$
$$\Leftrightarrow 0 \leqslant r_b < 2^i \ \text{且} \ 2^i \leqslant [r_b + y]_{2^{i+1}} = r_b + y < 2^{i+1}$$
$$\Leftrightarrow 2^i - y \leqslant r_b < 2^i.$$

考察如下不等式

$$\begin{cases} 1 \leqslant b < p - \lambda, \\ 2^i - y \leqslant r_b < 2^i. \end{cases} \tag{4.41}$$

由于

$$p - \lambda = (z - x) \cdot 2^{i+1} + c \cdot 2^i + (w - y), \quad w - y < 2^i - y,$$

因此当 $c = 0$ 时, 满足 (4.41) 式的 b 共有 $(z - x)y$ 个 (此时 $0 \leqslant q_b < z - x$); 而当 $c = 1$ 时, 满足 (4.41) 的 b 共有 $(z - x + 1)y$ 个 (此时 $0 \leqslant q_b \leqslant z - x$). 综上可知

$$|\Lambda_1(\lambda)| = \begin{cases} (z - x)y, & \text{若} \ c = 0, \\ (z - x + 1)y, & \text{若} \ c = 1. \end{cases} \tag{4.42}$$

最后计算 $|\Lambda_2(\lambda)|$ 的值. 注意到

$$B_i(b) = 0 \ \text{且} \ B_i(b + \lambda - p) = 1$$
$$\Leftrightarrow 0 \leqslant r_b < 2^i \ \text{且} \ 2^i \leqslant \left[r_b + y - \left(c \cdot 2^i + w\right)\right]_{\bmod 2^{i+1}} < 2^{i+1}. \tag{4.43}$$

进一步由题设知 $y \leqslant w < 2^i$, 从而

$$-2^{i+1} < -\left(c \cdot 2^i + w\right) \leqslant r_b + y - \left(c \cdot 2^i + w\right) \leqslant r_b < 2^i,$$

因此 (4.43) 式等价于

$$0 \leqslant r_b < 2^i \quad \text{且} \quad -2^i \leqslant r_b + y - \left(c \cdot 2^i + w\right) < 0,$$

即

$$\begin{cases} 0 \leqslant r_b < w - y, & \text{若 } c = 0, \\ w - y \leqslant r_b < 2^i, & \text{若 } c = 1. \end{cases}$$

当 $c = 0$ 时, 满足 $p - \lambda \leqslant b < p$ 且 $0 \leqslant r_b < w - y$ 的 b 共有 $(w - y)x$ 个 (此时 $z - x + 1 \leqslant q_b \leqslant z$); 当 $c = 1$ 时, 满足 $p - \lambda \leqslant b < p$ 且 $w - y \leqslant r_b < 2^i$ 的 b 共有 $(2^i - w + y)x$ 个 (此时 $z - x + 1 \leqslant q_b \leqslant z$), 因此

$$|\Lambda_2(\lambda)| = \begin{cases} (w - y)x, & \text{若 } c = 0, \\ (2^i - w + y)x, & \text{若 } c = 1. \end{cases} \tag{4.44}$$

联立 (4.40), (4.42) 和 (4.44) 式即得结论. □

引理 4.14　设 p, d 如上定义, $0 \leqslant i \leqslant d - 1$. 若 $1 < \lambda < p - 1$, 则存在 $1 \leqslant a \leqslant p - 1$, 使得 $B_i(a) \neq B_i\left([\lambda a]_{\bmod p}\right)$.

证明　首先证明 $i = 0$ 时, 结论成立, 即证明存在 $1 \leqslant a \leqslant p - 1$, 使得

$$B_0(a) \neq B_0\left([\lambda a]_{\bmod p}\right).$$

若 $B_0(\lambda) = 0$, 取 $a = 1$, 则 $B_0(a) = 1 \neq 0 = B_0(\lambda) = B_0\left([\lambda a]_{\bmod p}\right)$; 若 $B_0(\lambda) = 1$, 取 $a = \left\lceil \dfrac{p}{\lambda} \right\rceil$, 则 $p \leqslant \lambda a < 2p$, 从而

$$B_0(a) \neq B_0(a + 1) = B_0(\lambda a - p) = B_0\left([\lambda a]_{\bmod p}\right).$$

下面证明当 $1 \leqslant i \leqslant d - 1$ 时, 结论也成立.

(反证) 假设对任意的 $1 \leqslant a \leqslant p - 1$, 都有

$$B_i(a) = B_i\left([\lambda a]_{\bmod p}\right), \tag{4.45}$$

下面来推导矛盾. 设

$$\lambda = x \cdot 2^{i+1} + y, \quad p = z \cdot 2^{i+1} + c \cdot 2^i + w,$$

其中 $0 \leqslant y < 2^{i+1}$, $c \in \{0, 1\}$, $0 \leqslant w < 2^i$. 由 $0 = B_i(1) = B_i(\lambda)$ 知 $0 \leqslant y < 2^i$. 进一步, 由 $B_i(p - 1) = B_i\left([\lambda(p - 1)]_{\bmod p}\right) = B_i(p - \lambda)$ 知 $y \leqslant w$, 从而 $0 \leqslant y \leqslant w < 2^i$. 考察如下集合

$$\Omega = \{1 \leqslant a \leqslant p - 1 \mid B_i(a) = 0 \text{ 且 } B_i(a + 1) = 1\}.$$

易知, 若 $a \in \Omega$, 则 $[a]_{\bmod 2^{i+1}} = 2^i - 1$. 注意到 $p = z \cdot 2^{i+1} + c \cdot 2^i + w$, 其中 $c \in \{0, 1\}$, $0 \leqslant w < 2^i$, 因此

$$|\Omega| = \begin{cases} z, & \text{若 } c = 0, \\ z+1, & \text{若 } c = 1. \end{cases} \tag{4.46}$$

另一方面, 由 (4.45) 式知, 对每个 $a \in \Omega$, 都有

$$B_i(a) = B_i\left([\lambda a]_{\bmod p}\right) = 0 \quad \text{且} \quad B_i(a+1) = B_i\left([\lambda a + \lambda]_{\bmod p}\right) = 1,$$

可知 $[\lambda a]_{\bmod p} \in \Lambda(\lambda)$, 其中 $\Lambda(\lambda)$ 如 (4.39) 式定义. 反之, 任意给定 $b \in \Lambda(\lambda)$, 存在唯一的 $1 \leqslant a \leqslant p-1$, 使得 $b = [\lambda a]_{\bmod p}$, 则由

$$B_i(a) = B_i(b) = 0 \quad \text{及} \quad B_i(a+1) = B_i\left([b+\lambda]_{\bmod p}\right) = 1$$

知 $a \in \Omega$. 综上可知, $|\Omega| = |\Lambda(\lambda)|$, 从而由引理 4.13 和 (4.46) 式知

$$z = (z-x)y + x(w-y) \quad \text{或者} \quad z+1 = (z+1)y + x\left(2^i - w\right).$$

情形 1 $z = (z-x)y + x(w-y)$.

此时 $c = 0$, $p = z \cdot 2^{i+1} + w$. 易知 $z-x, y, x, w-y$ 均为非负整数. 首先断言 $z-x, y, x, w-y$ 均不等于 0, 否则:

若 $z-x = 0$, 则 $z = (z-x)y + x(w-y)$ 简化为 $z = z(w-y)$. 由于 $z > 0$, 可知 $w-y = 1$, 从而 $\lambda = p-1$, 与题设矛盾.

若 $y = 0$, 则 $z = (z-x)y + x(w-y)$ 简化为 $z = xw$, 进而由 $p = xw \cdot 2^{i+1} + w$ 知 $w \mid p$. 而 p 是素数且 $w < p$, 故 $w = 1$, 此时 $z = x$, 可知 $\lambda = p-1$, 与题设矛盾.

若 $x = 0$, 则 $z = (z-x)y + x(w-y)$ 简化为 $z = zy$. 由 $z > 0$ 知 $y = 1$, 此时 $\lambda = 1$, 与题设矛盾.

若 $w-y = 0$, 则 $z = (z-x)y + x(w-y)$ 简化为 $z = (z-x)w$, 进而由 $p = (z-x)w \cdot 2^{i+1} + w$ 知 $w \mid p$. 而 p 是素数且 $w < p$, 故 $w = y = 1$. 再由 $z = z-x$ 知 $x = 0$, 从而 $\lambda = x \cdot 2^{i+1} + y = 1$, 与题设矛盾.

因此, $z-x, y, x, w-y$ 均为正整数, 进而由

$$z = (z-x)y + x(w-y) \geqslant (z-x) + x = z$$

知 $y = 1$ 且 $w-y = 1$, 得 $w = 2$, 这与题设 p 是奇素数矛盾.

情形 2 $z+1 = (z+1)y + x(2^i - w)$.

此时 $c = 1$, $p = z \cdot 2^{i+1} + 2^i + w$. 注意到 $z > 0$ 且 $x(2^i - w) \geqslant 0$, 因此

$$z + 1 = (z + 1) y + x (2^i - w) \tag{4.47}$$

意味着 $y = 0$ 或 $y = 1$.

若 $y = 0$, 则 $z + 1 = x(2^i - w)$, 从而

$$p = z \cdot 2^{i+1} + 2^i + w = z(2^i - w) + x(2^i - w)(2^i + w),$$

可知 $2^i - w \mid p$. 由 $1 \leqslant 2^i - w < p$ 知 $2^i - w = 1$, 即 $w = 2^i - 1$. 再由 $z + 1 = x(2^i - w)$ 知 $z + 1 = x$, 这与 $x \cdot 2^{i+1} + y = \lambda < p = z \cdot 2^{i+1} + 2^i + w$ 矛盾.

若 $y = 1$, 则由 (4.47) 式知 $x(2^i - w) = 0$, 进而由 $2^i - w \geqslant 1$ 知 $x = 0$, 此时 $\lambda = 1$, 与题设矛盾. □

定理 4.4　设 p, i_0, d 如上定义, $0 \leqslant i \leqslant d - 1$, $f(x)$ 是 $\mathbb{Z}/(p)$ 上 n 次本原多项式, $\underline{a}, \underline{b} \in G'(f(x), p)$, 则

(1) $\underline{a}_{i_0} = \underline{b}_{i_0}$ 当且仅当 $\underline{a} = [\pm \underline{b}]_{\mathrm{mod}\, p}$;

(2) 当 $i \neq i_0$ 时, $\underline{a}_i = \underline{b}_i$ 当且仅当 $\underline{a} = \underline{b}$.

证明　若 $\underline{a}, \underline{b}$ 在 $\mathbb{Z}/(p)$ 上线性无关, 则由 m-序列理论知, 存在 $t \geqslant 0$, 使得 $a(t) = 0$, $b(t) = 2^i$, 从而 $B_i(a(t)) = 0 \neq 1 = B_i(b(t))$, 可知 $\underline{a}_i \neq \underline{b}_i$.

若 $\underline{a}, \underline{b}$ 在 $\mathbb{Z}/(p)$ 上线性相关, 则存在 $1 \leqslant \lambda \leqslant p - 1$, 使得 $\underline{a} = \lambda \cdot \underline{b}$. 当 $\lambda = 1$ 时, 显然有 $\underline{a}_i = \underline{b}_i$; 当 $1 < \lambda < p - 1$ 时, 注意到集合 $\{1, 2, \cdots, p - 1\}$ 中每个元素均在序列 $\underline{b}$ 中出现, 因此由引理 4.14 知, 存在 $1 \leqslant a \leqslant p - 1$, 使得 $B_i(a) \neq B_i([\lambda a]_{\mathrm{mod}\, p})$, 故 $\underline{a}_i \neq \underline{b}_i$; 当 $\lambda = p - 1$, 由引理 4.12 知 $\underline{a}_i = \underline{b}_i$ 当且仅当 $i = i_0$. 综上讨论可知, 结论成立. □

推论 4.3　设符号同上, 则对于任意的 $\underline{a} \in G'(f(x), p)$,

$$\mathrm{per}\,(\underline{a}_{i_0}) = (p^n - 1)/2, \quad \mathrm{per}\,(\underline{a}_i) = p^n - 1, \quad i \neq i_0.$$

证明　对 $0 \leqslant i \leqslant d - 1$, 显然有 $\mathrm{per}\,(\underline{a}_i) \mid \mathrm{per}\,(\underline{a}) = p^n - 1$. 进一步, 由注 1.11 知

$$x^{(p^n-1)/2} \underline{a} = [-\underline{a}]_{\mathrm{mod}\, p} \quad \text{且} \quad x^t \underline{a} \neq [\pm \underline{a}]_{\mathrm{mod}\, p}, \quad 0 < t < (p^n - 1)/2,$$

因此由定理 4.4 知对 $0 < t < (p^n - 1)/2$ 均有

$$x^t \underline{a}_i \neq \underline{a}_i, \quad 0 \leqslant i \leqslant d - 1,$$

并且

$$x^{(p^n-1)/2} \underline{a}_{i_0} = \underline{a}_{i_0} \quad \text{但} \quad x^{(p^n-1)/2} \underline{a}_i \neq \underline{a}_i, \quad i \neq i_0.$$

由此可知

$$\mathrm{per}\left(\underline{a}_{i_0}\right) = \left(p^n - 1\right)/2,$$

且当 $i \neq i_0$ 时, $\mathrm{per}\left(\underline{a}_i\right) > \left(p^n - 1\right)/2$. 再由 $\mathrm{per}\left(\underline{a}_i\right) \mid \mathrm{per}\left(\underline{a}\right) = p^n - 1$ 知

$$\mathrm{per}\left(\underline{a}_i\right) = p^n - 1, \quad i \neq i_0. \qquad \square$$

4.5 环 $\mathbb{Z}/(N)$ 上本原序列的模 2 保熵性

当模数 $N = p^d$ 为素数方幂时, 环 $\mathbb{Z}/(N)$ 上本原序列的模 2 保熵性问题已于 2004 年[31,43] 被彻底解决; 然而当模数 N 含有两个或两个以上不同素因子时, 要想彻底解决该问题似乎变得异常困难. 一方面, 存在许多模数 N, 使得 $\mathbb{Z}/(N)$ 上 1 阶本原序列的模压缩导出序列是不保熵的. 例如, 在所有小于 600 的奇数 N 中, 当 $N \in \{21, 63, 65, 133, 195, 315, 399, 513\}$ 时, 存在 $\mathbb{Z}/(N)$ 上的一次本原多项式 $f(x) = x - \xi$, 使得由 $f(x)$ 生成的 1 阶本原序列是模 2 不保熵的, 即存在 $\underline{a}, \underline{b} \in G'(f(x), N)$, 使得 $\underline{a} \neq \underline{b}$, 但 $[\underline{a}]_{\mathrm{mod}\,2} = [\underline{b}]_{\mathrm{mod}\,2}$. 表 4.4 给出了模数 N、本原元 ξ 以及 1 阶本原序列 $\underline{a}$ 和 $\underline{b}$ 的具体取值. 另一方面, 此时环 $\mathbb{Z}/(N)$ 的代数结构与 $\mathbb{Z}/(p^d)$ 也有着本质的不同, 即 $\mathbb{Z}/(N)$ 不是一个 Galois 环, 其可逆元分属于不同的圈, 而 $\mathbb{Z}/(p^d)$ 是一个 Galois 环, 其可逆元同属于一个圈.

表 4.4 模 2 不保熵的 1 阶本原序列

N	ξ	满足 $[\underline{a}]_{\mathrm{mod}\,2} = [\underline{b}]_{\mathrm{mod}\,2}$ 的不同 1 阶本原序列 $\underline{a}$ 和 $\underline{b}$
21	5	$\underline{a} = (1, 5, 4, 20, 16, 17, \cdots)$ $\underline{b} = (1, 5, 4, 20, 16, 17, \cdots)$
63	5	$\underline{a} = (1, 5, 4, 20, 16, 17, \cdots)$ $\underline{b} = (11, 13, 2, 10, 8, 19, \cdots)$
65	7	$\underline{a} = (2, 14, 33, 36, 57, 9, 63, 51, \cdots)$ $\underline{b} = (44, 48, 11, 12, 19, 3, 21, 17, \cdots)$
133	3	$\underline{a} = (4, 12, 36, 108, 58, 41, 123, 103, \cdots)$ $\underline{b} = (40, 120, 94, 16, 48, 11, 33, 99, \cdots)$
195	137	$\underline{a} = (2, 79, 98, 166, 122, 139, 128, 181, \cdots)$ $\underline{b} = (128, 181, 32, 94, 8, 121, 2, 79, \cdots)$
315	22	$\underline{a} = (1, 22, 169, 253, 211, 232, 64, 148, \cdots)$ $\underline{b} = (31, 52, 199, 283, 241, 262, 94, 178, \cdots)$
399	59	$\underline{a} = (10, 191, 97, 137, 103, 92, 241, 254, \cdots)$ $\underline{b} = (386, 31, 233, 181, 305, 40, 365, 388, \cdots)$
513	14	$\underline{a} = (2, 28, 392, 358, 395, 400, 470, 424, \cdots)$ $\underline{b} = (442, 32, 448, 116, 85, 164, 244, 338, \cdots)$

本节中, 只考虑 N 是无平方因子奇合数的情形. 设 $N = p_1 p_2 \cdots p_r$ 是 N 的标准分解, 其中 $r > 1$, $p_1, p_2, \cdots, p_r$ 是不同的奇素数, $f(x)$ 是 $\mathbb{Z}/(N)$ 上 n 次本原

多项式, 则对任意的 $i \in \{1, 2, \cdots, r\}$, $f(x)_{\bmod p_i}$ 是 $\mathbb{Z}/(p_i)$ 上 n 次本原多项式, 故由有限域理论知 ([4, 定理 3.18]), $x^{(p_i^n-1)/(p-1)} \equiv (-1)^n f(0) \bmod (f(x), p_i)$, 其中 $[(-1)^n f(0)]_{\bmod p_i}$ 是 $\mathbb{Z}/(p_i)$ 的本原元. 令

$$\theta = \mathrm{lcm}\left(\frac{p_1^n - 1}{p_1 - 1}, \frac{p_2^n - 1}{p_2 - 1}, \cdots, \frac{p_r^n - 1}{p_r - 1}\right),$$

则由中国剩余定理知, 存在唯一的 $\xi_f \in \mathbb{Z}/(N)$ 使得 $x^\theta \equiv \xi_f \bmod (f(x), N)$. 由于 ξ_f 是由 $f(x)$ 和 N 唯一确定的, 故称 ξ_f 为 $f(x)$ 关于 $\mathbb{Z}/(N)$ 的相伴元.

对于 $N = pq$ 是两个不同奇素数乘积情形, 2009 年, 文献 [5] 首次研究 $\mathbb{Z}/(pq)$ 上本原序列的模 2 保熵性, 并对 $\mathbb{Z}/(pq)$ 上的 1 阶本原序列和 $n \geqslant 2$ 阶本原序列两种情形分别给出如下结论.

定理 4.5 [5]　设 p, q 是两个不同的奇素数, $f(x)$ 是 $\mathbb{Z}/(pq)$ 上一次本原多项式. 若

$$\gcd(p-1, q-1) = 2 \quad \text{且} \quad \frac{p-1}{\mathrm{ord}_p(2)} \equiv \frac{q-1}{\mathrm{ord}_q(2)} \bmod 2,$$

其中 $\mathrm{ord}_p(2)$ 和 $\mathrm{ord}_q(2)$ 分别是 2 模 p 和 2 模 q 的乘法阶, 则对任意的 $\underline{a}, \underline{b} \in G'(f(x), pq)$, $\underline{a} = \underline{b}$ 当且仅当 $[\underline{a}]_{\bmod 2} = [\underline{b}]_{\bmod 2}$.

定理 4.6 [5]　设 $p < q$ 是两个不同的奇素数, $f(x)$ 是 $\mathbb{Z}/(pq)$ 上 $n \geqslant 2$ 次典型本原多项式. 若

$$[q-1]_{\bmod p-1} \neq 0 \quad \text{或者} \quad [q-1]_{\bmod 2(p-1)} = 0,$$

则对任意的 $\underline{a}, \underline{b} \in G'(f(x), pq)$, $\underline{a} = \underline{b}$ 当且仅当 $[\underline{a}]_{\bmod 2} = [\underline{b}]_{\bmod 2}$.

推论 4.4 [5]　设 p 是奇素数且 $p \equiv 3 \bmod 4$, $f(x)$ 是 $\mathbb{Z}/(3p)$ 上 n 次典型本原多项式, 若 $2^{(p-1)/2} \equiv -1 \bmod p$, 则对任意的 $\underline{a}, \underline{b} \in G'(f(x), 3p)$, $\underline{a} = \underline{b}$ 当且仅当 $[\underline{a}]_{\bmod 2} = [\underline{b}]_{\bmod 2}$.

推论 4.5 [5]　设 p, q 是不同的奇素数且 $3 < p < q$, $f(x)$ 是 $\mathbb{Z}/(pq)$ 上奇次数多项式. 若

$$\gcd(p^n - 1, q - 1) = \gcd(q^n - 1, p - 1) = 2,$$

则对任意的 $\underline{a}, \underline{b} \in G'(f(x), pq)$, $\underline{a} = \underline{b}$ 当且仅当 $[\underline{a}]_{\bmod 2} = [\underline{b}]_{\bmod 2}$.

随后, 文献 [51] 给出了环 $\mathbb{Z}/(pq)$ 上 n 阶本原序列模 2 保熵的一个新充分条件. 实验显示, 满足该充分条件的 (n, p, q) 所占比例较定理 4.6 有大幅提高.

定理 4.7 [51]　设 $f(x)$ 是 $\mathbb{Z}/(pq)$ 上 n 次本原多项式, ξ_f 是 $f(x)$ 关于 $\mathbb{Z}/(pq)$ 的相伴元. 若

(1) 假设 4.1 对 $f(x)$ 成立;

(2) 存在正整数 t, 使得 $\left[\xi_f^t\right]_{\bmod pq}$ 是正偶数, 则对任意的 $\underline{a}, \underline{b} \in G'\left(f\left(x\right), pq\right)$, $\underline{a} = \underline{b}$ 当且仅当 $[\underline{a}]_{\bmod 2} = [\underline{b}]_{\bmod 2}$.

由定理 1.10 知, 若

$$T \cdot \left(1 - \frac{p-1}{p^n - 1} - \frac{q-1}{q^n - 1}\right) > (p-1)(q-1)(pq)^{n/2}, \qquad (4.48)$$

则假设 4.1 对 $f(x)$ 成立. 实验显示, 当 $3 \leqslant n \leqslant 20, 3 \leqslant p < q \leqslant 104729$ 时, 约有 99.843% 的 (n, p, q) 满足 (4.48) 式, 其中 104729 是第 10000 个素数. 由此可知, 定理 4.7-条件 (1) 实际上是容易满足的. 文献 [51] 进一步证明: 对 $n > 2$, 当 $q \geqslant \left(\frac{403}{354}\right)^{\frac{2}{n-2}} p^{\frac{n+2}{n-2}}$ 时, 假设 4.1 对 $f(x)$ 成立. 表 4.5 给出了满足定理 4.6 和定理 4.7 的 (n, p, q) 比例之对比, 其中 prime(k) 表示第 k 个素数. 从表中可以看出, 当 $n \geqslant 3$ 时 (特别是 n 为大于 3 的偶数时), 定理 4.7 要明显优于定理 4.6. 但定理 4.7 并不能涵盖定理 4.6, 例如当 $n = 2$ 时, 由于此时定理 4.7-条件 (1) 总是不成立, 故满足定理 4.7 之条件的 (n, p, q) 的比例总为 0%, 而满足定理 4.6 的 (n, p, q) 的比例却不为 0%, 例如当 $3 \leqslant p < q \leqslant$ prime(100) 时, 约有 10.719% 的 (n, p, q) 满足定理 4.6 之条件.

表 4.5 满足定理 4.6 和定理 4.7 的 (n, p, q) 比例对比

n	定理 4.7		定理 4.6	
	$3 \leqslant p < q \leqslant$ prime(k)		$3 \leqslant p < q \leqslant$ prime(k)	
	$k = 100$	$k = 168$	$k = 100$	$k = 168$
2	0%	0%	10.719%	11.853%
3	93.300%	95.462%	82.787%	83.068%
4	95.156%	97.194%	7.091%	7.878%
5	100%	100%	88.394%	88.370%
6	99.938%	99.978%	7.318%	8.008%
7	100%	100%	93.815%	95.383%
8	99.876%	99.949%	6.906%	7.575%
9	100%	100%	79.530%	79.641%
10	99.835%	99.942%	8.782%	9.494%
11	100%	100%	92.290%	93.089%
12	99.505%	99.762%	4.288%	4.740%
13	100%	100%	95.650%	96.689%
14	99.876%	99.957%	10.019%	11.197%
15	100%	100%	74.665%	73.970%
16	99.753%	99.906%	6.287%	6.926%

对于一般的无平方因子 N, 文献 [52] 给出如下结论.

定理 4.8 [52] 设 N 是无平方因子奇合数, $f(x)$ 是 $\mathbb{Z}/(N)$ 上 n 次本原多项式, ξ_f 是 $f(x)$ 关于 $\mathbb{Z}/(pq)$ 的相伴元. 若

(1) 假设 4.1 对 $f(x)$ 成立;

(2) 对 N 的任意因子 $D > 1$, 存在 $t_D > 0$, 使得 $\left[\xi_f^{t_D}\right]_{\bmod D}$ 是正偶数, 则对任意的 $\underline{a}, \underline{b} \in G'\left(f(x), N\right)$, $\underline{a} = \underline{b}$ 当且仅当 $[\underline{a}]_{\bmod 2} = [\underline{b}]_{\bmod 2}$.

由 1.4 节知, 定理 4.8 中的条件 (1) 是容易成立的 (见表 1.1), 特别地, 对任意给定的 N, 当 n 充分大时, 条件 (1) 总是成立的. 因此, 定理 4.8 的适用范围主要取决于条件 (2). 文献 [52] 中测试不同范围的 N 和 n 满足条件 (2) 的比例, 测试结果见表 4.6. 例如, 当 $n = 2$ 时, 在所有小于 50000 的无平方因子合数中, 约有 98.348090% 是满足条件 (2) 的. 从表 4.6 可知条件 (2) 也是容易成立的.

表 4.6　满足定理 4.8 之条件 (2) 的 (N, n) 之比例

n	$N < 50000$	n	$N < 50000$
2	98.348090%	11	100%
3	99.980177%	12	95.579490%
4	96.993525%	13	100%
5	100%	14	97.938417%
6	97.634465%	15	99.940531%
7	100%	16	96.491344%
8	96.907625%	17	99.993392%
9	99.973569%	18	97.383375%
10	96.755650%	19	100%

实验显示当 $15 \leqslant N < 300,000$ 时, 对 $\mathbb{Z}/(N)$ 上任意 1 阶本原序列 $\underline{a}$, 总存在非负整数 t, 使得 $a(t)$ 是正偶数. 因此, 文献 [8] 中给出如下猜想.

猜想 4.1 [8]　设 $\underline{a} = (a(t))_{t=0}^{\infty}$ 是 $\mathbb{Z}/(N)$ 上任意 1 阶本原序列, 则存在非负整数 t, 使得 $a(t)$ 是正偶数.

注 4.2　基于指数和估计, 文献 [8] 中还给出了猜想 4.1 成立的一个充分条件, 并基于数论函数的性质, 证明了在所有的无平方因子奇合数中, 存在渐近密度为 1 的子集 S, 使得猜想 4.1 对 S 中任意模数均成立的.

注意到当 $f(x)$ 是 $\mathbb{Z}/(N)$ 上 n 次典型本原多项式时, ξ_f 是 $\mathbb{Z}/(N)$ 上的本原元, 从而对 N 的任意因子 $D > 1$, $[\xi_f]_{\bmod D}$ 是 $\mathbb{Z}/(D)$ 上的本原元. 当 D 是素数时, 由于序列 $\left([\xi_f^t]_{\bmod D}\right)_{t=0}^{\infty}$ 是 $\mathbb{Z}/(D)$ 上由 $x - \xi_f$ 生成的 1 阶本原序列, 故由有限域上 m-序列的理论可知, 存在 $t_D > 0$ 使得 $\left[\xi_f^{t_D}\right]_{\bmod D}$ 是正偶数; 当 D 是合数时, 由猜想 4.1 知, 总存在 $t_D > 0$ 使得 $\left[\xi_f^{t_D}\right]_{\bmod D}$ 是正偶数. 故基于猜想 4.1, 在典型本原条件下, 定理 4.8-条件 (2) 总是成立的. 再将定理 1.10 应用于定理 4.8, 立即有如下推论.

推论 4.6 [52]　设 N 是无平方因子奇合数, 并设 $N = p_1 p_2 \cdots p_r$ 是 N 的标准

分解, 其中 $r > 1$, $p_1, p_2, \cdots, p_r$ 是不同的奇素数, $f(x)$ 是 $\mathbb{Z}/(N)$ 上 n 次典型本原多项式, 若

$$\sum_{k=2}^{r} \sum_{1 \leqslant i_1 < \cdots < i_k \leqslant r} \frac{\prod_{j=1}^{k} \left(p_{i_j} - 1\right) p_{i_j}^{n/2}}{\mathrm{lcm}\left(p_{i_1}^n - 1, \cdots, p_{i_k}^n - 1\right)} < 1 - \sum_{i=1}^{r} \frac{p_i - 1}{p_i^n - 1},$$

则对任意的 $\underline{a}, \underline{b} \in G'\left(f(x), N\right)$, $\underline{a} = \underline{b}$ 当且仅当 $[\underline{a}]_{\bmod 2} = [\underline{b}]_{\bmod 2}$.

设 $f(x)$ 是 $\mathbb{Z}/(N)$ 上周期为 T 的本原多项式, $\underline{a}, \underline{b} \in G'\left(f(x), N\right)$, $(u, v) \in \mathbb{Z}/(N) \times \mathbb{Z}/(N)$. 文献 [53] 利用指数和估计了 $N_{\underline{a}, \underline{b}}(u, v)$, 其中

$$N_{\underline{a}, \underline{b}}(u, v) = \{t \mid 0 \leqslant t \leqslant T - 1, (a(t), b(t)) = (u, v)\},$$

并在上述估计的基础上, 进一步给出了如下模 2 保熵定理.

定理 4.9 [53] 设 N 是无平方因子奇合数, $f(x)$ 是 $\mathbb{Z}/(N)$ 上 n 次本原多项式, 若

$$\sum_{k=2}^{r} \sum_{1 \leqslant i_1 < \cdots < i_k \leqslant r} \frac{\prod_{j=1}^{k} \left(p_{i_j}^2 - 1\right) p_{i_j}^{n/2}}{\mathrm{lcm}\left(p_{i_1}^n - 1, \cdots, p_{i_k}^n - 1\right)} < 1 - \sum_{i=1}^{r} \frac{p_i^2 - 1}{p_i^n - 1}, \tag{4.49}$$

则对任意的 $\underline{a}, \underline{b} \in G'\left(f(x), N\right)$, $\underline{a} = \underline{b}$ 当且仅当 $[\underline{a}]_{\bmod 2} = [\underline{b}]_{\bmod 2}$.

此外, 文献 [53] 中还给出实验数据说明: 当 n 稍大时, (4.49) 式是容易成立的, 详见表 4.7. 由此可知, 当 n 稍大时, 模 2 保熵性对无平方因子奇合数环是普遍成立的.

表 4.7 满足 (4.49) 式的无平方因子模数所占比例

n	$N < 10^6$	$N < 5 \times 10^6$	$N < 10^7$
3	19.368%	17.198%	16.398%
4	19.368%	17.198%	16.398%
5	78.499%	77.847%	77.707%
6	62.503%	61.869%	61.864%
7	100.00%	100.00%	100.00%
8	97.192%	97.195%	97.183%
9	100.00%	100.00%	100.00%
10	99.999%	100.00%	100.00%
11	100.00%	100.00%	100.00%
12	99.538%	99.534%	99.535%
13	100.00%	100.00%	100.00%
14	100.00%	100.00%	100.00%
15	100.00%	100.00%	100.00%
16	100.00%	100.00%	100.00%
17	100.00%	100.00%	100.00%
18	100.00%	100.00%	100.00%
19	100.00%	100.00%	100.00%
20	100.00%	100.00%	100.00%

第二部分
带进位反馈移位寄存器序列

1993 年, 美国学者 Klapper 和 Goresky[54] 提出了一种带进位反馈移位寄存器 (feedback-with-carry shift register, FCSR). 它在线性反馈移位寄存器 (linear feedback shift register, LFSR) 的基础上增加了一个进位 (也称记忆) 装置, 由此可以达到破坏序列线性结构的目的. 与线性反馈移位寄存器相比, 它考虑的是整数的普通加法而不是域 $\mathbb{F}_2$ 上的模 2 加法, 产生的方式决定了这类序列天然蕴含了较高的复杂性. 带进位的反馈移位寄存器因其简洁的结构和其输出序列具有良好的密码性质, 吸引了国内外密码学者的广泛关注, 取得了一系列优秀的研究成果. 在 2004 年 eSTREAM 计划征集的序列密码候选算法中, 也出现了基于该结构的密码算法 F-FCSR-H[55], 这也进一步推动了对带进位反馈移位寄存器及其产生的 FCSR 序列的研究工作.

对 FCSR 序列基本性质的研究主要基于有理分数和 2-adic 数理论[56], 也有许多与 LFSR 序列相类似的结论. 比如, 以正奇数 q 为连接数的 FCSR 序列 $\underline{a} = (a_0, a_1, \cdots)$ 都是某个有理分数 $-p/q$ 的 2-adic 导出序列, 即有 $-p/q = \sum_{i=0}^{\infty} a_i 2^i$. 又如, 以 q 为连接数的 FCSR 周期序列 $\underline{a} = (a_0, a_1, \cdots)$ 具有算术表示 $a_i = (A \cdot 2^{-i} \bmod q) \bmod 2$, 其中 $(A \cdot 2^{-i} \bmod q) \bmod 2$ 表示 $A \cdot 2^{-i}$ 先模 q 得到 0 到 $q-1$ 之间的数, 再模 2 得到 0 或 1, 此时 $\underline{a} = (a_0, a_1, \cdots)$ 就是有理分数 $-A/q$ 的导出序列.

类似于线性复杂度, 可以用 2-adic 复杂度[56,57] 来刻画产生某条二元序列 $\underline{a}$ 的最短 FCSR 的规模. 已知约两倍 2-adic 复杂度的 n 长序列段, 利用有理逼近算法[56,57] 可以在关于 n 的多项式时间内求出该序列的 2-adic 复杂度, 并还原产生该序列的 FCSR 参数. 因此, FCSR 序列也不能直接用作密钥流序列, 线性过滤是常用的 FCSR 序列的改造方式, 比如 eSTREAM 计划候选算法 F-FCSR-H[55] 就采用了 FCSR 序列的线性过滤方式.

此外, 实验发现, 对 FCSR 序列进行采样也可以显著提高其 2-adic 复杂度. 设 $\underline{a} = (a_0, a_1, \cdots)$ 为二元周期 FCSR 序列, 对任意正整数 d, $\underline{a}$ 的 d-采样序列定义为 $\underline{a}^{(d)} = (a_0, a_d, a_{2d}, \cdots)$. 对于极大周期 FCSR 序列, 可以证明其采样序列的 2-adic 复杂度有上界 $T/2 + 1$, 其中 T 为 FCSR 序列的周期, 并且可以证明其采样序列都不平移等价.

本部分将详细介绍带进位反馈移位寄存器的结构特点及其输出序列的各种密码性质. 为保持内容的完整性, 书中包含了大部分主要结论的证明过程.

第 5 章　FCSR 序列及其表示

本章先给出 FCSR 的结构图, 再介绍 FCSR 序列的有理分数表示和算术表示, 这两种表示分别与 LFSR 序列的有理分式表示和根表示相对应, 它们也是研究 FCSR 序列密码性质的重要工具.

5.1　FCSR 的结构图

本节给出 FCSR 的结构图, 并简要分析进位寄存器中 m 的变化规律.

定义 5.1[54,56]　设 q 为正奇数, $q+1 = q_1 2 + q_2 2^2 + \cdots + q_r 2^r$ 是 $q+1$ 的 2 进制表示, 其中 $r = \lfloor \log_2(q+1) \rfloor$, $q_r = 1$, 则连接数为 q 的带进位反馈移位寄存器 (简称 FCSR) 如图 5.1 所示, 其中 $x_0, x_1, \cdots, x_{r-1}$ 是取值为 0 或 1 的寄存器, m 是取值为整数的寄存器, $\sum$ 表示整数加法. 寄存器的状态更新过程如下:

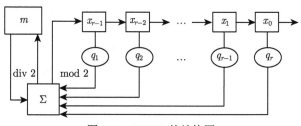

图 5.1　FCSR 的结构图

(1) 输入初态 $(m_0; a_0, a_1, \cdots, a_{r-1})$;

(2) 对任意 $n \geqslant 0$, 设 n 时刻的状态为 $(m_n; a_n, a_{n+1}, \cdots, a_{n+r-1})$, 计算整数和

$$\sigma_n = \sum_{k=1}^r q_k a_{n+r-k} + m_n,$$

则 $n+1$ 时刻的状态为 $(m_{n+1}; a_{n+1}, a_{n+2}, \cdots, a_{n+r})$, 其中

$$a_{n+r} = \sigma_n \bmod 2,$$

$$m_{n+1} = (\sigma_n - a_{n+r})/2 = \lfloor \sigma_n/2 \rfloor.$$

寄存器 x_0 的输出序列为 $\underline{a} = (a_0, a_1, \cdots)$, 称之为以 q 为连接数的 FCSR 序列.

注 5.1　若 $\underline{a}$ 是以 q 为连接数的 FCSR 生成的序列, 简称 $\underline{a}$ 以 q 为连接数, 也称 q 是 $\underline{a}$ 的连接数; 若 q 是 $\underline{a}$ 的所有连接数中最小者, 则称 q 是 $\underline{a}$ 的极小连接数.

设 $(m_n; a_n, a_{n+1}, \cdots, a_{n+r-1})$ 是 FCSR 的一个状态, 若这个状态以后还出现, 则称该状态是周期的.

记 $w = \mathrm{wt}(q+1)$ 为 $q+1$ 的汉明重量, 即 $w = q_1 + q_2 + \cdots + q_r$. 下面分析 FCSR 进位寄存器 m 的变化规律.

设初始时刻进位寄存器的值为 m_0, 由进位寄存器的更新关系式知, 下一时刻的进位值 $m_1 = \lfloor \sigma_0/2 \rfloor$, 其中

$$\sigma_0 = \sum_{k=1}^{r} q_k a_{r-k} + m_0 \leqslant w + m_0. \tag{5.1}$$

当 $0 \leqslant m_0 < w$ 时, 由 (5.1) 式可以得到 $0 \leqslant \sigma_0 < 2w$, 从而 $0 \leqslant m_1 < w$. 此后进位寄存器的值一直位于区间 $[0, w)$ 内.

另一方面, 当 $m_0 > w$ 时, 由 (5.1) 式可以得到 $m_1 < m_0$; 当 $m_0 < 0$ 时可以得到 $m_1 > m_0$; 而当 $m_0 = w$ 时, 可以得到 $m_1 \leqslant m_0$; 并且 $m_1 = m_0$ 当且仅当 $q_k = 1$ 所对应的 a_{r-k} 也必须是 1. 对于这些情况, 进位寄存器的值经过有限步后也会落到区间 $[0, w)$ 内. 于是可以得到如下进位寄存器 m 的变化规律.

定理 5.1[54,56]　设 FCSR 以奇数 $q \geqslant 3$ 为连接数, 以 $(m_0; a_0, a_1, \cdots, a_{r-1})$ 为初态, $r = \lfloor \log_2(q+1) \rfloor$, $w = \mathrm{wt}(q+1)$. 则下面的结论成立:

(1) 若 $0 \leqslant m_0 < w$, 则对任意 $k \geqslant 0$, 有 $0 \leqslant m_k < w$.

(2) 若 $m_0 \geqslant w$, 则 m_n 在 $\delta + r + 2$ 步内, 以单调下降落在 $[0, w)$ 内, 即存在 $s \leqslant \delta + r + 2$, 使得 $m_0 \geqslant m_1 \geqslant \cdots \geqslant m_s$, 且对任意 $n \geqslant s$, 有 $0 \leqslant m_n < w$, 其中

$$\delta = \begin{cases} \log_2(m_0 - w), & 若\ m_0 > w, \\ -1, & 若\ m_0 = w. \end{cases}$$

(3) 若 $m_0 < 0$, 则 m_n 在 $\lceil \log_2(|m_0|) \rceil + r + 1$ 步内, 以单调上升落在 $[0, w)$ 内, 即存在 $s \leqslant \lceil \log_2(|m_0|) \rceil + r + 1$, 使得 $m_0 \leqslant m_1 \leqslant \cdots \leqslant m_s$, 且对任意 $n \geqslant s$, 有 $0 \leqslant m_n < w$.

(4) 若 $(m_0; a_0, a_1, \cdots, a_{r-1})$ 是周期状态, 则 $0 \leqslant m_0 < w$, 从而对任意 $k \geqslant 0$, 有 $0 \leqslant m_k < w$.

由定理 5.1 可知, 任意一条 FCSR 序列必定是准周期序列. 后面将证明任意准周期序列也可以由某个 FCSR 来生成.

5.2 有理分数表示

本节介绍 FCSR 序列的有理分数表示, 并将证明准周期序列、有理分数导出序列和 FCSR 序列一一对应.

对任意正整数 n, 它有 2-adic (或 2 进制) 展开 $n = n_0 + n_1 2 + \cdots + n_t 2^t$, 其中 $n_i \in \{0, 1\}$, $n_t = 1$, $t = \lfloor \log_2 n \rfloor$. 一般地, 对 $a_i \in \{0, 1\}$, $i = 0, 1, \cdots$, 称形如 $\sum_{i=0}^{\infty} a_i 2^i$ 的形式幂级数为 2-adic 整数. 所有这些形式幂级数的全体, 按自然的进位加法和乘法运算构成环, 称为 2-adic 整数环, 记为 $\mathbb{Z}_2$.

因为 $1 + \sum_{i=0}^{\infty} 2^i = 0$, 自然记 $-1 = \sum_{i=0}^{\infty} 2^i$, 而对任意正整数 n, 有 $-n = n \cdot (\sum_{i=0}^{\infty} 2^i)$. 从而, 所有整数都自然是 $\mathbb{Z}_2$ 中的元素. 另外, 容易证明, $\sum_{i=0}^{\infty} a_i 2^i$ 是可逆的当且仅当 $a_0 = 1$. 所以奇整数在 $\mathbb{Z}_2$ 中可逆, 由此, 自然可以把以奇数为分母的有理数看成是 $\mathbb{Z}_2$ 中的元素.

设 q 是正奇数, c 是整数, 如果有理分数 c/q 对应的 2-adic 数为 $\sum_{i=0}^{\infty} a_i 2^i$, 那么称序列 $\underline{a} = (a_0, a_1, \cdots)$ 为有理分数 c/q 的导出序列, 此时也称 c/q 为序列 $\underline{a}$ 的有理分数表示. 利用 2-adic 数的性质可以给出如下准周期序列和有理分数导出序列的对应关系.

定理 5.2[56] 设 $\underline{a} = (a_0, a_1, \cdots)$ 是二元准周期序列, 则存在有理分数 p/q, 其中 q 为奇数, 使得 $p/q = \sum_{i=0}^{\infty} a_i 2^i$. 反之, 设 q 是奇数, p 是整数, $p/q = \sum_{i=0}^{\infty} a_i 2^i$, 则导出序列 $\underline{a} = (a_0, a_1, \cdots)$ 是准周期的. 进一步, $\underline{a}$ 是周期序列当且仅当 $-1 \leqslant p/q \leqslant 0$. 此时 $\mathrm{per}(\underline{a}) \mid \mathrm{ord}_q(2)$, 其中 $\mathrm{ord}_q(2)$ 为 2 模 q 的乘法阶, 即满足 $q \mid (2^n - 1)$ 的最小正整数 n.

证明 先证明准周期序列一定是有理分数导出序列.

设 $\underline{a} = (a_0, a_1, \cdots)$ 是周期的, 周期为 T. 令 $\alpha = \sum_{i=0}^{\infty} a_i 2^i$. 因为 $a_{i+T} = a_i$, 则在 2-adic 整数环 $\mathbb{Z}_2$ 中, 有

$$2^T \alpha = \sum_{i=0}^{\infty} a_i 2^{i+T} = \sum_{i=T}^{\infty} a_i 2^i = \alpha - \sum_{i=0}^{T-1} a_i 2^i,$$

所以

$$\alpha = \frac{\sum_{i=0}^{T-1} a_i 2^i}{1 - 2^T} = \frac{p}{q} \leqslant 0.$$

显然分母是奇数并且 $-1 \leqslant p/q \leqslant 0$. 设 $\underline{a} = (a_0, a_1, \cdots)$ 是准周期的, 并设 $(a_k, a_{k+1}, a_{k+2}, \cdots)$ 是周期的, 则

$$\sum_{i=0}^{\infty} a_i 2^i = \sum_{i=0}^{k-1} a_i 2^i + \sum_{i=k}^{\infty} a_i 2^i = \sum_{i=0}^{k-1} a_i 2^i + 2^k \sum_{i=0}^{\infty} a_{i+k} 2^i.$$

因 $(a_k, a_{k+1}, a_{k+2}, \cdots)$ 是周期序列, 所以 $\sum_{i=0}^{\infty} a_{i+k} 2^i$ 是有理分数, 从而 $\sum_{i=0}^{\infty} a_i 2^i$ 是有理分数.

再证明当 q 是奇数时, 有理分数 $p/q = \sum_{i=0}^{\infty} a_i 2^i$ 的导出序列 $\underline{a} = (a_0, a_1, \cdots)$ 是准周期序列, 并分析其周期性质.

当 $-1 \leqslant p/q \leqslant 0$ 时, 令 $T = \operatorname{ord}_q(2)$, 则

$$q \mid (2^T - 1) \text{ 并且 } 0 \leqslant (1 - 2^T) \cdot \frac{p}{q} < 2^T.$$

从而可设

$$(1 - 2^T) \cdot \frac{p}{q} = \sum_{i=0}^{T-1} a_i 2^i,$$

其中 $a_i \in \{0, 1\}$, 故有

$$\frac{p}{q} = \frac{\sum_{i=0}^{T-1} a_i 2^i}{1 - 2^T} = \left(\sum_{i=0}^{T-1} a_i 2^i \right) \cdot \left(1 + 2^T + 2^{2T} + \cdots \right) = \sum_{i=0}^{\infty} a_i 2^i,$$

其中 $a_{i+T} = a_i$, 即 p/q 的导出序列是周期序列, 且有 $\operatorname{per}(\underline{a}) \mid \operatorname{ord}_q(2)$.

更一般地, 设 $\alpha = p/q$ 是任意有理分数, 其中 q 是奇数. 令 $b = \lceil p/q \rceil$, 则 $\alpha = p/q = b + p'/q$, 其中 $-1 < p'/q \leqslant 0$. 若 $b \geqslant 0$, 则存在 $b_i \in \{0, 1\}$, 使得 $b = b_0 + b_1 2 + \cdots + b_k 2^k$; 若 $b < 0$, 则存在 $b_i, c_i \in \{0, 1\}$, 使得

$$b = -(b_0 + b_1 2 + \cdots + b_k 2^k) = c_0 + c_1 2 + \cdots + c_k 2^k + 2^{k+1} + 2^{k+2} + \cdots.$$

因为 p'/q 的导出序列是周期的, 而 $\alpha = p/q = b + p'/q$, 所以 α 的导出序列是准周期的. □

注 5.2　若 p 和 q 互素, $0 \leqslant -p < q$, 且 $q > 3$ 是奇数, 则由定理 5.2 可以证明有理分数 p/q 的导出序列 $\underline{a} = (a_0, a_1, \cdots)$ 的周期为 $\operatorname{per}(\underline{a}) = \operatorname{ord}_q(2)$.

由定理 5.1 知, 任何 FCSR 序列都是准周期序列, 再由定理 5.2 知, 准周期序列都可以看成某个有理分数的导出序列, 因此任何 FCSR 序列都可以看成某个有理分数的导出序列, 下面利用 2-adic 数的性质直接给出 FCSR 序列的有理分数表示.

定理 5.3[56]　设 $\underline{a} = (a_0, a_1, \cdots)$ 是以 $(m_0; a_0, a_1, \cdots, a_{r-1})$ 为初态的 FCSR 输出序列, FCSR 的连接数为 $q = q_0 + q_1 2 + q_2 2^2 + \cdots + q_r 2^r$, 其中 $q_0 = -1$, 则 $\sum_{i=0}^{\infty} a_i 2^i$ 有下列有理分数表示

$$\alpha = \sum_{i=0}^{\infty} a_i 2^i = p/q,$$

其中

$$p = \sum_{k=0}^{r-1} \sum_{i=0}^{k} q_i a_{k-i} 2^k - m_0 2^r.$$

证明 由 FCSR 的状态更新关系知, 对任意 $k \geqslant 0$, $m_{k+1} = (\sigma_k - a_{k+r})/2$, 并且当 $n \geqslant r$ 时, 有

$$a_n = \sigma_{n-r} - 2m_{n-r+1} = \sum_{i=1}^{r} q_i a_{n-i} + (m_{n-r} - 2m_{n-r+1}),$$

从而

$$\begin{aligned}
\alpha &= \sum_{n=0}^{\infty} a_n 2^n = \sum_{n=0}^{r-1} a_n 2^n + \sum_{n=r}^{\infty} a_n 2^n \\
&= \sum_{n=0}^{r-1} a_n 2^n + \sum_{n=r}^{\infty} \left(\sum_{i=1}^{r} q_i a_{n-i} + (m_{n-r} - 2m_{n-r+1}) \right) \cdot 2^n \\
&= \sum_{n=0}^{r-1} a_n 2^n + \sum_{n=r}^{\infty} \left(\sum_{i=1}^{r} q_i a_{n-i} \right) \cdot 2^n + \sum_{n=r}^{\infty} (m_{n-r} - 2m_{n-r+1}) \cdot 2^n \\
&= \sum_{n=0}^{r-1} a_n 2^n + \sum_{n=r}^{\infty} \left(\sum_{i=1}^{r} q_i a_{n-i} \right) \cdot 2^n + m_0 2^r \\
&= \sum_{n=0}^{r-1} a_n 2^n + m_0 2^r + \sum_{i=1}^{r} \left(q_i 2^i \cdot \left(\sum_{n=r}^{\infty} a_{n-i} 2^{n-i} \right) \right).
\end{aligned}$$

注意到 $\sum_{n=r}^{\infty} a_{n-i} 2^{n-i} = \alpha - \sum_{j=0}^{r-i-1} a_j 2^j$, 则又可以得到

$$\begin{aligned}
\alpha &= \sum_{n=0}^{r-1} a_n 2^n + m_0 2^r + \sum_{i=1}^{r} \left(q_i 2^i \cdot \left(\alpha - \sum_{j=0}^{r-i-1} a_j 2^j \right) \right) \quad \left(\text{其中定义} \sum_{j=0}^{-1} a_j 2^j = 0 \right) \\
&= \sum_{n=0}^{r-1} a_n 2^n + m_0 2^r + \alpha \left(\sum_{i=1}^{r} q_i 2^i \right) - \sum_{i=1}^{r-1} \sum_{j=0}^{r-i-1} q_i a_j 2^{i+j}.
\end{aligned}$$

于是有

$$\sum_{i=1}^{r-1} \sum_{j=0}^{r-i-1} q_i a_j 2^{i+j} - \sum_{n=0}^{r-1} a_n 2^n - m_0 2^r = \alpha \cdot \left(\sum_{i=0}^{r} q_i 2^i \right) = \alpha q,$$

从而

$$\alpha = \frac{\sum_{i=1}^{r-1} \sum_{j=0}^{r-i-1} q_i a_j 2^{i+j} - \sum_{n=0}^{r-1} a_n 2^n - m_0 2^r}{q}$$

$$= \frac{\sum_{i=0}^{r-1} \sum_{j=0}^{r-i-1} q_i a_j 2^{i+j} - m_0 2^r}{q} \quad (\text{这里 } q_0 = -1)$$

$$= \frac{\sum_{k=0}^{r-1} \sum_{i=0}^{k} q_i a_{k-i} 2^k - m_0 2^r}{q} \quad (\diamondsuit\ k = i + j).$$

令 $p = \sum_{k=0}^{r-1} \sum_{i=0}^{k} q_i a_{k-i} 2^k - m_0 2^r$, 则

$$\alpha = \sum_{i=0}^{\infty} a_i 2^i = p/q,$$

命题得证.　　　　　　　　　　　　　　　　　　　　　　　　　　　　□

注 5.3　设 $\underline{a} = (a_0, a_1, \cdots)$ 是以 q 为连接数的 FCSR 序列, 由定理 5.3 知, 其初始进位 m_0 是唯一确定的, 从而 $m_0, m_1, \cdots$ 都是由 $\underline{a}$ 和 q 唯一确定的. 称 $\underline{m} = (m_0, m_1, \cdots)$ 为 $(\underline{a}, q)$ 的进位序列.

给定有理分数 p/q, 其中 q 是正奇数, 设 $\underline{a}$ 为 p/q 的导出序列, 由定理 5.2 和定理 5.3 可以给出如下的算法 5.1, 利用它可以恢复能生成序列 $\underline{a}$ 的 FCSR 的初态.

算法 5.1　有理分数导出序列的 FCSR 初态还原算法

输入: 有理分数 p/q.

输出: FCSR 的初态 $(m_0; a_0, a_1, \cdots, a_{r-1})$, 其中 $\underline{a} = (a_0, a_1, \cdots)$ 是有理分数 p/q 的导出序列.

令 $r = \lfloor \log_2(q+1) \rfloor$, 并设 $q = q_0 + q_1 2 + q_2 2^2 + \cdots + q_r 2^r$, 其中 $q_0 = -1$, $q_r = 1$, $q_i \in \{0, 1\}$, $i = 1, 2, \cdots, r-1$.

1. 计算 $p/q \bmod 2^r = a_0 + a_1 2 + \cdots + a_{r-1} 2^{r-1}$, 确定 $a_0, a_1, \cdots, a_{r-1}$.

2. 计算

$$y = \sum_{k=0}^{r-1} \sum_{i=0}^{k} q_i a_{k-i} 2^k - m_0 2^r.$$

3. 计算 $m_0 = (y - p)/2^r$.

则 $\underline{a} = (a_0, a_1, \cdots)$ 是以 q 为连接数, 以 $(m_0; a_0, a_1, \cdots, a_{r-1})$ 为初态的 FCSR 序列.

至此, 我们知道了准周期序列、有理分数导出序列、FCSR 序列都可以互为表

示. 又因为线性递归序列与准周期序列也可以互为表示, 故线性递归序列、有理分数导出序列、FCSR 序列都可以互为表示.

5.3 算术表示

类似于 LFSR 序列的根表示, FCSR 序列有下面的算术表示.

对任意正整数 q, 记 $\mathbb{Z}/(q) = \{0, 1, \cdots, q-1\}$ 为整数模 q 的剩余类环.

定理 5.4[56] 设 $\underline{a} = (a_0, a_1, \cdots)$ 是以 q 为连接数的 FCSR 周期序列. 记 $\gamma = 2^{-1} \in \mathbb{Z}/(q)$, 则存在 $A \in \mathbb{Z}/(q)$, 使得

$$a_i = (A\gamma^i \bmod q) \bmod 2, \quad i = 0, 1, \cdots,$$

其中 $(A\gamma^i \bmod q) \bmod 2$ 表示 $A\gamma^i$ 先模 q 得到 0 到 $q-1$ 之间的数, 再模 2 得到 0 或 1. 进一步, $\underline{a} = (a_0, a_1, \cdots)$ 是有理分数 $-A/q$ 的导出序列.

证明 因为 $\underline{a} = (a_0, a_1, \cdots)$ 是以 q 为连接数的 FCSR 周期序列, 所以对任意 $k = 0, 1, \cdots$, 序列 $x^k \underline{a} = (a_k, a_{k+1}, \cdots)$ 也可由以连接数为 q 的 FCSR 生成, 从而存在 $0 \leqslant p_k < q$, 使得

$$\sum_{i=0}^{\infty} a_{i+k} 2^i = -\frac{p_k}{q}.$$

显然

$$-\frac{p_{k+1}}{q} \cdot 2 + a_k = -\frac{p_k}{q},$$

即

$$p_k = 2p_{k+1} - a_k q.$$

因为 q 是奇数, 所以可以得到

$$a_k \equiv p_k \bmod 2,$$

$$p_{k+1} \equiv 2^{-1} p_k \equiv \gamma p_k \equiv \gamma^{k+1} p_0 \bmod q.$$

又因为 $0 \leqslant p_k < q$, 故有

$$a_k \equiv p_k \bmod 2 \equiv (\gamma^k p_0 \bmod q) \bmod 2.$$

令 $A = p_0$, 则 $\underline{a} = (a_0, a_1, \cdots)$ 就是有理分数 $-A/q$ 的导出序列. □

有理分数表示和算术表示是研究 FCSR 序列密码性质的重要工具, 下一章将用它们分析极大周期 FCSR 序列的密码性质.

第 6 章　极大周期 FCSR 序列

我们熟知的 m-序列, 是由 LFSR 产生的达到最大周期的序列, 它具有许多很好的伪随机性质. 由 FCSR 产生的序列中达到最大周期的序列称为 l-序列, 它同样具有许多类似于 m-序列的性质. 本章将详细介绍极大周期 FCSR 序列 (l-序列) 的分布性质、自相关和互相关性质, 以及进位序列的密码性质.

6.1　l-序列及其分布性质

6.1.1　l-序列

设 $\underline{a}$ 是以 q 为连接数的 FCSR 序列, 则由定理 5.4 知, 存在 $A \in \mathbb{Z}/(q)$, 使得 $\underline{a}$ 是有理分数 $-A/q$ 的导出序列. 再由定理 5.2 知, $\mathrm{per}(\underline{a}) \mid \mathrm{ord}_q(2)$. 又因为 $\mathrm{ord}_q(2) \mid \varphi(q)$, 这里 $\varphi(q)$ 是欧拉函数, 即 1 和 q 之间与 q 互素的整数个数, 故有 $\mathrm{per}(\underline{a}) \mid \varphi(q)$. 达到最大周期的 FCSR 序列就是下面介绍的 l-序列.

定义 6.1[56,58]　设 $\underline{a}$ 是以 q 为连接数的 FCSR 序列, 若 $\mathrm{per}(\underline{a}) = \varphi(q)$, 则称 $\underline{a}$ 是以 q 为连接数的极大周期 FCSR 序列, 简称 l-序列. 此时有 $\mathrm{per}(\underline{a}) = \mathrm{ord}_q(2) = \varphi(q)$, 从而 2 是模 q 原根.

根据初等数论知识, 正整数 q 有原根当且仅当 $q = 2, 4, p^e$ 或 $2p^e$, 其中 p 是奇素数. 因此 l-序列的连接数 q 必形如 $q = p^e$, 其中 p 为奇素数, e 为正整数. 此时 l-序列 $\underline{a}$ 的周期为 $\mathrm{per}(\underline{a}) = \varphi(q) = p^{e-1}(p-1)$.

进而还可以证明 2 是模 q 的原根当且仅当 2 是模 p 的原根且 $p^2 \nmid (2^{p-1} - 1)$. 在所有素数中, 满足 2 是模 p 的原根的素数 p 约占 $1/3$. 而当 $p \leqslant 2 \cdot 10^{10}$ 时, 除了 $p = 1093$ 和 3511, 其他素数 p 都满足 $p^2 \nmid (2^{p-1} - 1)$. 而这两个素数也不满足 2 是其原根. 因此, 当 $p \leqslant 2 \cdot 10^{10}$ 时, 考虑 2 是否是模 p^e 的原根, 只要考虑 2 是否是模 p 的原根.

下面先利用 l-序列的算术表示证明 l-序列半周期的元素互补性, 并由此给出 l-序列全周期元素分布的平衡性, 接着利用 l-序列的有理分数表示给出其子序列段 (游程) 分布的平衡性, 最后基于指数和估计给出 l-序列在半周期以及任意充分长一段内元素分布的平衡性.

6.1.2　l-序列的全周期元素分布性质

利用 l-序列的算术表示 (参见定理 5.4) 可以证明 l-序列及其采样序列在一个

周期中 0 和 1 的个数相等, 且有

定理 6.1[59] 设 $\underline{a}$ 是以 $q = p^e$ 为连接数的 FCSR 产生的 *l*-序列, $\underline{a}$ 的周期为 $T = \varphi(q)$, 则

(1) 序列 $\underline{a}$ 在一个周期中前一半恰好是后一半的补, 即对任意 $0 \leqslant i \leqslant T/2-1$, 有 $a_{i+T/2} + a_i = 1$;

(2) 若 $d > 0$ 与 $\underline{a}$ 的周期 T 互素, $\underline{b}$ 是 $\underline{a}$ 的 *d*-采样, 则 $\underline{b}$ 的周期也为 T, 且 $\underline{b}$ 在一个周期中前一半也恰好是后一半的补;

(3) 序列 $\underline{a}$ 在一个周期中 0 和 1 的个数相等.

证明 (1) 因为 $\underline{a} = (a_0, a_1, \cdots)$ 是以 q 为连接数的 *l*-序列, 所以存在 $A \in \mathbb{Z}/(q)$, 使得

$$a_i = (A\gamma^i \bmod q) \bmod 2,$$

其中 $\gamma = 2^{-1} \bmod q$ 是模 q 的原根. 由于 $\gamma^{T/2} \equiv -1 \bmod q$, 故有

$$A\gamma^{i+T/2} \equiv -A\gamma^i \equiv (q - A\gamma^i) \bmod q.$$

从而可以得到

$$\begin{aligned}
a_{i+T/2} &= (A\gamma^{i+T/2} \bmod q) \bmod 2 \\
&= ((q - A\gamma^i) \bmod q) \bmod 2 \\
&= 1 - a_i.
\end{aligned}$$

因此有 $a_{i+T/2} + a_i = 1$.

(2) 当采样 $d > 0$ 与 $\underline{a}$ 的周期 T 互素时, 显然 $\underline{b}$ 的周期也为 T, 并且有 $b_i = a_{id} = (A\gamma^{id} \bmod q) \bmod 2$. 由于 $\gamma^d \bmod q$ 也是模 q 的原根, 同结论 (1) 的分析知, 对任意 $0 \leqslant i \leqslant T/2-1$, 有 $b_{i+T/2} + b_i = 1$.

(3) 由结论 (1) 知, 序列 $\underline{a}$ 在一个周期中前一半恰好是后一半的补, 从而 $\underline{a}$ 在一个周期中 0 和 1 的个数相等. □

注 6.1 设 $\underline{b}$ 为 *l*-序列 $\underline{a}$ 的 *d*-采样, 其中 $d > 0$ 与 $\underline{a}$ 的周期 T 互素, 由定理 6.1 的结论 (2) 知, $\underline{b}$ 的周期也为 T, 且对任意 $0 \leqslant i \leqslant T/2-1$, 有 $b_{i+T/2} + b_i = 1$. 于是序列 $\underline{b}$ 的有理分数表示为

$$\begin{aligned}
\alpha &= \sum_{i=0}^{\infty} b_i 2^i = \frac{\sum_{i=0}^{T-1} b_i 2^i}{1 - 2^T} \\
&= \frac{\left(\sum_{i=0}^{T/2-1} b_i 2^i\right) + \left(\sum_{i=0}^{T/2-1} (1-b_i) 2^{i+T/2}\right)}{1 - 2^T}
\end{aligned}$$

$$= \frac{\left(\sum_{i=0}^{T/2-1} b_i 2^i\right) - 2^{T/2}}{2^{T/2}+1},$$

故能产生采样序列 $\underline{b}$ 的 FCSR 的极小连接数为 $2^{T/2}+1$ 的因子.

6.1.3 l-序列的比特串分布性质

利用 l-序列的有理分数表示还可以进一步研究 l-序列的比特串分布规律.

为叙述方便, 对 2-adic 整数 $\alpha = \sum_{i=0}^{\infty} a_i 2^i$, 以下简记 $\alpha \bmod 2^k = \sum_{i=0}^{k-1} a_i 2^i$. 对于两个 2-adic 整数 $\alpha = \sum_{i=0}^{\infty} a_i 2^i$, $\beta = \sum_{i=0}^{\infty} b_i 2^i$, 有 $\alpha \equiv \beta \bmod 2^k$ 当且仅当 $\sum_{i=0}^{k-1} a_i 2^i = \sum_{i=0}^{k-1} b_i 2^i$, 即 $\alpha \bmod 2^k = \beta \bmod 2^k$.

定理 6.2[56] 设 $\underline{a}$ 是以 $q = p^e$ 为连接数的 FCSR 产生的 l-序列, $B = (b_0, \cdots, b_{s-1}) \in \mathbb{F}_2^s$, s 是正整数, 记 N_B 是 $\underline{a}$ 的一个周期圆中 B 出现的次数, 则当 $e = 1$ 即 $q = p$ 时, 有

$$N_B = \left\lfloor \frac{p}{2^s} \right\rfloor \quad \text{或} \quad \left\lfloor \frac{p}{2^s} \right\rfloor + 1,$$

而当 $e \geqslant 2$ 时, 有

$$N_B = \left\lfloor \frac{p^e}{2^s} \right\rfloor - \left\lfloor \frac{p^{e-1}}{2^s} \right\rfloor - 1, \quad \left\lfloor \frac{p^e}{2^s} \right\rfloor - \left\lfloor \frac{p^{e-1}}{2^s} \right\rfloor \quad \text{或} \quad \left\lfloor \frac{p^e}{2^s} \right\rfloor - \left\lfloor \frac{p^{e-1}}{2^s} \right\rfloor + 1.$$

证明 因为 $\underline{a}$ 是以 $q = p^e$ 为连接数的 l-序列, 2 是模 q 的原根, 容易验证 $\underline{a}$ 的所有平移等价序列 $\underline{a}, x\underline{a}, \cdots, x^{\varphi(q)-1}\underline{a}$ 就是有理分数集

$$\left\{ -\frac{y}{q} \middle| 0 < y < q \text{ 且 } p \nmid y \right\}$$

导出序列的全体. 因此可以得到

$$N_B = \left| \left\{ y \middle| 0 < y < q, p \nmid y, \text{ 且 } \left(-\frac{y}{q} \right)_{\bmod 2^s} = \sum_{i=0}^{s-1} b_i 2^i \right\} \right|.$$

不妨设 $r = \lfloor \log_2(q+1) \rfloor$.

(1) 若 $s \leqslant r - 1$, 容易验证存在 y_B, $0 < y_B < q$, $p \nmid y_B$, 使得

$$\left(-\frac{y_B}{q} \right)_{\bmod 2^s} = \sum_{i=0}^{s-1} b_i 2^i.$$

事实上, 记 $\beta = \sum_{i=0}^{s-1} b_i 2^i$, $y = (-\beta q) \bmod 2^s$, 若 $p \nmid y$, 令 $y_B = y$, 否则, 令 $y_B = y + 2^s$, 则有

$$N_B = \left| \left\{ y \middle| 0 < y < q, p \nmid y, \text{ 且 } \left(-\frac{y}{q} \right)_{\bmod 2^s} = \sum_{i=0}^{s-1} b_i 2^i \right\} \right|$$

$$= |\{y|0 < y < q, p \nmid y, \text{ 且 } y \equiv y_B \bmod 2^s\}|.$$

(a) 若 $q = p$ 是素数, 即 $e = 1$, 则

$$N_B = |\{y|0 < y < q, \text{ 且 } y \equiv y_B \bmod 2^s\}|.$$

对任意整数 c, 记

$$I(q, c, s) = |\{y|0 < y < q, \text{ 且 } y \equiv c \bmod 2^s\}|,$$

可以验证

$$I(q, c, s) = \left\lfloor \frac{q}{2^s} \right\rfloor \text{ 或 } \left\lfloor \frac{q}{2^s} \right\rfloor + 1. \tag{6.1}$$

因此当 $q = p$ 时, 有

$$N_B = I(p, y_B, s) = \left\lfloor \frac{p}{2^s} \right\rfloor \text{ 或 } \left\lfloor \frac{p}{2^s} \right\rfloor + 1.$$

(b) 若 $q = p^e$, $e \geqslant 2$, 记 $y'_B = (p^{-1}y_B)_{\bmod 2^s}$, 则

$$N_B = |\{y|0 < y < p^e, p \nmid y, \text{ 且 } y \equiv y_B \bmod 2^s\}|$$

$$= |\{y|0 < y < p^e, \text{ 且 } y \equiv y_B \bmod 2^s\}|$$

$$\quad - |\{y|0 < y < p^e, p|y, \text{ 且 } y \equiv y_B \bmod 2^s\}|$$

$$= |\{y|0 < y < p^e, \text{ 且 } y \equiv y_B \bmod 2^s\}|$$

$$\quad - |\{y|0 < y < p^{e-1}, \text{ 且 } py \equiv y_B \bmod 2^s\}|$$

$$= |\{y|0 < y < p^e, \text{ 且 } y \equiv y_B \bmod 2^s\}|$$

$$\quad - |\{y|0 < y < p^{e-1}, \text{ 且 } y \equiv y'_B \bmod 2^s\}|$$

$$= I(p^e, y_B, s) - I(p^{e-1}, y'_B, s).$$

故由 (6.1) 式知

$$N_B = \left\lfloor \frac{p^e}{2^s} \right\rfloor - \left\lfloor \frac{p^{e-1}}{2^s} \right\rfloor - 1, \quad \left\lfloor \frac{p^e}{2^s} \right\rfloor - \left\lfloor \frac{p^{e-1}}{2^s} \right\rfloor \quad \text{或} \quad \left\lfloor \frac{p^e}{2^s} \right\rfloor - \left\lfloor \frac{p^{e-1}}{2^s} \right\rfloor + 1.$$

(2) 若 $s = r$ 且比特串 $B = (b_0, \cdots, b_{s-1})$ 出现, 则同理可证 $N_B = 1$ 或 2; 若 B 不出现, 则 $N_B = 0$, 显然此情形结论成立.

(3) 若 $s \geqslant r + 1$, 因为 $y \equiv y_B \bmod 2^s$ 当且仅当 $y = y_B$, 所以 $N_B = 0$ 或 1, 结论也成立. $\qquad \square$

注意到以 $q = p^e$ 为连接数的 *l*-序列 $\underline{a}$ 的周期 $T_{\underline{a}} = p^{e-1}(p-1) = p^e - p^{e-1}$, 记 $r = \lfloor \log_2(q+1) \rfloor$, 定理 6.2 的结论显示, 当 $s < r$ 时, 任意 s-比特串 $B = (b_0, \cdots, b_{s-1})$ 在 $\underline{a}$ 的一个周期圆中出现的次数约为

$$\left\lfloor \frac{p^e}{2^s} \right\rfloor - \left\lfloor \frac{p^{e-1}}{2^s} \right\rfloor \approx \frac{T_{\underline{a}}}{2^s}.$$

这与 m-序列中的比特串分布性质类似.

特别地, 由定理 6.2 还可以得到, 任意两个 s-比特串 $B = (b_0, \cdots, b_{s-1}) \in \mathbb{F}_2^s$ 和 $C = (c_0, \cdots, c_{s-1}) \in \mathbb{F}_2^s$ 在 l-序列 $\underline{a}$ 的一个周期圆中出现的个数至多相差 2.

6.1.4　l-序列的局部元素分布性质

由定理 6.1 知, l-序列及其与周期互素的采样序列在一个周期中 0 和 1 的个数相等, 进一步, 它们在一个周期中前一半恰好是后一半的补, 因此研究它们在半个周期乃至任意一段中的 0, 1 分布性质更有意义. 利用 l-序列的算术表示, 基于指数和估计的方法可以进一步分析 l-序列及其采样序列在半周期或者任意一段中的 0, 1 分布规律. 结论显示, 它们在一个周期中任意较长的一段中 0, 1 个数也近似相同.

对任意正整数 m 和整数 a, 记

$$e_m(a) = e^{\frac{2\pi i a}{m}} = \cos\left(\frac{2\pi a}{m}\right) + i \sin\left(\frac{2\pi a}{m}\right),$$

则由引理 1.6 知

$$\sum_{a=0}^{m-1} e_m(ca) = \begin{cases} m, & \text{若 } m \mid c, \\ 0, & \text{若 } m \nmid c. \end{cases}$$

根据文献 [4] 中的引理 8.80, 下面的结论成立.

引理 6.1[4]　对任意正整数 m, H, 有

$$\sum_{a=0}^{m-1} \left| \sum_{x=0}^{H-1} e_m(ax) \right| < \frac{2m \ln m}{\pi} + \frac{2m}{5} + H,$$

特别地, 有

$$\sum_{a=1}^{m-1} \left| \sum_{x=0}^{H-1} e_m(ax) \right| < 2m \cdot \left(\frac{\ln m}{\pi} + \frac{1}{5} \right).$$

记 $(\mathbb{Z}/(q))^*$ 为 $\mathbb{Z}/(q)$ 的可逆元全体, 其中 $\mathbb{Z}/(q) = \{0, 1, \cdots, q-1\}$.

设 p 为奇素数, $q = p^e$, $\underline{a} = (a_0, a_1, \cdots)$ 是以 q 为连接数的 l-序列, 则由定理 5.4 给出的 l-序列的算术表示知, 存在 $A \in (\mathbb{Z}/(q))^*$, 使得

$$a_i = (A \cdot 2^{-i} \bmod q) \bmod 2, \quad i = 0, 1, \cdots. \tag{6.2}$$

此时 2 为模 q 的原根, 序列 $\underline{a}$ 的周期为 $T = \varphi(p^e) = p^{e-1}(p-1)$.

更一般地, 设 g 为模 q 的原根, 对任意 $n = 0, 1, \cdots$, 令

$$u_i = A \cdot g^i \bmod q, \tag{6.3}$$

$$a_i = u_i \bmod 2 = (A \cdot g^i \bmod q) \bmod 2,$$

则 $\underline{a} = (a_0, a_1, \cdots)$ 是以 q 为连接数的 *l*-序列或其 *d*-采样序列, 其中 $d > 0$ 与 $\underline{a}$ 的周期 T 互素. 序列 $\underline{a}$ 可以看成环 $\mathbb{Z}/(q)$ 上 1 阶本原序列 $\underline{u}$ 的模 2 导出序列. 下面利用指数和估计方法分析序列 $\underline{a}$ 在任意长为 n 的一段 $\underline{a}(k, n-1) = (a_k, a_{k+1}, \cdots, a_{k+n-1})$ 中的元素分布规律.

对任意 $s \in \{0, 1\}$, 记

$$H_s = |\{y \in \mathbb{Z}/(q) | y \equiv s \bmod 2\}|.$$

则 $H_s = \left\lfloor \dfrac{q-1-s}{2} \right\rfloor + 1$, 其中 $H_1 = \dfrac{q-1}{2}$, $H_0 = \dfrac{q+1}{2}$, 它们分别等于 $\mathbb{Z}/(q)$ 中奇数和偶数的个数.

对任意整数 $u \in \{0, 1, \cdots, q-1\}$, 存在唯一一组整数对 (v, y), 其中 $v \in \{0, 1\}$, $y \in \{0, 1, \cdots, H_v - 1\}$, 使得 $u = 2y + v$. 另一方面, 对于任意满足 $v \in \{0, 1\}$, $y \in \{0, 1, \cdots, H_v - 1\}$ 的整数对 (v, y), 都有 $2y + v \in \{0, 1, \cdots, q-1\}$. 故对每个 u_i 和 $s \in \{0, 1\}$, 有

$$\sum_{x=0}^{H_s - 1} \left(\frac{1}{q} \sum_{c=0}^{q-1} e_q(c(u_i - 2x - s)) \right) = \left\{ \begin{array}{ll} 1, & \text{若 } u_i \equiv s \bmod 2, \text{ 即 } a_i = s, \\ 0, & \text{若 } u_i \not\equiv s \bmod 2, \text{ 即 } a_i \neq s. \end{array} \right.$$

由此可以得到 $\underline{a}$ 的任意 n 长序列段 $\underline{a}(k, n-1) = (a_k, a_{k+1}, \cdots, a_{k+n-1})$ 中元素 s 出现的个数为

$$N(\underline{a}(k, n-1), s)$$

$$= \sum_{i=k}^{k+n-1} \sum_{x=0}^{H_s - 1} \frac{1}{q} \cdot \sum_{c=0}^{q-1} e_q(c(u_i - 2x - s))$$

$$= \frac{1}{q} \sum_{c=0}^{q-1} e_q(-cs) \cdot \left(\sum_{i=k}^{k+n-1} e_q(cu_k) \right) \cdot \left(\sum_{x=0}^{H_s - 1} e_q(-2cx) \right)$$

$$= \frac{nH_s}{q} + \frac{1}{q} \sum_{c=1}^{q-1} e_q(-cs) \cdot \left(\sum_{i=k}^{k+n-1} e_q(cu_i) \right) \cdot \left(\sum_{x=0}^{H_s - 1} e_q(-2cx) \right),$$

于是有

$$\left| N(\underline{a}(k, n-1), s) - \frac{nH_s}{q} \right|$$

$$\leqslant \frac{1}{q} \sum_{c=1}^{q-1} |e_q(-cs)| \cdot \left| \sum_{i=k}^{k+n-1} e_q(cu_i) \right| \cdot \left| \sum_{x=0}^{H_s-1} e_q(-2cx) \right|$$

$$= \frac{1}{q} \sum_{c=1}^{q-1} \left| \sum_{i=k}^{k+n-1} e_q(cu_i) \right| \cdot \left| \sum_{x=0}^{H_s-1} e_q(-2cx) \right|. \tag{6.4}$$

注意到 $\dfrac{nH_s}{q} \approx \dfrac{n}{2}$, 上式右边反映了 $\underline{a}$ 的任意 n 长序列段 $\underline{a}(k, n-1) = (a_k, a_{k+1}, \cdots, a_{k+n-1})$ 中元素 s 出现的个数与均匀分布时的偏差. 为得到好的偏差估计, 先给出相关的几个引理.

引理 6.2[60]   设 p 为奇素数, $q = p^e$, $A \in (\mathbb{Z}/(q))^*$, g 为模 q 的原根, $u_i = A \cdot g^i \bmod q$ 如 (6.3) 式所示, $T = p^{e-1}(p-1)$, 则对任意 $0 \neq c \in \mathbb{Z}/(q)$ 和正整数 h, 有

$$\left| \sum_{i=0}^{T-1} e_q(cu_i) e_T(hi) \right| \leqslant \delta^{1/2} \cdot q^{1/2},$$

其中 $\delta = \gcd(c, q)$.

证明   记 $\sigma(b, h) = \sum_{i=0}^{T-1} e_q(bcu_i) e_T(hi)$, 其中 $b \in \mathbb{Z}/(q)$. 因为

$$u_{i+T} = u_i, \quad e_T(h(i+T)) = e_T(hi),$$

故有

$$|\sigma(1, h)| = \left| \sum_{i=0}^{T-1} e_q(cu_i) e_T(hi) \right|$$

$$= \left| \sum_{i=0}^{T-1} e_q(cu_{i+1}) e_T(h(i+1)) \right|$$

$$= \left| e_T(h) \cdot \left(\sum_{i=0}^{T-1} e_q(cu_{i+1}) e_T(hi) \right) \right|$$

$$= \left| \sum_{i=0}^{T-1} e_q(gcu_i) e_T(hi) \right| = |\sigma(g, h)|.$$

从而可以得到

$$|\sigma(1,h)| = |\sigma(g,h)| = |\sigma(g^2,h)| = \cdots = |\sigma(g^{T-1},h)|.$$

于是有

$$\sum_{j=0}^{T-1} |\sigma(g^j,h)|^2 = T \cdot |\sigma(1,h)|^2.$$

又因为

$$\sum_{b=0}^{q-1} |\sigma(b,h)|^2 = \sum_{b=0}^{q-1} \sigma(b,h) \cdot \overline{\sigma(b,h)}$$

$$= \sum_{b=0}^{q-1} \left(\sum_{i=0}^{T-1} e_q(bcu_i)e_T(hi)\right)\left(\sum_{j=0}^{T-1} e_q(-bcu_j)e_T(-hj)\right)$$

$$= \sum_{i=0}^{T-1}\sum_{j=0}^{T-1} e_T(h(i-j)) \cdot \left(\sum_{b=0}^{q-1} e_q(bc(u_i - u_j))\right),$$

且有

$$\sum_{b=0}^{q-1} e_q(bc(u_i - u_j)) = \begin{cases} q, & \text{若 } q|(c(u_i - u_j)), \\ 0, & \text{若 } q \nmid (c(u_i - u_j)), \end{cases}$$

记 $\Omega = \{(i,j)|0 \leqslant i,j \leqslant T-1,\text{ 且 } q|(c(u_i - u_j))\}$，并记 $|\Omega|$ 为集合 Ω 中元素的个数，则有

$$\sum_{b=0}^{q-1} e_q(bc(u_i - u_j)) = \sum_{(i,j)\in\Omega} q \cdot e_T(h(i-j)) \leqslant q \cdot |\Omega|.$$

下面分析集合 Ω 中元素的个数. 因为 $0 \neq c \in \mathbb{Z}/(q)$, $q = p^e$, 不妨设 $\delta = \gcd(c,q) = p^t$, 其中 $0 \leqslant t \leqslant e-1$, 则存在 $1 \leqslant c' \leqslant p^{e-t}-1$, $p \nmid c'$, 使得 $c = c' \cdot p^t$, 于是有

$$(i,j) \in \Omega \Leftrightarrow q|(c(u_i - u_j)),\ \text{即 } p^{e-t}|(u_i - u_j)$$

$$\Leftrightarrow \text{存在 } 0 \leqslant v \leqslant p^t - 1,\text{ 使得 } u_i - u_j = v \cdot p^{e-t}$$

$$\Leftrightarrow \text{存在 } 0 \leqslant v \leqslant p^t - 1,\text{ 使得 } g^i \equiv A^{-1}(v \cdot p^{e-t} + A \cdot g^j) \bmod q.$$

因此对任意给定的整数 v 和 i, 存在唯一的 j, $0 \leqslant j \leqslant T-1$, 使得 $u_i - u_j = v \cdot p^{e-t}$. 而 v 有 p^t 种取法, i 有 T 种取法, 从而 $|\Omega| = p^t \cdot T$. 所以

$$\sum_{b=0}^{q-1} |\sigma(b,h)|^2 \leqslant q \cdot p^t \cdot T = q\delta T.$$

从而

$$T \cdot |\sigma(1,h)|^2 = \sum_{i=0}^{T-1} |\sigma(g^i, h)|^2 = \sum_{b \in (\mathbb{Z}/(q))^*} |\sigma(b,h)|^2$$

$$\leqslant \sum_{b=0}^{q-1} |\sigma(b,h)|^2 \leqslant q\delta T.$$

故 $|\sigma(1,h)| \leqslant \delta^{1/2} \cdot q^{1/2}$, 即

$$\left| \sum_{i=0}^{T-1} e_q(cu_i) e_T(hi) \right| \leqslant \delta^{1/2} \cdot q^{1/2}. \qquad \square$$

引理 6.3[60]　设 p 为奇素数, $q = p^e$, $A \in (\mathbb{Z}/(q))^*$, g 为模 q 的原根, $u_i = A \cdot g^i \bmod q$ 如 (6.3) 式所示, $T = p^{e-1}(p-1)$, 则对任意 $0 \neq c \in \mathbb{Z}/(q)$, $k \geqslant 0$, $0 < n \leqslant T$, 有

$$\left| \sum_{i=k}^{k+n-1} e_q(cu_i) \right| < \delta^{1/2} \cdot q^{1/2} \cdot \left(\frac{2\ln T}{\pi} + \frac{2}{5} + \frac{n}{T} \right),$$

其中 $\delta = \gcd(c, q)$.

证明　为叙述简洁, 不妨设 $k = 0$. 因为

$$\frac{1}{T} \sum_{h=0}^{T-1} e_T(h(i-j)) = \begin{cases} 1, & \text{若 } T|(i-j), \\ 0, & \text{若 } T \nmid (i-j), \end{cases}$$

故有

$$\sum_{j=0}^{n-1} \frac{1}{T} \cdot \sum_{h=0}^{T-1} e_T(h(i-j)) = \begin{cases} 1, & \text{若 } 0 \leqslant i \leqslant n-1, \\ 0, & \text{若 } n \leqslant i \leqslant T-1, \end{cases}$$

从而

$$\sum_{i=0}^{n-1} e_q(cu_i) = \sum_{i=0}^{T-1} e_q(cu_i) \cdot \left(\sum_{j=0}^{n-1} \frac{1}{T} \cdot \sum_{h=0}^{T-1} e_T(h(i-j)) \right)$$

$$= \frac{1}{T} \sum_{h=0}^{T-1} \left(\sum_{i=0}^{T-1} e_q(cu_i) e_T(hi) \right) \cdot \left(\sum_{j=0}^{n-1} e_T(-hj) \right).$$

于是有

$$\left| \sum_{i=0}^{n-1} e_q(cu_i) \right| \leqslant \frac{1}{T} \sum_{h=0}^{T-1} \left| \sum_{i=0}^{T-1} e_q(cu_i) e_T(hi) \right| \cdot \left| \sum_{j=0}^{n-1} e_T(-hj) \right|.$$

由引理 6.2 知

$$\left| \sum_{i=0}^{T-1} e_q(cu_i) e_T(hi) \right| \leqslant \delta^{1/2} \cdot q^{1/2},$$

从而可以得到

$$\left| \sum_{i=0}^{n-1} e_q(cu_i) \right| \leqslant \delta^{1/2} \cdot q^{1/2} \cdot \frac{1}{T} \cdot \left(\sum_{h=0}^{T-1} \left| \sum_{j=0}^{n-1} e_T(-hj) \right| \right).$$

再由引理 6.1 知

$$\sum_{h=0}^{T-1} \left| \sum_{j=0}^{n-1} e_T(-hj) \right| < \frac{2T \ln T}{\pi} + \frac{2T}{5} + n,$$

故有

$$\left| \sum_{i=0}^{n-1} e_q(cu_i) \right| < \delta^{1/2} \cdot q^{1/2} \cdot \frac{1}{T} \cdot \left(\frac{2T \ln T}{\pi} + \frac{2T}{5} + n \right)$$

$$= \delta^{1/2} \cdot q^{1/2} \cdot \left(\frac{2 \ln T}{\pi} + \frac{2}{5} + \frac{n}{T} \right). \qquad \square$$

以下设 $\underline{a} = (a_0, a_1, \cdots)$ 是如 (6.2) 式所示的以 $q = p^e$ 为连接数的 *l*-序列, $\underline{a}(k, n-1) = (a_k, a_{k+1}, \cdots, a_{k+n-1})$ 是 $\underline{a}$ 中任意 n 序列段, 下面给出 $\underline{a}(k, n-1)$ 中 $0, 1$ 个数的估计. 不失一般性, 我们只要考虑 $\underline{a}(0, n-1)$ 中 0 个数的估计, 并简记

$$\underline{a}(n-1) = \underline{a}(0, n-1) = (a_0, a_1, \cdots, a_{n-1}).$$

定理 6.3[60]   设 p 为奇素数, $\underline{a} = (a_0, a_1, \cdots)$ 是以 $q = p^e$ 为连接数的 *l*-序列, $T = \mathrm{per}(\underline{a}) = p^{e-1}(p-1)$, $0 < n \leqslant T$, 则 $\underline{a}$ 的任意 n 长序列段 $\underline{a}(n-1) = (a_0, a_1, \cdots, a_{n-1})$ 中 0 元素出现的个数满足

$$\left| N(\underline{a}(n-1), 0) - \frac{n(q+1)}{2q} \right|$$

$$\leqslant 2q^{1/2} \cdot \left(\frac{2 \ln T}{\pi} + \frac{2}{5} + \frac{n}{T} \right)$$

$$\cdot \left(\left(\frac{\ln q}{\pi} + \frac{1}{5} \right) \cdot \left(\frac{1 - q^{-1/2}}{1 - p^{-1/2}} \right) - \frac{\left(p^{-1/2} - eq^{-1/2} + (e-1)p^{-1/2}q^{-1/2} \right) \ln p}{\pi(1 - p^{-1/2})^2} \right).$$

证明   注意到 $H_0 = (q+1)/2$ 是 $\mathbb{Z}/(q)$ 中偶数的个数, 由引理 6.2 前的说明

及 (6.4) 式知

$$\left| N(\underline{a}(n-1),0) - \frac{n(q+1)}{2q} \right| \leqslant \frac{1}{q} \sum_{c=1}^{q-1} \left| \sum_{k=0}^{n-1} e_q(cu_k) \right| \cdot \left| \sum_{x=0}^{(q-1)/2} e_q(-2cx) \right|.$$

对 $0 \neq c \in \mathbb{Z}/(q)$, 存在唯一的 c' 和 t 使得 $c = c' \cdot p^t$, 其中 $0 \leqslant t \leqslant e-1$, $p \nmid c'$ 且 $1 \leqslant c' \leqslant p^{e-t}-1$, 于是有

$$\sum_{c=1}^{q-1} \left| \sum_{i=0}^{n-1} e_q(cu_i) \right| \cdot \left| \sum_{x=0}^{(q-1)/2} e_q(-2cx) \right|$$

$$= \sum_{t=0}^{e-1} \sum_{\substack{c'=1 \\ p \nmid c'}}^{p^{e-t}-1} \left| \sum_{i=0}^{n-1} e_q(c'p^t u_i) \right| \cdot \left| \sum_{x=0}^{(q-1)/2} e_q(-2c'p^t x) \right|.$$

因为 $\gcd(c'p^t, q) = p^t$, 故由引理 6.3 知

$$\left| \sum_{i=0}^{n-1} e_q(c'p^t u_i) \right| < p^{t/2} \cdot q^{1/2} \cdot \left(\frac{2\ln T}{\pi} + \frac{2}{5} + \frac{n}{T} \right),$$

于是可以得到

$$\left| N(\underline{a}(n-1),0) - \frac{n(q+1)}{2q} \right|$$

$$\leqslant \frac{1}{q} \cdot \sum_{t=0}^{e-1} \sum_{\substack{c'=1 \\ p \nmid c'}}^{p^{e-t}-1} \left| \sum_{i=0}^{n-1} e_q(c'p^t u_i) \right| \cdot \left| \sum_{x=0}^{(q-1)/2} e_q(-2c'p^t x) \right|$$

$$< \frac{1}{q} \cdot \sum_{t=0}^{e-1} \sum_{\substack{c'=1 \\ p \nmid c'}}^{p^{e-t}-1} p^{t/2} \cdot q^{1/2} \cdot \left(\frac{2\ln T}{\pi} + \frac{2}{5} + \frac{n}{T} \right) \cdot \left| \sum_{x=0}^{(q-1)/2} e_q(-2c'p^t x) \right|$$

$$\leqslant q^{-1/2} \cdot \left(\frac{2\ln T}{\pi} + \frac{2}{5} + \frac{n}{T} \right) \cdot \left(\sum_{t=0}^{e-1} p^{t/2} \cdot \sum_{c'=1}^{p^{e-t}-1} \cdot \left| \sum_{x=0}^{(q-1)/2} e_{p^{e-t}}(-2c'x) \right| \right).$$

因为 $\gcd(-2, p^{e-t}) = 1$, 故当 c' 遍历 $\mathbb{Z}/(p^{e-t})$ 中非零元素时, $-2c'$ 也遍历 $\mathbb{Z}/(p^{e-t})$ 中非零元素, 从而由引理 6.1 可以得到

$$\sum_{c'=1}^{p^{e-t}-1} \left| \sum_{x=0}^{(q-1)/2} e_{p^{e-t}}(-2c'x) \right| < 2p^{e-t} \cdot \left(\frac{\ln p^{e-t}}{\pi} + \frac{1}{5} \right).$$

因此有

$$\left| N(\underline{a}(n-1), s) - \frac{n(q+1)}{2q} \right|$$

$$\leqslant q^{-1/2} \cdot \left(\frac{2\ln T}{\pi} + \frac{2}{5} + \frac{n}{T} \right) \cdot \left(\sum_{t=0}^{e-1} p^{t/2} \cdot 2p^{e-t} \cdot \left(\frac{\ln p^{e-t}}{\pi} + \frac{1}{5} \right) \right)$$

$$= 2q^{1/2} \cdot \left(\frac{2\ln T}{\pi} + \frac{2}{5} + \frac{n}{T} \right) \cdot \left(\sum_{t=0}^{e-1} p^{-t/2} \cdot \left(\frac{\ln q}{\pi} + \frac{1}{5} - \frac{t\ln p}{\pi} \right) \right)$$

$$= 2q^{1/2} \cdot \left(\frac{2\ln T}{\pi} + \frac{2}{5} + \frac{n}{T} \right)$$

$$\cdot \left(\left(\frac{\ln q}{\pi} + \frac{1}{5} \right) \left(\sum_{t=0}^{e-1} p^{-t/2} \right) - \frac{\ln p}{\pi} \cdot \left(\sum_{t=0}^{e-1} t p^{-t/2} \right) \right)$$

$$= 2q^{1/2} \cdot \left(\frac{2\ln T}{\pi} + \frac{2}{5} + \frac{n}{T} \right) \cdot \left(\left(\frac{\ln q}{\pi} + \frac{1}{5} \right) \cdot \left(\frac{1 - q^{-1/2}}{1 - p^{-1/2}} \right) \right.$$

$$\left. - \frac{\left(p^{-1/2} - e q^{-1/2} + (e-1) p^{-1/2} q^{-1/2} \right) \ln p}{\pi (1 - p^{-1/2})^2} \right). \qquad \square$$

考虑序列段 $\underline{a}(n-1) = (a_0, a_1, \cdots, a_{n-1})$ 中 0 元素出现个数所占的比例, 由定理 6.3 可以得到

推论 6.1[60]　设 p 为奇素数, $\underline{a}$ 是以 $q = p^e$ 为连接数的 *l*-序列, 周期为 $T = p^{e-1}(p-1), 0 < n \leqslant T$, 则 $\underline{a}$ 的任意 n 长序列段 $\underline{a}(n-1) = (a_0, a_1, \cdots, a_{n-1})$ 中 0 元素出现个数所占的比例 $\lambda(0)$ 满足

$$\left| \lambda(0) - \frac{1}{2} \right|$$

$$\leqslant \frac{1}{2q} + \frac{2q^{1/2}}{n} \cdot \left(\frac{2\ln T}{\pi} + \frac{2}{5} + \frac{n}{T} \right)$$

$$\cdot \left(\left(\frac{\ln q}{\pi} + \frac{1}{5} \right) \cdot \left(\frac{1 - q^{-1/2}}{1 - p^{-1/2}} \right) - \frac{\left(p^{-1/2} - e q^{-1/2} + (e-1) p^{-1/2} q^{-1/2} \right) \ln p}{\pi (1 - p^{-1/2})^2} \right).$$

特别地, 当 $q = p$ 时, 有

$$\left| \lambda(0) - \frac{1}{2} \right| \leqslant \frac{1}{2p} + \frac{2p^{1/2}}{n} \cdot \left(\frac{2\ln T}{\pi} + \frac{2}{5} + \frac{n}{T} \right) \cdot \left(\frac{\ln p}{\pi} + \frac{1}{5} \right).$$

由定理 6.3 和推论 6.1 可以看出, 当序列段长度 $n \gg q^{1/2}$ 时, *l*-序列在任意 n

长序列段中 0 元素出现的个数所占的比例接近 50%. 特别地, 关于 l-序列的半个周期中 0 元素的分布规律, 下面的结论成立.

例 6.1　设 $\underline{a}$ 是以 $q = p^e$ 为连接数的 l-序列, $r = \lfloor \log_2 (q+1) \rfloor$. 当 $p = 5$ 时, 对不同的 e, 序列 $\underline{a}$ 的半个周期中 0 元素出现的个数所占的比例 $\lambda(0)$ 分别满足

(1) 若 $e = 14$, 则 $48.78343\% \leqslant \lambda(0) \leqslant 51.21657\%$, 此时 $r = 33$;

(2) 若 $e = 16$, 则 $49.68298\% \leqslant \lambda(0) \leqslant 50.31702\%$, 此时 $r = 38$;

(3) 若 $e = 20$, 则 $49.98026\% \leqslant \lambda(0) \leqslant 50.01974\%$, 此时 $r = 47$;

(4) 若 $e = 30$, 则 $49.99999\% \leqslant \lambda(0) \leqslant 50.00001\%$, 此时 $r = 70$.

事实上, 定理 6.3 和推论 6.1 中的偏差估计值主要由寄存器的级数 r 确定, 与素数 p 的选取几乎没有关系. 上面的例子表明, 当 FCSR 的级数 r 稍大时, l-序列 $\underline{a}$ 在半个周期中 0, 1 个数所占的比例已非常接近 50%.

定理 6.3 和推论 6.1 的证明只用到了 2 是模 q 的原根的性质, 上述结论对 l-序列的采样序列一样成立.

6.2　l-序列的相关性

本节研究 l-序列的相关性, 给出 l-序列的自相关函数以及算术相关函数的一些性质.

6.2.1　相关性和算术相关性

下面先给出序列的自相关函数和互相关函数的定义, 并给出 l-序列自相关函数的一些基本性质.

定义 6.2[28]　设 $\underline{a}$ 是周期为 T 的二元序列, 则序列 $\underline{a}$ 关于移位 τ 的自相关函数定义为

$$C_{\underline{a}}(\tau) = \sum_{i=0}^{T-1} (-1)^{a_i \oplus a_{i+\tau}},$$

其中 $\sum$ 表示整数和.

序列的自相关函数 $C_{\underline{a}}(\tau)$ 衡量了序列 $\underline{a}$ 与其自身的移位序列 $x^\tau \underline{a}$ 之间的相似性.

定义 6.3[28]　设 $\underline{a}$ 和 $\underline{b}$ 是两条二元周期序列, 记 $T = \mathrm{lcm}(\mathrm{per}(\underline{a}), \mathrm{per}(\underline{b}))$, 则序列 $\underline{a}$ 和 $\underline{b}$ 关于移位 τ 的互相关函数 $C_{\underline{a},\underline{b}}(\tau)$ 定义为

$$C_{\underline{a},\underline{b}}(\tau) = \sum_{i=0}^{T-1} (-1)^{a_i \oplus b_{i+\tau}}.$$

若序列 $\underline{a}$ 和 $\underline{b}$ 是平移等价的, 即存在正整数 τ, 使得 $\underline{b} = x^\tau \underline{a}$, 则 $\underline{a}, \underline{b}$ 的互相关函数就是自相关函数.

利用 *l*-序列及其采样序列的半周期互补性, 容易证明 *l*-序列及其采样序列的自相关函数满足如下性质.

引理 6.4[61] 设 $\underline{a}$ 是周期为 T 的 *l*-序列或者其采样序列, 则对任意的整数 $0 \leqslant \tau \leqslant T/2 - 1$, 有

$$C_{\underline{a}}(\tau) = -C_{\underline{a}}(T/2 - \tau) = -C_{\underline{a}}(T/2 + \tau) = C_{\underline{a}}(T - \tau).$$

特别地, 有 $C_{\underline{a}}(0) = T$, $C_{\underline{a}}(T/2) = -T$.

证明 设整数 $0 \leqslant \tau \leqslant T/2 - 1$. 根据定理 6.1 知, 对任意 $0 \leqslant i \leqslant T/2 - 1$, 有 $a_{i+T/2} + a_i = 1$, 于是有

$$C_{\underline{a}}(T/2 + \tau) = \sum_{i=0}^{T-1} (-1)^{a_n \oplus a_{i+(T/2)+\tau}} = \sum_{i=0}^{T-1} (-1)^{a_i \oplus a_{i+\tau} \oplus 1} = -C_{\underline{a}}(\tau).$$

再由序列的周期性直接得

$$C_{\underline{a}}(T - \tau) = \sum_{i=0}^{T-1} (-1)^{a_i \oplus a_{i+T-\tau}} = \sum_{i=0}^{T-1} (-1)^{a_{i+\tau} \oplus a_i} = C_{\underline{a}}(\tau).$$

从而也有

$$C_{\underline{a}}(T/2 - \tau) = C_{\underline{a}}(T - (T/2 - \tau)) = C_{\underline{a}}(T/2 + \tau).$$

综上知引理的结论成立. □

考虑带进位运算, Goresky 和 Klapper[59] 还提出了序列算术相关性的概念并研究了 *l*-序列的采样序列间的算术相关性.

定义 6.4[59] 设 $\underline{a} = (a_0, a_1, \cdots)$, $\underline{b} = (b_0, b_1, \cdots)$ 是周期为 T 的两条二元准周期序列. 记 $\alpha = \sum_{i=0}^{\infty} a_i 2^i$, $\beta_\tau = \sum_{i=0}^{\infty} b_{i+\tau} 2^i$, 其中 $0 \leqslant \tau \leqslant T - 1$. 设 $\underline{c}$ 是 $\alpha - \beta_\tau$ 对应的二元序列, 则 $\underline{c}$ 也是准周期的, 且周期整除 T. 不妨设当 $i \geqslant n$ 时, 有 $c_{i+T} = c_i$, 则序列 $\underline{a}$ 和 $\underline{b}$ 关于移位 τ 的算术互相关函数 $\Theta_{\underline{a},\underline{b}}(\tau)$ 定义为

$$\Theta_{\underline{a},\underline{b}}(\tau) = \sum_{i=n}^{n+T-1} (-1)^{c_i}.$$

定义 6.5[59] 对任意两条二元准周期序列 $\underline{a}$, $\underline{b}$, 如果当 $\underline{a} \neq x^\tau \underline{b}$ 时, 都有 $\Theta_{\underline{a},\underline{b}}(\tau) = 0$, 则称序列 $\underline{a}$, $\underline{b}$ 具有理想的算术相关性. 进一步, 若一个序列簇中每两条序列都具有理想的算术相关性, 则称该序列簇具有理想的算术相关性.

设 $\underline{a}$ 是 *l*-序列, 周期为 T, 记 $F_{\underline{a}} = \{\underline{a}^{(d)} \mid \gcd(d, T) = 1, 1 \leqslant d \leqslant T - 1\}$ 为序列 $\underline{a}$ 的采样构成的集合, 可以证明序列簇 $F_{\underline{a}}$ 具有理想的算术相关性.

定理 6.4[59] 设 $\underline{a}$ 是以 $q = p^e$ 为连接数的 *l*-序列, 周期为 $T = p^{e-1}(p-1)$. 又设 c, d 都与 T 互素, $\underline{c}, \underline{d}$ 分别是序列 $\underline{a}$ 的 c-采样和 d-采样, 则

$$\Theta_{\underline{c},\underline{d}}(\tau) = \begin{cases} p^{e-1}(p-1), & \text{若 } \underline{c} = x^\tau \underline{d}, \\ 0, & \text{否则}. \end{cases}$$

证明 设 $\underline{c}$, $\underline{d}$ 对应的有理分数分别为 $\alpha = \sum_{i=0}^{\infty} c_i 2^i = p'/q'$, $\beta = \sum_{i=0}^{\infty} d_i 2^i = p''/q''$, 其中 $\gcd(p', q') = \gcd(p'', q'') = 1$, 则存在整数 n, 使得序列 $x^\tau \underline{d}$ 对应的 2-adic 数为 $\beta_\tau = 2^{T-\tau} \beta + n$. 于是

$$\gamma = \alpha - \beta_\tau = \frac{p'}{q'} - \left(2^{T-\tau} \cdot \frac{p''}{q''} + n \right) = \frac{p'q'' - 2^{T-\tau} p''q' - nq'q''}{q'q''}. \tag{6.5}$$

(1) 如果 $\underline{c} = x^\tau \underline{d}$, 则 $\gamma = 0$, 从而 $\Theta_{\underline{c},\underline{d}}(\tau) = T$.

(2) 如果 $\underline{c} \neq x^\tau \underline{d}$, 则 $\gamma \neq 0$. 设 $\underline{u}$ 是 γ 对应的二元序列, 下面要证明 $\mathrm{per}(\underline{u}) = T$, 且在一个周期中 $0, 1$ 个数相等.

不妨设 $\gamma = b/r$, 其中 $\gcd(b, r) = 1$, 则由 (6.5) 式知, $r = \mathrm{lcm}(q', q'')$. 再由 6.1.2 小节的注 6.1 知, l-序列的采样序列的极小连接数为 $2^{T/2} + 1$ 的因子, 故有 $q' | (2^{T/2} + 1)$, $q'' | (2^{T/2} + 1)$, 于是 $r | (2^{T/2} + 1)$. 故序列 $\underline{c}$ 的周期整除 T, 类似于 l-序列算术表示的证明, 在 $\underline{c}$ 的一个周期中, 存在整数 $C \in \mathbb{Z}/(r)$, 使得

$$c_i = (C \cdot 2^{-i} \bmod r) \bmod 2.$$

于是有

$$\begin{aligned} c_{i+T/2} &= (C \cdot 2^{-(i+T/2)} \bmod r) \bmod 2 \\ &= (-C \cdot 2^{-i} \bmod r) \bmod 2 \\ &= (r - (C \cdot 2^{-i} \bmod r)) \bmod 2. \end{aligned}$$

因为 r 为奇数, 故有 $c_{i+T/2} \oplus c_i = 1$, 从而 $\underline{c}$ 在一个周期中 $0, 1$ 出现的个数相等, 故 $\Theta_{\underline{c},\underline{d}}(\tau) = 0$. $\qquad \square$

上述定理表明, 如果 l-序列的采样序列不平移等价, 那么它们具有理想的算术互相关性质. 第 8 章将证明 l-序列的采样序列确实不平移等价.

6.2.2 l-序列自相关函数的期望和方差估计

从本小节开始详细分析 l-序列的自相关性质. 由于证明过程中只用到 2 是模 p 原根的性质, 所有结论也都适用于 l-序列的与周期互素的采样序列.

本小节先给出 l-序列自相关函数的期望和方差估计, 由此说明当连接数较大时, l-序列的大部分自相关函数值都很小. 当 l-序列的连接数为同一个素数的不同方幂时, 利用互相关函数和自相关函数间的关系, 也可以得到相应的互相关函数的期望和方差估计.

设 p 为奇素数, $\underline{a}$ 是以 $q = p^e$ 为连接数的 l-序列, 其中 2 为模 q 的原根. 设序列 $\underline{a}$ 的算术表示为

$$a_i = (A \cdot 2^{-i} \bmod q) \bmod 2, \quad i = 0, 1, 2, \cdots, \tag{6.6}$$

其中 $A \in (\mathbb{Z}/(q))^*$. 再记 $u_i = A \cdot 2^{-i} \bmod q$, 则 $\underline{u}$ 是 $\mathbb{Z}/(q)$ 上 1 阶本原序列.

记

$$\chi(a_i = s, a_{i+\tau} = t) = \begin{cases} 1, & \text{若 } a_i = s \text{ 且 } a_{i+\tau} = t, \\ 0, & \text{否则}, \end{cases}$$

则序列 $\underline{a}$ 关于移位 τ 的自相关函数 $C_{\underline{a}}(\tau)$ 可以表示为

$$C_{\underline{a}}(\tau) = \sum_{i=0}^{T-1} (-1)^{a_i + a_{i+\tau}} = \sum_{s,t=0}^{1} (-1)^{s+t} \cdot \sum_{i=0}^{T-1} \chi(a_i = s, a_{i+\tau} = t).$$

同 6.1.4 小节关于 *l*-序列局部元素分布的分析, 对任意 $s \in \{0,1\}$, 记

$$H_s = |\{y \in \mathbb{Z}/(q) | y \equiv s \bmod 2\}| = \left\lfloor \frac{q-1-s}{2} \right\rfloor + 1.$$

对任意正整数 a, 记 $e_q(a) = e^{2\pi i a / q}$, 则有

$$\sum_{x=0}^{H_s-1} \left(\frac{1}{q} \sum_{c=0}^{q-1} e_q(c(u_i - 2x - s)) \right) = \begin{cases} 1, & \text{若 } u_i \equiv s \bmod 2, \text{ 即 } a_i = s, \\ 0, & \text{若 } u_i \not\equiv s \bmod 2, \text{ 即 } a_i \neq s. \end{cases}$$

于是序列 $\underline{a}$ 关于移位 τ 的自相关函数 $C_{\underline{a}}(\tau)$ 可以表示为

$$\begin{aligned}
C_{\underline{a}}(\tau) &= \sum_{s,t=0}^{1} (-1)^{s+t} \cdot \sum_{i=0}^{T-1} \chi(a_i = s, a_{i+\tau} = t) \\
&= \sum_{s,t=0}^{1} (-1)^{s+t} \cdot \left(\sum_{i=0}^{T-1} \left(\sum_{x=0}^{H_s-1} \frac{1}{q} \sum_{b=0}^{q-1} e_q(b(u_i - 2x - s)) \right) \right. \\
&\quad \left. \cdot \left(\sum_{y=0}^{H_t-1} \frac{1}{q} \sum_{c=0}^{q-1} e_q(c(u_{i+\tau} - 2y - t)) \right) \right) \\
&= \frac{1}{q^2} \sum_{b,c=0}^{q-1} \left(\sum_{i=0}^{T-1} e_q(bu_i + cu_{i+\tau}) \right) \cdot \left(\sum_{s=0}^{1} (-1)^s \cdot e_q(-bs) \cdot \sum_{x=0}^{H_s-1} e_q(-2bx) \right) \\
&\quad \cdot \left(\sum_{t=0}^{1} (-1)^t \cdot e_q(-ct) \cdot \sum_{y=0}^{H_t-1} e_q(-2cy) \right) \\
&= \frac{1}{q^2} \sum_{b,c=0}^{q-1} S_\tau(b,c) P(b) Q(c),
\end{aligned}$$

其中

$$S_\tau(b,c) = \sum_{i=0}^{T-1} e_q(bu_i + cu_{i+\tau}), \tag{6.7}$$

$$P(b) = \sum_{s=0}^{1} (-1)^s \cdot e_q(-bs) \cdot \sum_{x=0}^{H_s-1} e_q(-2bx), \tag{6.8}$$

$$Q(c) = \sum_{t=0}^{1} (-1)^t \cdot e_q(-ct) \cdot \sum_{y=0}^{H_t-1} e_q(-2cy). \tag{6.9}$$

注意到 $S_\tau(0,0) = T$, $P(0) = \sum_{s=0}^{1}(-1)^s H_s = 1$, $Q(0) = \sum_{t=0}^{1}(-1)^t H_t = 1$, 故当 $b = c = 0$ 时, $S_\tau(0,0)P(0)Q(0) = T$. 而当 $b = 0, 0 \leqslant c \leqslant q-1$ 时, 可以得到

$$\frac{1}{q^2}\sum_{c=0}^{q-1} S_\tau(0,c)P(0)Q(c)$$

$$= \frac{1}{q^2}\sum_{c=0}^{q-1}\left(\sum_{i=0}^{T-1} e_q(cu_{i+\tau})\right) \cdot \left(\sum_{t=0}^{1}(-1)^t \cdot e_q(-ct) \cdot \left(\sum_{y=0}^{H_t-1} e_q(-2cy)\right)\right)$$

$$= \frac{1}{q}\sum_{i=0}^{T-1}\left(\sum_{y=0}^{H_0-1}\frac{1}{q} \cdot \left(\sum_{c=0}^{q-1} e_q(c(u_{i+\tau}-2y))\right) - \sum_{y=0}^{H_1-1}\frac{1}{q}\left(\sum_{c=0}^{q-1} e_q(c(u_{i+\tau}-2y-1))\right)\right)$$

$$= \frac{1}{q}\left(N(x^\tau\underline{a},0) - N(x^\tau\underline{a},1)\right)$$

$$= 0,$$

这里 $N(x^\tau\underline{a},0)$, $N(x^\tau\underline{a},1)$ 分别表示序列 $x^\tau\underline{a}$ 在一个周期中 $0, 1$ 出现的个数.

同理可证 $\frac{1}{q^2}\sum_{b=0}^{q-1} S_\tau(b,0)P(b)Q(0) = 0$, 于是可以得到

$$C_{\underline{a}}(\tau) = \frac{1}{q^2}\sum_{b,c=0}^{q-1} S_\tau(b,c)P(b)Q(c) = -\frac{T}{q^2} + \frac{1}{q^2}\sum_{b,c=1}^{q-1} S_\tau(b,c)P(b)Q(c). \tag{6.10}$$

根据 (6.10) 式, 借助指数和估计可以分析自相关函数 $C_{\underline{a}}(\tau)$ 的期望和方差. 为此先给出两个引理.

引理 6.5[62]　设 p 是奇素数, $q = p^e$, $e \geqslant 1$, 则对任意正整数 H, 有

$$\sum_{a=1}^{q-1} \gcd(a,q)^{1/2} \cdot \left|\sum_{x=0}^{H-1} e_q(-2ax)\right| < 2q \cdot \left(\frac{\ln q}{\pi} + \frac{1}{5}\right) \cdot \left(\frac{1-q^{-1/2}}{1-p^{-1/2}}\right).$$

证明   记 $a = p^t a'$, 其中 $0 \leqslant t \leqslant e-1, p \nmid a'$, 则有

$$\sum_{a=1}^{q-1} (\gcd(a,q))^{1/2} \cdot \left| \sum_{x=0}^{H-1} e_q(-2ax) \right|$$

$$= \sum_{t=0}^{e-1} \sum_{\substack{a'=1 \\ p \nmid a'}}^{p^{e-t}-1} p^{t/2} \cdot \left| \sum_{x=0}^{H-1} e_{p^{e-t}}(-2a'x) \right|$$

$$\leqslant \sum_{t=0}^{e-1} \sum_{a'=1}^{p^{e-t}-1} p^{t/2} \cdot \left| \sum_{x=0}^{H-1} e_{p^{e-t}}(-2a'x) \right|$$

$$= \sum_{t=0}^{e-1} p^{t/2} \cdot \left(\sum_{a'=1}^{p^{e-t}-1} \left| \sum_{x=0}^{H-1} e_{p^{e-t}}(-2a'x) \right| \right).$$

因为 $\gcd(2,p) = 1$, 当 a' 遍历 $\mathbb{Z}/(p^{e-l})$ 中非零元素时, $-2a'$ 也遍历 $\mathbb{Z}/(p^{e-l})$ 中非零元素, 故由引理 6.1 可以得到

$$\sum_{a'=1}^{p^{e-t}-1} \left| \sum_{x=0}^{H-1} e_{p^{e-t}}(-2a'x) \right| < 2p^{e-t} \cdot \left(\frac{\ln p^{e-t}}{\pi} + \frac{1}{5} \right).$$

于是有

$$\sum_{t=0}^{e-1} p^{t/2} \cdot \left(\sum_{a'=1}^{p^{e-t}-1} \left| \sum_{x=0}^{H-1} e_{p^{e-t}}(-2a'x) \right| \right)$$

$$< \sum_{t=0}^{e-1} p^{t/2} \cdot 2p^{e-t} \cdot \left(\frac{\ln p^{e-t}}{\pi} + \frac{1}{5} \right)$$

$$= 2q \cdot \left(\sum_{t=0}^{e-1} p^{-t/2} \cdot \left(\left(\frac{\ln q}{\pi} + \frac{1}{5} \right) - \frac{t \ln p}{\pi} \right) \right)$$

$$= 2q \cdot \left(\left(\frac{\ln q}{\pi} + \frac{1}{5} \right) \cdot \left(\frac{1 - p^{-e/2}}{1 - p^{-1/2}} \right) - \frac{(p^{-1/2} - ep^{-e/2} + (e-1)p^{-(e+1)/2}) \ln p}{\pi(1 - p^{-1/2})^2} \right)$$

$$\leqslant 2q \cdot \left(\frac{\ln q}{\pi} + \frac{1}{5} \right) \cdot \left(\frac{1 - q^{-1/2}}{1 - p^{-1/2}} \right). \qquad \square$$

引理 6.6[62]   设 $0 \neq b, c \in \mathbb{Z}/(q)$, $S_\tau(b,c)$ 如 (6.7) 式所示, 则有

$$\sum_{\tau=0}^{T-1} |S_\tau(b,c)|^2 \leqslant qT \cdot \gcd(c,q).$$

证明 由于 $u_i = A \cdot g^i \bmod q$, 且 g 是模 q 的原根, 故由 (6.7) 式可以得到

$$\sum_{\tau=0}^{T-1} |S_\tau(b,c)|^2 = \sum_{\tau=0}^{T-1} \left| \sum_{i=0}^{T-1} e_q((b+cg^\tau)u_i) \right|^2 \leqslant \sum_{\gamma=0}^{q-1} \left| \sum_{i=0}^{T-1} e_q((b+c\gamma)u_i) \right|^2,$$

于是有

$$\sum_{\tau=0}^{T-1} |S_\tau(b,c)|^2 \leqslant \sum_{\gamma=0}^{q-1} \left| \sum_{i=0}^{T-1} e_q((b+c\gamma)u_i) \right|^2$$

$$= \sum_{i,j=0}^{T-1} e_q(b(u_i - u_j)) \cdot \sum_{\gamma=0}^{q-1} e_q(c\gamma(u_i - u_j))$$

$$\leqslant \sum_{i,j=0}^{T-1} \left| \sum_{\gamma=0}^{q-1} e_q(c\gamma(u_i - u_j)) \right|$$

$$= q \cdot |\Omega|,$$

其中

$$\Omega = \{(i,j)|0 \leqslant i,j \leqslant T-1, \text{ 且 } q|(c(u_i - u_j))\}.$$

记 $|\Omega|$ 为集合 Ω 中元素的个数, 类似于引理 6.2 中的证明, 可以得到

$$|\Omega| \leqslant \gcd(c,q) \cdot T.$$

故有

$$\sum_{\tau=0}^{T-1} |S_\tau(b,c)|^2 \leqslant qT \cdot \gcd(c,q). \qquad \square$$

根据 (6.10) 式, 利用引理 6.5 和引理 6.6 可以得到下面的结论.

定理 6.5[62] 设 $\underline{a}$ 是以 $q = p^e$ 为连接数的 l-序列, 周期 $T = p^{e-1}(p-1)$, 则序列 $\underline{a}$ 的自相关函数 $C_{\underline{a}}(\tau)$ 的期望值为 $E[C_{\underline{a}}(\tau)] = 0$, 方差 $\mathrm{Var}(C_{\underline{a}}(\tau))$ 满足

$$\mathrm{Var}(C_{\underline{a}}(\tau)) < 256q \cdot \left(\frac{\ln q}{\pi} + \frac{1}{5} \right)^4 \cdot \left(\frac{1 - q^{-1/2}}{1 - p^{-1/2}} \right)^2.$$

证明 因为 $E[C_{\underline{a}}(\tau)] = \frac{1}{T} \sum_{\tau=0}^{T-1} C_{\underline{a}}(\tau)$, 而 $C_{\underline{a}}(\tau) = \sum_{i=0}^{T-1} (-1)^{a_i \oplus a_{i+\tau}}$, 故有

$$E[C_{\underline{a}}(\tau)] = \frac{1}{T} \sum_{\tau=0}^{T-1} \sum_{i=0}^{T-1} (-1)^{a_i \oplus a_{i+\tau}}$$

$$= \frac{1}{T} \sum_{i=0}^{T-1} (-1)^{a_i} \cdot \left(\sum_{\tau=0}^{T-1} (-1)^{a_{i+\tau}} \right)$$

$$= \frac{1}{T} \left(N(\underline{a}, 0) - N(\underline{a}, 1) \right)^2 = 0,$$

这里 $N(\underline{a}, 0), N(\underline{a}, 1)$ 分别为序列 $\underline{a}$ 的一个周期中 0, 1 出现的个数.

下面估计 $C_{\underline{a}}(\tau)$ 的方差. 注意到 $\mathrm{Var}(C_{\underline{a}}(\tau)) = E\left[(C_{\underline{a}}(\tau) - E\left[C_{\underline{a}}(\tau) \right])^2 \right]$, 先估计期望值 $E\left[\left(C_{\underline{a}}(\tau) + \dfrac{T}{q^2} \right)^2 \right]$.

$$E\left[\left(C_{\underline{a}}(\tau) + \frac{T}{q^2} \right)^2 \right]$$

$$= \frac{1}{T} \sum_{\tau=0}^{T-1} \left(\frac{1}{q^2} \sum_{b,c=1}^{q-1} S_\tau(b,c) P(b) Q(c) \right)^2$$

$$= \frac{1}{q^4 T} \sum_{b_1,c_1,b_2,c_2=1}^{q-1} \left(\sum_{\tau=0}^{T-1} S_\tau(b_1,c_1) S_\tau(b_2,c_2) \right) \cdot P(b_1) P(b_2) Q(c_1) Q(c_2)$$

$$\leqslant \frac{1}{q^4 T} \sum_{b_1,c_1,b_2,c_2=1}^{q-1} \left(\sum_{\tau=0}^{T-1} |S_\tau(b_1,c_1) S_\tau(b_2,c_2)| \right) \cdot |P(b_1) P(b_2) Q(c_1) Q(c_2)|.$$

由引理 6.6 和柯西不等式知

$$\sum_{\tau=0}^{T-1} |S_\tau(b_1,c_1) S_\tau(b_2,c_2)| \leqslant \left(\sum_{\tau=0}^{T-1} |S_\tau(b_1,c_1)|^2 \right)^{1/2} \cdot \left(\sum_{\tau=0}^{T-1} |S_\tau(b_2,c_2)|^2 \right)^{1/2}$$

$$\leqslant qT \cdot \gcd(c_1,q)^{1/2} \cdot \gcd(c_2,q)^{1/2}.$$

从而可以得到

$$E\left[\left(C_{\underline{a}}(\tau) + \frac{T}{q^2} \right)^2 \right]$$

$$\leqslant \frac{1}{q^4 T} \sum_{b_1,c_1,b_2,c_2=1}^{q-1} qT \cdot \gcd(c_1,q)^{1/2} \cdot \gcd(c_2,q)^{1/2} \cdot |P(b_1) P(b_2) Q(c_1) Q(c_2)|$$

$$\leqslant q^{-3} \cdot \left(\sum_{b_1=1}^{q-1} |P(b_1)| \right) \cdot \left(\sum_{b_2=1}^{q-1} |P(b_2)| \right) \cdot \left(\sum_{c_1=1}^{q-1} \gcd(c_1,q)^{1/2} \cdot |Q(c_1)| \right)$$

$$\cdot \left(\sum_{c_2=1}^{q-1} \gcd(c_2, q)^{1/2} \cdot |Q(c_2)| \right)$$

$$= q^{-3} \cdot \left(\sum_{b=1}^{q-1} |P(b)| \right)^2 \cdot \left(\sum_{c=1}^{q-1} \gcd(c, q)^{1/2} \cdot |Q(c)| \right)^2 .$$

注意到 $H_0 = \dfrac{q+1}{2}$, $H_1 = \dfrac{q-1}{2}$, 故由 (6.8) 和 (6.9) 式知

$$|P(b)| = \left| \sum_{s=0}^{1} (-1)^s \cdot e_q(-bs) \cdot \sum_{x=0}^{H_s-1} e_q(-2bx) \right| \leqslant 2 \left| \sum_{x=0}^{\frac{q-1}{2}} e_q(-2bx) \right|,$$

$$|Q(c)| = \left| \sum_{t=0}^{1} (-1)^t \cdot e_q(-ct) \cdot \sum_{y=0}^{H_t-1} e_q(-2cy) \right| \leqslant 2 \left| \sum_{y=0}^{\frac{q-1}{2}} e_q(-2cy) \right|.$$

再由引理 6.1 和引理 6.5 可以得到

$$\sum_{b=1}^{q-1} |P(b)| \leqslant 2 \sum_{b=1}^{q-1} \left| \sum_{x=0}^{\frac{q-1}{2}} e_q(-2bx) \right| < 4q \left(\frac{\ln q}{\pi} + \frac{1}{5} \right),$$

$$\sum_{c=1}^{q-1} \gcd(c, q)^{1/2} \cdot |Q(c)| \leqslant 2 \sum_{c=1}^{q-1} \gcd(c, q)^{1/2} \cdot \left| \sum_{y=0}^{\frac{q-1}{2}} e_q(-2cy) \right|$$

$$< 4q \left(\frac{\ln q}{\pi} + \frac{1}{5} \right) \left(\frac{1 - q^{-1/2}}{1 - p^{-1/2}} \right),$$

因此有

$$E\left[\left(C_{\underline{a}}(\tau) + \frac{T}{q^2} \right)^2 \right]$$

$$\leqslant q^{-3} \cdot \left(\sum_{b=1}^{q-1} |P(b)| \right)^2 \cdot \left(\sum_{c=1}^{q-1} \gcd(c, q)^{1/2} \cdot |Q(c)| \right)^2$$

$$< q^{-3} \cdot \left(4q \left(\frac{\ln q}{\pi} + \frac{1}{5} \right) \right)^2 \cdot \left(4q \left(\frac{\ln q}{\pi} + \frac{1}{5} \right) \left(\frac{1 - q^{-1/2}}{1 - p^{-1/2}} \right) \right)^2$$

$$= 256q \cdot \left(\frac{\ln q}{\pi} + \frac{1}{5} \right)^4 \cdot \left(\frac{1 - q^{-1/2}}{1 - p^{-1/2}} \right)^2,$$

从而

$$\mathrm{Var}(C_{\underline{a}}(\tau)) = \mathrm{Var}\left(C_{\underline{a}}(\tau) + \frac{T}{q^2}\right)$$

$$\leqslant E\left[\left(C_{\underline{a}}(\tau) + \frac{T}{q^2}\right)^2\right]$$

$$< 256q \cdot \left(\frac{\ln q}{\pi} + \frac{1}{5}\right)^4 \cdot \left(\frac{1-q^{-1/2}}{1-p^{-1/2}}\right)^2. \qquad \Box$$

注 6.2 由切比雪夫不等式知, 对任意随机变量 X 和 $\varepsilon > 0$, 有

$$\mathrm{Pr}(|X - E[X]| \geqslant \varepsilon) \leqslant \mathrm{Var}(X)/\varepsilon^2,$$

其中 $E[X]$ 和 $\mathrm{Var}(X)$ 分别为 X 的期望和方差. 故对任意取定的 $\delta > 0$, 有

$$\mathrm{Pr}\left(|C_{\underline{a}}(\tau)| \geqslant T^{(1+\delta)/2}\right) < 256qT^{-(1+\delta)} \cdot \left(\frac{\ln q}{\pi} + \frac{1}{5}\right)^4 \cdot \left(\frac{1-q^{-1/2}}{1-p^{-1/2}}\right)^2.$$

注意到 $\left(\dfrac{1-q^{-1/2}}{1-p^{-1/2}}\right)^2 \leqslant 6$, 当连接数 q 趋于无穷时, 上述概率趋于 0, 故当 q 充分大时, l-序列的大部分自相关值都很小.

文献 [63] 进一步分析了以同一个素数的不同方幂为连接数的 l-序列的互相关函数, 发现它们可以转化为较小连接数对应 l-序列的自相关函数, 即有如下结论.

定理 6.6 [63] 设 $\underline{a}$ 和 $\underline{b}$ 是两条连接数分别为 p^α 和 p^β 的 l-序列, $\mathrm{per}(\underline{a}) = p^{\alpha-1}(p-1)$, $\mathrm{per}(\underline{b}) = p^{\beta-1}(p-1)$, 其中 p 是奇素数, $1 \leqslant \beta < \alpha$, 则存在整数 $0 \leqslant v < \mathrm{per}(\underline{b})$, 使得

$$C_{\underline{a},\underline{b}}(\tau) = C_{\underline{b}}(\tau - v).$$

证明 因为 $\underline{a}$ 是以 p^α 为连接数的 l-序列, 故有算术表示

$$a_n = (A \cdot 2^{-n} \bmod p^\alpha) \bmod 2, \quad n = 0, 1, \cdots,$$

其中 $A \in (\mathbb{Z}/(p^\alpha))^*$, 令

$$u_n = A \cdot 2^{-n} \bmod p^\alpha,$$

则 $\underline{u}$ 是环 $\mathbb{Z}/(p^\alpha)$ 上 1 阶本原序列且满足 $\underline{a} = \underline{u} \bmod 2$, 于是对任意 $i = 1, 2, \cdots, \alpha - 1$, $(\underline{u} \bmod p^i) \bmod 2$ 是以 p^i 为连接数的 l-序列.

同理对于序列 $\underline{b}$, 存在环 $\mathbb{Z}/(p^\beta)$ 上 1 阶本原序列 $\underline{v}$ 满足 $\underline{b} = \underline{v} \bmod 2$, 于是对任意 $i = 1, 2, \cdots, \beta - 1$, $(\underline{v} \bmod p^i) \bmod 2$ 是以 p^i 为连接数的 l-序列.

设 $\underline{u}$ 的 p-adic 展开序列为

$$\underline{u} = \underline{u}_0 + \underline{u}_1 \cdot p + \cdots + \underline{u}_{\alpha-1} \cdot p^{\alpha-1},$$

其中 $\underline{u}_0, \underline{u}_1, \cdots, \underline{u}_{\alpha-1}$ 是 $\{0, 1, \cdots, p-1\}$ 上的序列, 则有

$$\underline{a} = \underline{u}_0 \oplus \underline{u}_1 \oplus \cdots \oplus \underline{u}_{\alpha-1}.$$

对任意 $i = 1, 2, \cdots, \alpha - 1$, 记

$$\underline{a}_i = \underline{u}_0 \oplus \underline{u}_1 \oplus \cdots \oplus \underline{u}_i = (\underline{u} \bmod p^{i+1}) \bmod 2, \tag{6.11}$$

特别地, 有 $\underline{a} = \underline{a}_{\alpha-1}$. 基于以上符号, 下面先证明 $C_{\underline{a}_{\alpha-1}, \underline{b}}(\tau) = C_{\underline{a}_{\alpha-2}, \underline{b}}(\tau)$.

为描述方便, 不妨记 $\underline{a}_i = (a_i(0), a_i(1), \cdots)$, $\underline{b} = (b(0), b(1), \cdots)$. 再记 $T = p - 1$, 显然 $\mathrm{per}(b) = p^{\beta-1}T$ 是 $p^{\alpha-2}T$ 的因子, 所以对任意的非负整数 τ, 有

$$C_{\underline{a}_{\alpha-1}, \underline{b}}(\tau) = \sum_{n=0}^{p^{\alpha-1}T-1} (-1)^{a_{\alpha-1}(n) \oplus b(n+\tau)}$$

$$= \sum_{n=0}^{p^{\alpha-2}T-1} \sum_{j=0}^{p-1} (-1)^{a_{\alpha-1}(n+j \cdot p^{\alpha-2}T) \oplus b(n+\tau+j \cdot p^{\alpha-2}T)}.$$

注意到 $\mathrm{per}(b) = p^{\beta-1}T$ 是 $p^{\alpha-2}T$ 的因子, 故有

$$C_{\underline{a}_{\alpha-1}, \underline{b}}(\tau) = \sum_{n=0}^{p^{\alpha-2}T-1} (-1)^{b(n+\tau)} \cdot \left(\sum_{j=0}^{p-1} (-1)^{a_{\alpha-1}(n+j \cdot p^{\alpha-2}T)} \right). \tag{6.12}$$

根据 (6.11) 式, 对任意的非负整数 n 和 j, 有

$$a_{\alpha-1}(n + j \cdot p^{\alpha-2}T) = a_{\alpha-2}(n + j \cdot p^{\alpha-2}T) \oplus u_{\alpha-1}(n + j \cdot p^{\alpha-2}T).$$

又因为 $\underline{a}_{\alpha-2}$ 是以 $p^{\alpha-1}$ 为连接数的 l-序列, 所以 $\mathrm{per}(\underline{a}_{\alpha-2}) = p^{\alpha-2}T$, 从而上式等价于

$$a_{\alpha-1}(n + j \cdot p^{\alpha-2}T) = a_{\alpha-2}(n) \oplus u_{\alpha-1}(n + j \cdot p^{\alpha-2}T). \tag{6.13}$$

将 (6.13) 式代入 (6.12) 式得

$$C_{\underline{a}_{\alpha-1}, \underline{b}}(\tau) = \sum_{n=0}^{p^{\alpha-2}T-1} (-1)^{a_{\alpha-2}(n) \oplus b_{n+\tau}} \cdot \left(\sum_{j=0}^{p-1} (-1)^{u_{\alpha-1}(n+j \cdot p^{\alpha-2}T)} \right).$$

由引理 2.2 给出的环上本原权位序列的性质知

$$\{u_{\alpha-1}(n+j\cdot p^{\alpha-2}T)|j=0,1,\cdots,p-1\}=\{0,1,\cdots,p-1\},$$

故有

$$C_{\underline{a}_{\alpha-1},\underline{b}}(\tau)=\sum_{n=0}^{p^{\alpha-2}T-1}(-1)^{a_{\alpha-2}(n)\oplus b_{n+\tau}}\cdot\left(\sum_{j=0}^{p-1}(-1)^j\right)=C_{\underline{a}_{\alpha-2},\underline{b}}(\tau).$$

同理, 递归地可以证明

$$C_{\underline{a}_{\alpha-1},\underline{b}}(\tau)=C_{\underline{a}_{\alpha-2},\underline{b}}(\tau)=C_{\underline{a}_{\alpha-3},\underline{b}}(\tau)=\cdots=C_{\underline{a}_{\beta-1},\underline{b}}(\tau).$$

这意味着

$$C_{\underline{a},\underline{b}}(\tau)=C_{\underline{a}_{\beta-1},\underline{b}}(\tau).$$

因为 $\underline{a}_{\beta-1}$ 和 $\underline{b}$ 都是以 p^β 为连接数的 *l*-序列, 故 $\underline{a}_{\beta-1}$ 和 $\underline{b}$ 平移等价, 即存在非负整数 v 满足 $\underline{a}_{\beta-1}=x^v\underline{b}$. 于是可以得到

$$C_{\underline{a},\underline{b}}(\tau)=C_{x^v\cdot\underline{b},\underline{b}}(\tau)=C_{\underline{b}}(\tau-v).\qquad\square$$

结合定理 6.5 和定理 6.6 可以给出如下 *l*-序列互相关函数的期望和方差.

推论 6.2[63]　设 $\underline{a}$ 和 $\underline{b}$ 是两条连接数分别为 p^α 和 p^β 的 *l*-序列, 其中 p 是奇素数, $1\leqslant\beta<\alpha$, 则 $\underline{a}$ 和 $\underline{b}$ 的互相关函数 $C_{\underline{a},\underline{b}}(\tau)$ 的期望 $E[C_{\underline{a},\underline{b}}(\tau)]$ 等于 0, 方差 $\mathrm{Var}(C_{\underline{a},\underline{b}}(\tau))$ 满足不等式

$$\mathrm{Var}(C_{\underline{a},\underline{b}}(\tau))<256p^\beta\cdot\left(\frac{\ln p^\beta}{\pi}+\frac{1}{5}\right)^4\cdot\left(\frac{1-p^{-\beta/2}}{1-p^{-1/2}}\right)^2.$$

同样, 根据切比雪夫不等式, 推论 6.2 中定义的 *l*-序列 $\underline{a},\underline{b}$ 的互相关函数 $C_{\underline{a},\underline{b}}(\tau)$ 满足

$$\Pr\left(\left|C_{\underline{a},\underline{b}}(\tau)\right|\geqslant\mathrm{per}(\underline{b})^{(1+\delta)/2}\right)$$

$$<256p^{-\beta\delta}\cdot\left(\frac{p}{p-1}\right)^{1+\delta}\cdot\left(\frac{\ln p^\beta}{\pi}+\frac{1}{5}\right)^4\cdot\left(\frac{1-p^{-\beta/2}}{1-p^{-1/2}}\right)^2,$$

其中 δ 是任意大于 0 的实数. 这意味着只要 p^β 充分大, $\underline{a}$ 和 $\underline{b}$ 的大多数互相关函数值都是比较小的.

6.2.3　*l*-序列自相关函数的其他性质

当连接数为素数方幂时, 文献 [62] 还考虑了 *l*-序列在特殊移位 τ 下自相关函数的取值, 特别地, 下面的结论成立.

定理 6.7[62] 设 $\underline{a}$ 是以 $q = p^e$ 为连接数的 l-序列, 周期 $T = p^{e-1}(p-1)$. 对任意正整数 i 和 k, $1 \leqslant i \leqslant e/2$, $1 \leqslant k \leqslant 2p^i - 1$, $p \nmid k$, 序列 $\underline{a}$ 关于移位 τ 的自相关函数 $C_{\underline{a}}(\tau)$ 满足

$$C_{\underline{a}}(kT/2p^i) = \begin{cases} -T/p^{2i-1}, & \text{若 } 2 \mid k, \\ T/p^{2i-1}, & \text{若 } 2 \nmid k. \end{cases}$$

从定理 6.7 可以看出, 当连接数为素数方幂 p^e 时, l-序列在一些特殊移位 $\tau = kT/2p^i$ 处具有较大的自相关值, 其中 $1 \leqslant i \leqslant e/2$, $1 \leqslant k \leqslant 2p^i - 1$, $p \nmid k$.

当连接数为素数时, 文献 [64] 利用指数和估计方法得到了一些特殊移位下 l-序列自相关函数值的上界, 文献 [61] 给出了 l-序列非平凡的极大自相关函数值, 利用该性质还得到了关于 l-序列采样序列不平移等价的部分结果 (参见 8.2 节).

特别地, 设 p 为大于 3 的素数, 记 $EL_3(p)$ 为小于 $p/3$ 的最大偶数, 即

$$EL_3(p) = \begin{cases} (p-1)/3, & \text{若} p \equiv 1 \bmod 3, \\ (p-5)/3, & \text{若} p \equiv 2 \bmod 3, \end{cases}$$

文献 [61] 证明了下面的结论成立.

定理 6.8[61] 设 $p > 11$ 是素数, 2 是模 p 的原根, $\underline{a}$ 是以 p 为连接数的 l-序列, $T = \mathrm{per}(\underline{a}) = p - 1$, 则对任意的整数 τ, $0 < \tau < T$ 且 $\tau \neq T/2$, 有

$$|C_{\underline{a}}(\tau)| \leqslant EL_3(p).$$

进一步, $C_{\underline{a}}(\tau) = (-1)^k \cdot EL_3(p)$, $k \in \{0,1\}$ 当且仅当

$$2^{-\tau} \equiv (-1)^k \cdot 3 \bmod p \quad \text{或} \quad 2^{-\tau} \equiv (-1)^k \cdot 3^{-1} \bmod p.$$

6.3 进位序列的性质

设 $\underline{a} = (a_0, a_1, \cdots)$ 是以 q 为连接数的 FCSR 序列, 由定理 5.3 及注 5.3 知, 其初始进位 m_0 是唯一确定的, 从而 $m_0, m_1, \cdots$ 都是由 $\underline{a}$ 和 q 唯一确定的. 称 $\underline{m} = (m_0, m_1, \cdots)$ 为 $(\underline{a}, q)$ 的进位序列. 本节讨论 FCSR 的进位序列 $\underline{m}$ 的性质, 给出 l-序列的进位序列 $\underline{m}$ 的互补关系, 以及 $\underline{m}$ 的周期与输出序列 $\underline{a}$ 的周期之间的关系.

虽然 FCSR 进位序列的取值范围没有任何界限, 但由定理 5.1 知, 不论 FCSR 进位序列的初始值如何设定 (很大或很小), 最终总是在 $\{0, 1, \cdots, w-1\}$ 中变化, 其中 $w = \mathrm{wt}(q+1)$. 特别地, 对于周期 FCSR 序列来说, 进位序列总是 $\{0, 1, \cdots, w-1\}$ 上的序列. 下面将证明 l-序列的进位序列 $\underline{m}$ 关于 $w-1$ 还具有互补性, 这也与 l-序列的半周期互补性紧密相关.

定理 6.9[65] 设 $\underline{a}$ 是以 q 为连接数的 l-序列, $\underline{m} = (m_0, m_1, \cdots)$ 为 $(\underline{a}, q)$ 的进位序列. 记 $w = \mathrm{wt}(q+1)$, $T = \mathrm{per}(\underline{a})$, 则对任意 $i \geqslant 0$, 有

$$m_i + m_{i+T/2} = w - 1.$$

证明 设 $q = q_0 + q_1 2 + q_2 2^2 + \cdots + q_r 2^r$, 其中 $q_0 = -1, q_r = 1$. 由定理 5.3 知

$$\sum_{i=0}^{\infty} a_i 2^i = \frac{p}{q},$$

$$\sum_{i=0}^{\infty} a_{i+T/2} 2^i = \frac{p'}{q},$$

其中

$$p = \sum_{k=0}^{r-1} \sum_{i=0}^{k} q_i a_{k-i} 2^k - m_0 2^r, \tag{6.14}$$

$$p' = \sum_{k=0}^{r-1} \sum_{i=0}^{k} q_i a_{k-i+T/2} 2^k - m_{T/2} 2^r. \tag{6.15}$$

因为 $a_i + a_{i+T/2} = 1, i \geqslant 0$, 所以有

$$\frac{p}{q} + \frac{p'}{q} = \sum_{i=0}^{\infty} 2^i = -1,$$

从而

$$p + p' = -q.$$

另一方面, 由 (6.14) 式和 (6.15) 式知

$$\begin{aligned}
p + p' &= \sum_{k=0}^{r-1} \sum_{i=0}^{k} q_i(a_{k-i} + a_{k-i+T/2}) 2^k - (m_0 + m_{T/2}) 2^r \\
&= \sum_{k=0}^{r-1} \sum_{i=0}^{k} q_i 2^k - (m_0 + m_{T/2}) 2^r \\
&= \sum_{i=0}^{r-1} q_i \cdot \left(\sum_{k=i}^{r-1} 2^k \right) - (m_0 + m_{T/2}) 2^r \\
&= \sum_{i=0}^{r-1} q_i \cdot (2^r - 2^i) - (m_0 + m_{T/2}) 2^r
\end{aligned}$$

$$= 2^r \sum_{i=0}^{r-1} q_i - \sum_{i=0}^{r-1} q_i 2^i - (m_0 + m_{T/2}) 2^r$$

$$= 2^r (w - 1) - q - (m_0 + m_{T/2}) 2^r.$$

因为 $p + p' = -q$, 所以 $2^r(w-1) = (m_0 + m_{T/2}) 2^r$, 即有

$$m_0 + m_{T/2} = w - 1.$$

同理, 可证对任意 $i \geqslant 0$, 有 $m_i + m_{i+T/2} = w - 1$. 故定理的结论成立.　　□

下面讨论进位序列的周期. 设周期序列 $\underline{a}$ 是以 q 为连接数的 FCSR 序列, $\underline{m} = (m_0, m_1, \cdots)$ 为 $(\underline{a}, q)$ 的进位序列, 容易验证 $\mathrm{per}(\underline{m}) | \mathrm{per}(\underline{a})$. 下面将证明, 在一定条件下 (比如 $\underline{a}$ 是 l-序列时), 有 $\mathrm{per}(\underline{m}) = \mathrm{per}(\underline{a})$. 为此先给出几个相关的引理.

记 $\Phi_n(x)$ 表示有理数域 $\mathbb{Q}$ 上 n 次分圆多项式, 即有

$$\Phi_n(x) = \prod_{\gcd(i,n)=1, i=1}^{n} (x - \xi^i),$$

其中 ξ 是有理数域 $\mathbb{Q}$ 上的 n 次本原单位根. $\Phi_n(x)$ 是整系数多项式, 从而对任意整数 k, $\Phi_n(k)$ 是整数.

引理 6.7[65]　设 q 是正奇数, $\underline{a}$ 是以 $q = p^e$ 为连接数的 FCSR 序列, $\underline{m} = (m_0, m_1, \cdots)$ 为 $(\underline{a}, q)$ 的进位序列. 若 $\mathrm{per}(\underline{m}) \neq \mathrm{per}(\underline{a})$, 则存在 $\mathrm{per}(\underline{a})$ 的因子 $t > 1$, 使得 $\Phi_t(2) | q$.

证明　不妨设 $\underline{a}$ 是周期序列, 则 $\underline{m}$ 也是周期序列. 记 $S = \mathrm{per}(\underline{m})$, $T = \mathrm{per}(\underline{a})$, 再设 $q = q_0 + q_1 2 + q_2 2^2 + \cdots + q_r 2^r$, 其中 $q_0 = -1, q_r = 1$. 由 FCSR 的状态更新关系知, 对任意 $n \geqslant 0$, 有

$$m_{n+1} = (\sigma_n - a_{n+r})/2,$$

其中 $\sigma_n = \sum_{k=1}^{r} q_k a_{n+r-k} + m_n$. 记 $\delta_n = \sum_{k=1}^{r} q_k a_{n+r-k}$, 则

$$2m_{n+1} = \delta_n + m_n - a_{n+r},$$

从而

$$0 = 2(m_{n+1} - m_{n+1+S})$$

$$= \sum_{k=1}^{r} q_k a_{n+r-k} + m_n - a_{n+r} - \left(\sum_{k=1}^{r} q_k a_{n+r-k+S} + m_{n+S} - a_{n+r+S} \right)$$

$$= \sum_{k=1}^{r} q_k(a_{n+r-k} - a_{n+r-k+S}) + (a_{n+r} - a_{n+r+S}),$$

所以 $f(x) = x^r - (q_1 x^{r-1} + q_2 x^{r-2} + \cdots + q_r)$ 是 $\mathbb{Q}$ 上序列 $\underline{c} = \underline{a} - x^S \underline{a}$ 的特征多项式. 设 $m_{\underline{c}}(x) \in \mathbb{Q}[x]$ 是 $\underline{c}$ 的极小多项式, 则 $m_{\underline{c}}(x)|f(x)$.

因为 $S \neq T$, 所以 $S < T$, 从而 $\underline{c} \neq \underline{0}$. 显然 $\mathrm{per}(\underline{c})|T$, 所以 $m_{\underline{c}}(x)|(x^T - 1)$. 又因为 $x^T - 1 = \prod_{t|T} \Phi_t(x)$ 并且 $\underline{c}$ 不是一条常数序列, 即 $m_{\underline{c}}(x) \neq x - 1$, 所以存在 $t > 1$, 使得

$$\Phi_t(x)|m_{\underline{c}}(x),$$

从而 $\Phi_t(x)|f(x)$, 于是有 $\Phi_t(x)|f^*(x)$, 其中 $f^*(x) = q_r x^r + q_{r-1} x^{r-1} + \cdots + q_1 x - 1$. 而 $f^*(2) = q$, 所以

$$\Phi_t(2)|q. \qquad \square$$

下面再介绍数论中本原素因子的概念及相关性质.

定义 6.6[65,66] 设 $n \geqslant 2$, 若 $2^n - 1$ 的素因子 p 满足 $\mathrm{ord}_p(2) = n$, 则称 p 为 $2^n - 1$ 的一个本原素因子.

事实上, $2^n - 1$ 的素因子 p 是 $2^n - 1$ 的一个本原素因子当且仅当 $p \nmid (2^i - 1)$, $i = 1, 2, \cdots, n - 1$. 此外, 还可以证明 $2^n - 1$ 的本原素因子必是 $\Phi_n(2)|q$ 的因子, 即有

引理 6.8[65,66] 设素数 p 是明 $2^n - 1$ 的本原素因子, 则 $p|\Phi_n(2)$.

关于本原素因子的存在性, 数论中有如下结论, 证明略.

引理 6.9[65,66] 设正整数 $n > 1$, 若 $n \neq 6$, 则 $2^n - 1$ 至少含有一个本原素因子.

引理 6.10[65,66] 设 $n > 1$ 且 $n \notin \{2, 4, 6, 10, 12, 18\}$, 则存在 $2^n - 1$ 的本原素因子 p, 使得 $\mathrm{ord}_p(2) \neq p - 1$ 或 $p^2|(2^n - 1)$.

此外, 可以证明下面的引理成立.

引理 6.11[65] 设 $q = p_1^{e_1} \cdots p_s^{e_s}$ 是 q 的标准分解, 若 $p_i > 13$, $\mathrm{ord}_{p_i}(2) = p_i - 1$ 且 $p_i^2 \nmid (2^{p_i-1} - 1)$, $i = 1, 2, \cdots, s$, 则对任意 $t > 1$, 有 $\Phi_t(2) \nmid q$.

证明 因为 $\Phi_6(2) = 3$, $\Phi_{18}(2) = 3 \cdot 19$, 而对 $t \in \{2, 4, 10, 12\}$, $\Phi_t(2) = t + 1$, 所以对 $t \in \{2, 4, 6, 10, 12, 18\}$, $\Phi_t(2)$ 中都有不大于 13 的素因子, 所以 $\Phi_t(2) \nmid q$.

下面设 $t > 1$ 且 $t \notin \{2, 4, 6, 10, 12, 18\}$. 若存在某个 t, 使得 $\Phi_t(2)|q$. 由引理 6.9 知, $2^t - 1$ 有本原素因子. 设 p 是 $2^t - 1$ 的任意一个本原素因子, 由引理 6.8 知, $p|\Phi_t(2)$, 从而 $p|q$, 即存在 $1 \leqslant j \leqslant s$, 使得 $p = p_j$.

由条件 $\mathrm{ord}_{p_j}(2) = p_j - 1$ 知 $\mathrm{ord}_p(2) = p - 1$. 再由 p 是 $2^t - 1$ 的本原素因子可知 $t = p - 1$. 又因为 $p_j^2 \nmid (2^{p_j-1} - 1)$, 即 $p^2 \nmid (2^{p-1} - 1)$, 所以 $2^t - 1$ 的每个本

原素因子 p 都满足 $\mathrm{ord}_p(2) = p - 1$ 且 $p^2 \nmid (2^t - 1)$. 这与引理 6.10 矛盾. 所以结论成立. □

由引理 6.7 和引理 6.11 可以得到

定理 6.10[65]　设 q 满足引理 6.11 的条件, $\underline{a}$ 是以 q 为连接数的 FCSR 序列, $\underline{m}$ 为 $(\underline{a}, q)$ 的进位序列, 则 $\mathrm{per}(\underline{m}) = \mathrm{per}(\underline{a})$.

特别地, 有

推论 6.3[65]　设 $e \geqslant 1$, 奇素数 p 满足

$$p > 13, \quad \mathrm{ord}_p(2) = p - 1 \quad 且 \quad p^2 \nmid (2^{p-1} - 1),$$

设 $\underline{a}$ 是以 $q = p^e$ 为连接数的 l-序列, $\underline{m}$ 为 $(\underline{a}, q)$ 的进位序列, 则 $\mathrm{per}(\underline{m}) = \mathrm{per}(\underline{a})$.

事实上, 文献 [65] 进一步证明了即使 l-序列的连接数不满足推论 6.3 的条件, 仍然有 $\mathrm{per}(\underline{m}) = \mathrm{per}(\underline{a})$.

第 7 章 有理逼近算法和 2-adic 复杂度

众所周知, 序列的线性复杂度刻画了能够产生该序列的最短 LFSR 的规模, 利用 Berlekamp-Massey 算法可以有效求取序列的线性复杂度并且可以还原产生该序列的 LFSR 的初态. 类似地, 本章将要介绍的 2-adic 复杂度刻画了能够产生该序列的最短 FCSR 的规模, 利用有理逼近算法可以有效求取序列的 2-adic 复杂度并且可以还原产生该序列的 FCSR 的初态.

下面先介绍序列的 2-adic 复杂度和有理逼近算法, 再分析序列的线性复杂度和 2-adic 复杂度之间的关系, 并研究周期序列及有限序列的 2-adic 复杂度性质. 特别地, 可以证明线性复杂度最低的 m-序列的 2-adic 复杂度达到最大值 T, 而 2-adic 复杂度最低的 l-序列的线性复杂度通常可以达到最大值 $T/2 + 1$, 其中 T 为序列的周期.

7.1 2-adic 复杂度和有理逼近算法

本节给出序列 2-adic 复杂度的定义、简单性质, 并介绍能够求取序列 2-adic 复杂度的有理逼近算法.

7.1.1 2-adic 复杂度

正如线性复杂度可以用来刻画能产生某序列的 LFSR 的规模, 也可以用如下定义的 2-adic 复杂度来刻画能产生某序列的 FCSR 的规模.

定义 7.1[56,57]   设序列 $\underline{a} = (a_0, a_1, \cdots)$ 的极小连接数为 q, 有理分数表示为 p/q. 记 $\Phi(p, q) = \max\{|p|, |q|\}$, 称 $\varphi_2(\underline{a}) = \log_2 \Phi(p, q)$ 为序列 $\underline{a}$ 的 2-adic 复杂度. 也称 $\Psi(\underline{a}) = \Phi(p, q)$ 为序列 $\underline{a}$ 的有理复杂度.

对于周期序列, 其有理分数表示 p/q 中总满足 $|p| \leqslant |q|$, 所以周期序列的 2-adic 复杂度就是极小连接数 q 的规模, 此时序列 $\underline{a}$ 的 2-adic 复杂度可以用 $\lfloor \log_2 (q + 1) \rfloor$ 来近似. 如果还考虑进位, 产生一条以 q 为极小连接数的周期序列 $\underline{a}$ 的 FCSR 实际需要

$$\lfloor \log_2 (q + 1) \rfloor + \lfloor \log_2 (\mathrm{wt}(q + 1) - 1) \rfloor + 1 \leqslant 2 \lfloor \log_2 q \rfloor$$

个寄存器.

与线性复杂度的性质类似, 容易证明两条序列带进位加的和序列的 2-adic 复杂度不超过原序列的 2-adic 复杂度之和加 1, 即有下面的结论.

命题 7.1[56]　　设二元周期序列 $\underline{a}$ 和 $\underline{b}$ 的既约有理分数表示分别为 p_1/q_1 和 p_2/q_2, 序列 $\underline{c}$ 是有理分数 $p_1/q_1 + p_2/q_2$ 的导出序列, 则 $\underline{c}$ 的 2-adic 复杂度满足

$$\varphi_2(\underline{c}) \leqslant \varphi_2(\underline{a}) + \varphi_2(\underline{b}) + 1.$$

7.1.2　有理逼近算法

设 $\underline{a}(n-1) = (a_0, a_1, \cdots, a_{n-1})$ 是 $\mathbb{F}_2$ 上的有限序列, 求能产生序列 $\underline{a}(n-1)$ 的最短 LFSR 的问题可以用 Berlekamp-Massey 算法来解决. 类似地, 求能产生序列 $\underline{a}(n-1)$ 的最短 FCSR 的问题将通过下面要介绍的有理逼近算法解决. 本小节的主要结论来源于文献 [56, 57].

同前, 对任意的整数对 p 和 q, 记 $\Phi(p, q) = \max\{|p|, |q|\}$. 下面先给出有限序列的有理分数表示和极小有理分数表示的概念.

定义 7.2[56,57]　　设 $\underline{a}(n-1) = (a_0, a_1, \cdots, a_{n-1})$ 是 $\mathbb{F}_2$ 上长为 n 的有限序列, q 是正奇数. 若有理分数 p_n/q_n 满足

$$\frac{p_n}{q_n} \bmod 2^n = \sum_{i=0}^{n-1} a_i 2^i,$$

则称 p_n/q_n 为 $\underline{a}(n-1)$ 的有理分数表示; 进一步, 若对 $\underline{a}(n-1)$ 的任意有理分数表示 p'_n/q'_n, 都有 $\Phi(p'_n, q'_n) \geqslant \Phi(p_n, q_n)$, 则称 p_n/q_n 为 $\underline{a}(n-1)$ 的极小有理分数表示.

定义 7.3[56,57]　　设序列 $\underline{a}(n-1) = (a_0, a_1, \cdots, a_{n-1})$ 的极小有理分数表示为 p_n/q_n. 称 $\varphi_2(\underline{a}(n-1)) = \log_2 \Phi(p_n, q_n)$ 为有限序列 $\underline{a}(n-1)$ 的 2-adic 复杂度. 也称 $\Psi(\underline{a}(n-1)) = \Phi(p_n, q_n)$ 为有限序列 $\underline{a}(n-1)$ 的有理复杂度.

下面将要给出的有理逼近算法可以求取任意一段有限序列的极小有理分数表示.

设 $\underline{a}(n-1) = (a_0, a_1, \cdots, a_{n-1})$, 记 $\alpha = \sum_{i=0}^{n-1} a_i 2^i$, 对 $1 \leqslant k \leqslant n-1$, 设 p_k/q_k 是 $\underline{a}(k-1) = (a_0, a_1, \cdots, a_{k-1})$ 的有理分数表示, 即

$$p_k/q_k \equiv \alpha \bmod 2^k.$$

(1) 若 p_k/q_k 仍是 $\underline{a}(k) = (a_0, a_1, \cdots, a_k)$ 的有理分数表示, 则 $p_k/q_k \equiv \alpha \bmod 2^{k+1}$, 即

$$p_k \equiv q_k \alpha \bmod 2^{k+1}.$$

(2) 若 p_k/q_k 不是 $\underline{a}(k)$ 的有理分数表示, 则 $p_k/q_k \equiv \alpha + 2^k \bmod 2^{k+1}$, 即

$$p_k \equiv q_k \alpha + 2^k \bmod 2^{k+1}.$$

此时要求 p_{k+1}/q_{k+1}, 使得 $p_{k+1}/q_{k+1} \equiv \alpha \bmod 2^{k+1}$, 即

$$p_{k+1} \equiv q_{k+1}\alpha \bmod 2^{k+1}.$$

事实上, 这样的 p_{k+1}/q_{k+1} 是很容易求得的: 任取偶数 Q, 并取

$$P \equiv Q\alpha + 2^k \bmod 2^{k+1},$$

则

$$p_k + P \equiv (q_k + Q)\alpha \bmod 2^{k+1},$$

从而

$$\frac{p_{k+1}}{q_{k+1}} = \frac{p_k + P}{q_k + Q}$$

即为所求.

但我们要求的是满足 $p_{k+1} \equiv q_{k+1}\alpha \bmod 2^{k+1}$ 且 $\Phi(p_{k+1}, q_{k+1})$ 最小的 p_{k+1}/q_{k+1}.

下面的定理是有理逼近算法的理论基础.

定理 7.1[56,57]   设 α 是 2-adic 整数, $k \geqslant 0$, p, q, P, Q 是整数, 并且 q 是奇数, Q 是偶数, 若

$$p \equiv q\alpha + 2^k \bmod 2^{k+1}, \quad P \equiv Q\alpha + 2^k \bmod 2^{k+1},$$

且 $|pQ - qP| = 2^k$, 则

$$\{(p', q') | p' \equiv q'\alpha \bmod 2^{k+1}, q' \text{是奇数}\} = \{(sp + tP, sq + tQ) | s, t \text{ 是奇数}\}.$$

即对任意奇数 s 和 t, 有

$$sp + tP \equiv (sq + tQ)\alpha \bmod 2^{k+1},$$

并且 $sp + tP$ 是奇数. 反之, 对任意满足 $p' \equiv q'\alpha \bmod 2^{k+1}$ 的整数 p' 和奇数 q', 存在奇数 s 和 t, 使得

$$p' = sp + tP, \quad q' = sq + tQ.$$

证明   因为

$$p \equiv q\alpha + 2^k \bmod 2^{k+1},$$

$$P \equiv Q\alpha + 2^k \bmod 2^{k+1},$$

所以对任意奇数 s 和 t, 有

$$sp + tP \equiv (sq + tQ)\alpha + (s+t)2^k \bmod 2^{k+1},$$

$$\equiv (sq + tQ)\alpha \bmod 2^{k+1},$$

并且因为 q 是奇数, Q 是偶数, 所以 $sq + tQ$ 是奇数.

反之, 设整数 p' 和奇数 q' 满足 $p' \equiv q'\alpha \bmod 2^{k+1}$. 由条件 $pQ - qP \neq 0$, 知方程组

$$\begin{cases} p' = sp + tP, \\ q' = sq + tQ \end{cases}$$

在有理数域 $\mathbb{Q}$ 上有唯一解

$$\begin{cases} s = \dfrac{p'Q - q'P}{pQ - qP}, \\ t = \dfrac{pq' - qp'}{pQ - qP}. \end{cases}$$

下面说明 s 和 t 都是奇整数. 因为

$$p'Q - q'P \equiv q'\alpha Q - q'(Q\alpha + 2^k) \equiv -q'2^k \bmod 2^{k+1},$$

$$pq' - qp' \equiv (q\alpha + 2^k)q' - qq'\alpha \equiv q'2^k \bmod 2^{k+1},$$

又 $|pQ - qP| = 2^k$, 所以 s 和 t 都是奇整数. □

在定理 7.1 的条件假设下, 即: 设 $\alpha = \sum_{i=0}^{\infty} a_i 2^i$ 是 2-adic 整数, $k \geqslant 0$, p, q, P, Q 是整数, 并且 q 是奇数, Q 是偶数, 满足

$$p \equiv q\alpha + 2^k \bmod 2^{k+1}, \quad P \equiv Q\alpha + 2^k \bmod 2^{k+1}, \quad |pQ - qP| = 2^k.$$

记 $\underline{a}(k) = (a_0, a_1, \cdots, a_k)$, 则集合

$$S = \left\{ \frac{sp + tP}{sq + tQ} \,\middle|\, s, t \text{ 为奇数} \right\}$$

给出了 $\underline{a}(k)$ 的所有有理分数表示. 因此, 为求 $\underline{a}(k)$ 的极小有理分数表示, 只要求奇数 s 和 t, 使得 $\Phi(sp + tP, sq + tQ)$ 达到极小即可. 下面分析达到极小值时参数 s, t 的取值.

定理 7.2[56,57]　设 α 是 2-adic 整数, $k \geqslant 0$, p, q, P, Q 是整数, q 是奇数, Q 是偶数, 若

$$p \equiv q\alpha + 2^k \bmod 2^{k+1}, \quad P \equiv Q\alpha + 2^k \bmod 2^{k+1}, \quad |pQ - qP| = 2^k,$$

并且 $\Phi(p,q)$ 是满足 $p \equiv q\alpha \bmod 2^k$ 的极小者, 则有

(1) 当 $\Phi(p,q) \geqslant \Phi(P,Q)$ 时, 存在奇数 r, 使得

$$\Phi(p+rP, q+rQ) = \min\{\Phi(sp+tP, sq+tQ)|s,t \text{ 是奇数}\}.$$

(2) 当 $\Phi(p,q) < \Phi(P,Q)$ 时, 存在奇数 r, 使得

$$\Phi(rp+P, rq+Q) = \min\{\Phi(sp+tP, sq+tQ)|s,t \text{ 是奇数}\}.$$

证明　(1) 设 $\Phi(p,q) \geqslant \Phi(P,Q)$, u, v 是奇数, 且满足

$$\Phi(up+vP, uq+vQ) = \min\{\Phi(sp+tP, sq+tQ)|s,t \text{ 是奇数}\}.$$

若 $|u| = 1$, 则结论成立. 下面设 $|u| \geqslant 3$. 记

$$r = \begin{cases} \lceil v/u \rceil, & \text{若 } \lceil v/u \rceil \text{ 是奇数}, \\ \lfloor v/u \rfloor, & \text{若 } \lfloor v/u \rfloor \text{ 是奇数}. \end{cases}$$

显然, $|(v/u - r)u| < |u|$. 而两边都是整数, 从而有 $|(v/u - r)u| \leqslant |u| - 1$, 于是

$$\begin{aligned}
&\Phi(p+rP, q+rQ)\\
={}&\max\{|p+rP|, |q+rQ|\}\\
={}&\frac{1}{|u|}\max\{|up+urP|, |uq+urQ|\}\\
={}&\frac{1}{|u|}\max\{|up+vP-u(v/u-r)P|, |uq+vQ-u(v/u-r)Q|\}\\
\leqslant{}&\frac{1}{|u|}\left(\max\{|up+vP|, |uq+vQ|\} + \max\{|u(v/u-r)P|, |u(v/u-r)Q|\}\right)\\
\leqslant{}&\frac{1}{|u|}\left(\max\{|up+vP|, |uq+vQ|\} + \max\{|(|u|-1)P|, |(|u|-1)Q|\}\right)\\
={}&\frac{1}{|u|}\left(\max\{|up+vP|, |uq+vQ|\} + (|u|-1)\max\{|P|, |Q|\}\right)\\
\leqslant{}&\frac{1}{|u|}\left(\max\{|up+vP|, |uq+vQ|\} + (|u|-1)\max\{|p|, |q|\}\right)\\
\leqslant{}&\frac{1}{|u|}\left(\max\{|up+vP|, |uq+vQ|\} + (|u|-1)\max\{|up+vP|, |uq+vQ|\}\right)\\
={}&\max\{|up+vP|, |uq+vQ|\}\\
={}&\Phi(up+vP, uq+vQ).
\end{aligned}$$

由 $\Phi(up+vP,uq+vQ)$ 的极小性知, $\Phi(p+rP,q+rQ)$ 也是极小的.

(2) 设 $\Phi(p,q)<\Phi(P,Q)$, u, v 是奇数, 且满足

$$\Phi(up+vP,uq+vQ)=\min\{\Phi(sp+tP,sq+tQ)|s,t \text{ 为奇数}\}.$$

若 $|v|=1$, 则结论成立. 下面设 $|v|\geqslant 3$. 记

$$r=\begin{cases}\lceil u/v\rceil, & \text{若 } \lceil u/v\rceil \text{ 是奇数},\\ \lfloor u/v\rfloor, & \text{若 } \lfloor u/v\rfloor \text{ 是奇数}.\end{cases}$$

则 $|v(u/v-1)|\leqslant|v|-1$, 并且

$$\Phi(rp+P,rq+Q)$$

$$=\max\{|rp+P|,|rq+Q|\}$$

$$=\frac{1}{|v|}\max\{|vrp+vP|,|vrq+vQ|\}$$

$$=\frac{1}{|v|}\max\{|up+vP-v(u/v-r)p|,|uq+vQ-v(u/v-r)q|\}$$

$$\leqslant\frac{1}{|v|}(\max\{|up+vP|,|uq+vQ|\}+\max\{|v(u/v-r)p|,|v(u/v-r)q|\})$$

$$\leqslant\frac{1}{|v|}(\max\{|up+vP|,|uq+vQ|\}+\max\{|(|v|-1)p|,|(|v|-1)q|\})$$

$$=\frac{1}{|v|}(\max\{|up+vP|,|uq+vQ|\}+(|v|-1)\max\{|p|,|q|\})$$

$$\leqslant\frac{1}{|v|}(\max\{|up+vP|,|uq+vQ|\}+(|v|-1)\max\{|up+vP|,|uq+vQ|\})$$

$$=\max\{|up+vP|,|uq+vQ|\}$$

$$=\Phi(up+vP,uq+vQ).$$

由 $\Phi(up+vP,uq+vQ)$ 的极小性知, $\Phi(rp+P,rq+Q)$ 是极小的. □

定理 7.3[56,57]   条件同定理 7.2, 即设 α 是 2-adic 整数, $k\geqslant 0$, p, q, P, Q 是整数, q 是奇数, Q 是偶数, $\Phi(p,q)$ 是满足 $p\equiv q\alpha \bmod 2^k$ 的极小者, 并且

$$p\equiv q\alpha+2^k \bmod 2^{k+1}, \quad P\equiv Q\alpha+2^k \bmod 2^{k+1}, \quad |pQ-qP|=2^k.$$

(1) 若 $\Phi(p,q)\geqslant\Phi(P,Q)$, 由定理 7.1 和定理 7.2, 设 $\Phi(p+dP,q+dQ)$ 是满足 $p+dP\equiv(q+dQ)\alpha \bmod 2^{k+1}$ 的最小者, 其中 d 是奇数.

(a) 若 $PQ \geqslant 0$, 则

$$d \in \left\{ \left\lfloor -\frac{p+q}{P+Q} \right\rfloor + \varepsilon \,\middle|\, \varepsilon = -1, 0, 1, 2 \right\}.$$

(b) 若 $PQ < 0$, 则

$$d \in \left\{ \left\lfloor -\frac{p-q}{P-Q} \right\rfloor + \varepsilon \,\middle|\, \varepsilon = -1, 0, 1, 2 \right\}.$$

(2) 若 $\Phi(p,q) < \Phi(P,Q)$, 由定理 7.1 和定理 7.2, 设 $\Phi(dp+P, dq+Q)$ 是满足 $dp + P \equiv (dq + Q)\alpha \bmod 2^{k+1}$ 的最小者, 其中 d 是奇数.

(c) 若 $pq \geqslant 0$, 则

$$d \in \left\{ \left\lfloor -\frac{P+Q}{p+q} \right\rfloor + \varepsilon \,\middle|\, \varepsilon = -1, 0, 1, 2 \right\}.$$

(d) 若 $pq < 0$, 则

$$d \in \left\{ \left\lfloor -\frac{P-Q}{p-q} \right\rfloor + \varepsilon \,\middle|\, \varepsilon = -1, 0, 1, 2 \right\}.$$

证明 (1) 设 $\Phi(p,q) \geqslant \Phi(P,Q)$. 计算使得 $\Phi(p+dP, q+dQ)$ 最小的奇数 d. 为此考虑平面上的直线

$$y = p + xP \quad \text{和} \quad y = q + xQ.$$

(a) 若 $PQ \geqslant 0$, 则直线 $y = p + xP$ 和 $y = q + xQ$ 如图 7.1 所示, 其中 $\mu = -\dfrac{p+P}{q+Q}$.

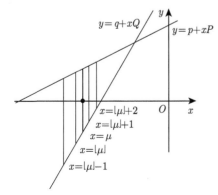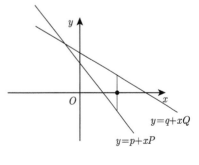

图 7.1 $PQ \geqslant 0$ 的情况

显然, 当 $x = -\dfrac{p+q}{P+Q}$, 即 $q + xQ = -(p + xP)$ 时, $\max\{|p+xP|, |q+xQ|\}$ 达到极小. 由图 7.1 并考虑到 d 必须是奇数, 显然使得 $\Phi(p + dP, q + dQ)$ 达到极小的奇整数 d 满足

$$d \in \left\{ \left\lfloor -\frac{p+q}{P+Q} \right\rfloor + \varepsilon \,\middle|\, \varepsilon = -1, 0, 1, 2 \right\}.$$

特别地, 当 $\dfrac{p+q}{P+Q}$ 是奇整数时, $d = -\dfrac{p+q}{P+Q}$.

(b) 若 $PQ < 0$, 则直线 $y = p + xP$ 和 $y = q + xQ$ 如图 7.2 所示. 同理有

$$d \in \left\{ \left\lfloor -\frac{p-q}{P-Q} \right\rfloor + \varepsilon \,\middle|\, \varepsilon = -1, 0, 1, 2 \right\}.$$

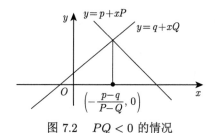

图 7.2　$PQ < 0$ 的情况

(2) 同 (1) 的证明方法类似, 略.　　　　　　　　　　　　　　□

在定理 7.3 中, 每种情形, d 至多在两个值中取一个, 以情形 (a) 为例:

(a.1) 若 $\left\lfloor -\dfrac{p+q}{P+Q} \right\rfloor$ 是奇数, 则

$$d = \left\lfloor -\frac{p+q}{P+Q} \right\rfloor \quad \text{或者} \quad d = \left\lfloor -\frac{p+q}{P+Q} \right\rfloor + 2;$$

(a.2) 若 $\left\lfloor -\dfrac{p+q}{P+Q} \right\rfloor$ 是偶数, 则

$$d = \left\lfloor -\frac{p+q}{P+Q} \right\rfloor - 1 \quad \text{或者} \quad d = \left\lfloor -\frac{p+q}{P+Q} \right\rfloor + 1;$$

(a.3) 若 $\dfrac{p+q}{P+Q}$ 恰好是奇整数, 则

$$d = -\frac{p+q}{P+Q}.$$

其他情况可类似给出.

此外, 容易验证下面的结论成立.

引理 7.1[56,57]　设 p, q, P, Q 是整数, $k \geqslant 1$, 且 $|pQ - qP| = 2^k$, 则对于如下任意一种方式定义的 p', q', P', Q', 都有 $|p'Q' - q'P'| = 2^{k+1}$.

(1) $p' = p$, $q' = q$, $P' = 2P$, $Q' = 2Q$;

(2) $p' = p + dP$, $q' = q + dQ$, $P' = 2P$, $Q' = 2Q$, 其中 d 是任意整数;

(3) $p' = dp + P$, $q' = dq + Q$, $P' = 2p$, $Q' = 2q$, 其中 d 是任意整数.

有了以上的准备, 可以给出如下求取有限序列极小有理分数表示的有理逼近算法 (算法 7.1), 其中定理 7.3 提供了算法 7.1 迭代过程中参数 d 的取法, 而引理 7.1 保证迭代过程中条件 $|pQ - qP| = 2^k$ 始终满足.

算法 7.1　　有理逼近算法

输入: $\underline{a}(n-1) = (a_0, a_1, \cdots, a_{n-1})$.

输出: $\underline{a}(n-1)$ 的极小有理分数表示.

记 $\alpha_k = \sum_{i=0}^{k} a_i 2^i, k = 0, 1, \cdots, n-1$.

若 $a_0 = a_1 = \cdots = a_{n-1} = 0$, 则 $q = 1$ 就是 $\underline{a}(n-1)$ 的极小连接数, 且 $0/1$ 是 $\underline{a}(n-1)$ 的极小有理分数表示.

否则, 如下迭代计算 $\underline{a}(n-1)$ 的极小有理分数表示.

第一步 (初始化)　设 a_{n_0} 是第一个不为 0 的比特, 即

$$a_0 = a_1 = \cdots = a_{n_0-1} = 0, \quad a_{n_0} = 1,$$

则设

$$p_0 = p_1 = \cdots = p_{n_0-1} = 0, \quad p_{n_0} = 2^{n_0},$$

$$q_0 = q_1 = \cdots = q_{n_0} = 1,$$

$$P_{n_0} = 0, \quad Q_{n_0} = 2.$$

第二步 (循环)　设 $n_0 \leqslant k \leqslant n-2$, 且已求得满足 $p_k \equiv q_k \alpha_k \bmod 2^{k+1}$ 的 p_k 和 q_k.

(1) 若 $p_k \equiv q_k \alpha_k + a_{k+1} 2^{k+1} \bmod 2^{k+2}$ (即 $p_k \equiv q_k \alpha_{k+1} \bmod 2^{k+2}$), 则令

$$p_{k+1} = p_k, \quad q_{k+1} = q_k, \quad P_{k+1} = 2P_k, \quad Q_{k+1} = 2Q_k.$$

(2) 若 $p_k \not\equiv q_k \alpha_k + a_{k+1} 2^{k+1} \bmod 2^{k+2}$, 则用下述方法来构造 p_{k+1}, q_{k+1}.

(i) 若 $\Phi(p_k, q_k) \geqslant \Phi(P_k, Q_k)$, 则令

$$(p_{k+1}, q_{k+1}) = (p_k + dP_k, q_k + dQ_k),$$

$$P_{k+1} = 2P_k, \quad Q_{k+1} = 2Q_k,$$

其中奇数 d 按定理 7.3 确定.

(ii) 若 $\Phi(p_k, q_k) < \Phi(P_k, Q_k)$, 则

$$(p_{k+1}, q_{k+1}) = (P_k + dp_k, Q_k + dq_k),$$

$$P_{k+1} = 2p_k, \quad Q_{k+1} = 2q_k,$$

其中奇数 d 按定理 7.3 确定.

第三步 (输出)　当 $k = n-1$ 时, 输出 (p_{n-1}, q_{n-1}), 则 p_{n-1}/q_{n-1} 为 $\underline{a}(n-1)$ 的极小有理分数表示.

下面给出有限序列极小有理分数表示唯一的充分条件.

定理 7.4[56,57]　设 $\underline{a}(n-1) = (a_0, a_1, \cdots, a_{n-1})$ 是 $\mathbb{F}_2$ 上长为 n 的有限序列, p/q 是 $\underline{a}(n-1)$ 的一个极小有理分数表示. 若 $n \geqslant \lceil 2\log_2 \Phi(p, q) \rceil + 1$, 则 p/q 是 $\underline{a}(n-1)$ 唯一的极小有理分数表示.

证明　设既约分数 p'/q' 也是 $\underline{a}(n-1)$ 的一个极小有理分数表示, 则 $\Phi(p', q') = \Phi(p, q)$, 并且 $pq' - qp' \equiv 0 \bmod 2^n$. 又因为

$$n \geqslant \lceil 2\log_2 \Phi(p, q) \rceil + 1 = \lceil 2\log_2 \Phi(p', q') \rceil + 1,$$

所以 $pq' - qp' = 0$, 即 $p/q = p'/q'$. 　　　　　　　　　　　　　　　□

综上, 若 $\underline{a}$ 是以 q 为极小连接数的周期 FCSR 序列, 则利用有理逼近算法, 最多只需已知 $\underline{a}$ 的连续 $n = \lceil 2\varphi_2(\underline{a}) \rceil + 1$ 比特, 即可还原出序列 $\underline{a}$ 的既约有理分数表示, 也即生成序列 $\underline{a}$ 的 FCSR 参数. 算法的时间复杂度约为 $O(n^2 \log n \cdot \log\log n)$.

类似于 Berlekamp-Massey 算法, 有理逼近算法可以用来求序列的 2-adic 复杂度曲线, 且算法的时间复杂度不高, 所以 2-adic 复杂度也是衡量序列安全性的一个重要参数.

7.2　m-序列的 2-adic 复杂度

由于 FCSR 采用进位运算, 天然具有复杂的非线性结构. 从直观上看, 极大周期 FCSR 序列即 l-序列应具有较高的线性复杂度. 事实上, 由 l-序列的互补性易知, 当 l-序列 $\underline{a}$ 的周期为 T 时, $(1+x)(1+x^{T/2})$ 就是序列 $\underline{a}$ 的一个特征多项式, 从而其线性复杂度的上界为 $T/2 + 1$. Seo 等[67] 证明了一类以强素数 ($q = 2p + 1$, 其中 q 和 p 都是素数) 为连接数的 l-序列的线性复杂度可以达到上界. 实验数据也显示, 大多数 l-序列的线性复杂度等于或者非常接近该上界.

上面的分析表明, *l*-序列作为 2-adic 复杂度最低的周期序列, 通常具有极高的线性复杂度. 反之, *m*-序列作为线性复杂度最低的周期序列, 是否也具有极高的 2-adic 复杂度呢?

当周期 $T = 2^n - 1$ 是素数且 $2^T - 1$ 也是素数时, Klapper 和 Goresky 证明了 n 级 *m*-序列的 2-adic 复杂度达到最大, 即有

定理 7.5[56] 设 $\underline{a}$ 是周期为 $T = 2^n - 1$ 的周期序列, 若 $2^T - 1$ 是素数, 则 $\underline{a}$ 的极小连接数 $q = 2^T - 1$, 从而 $\varphi_2(\underline{a}) \approx T$.

证明 设 q 是 $\underline{a}$ 的极小连接数, 则 $\mathrm{ord}_q(2) = T = 2^n - 1$. 由乘法阶的定义知, $q | (2^T - 1)$. 又因为 $2^T - 1$ 为素数, 故 $\underline{a}$ 的极小连接数 $q = (2^T - 1)$. 从而 $\underline{a}$ 的 2-adic 复杂度为

$$\varphi_2(\underline{a}) = \log_2 q = \log_2(2^T - 1) \approx T. \qquad \square$$

更一般地, 文献 [68] 证明了周期为 $T = 2^n - 1$ 的 n 级 *m*-序列的极小连接数都达到最大值 $q = 2^T - 1$. 这表明从 2-adic 复杂度的角度看, n 级 *m*-序列又成为周期达到 $2^n - 1$ 的最 "复杂" 的序列. 本节的主要结论如下.

定理 7.6[68] 设 $\underline{a}$ 是 n 级 *m*-序列, 则 $\underline{a}$ 的极小连接数为 $2^{2^n - 1} - 1$.

在证明定理 7.6 的结论前, 先介绍一些引理.

引理 7.2[68] 设 n 是正整数, 则

$$\sum_{k=1}^{n} (-1)^{k-1} \cdot 2^{k-1} \cdot \binom{n}{k} = \frac{1 - (-1)^n}{2}.$$

证明 由 $(1 - 2)^n$ 的二项式展开公式

$$(1 - 2)^n = \sum_{k=0}^{n} (-1)^k \cdot 2^k \cdot \binom{n}{k}$$

知引理的结论成立. $\qquad \square$

为叙述方便, 以下记 $a(t)$ 为序列 $\underline{a}$ 的第 t 比特, 即有 $\underline{a} = (a(0), a(1), \cdots)$.

引理 7.3[68] 设 $\underline{a}_1, \underline{a}_2, \cdots, \underline{a}_n$ 是 n 条二元序列, $n \geqslant 1$, 则

$$\underline{a}_1 \oplus \underline{a}_2 \oplus \cdots \oplus \underline{a}_n = \sum_{k=1}^{n} (-1)^{k-1} \cdot 2^{k-1} \cdot \underline{S}_k,$$

其中 $\underline{S}_k = \sum_{1 \leqslant i_1 < \cdots < i_k \leqslant n} \underline{a}_{i_1} \underline{a}_{i_2} \cdots \underline{a}_{i_k}$.

证明 注意到 $\underline{a}_1, \underline{a}_2, \cdots, \underline{a}_n$ 是二元序列, 对任意的 $t \geqslant 0$, 若记

$$u(t) = a_1(t) + a_2(t) + \cdots + a_n(t),$$

则 $0 \leqslant u(t) \leqslant n$, 且集合 $\{a_1(t), a_2(t), \cdots, a_n(t)\}$ 中恰有 $u(t)$ 个元素等于 1. 于是对任意的非负整数 t, 有

$$\sum_{k=1}^{n} (-1)^{k-1} \cdot 2^{k-1} \cdot S_k(t) = \sum_{k=1}^{u(t)} (-1)^{k-1} \cdot 2^{k-1} \cdot \binom{u(t)}{k},$$

再应用引理 7.2 得

$$\sum_{k=1}^{n} (-1)^{k-1} \cdot 2^{k-1} \cdot S_k(t) = \frac{1 - (-1)^{u(t)}}{2}$$

$$= a_1(t) \oplus a_2(t) \oplus \cdots \oplus a_n(t). \qquad \square$$

引理 7.4[68] 设 $\underline{a}_1, \underline{a}_2, \cdots, \underline{a}_n$ 是 n 条二元序列, $n \geqslant 2$. 若奇数 q 是 $\underline{a}_1, \underline{a}_2, \cdots, \underline{a}_{n-1}$ 的连接数, 并且存在 $h_1, h_2, \cdots, h_n \in \{\pm 2^k | k \geqslant 0\}$ 使得

$$h_1 \cdot \underline{a}_1 + h_2 \cdot \underline{a}_2 + \cdots h_n \cdot \underline{a}_n = \underline{0}, \tag{7.1}$$

则 q 也是 $\underline{a}_n$ 的连接数.

证明 对每个 $1 \leqslant i \leqslant n-1$, 由定理 5.3 知, 存在整数 p_i 满足

$$\sum_{t=0}^{\infty} a_i(t) \cdot 2^t = p_i/q.$$

设 $\sum_{t=0}^{\infty} a_n(t) \cdot 2^t = p'/q'$, 其中 $\gcd(p', q') = 1$. 由 (7.1) 式知, 对任意的非负整数 t, 有

$$\sum_{i=1}^{n} h_i \cdot a_i(t) = 0,$$

所以

$$\frac{h_1 \cdot p_1}{q} + \cdots + \frac{h_{n-1} \cdot p_{n-1}}{q} + \frac{h_n \cdot p'}{q'}$$

$$= h_1 \cdot \left(\sum_{t=0}^{\infty} a_1(t) \cdot 2^t \right) + h_2 \cdot \left(\sum_{t=0}^{\infty} a_2(t) \cdot 2^t \right) + \cdots + h_n \cdot \left(\sum_{t=0}^{\infty} a_n(t) \cdot 2^t \right)$$

$$= \sum_{t=0}^{\infty} \left(\sum_{i=1}^{n} h_i \cdot a_i(t) \right) \cdot 2^t$$

$$= 0,$$

即

$$\frac{h_n \cdot p'}{q'} = -\left(\frac{h_1 \cdot p_1}{q} + \frac{h_2 \cdot p_2}{q} + \cdots + \frac{h_{n-1} \cdot p_{n-1}}{q} \right).$$

若

$$\frac{h_1 \cdot p_1}{q} + \frac{h_2 \cdot p_2}{q} + \cdots + \frac{h_{n-1} \cdot p_{n-1}}{q} = 0,$$

则 $p' = 0$, 且 $\underline{a}_n = \underline{0}$. 因为任意的 FCSR 都可以生成 $\underline{0}$ 序列, 所以 q 是 $\underline{a}_n = \underline{0}$ 的连接数.

否则, 有

$$\frac{h_n \cdot p' \cdot q}{q'} \in \mathbb{Z} \setminus \{0\}. \tag{7.2}$$

因为连接数 q' 是奇数, 而 h_n 是 2 的方幂, 所以 $\gcd(q', h_n) = 1$, 由 (7.2) 式知

$$q' \mid q,$$

这意味着 q 也是 $\underline{a}_n$ 的连接数. □

有了上面的准备工作, 下面开始讨论 *m*-序列的 2-adic 复杂度. 对于 *m*-序列, 容易验证下面的结论成立.

引理 7.5[68]　设 $\underline{a}$ 是 n 级 *m*-序列, $f(x) \in \mathbb{F}_2[x]$ 是次数小于 n 的非零多项式, 则存在整数 $0 \leqslant k \leqslant 2^n - 2$, 使得 $f(x)\underline{a} = x^k \underline{a}$.

引理 7.6[68]　设 $\underline{a}$ 是 n 级 *m*-序列, q 是 $\underline{a}$ 的连接数, $0 < k \leqslant n$, 则对任意 k 个整数 $0 \leqslant h_1 < h_2 < \cdots < h_k \leqslant n-1$, q 也是乘积序列 $(x^{h_1}\underline{a}) \cdot (x^{h_2}\underline{a}) \cdots (x^{h_k}\underline{a})$ 的连接数.

证明　采用数学归纳法证明.

若 $k = 1$, 则 $x^{h_1}\underline{a}$ 与 $\underline{a}$ 是平移等价的, 所以显然 q 也是 $x^{h_1}\underline{a}$ 的连接数.

假设结论对 $k - 1$ 成立, $2 \leqslant k \leqslant n$, 即对任意 $k - 1$ 个整数 $0 \leqslant h_1 < h_2 < \cdots < h_{k-1} \leqslant n-1$, q 是乘积序列 $(x^{h_1}\underline{a}) \cdot (x^{h_2}\underline{a}) \cdots (x^{h_{k-1}}\underline{a})$ 的连接数.

下面证明结论对 k 也成立. 设 $0 \leqslant h_1 < h_2 < \cdots < h_k \leqslant n-1$, 并记

$$\underline{b} = (x^{h_1}\underline{a}) \cdot (x^{h_2}\underline{a}) \cdots (x^{h_k}\underline{a}).$$

由引理 7.5 知, $\underline{b}$ 是与 $\underline{a}$ 平移等价的序列, 所以 q 是 $\underline{b}$ 的连接数. 又由引理 7.3 知 $\underline{b}$ 可以表示成

$$\underline{b} = \sum_{j=1}^{k} (-1)^{j-1} \cdot 2^{j-1} \cdot \underline{S}_j, \tag{7.3}$$

其中

$$S_j = \sum_{1 \leqslant i_1 < \cdots < i_j \leqslant k} (x^{h_{i_1}} \underline{a}) \cdot (x^{h_{i_2}} \underline{a}) \cdots (x^{h_{i_j}} \underline{a}).$$

注意到 $\underline{S}_k = (x^{h_1} \underline{a}) \cdot (x^{h_2} \underline{a}) \cdots (x^{h_k} \underline{a})$, 则 (7.3) 式也等价于

$$(-1)^{k-1} \cdot 2^{k-1} \cdot (x^{h_1} \underline{a}) \cdot (x^{h_2} \underline{a}) \cdots (x^{h_k} \underline{a}) = \underline{b} + \sum_{j=1}^{k-1} (-1)^j \cdot 2^{j-1} \cdot \underline{S}_j.$$

由归纳假设知, q 是 $(x^{h_{i_1}} \underline{a}) \cdot (x^{h_{i_2}} \underline{a}) \cdot \cdots \cdot (x^{h_{i_j}} \underline{a})$ 的连接数, 其中 $1 \leqslant j \leqslant k-1$, $1 \leqslant i_1 < \cdots < i_j \leqslant k$, 所以根据引理 7.4, 上式意味着 q 是 $(x^{h_1} \underline{a}) \cdot (x^{h_2} \underline{a}) \cdot \cdots \cdot (x^{h_k} \underline{a})$ 的连接数.

综上, 由数学归纳法知引理结论成立. □

设 $\underline{a}$ 是 n 级 m-序列, 以下记

$$\Omega_{\underline{a}} = \{ (x^{h_1} \underline{a}) \cdot (x^{h_2} \underline{a}) \cdot \cdots \cdot (x^{h_k} \underline{a}) \mid 1 \leqslant k \leqslant n, 0 \leqslant h_1 < \cdots < h_k \leqslant n-1 \}.$$

那么, 根据引理 7.6, 若 q 是 $\underline{a}$ 的连接数, 则 q 也是 $\Omega_{\underline{a}}$ 中全体序列的连接数. 在下面的推论中, 将进一步证明 q 还是 $\Omega_{\underline{a}}$ 中有限条序列线性组合的连接数.

推论 7.1[68]　设 $\underline{a}$ 是 n 级 m-序列, q 是 $\underline{a}$ 的连接数, u 是正整数, 则对于 $\Omega_{\underline{a}}$ 中任意 u 条序列 $\underline{b}_1, \underline{b}_2, \cdots, \underline{b}_u$, q 也是 $\underline{b}_1 \oplus \underline{b}_2 \oplus \cdots \oplus \underline{b}_u$ 的连接数.

证明　根据引理 7.3, 我们有

$$\underline{b}_1 \oplus \underline{b}_2 \oplus \cdots \oplus \underline{b}_u = \sum_{k=1}^{u} (-1)^{k-1} \cdot 2^{k-1} \cdot \underline{S}_k, \tag{7.4}$$

其中

$$\underline{S}_k = \sum_{1 \leqslant i_1 < \cdots < i_k \leqslant u} \underline{b}_{i_1} \cdot \underline{b}_{i_2} \cdot \cdots \cdot \underline{b}_{i_k}, \quad 1 \leqslant k \leqslant u.$$

注意到乘积序列 $\underline{b}_{i_1} \underline{b}_{i_2} \cdots \underline{b}_{i_k}$ 仍属于 $\Omega_{\underline{a}}$, 其中 $1 \leqslant k \leqslant u, 1 \leqslant i_1 < \cdots < i_k \leqslant u$, 故由引理 7.6 知, q 也是 $\underline{b}_{i_1} \underline{b}_{i_2} \cdots \underline{b}_{i_k}$ 的连接数. 再由引理 7.4 和 (7.4) 式知, q 也是线性组合 $\underline{b}_1 \oplus \underline{b}_2 \oplus \cdots \oplus \underline{b}_u$ 的连接数. □

用 V_T 表示周期整除 T 的二元序列全体, 即

$$V_T = \{ \underline{s} \mid \underline{s} \text{ 是 } \mathbb{F}_2 \text{ 上序列且 } x^T \underline{s} = \underline{s} \},$$

显然 V_T 是 $\mathbb{F}_2$ 上 T 维向量空间. 当 $T = 2^n - 1$, n 为正整数时, Rueppel 在研究前馈序列的线性复杂度时证明了 $\Omega_{\underline{a}}$ 是 V_T 的一组基, 即有

引理 7.7[68]　设 $\underline{a}$ 是 n 级 m-序列, 则 $\Omega_{\underline{a}}$ 中序列在 $\mathbb{F}_2$ 上线性无关, 并且它们恰好是 $\mathbb{F}_2$ 上向量空间 V_{2^n-1} 的一组基.

有了上面的准备, 下面给出定理 7.6 的证明过程.

证明　设奇数 q 是 $\underline{a}$ 的极小连接数. 由推论 7.1 知, q 是 $\Omega_{\underline{a}}$ 中序列线性组合的连接数. 又由引理 7.7 知, $\Omega_{\underline{a}}$ 中序列的线性组合两两不同, 并且它们恰好生成向量空间 V_{2^n-1} 中 2^{2^n-1} 条不同的序列. 这意味着至少有 2^{2^n-1} 条不同的序列以 q 为连接数.

由于以 q 为连接数的周期序列至多有 $q+1$ 条, 这意味着 $q+1 \geqslant 2^{2^n-1}$, 即 $q \geqslant 2^{2^n-1} - 1$.

另一方面, 因为序列 $\underline{a}$ 的周期等于 2^n-1, 所以 $q \leqslant 2^{2^n-1} - 1$.

综上知, $q = 2^{2^n-1} - 1$. 故定理 7.6 的结论成立. $\qquad\square$

利用定理 7.6 容易得到下面的推论.

推论 7.2[68]　设 $\underline{a}$ 是 n 级 m-序列, 则 $\underline{a}$ 的 2-adic 复杂度

$$\varphi_2(\underline{a}) = \log_2(2^{2^n-1} - 1) \approx 2^n - 1.$$

设周期序列 $\underline{a} = (a_0, a_1, \cdots)$, $\mathrm{per}(\underline{a}) = T$, 若序列 $\underline{a}$ 的自相关函数值 $C_{\underline{a}}(\tau)$ 满足

$$C_{\underline{a}}(\tau) = \begin{cases} T, & \text{若 } \tau = 0, \\ -1, & \text{若 } 1 < \tau < T, \end{cases}$$

则称 $\underline{a}$ 是理想二值自相关序列. 此时, T 有如下三种情形:

(1) $T = 2^n - 1$;

(2) $T = p$, 其中 p 是素数;

(3) $T = p(p+2)$, 其中 p 和 $p+2$ 都是素数.

对于理想二值自相关序列, 文献 [69,70] 进一步证明了这类序列的极小连接数也可以达到最大值 $2^T - 1$, 即有

定理 7.7[69,70]　设 $\underline{a}$ 是周期为 T 的理想二值自相关序列, 则 $\underline{a}$ 的极小连接数为 $2^T - 1$.

7.3　一般周期序列的 2-adic 复杂度

同 7.1 节, 如果 p/q 为二元周期序列 $\underline{a} = (a_0, a_1, \cdots)$ 的极小有理分数表示, 则称 $\varphi_2(\underline{a}) = \log_2 \Phi(p, q)$ 为周期序列 $\underline{a}$ 的 2-adic 复杂度, $\Psi(\underline{a}) = \Phi(p, q)$ 为周期序列 $\underline{a}$ 的有理复杂度, 其中 $\Phi(p, q) = \max\{|p|, |q|\}$.

对于周期为 T 的二元序列 $\underline{a}$, 文献 [71] 给出了其 2-adic 复杂度 $\varphi_2(\underline{a})$ 的均值和方差.

在介绍主要结论前, 先给出文中用到的两个引理.

引理 7.8[71]　对任意正整数 e 和任意实数 $x \neq 0, 1$, 下面的等式成立:

$$\sum_{n=1}^{e} n x^{n-1} = \frac{e x^{e+1} - (e+1) x^e + 1}{(x-1)^2}.$$

引理 7.9[71]　对任意正整数 e 和任意实数 $x \neq 0, 1$, 下面的等式成立:

$$\sum_{n=1}^{e} n^2 x^{n-1} = \frac{e^2 x^{e+2} - (2e^2 + 2e - 1) x^{e+1} + (e+1)^2 x^e - x - 1}{(x-1)^3}.$$

关于周期序列 2-adic 复杂度 $\varphi_2(\underline{a})$ 的均值, 下面的结论成立.

定理 7.8[71]　设 $T \geqslant 2$, $2^T - 1 = p_1^{e_1} p_2^{e_2} \cdots p_h^{e_h}$, 其中 p_i 为不同的奇素数, $e_i \geqslant 1$, $i = 1, 2, \cdots, h$, 则周期为 T 的二元序列的 2-adic 复杂度的均值 E_T 为

$$E_T = \left(1 - \frac{1}{2^T}\right) \log_2(2^T - 1) - \left(1 - \frac{1}{2^T}\right) \sum_{i=1}^{h} \frac{(1 - p_i^{-e_i}) \log_2 p_i}{p_i - 1}.$$

证明　设 $\underline{a} = (a_0, a_1, \cdots)$ 为周期 $T \geqslant 2$ 的二元序列, $\varphi_2(\underline{a})$ 为其 2-adic 复杂度, 则序列 $\underline{a}$ 对应的 2-adic 数为

$$\alpha = -\frac{\sum_{i=0}^{T-1} s_i 2^i}{2^T - 1} = -\frac{S_T(2)}{2^T - 1} = -\frac{c}{p_{i_1}^{f_{i_1}} p_{i_2}^{f_{i_2}} \cdots p_{i_t}^{f_{i_t}}}, \tag{7.5}$$

其中 $1 \leqslant t \leqslant h, 1 \leqslant i_1 < i_2 < \cdots < i_t \leqslant h, 1 \leqslant f_{i_j} \leqslant e_{i_j}, 1 \leqslant c < \prod_{j=1}^{t} p_{i_j}^{f_{i_j}}$, 并且 $\gcd\left(c, \prod_{j=1}^{t} p_{i_j}^{f_{i_j}}\right) = 1$. 此时序列 $\underline{a}$ 的 2-adic 复杂度为 $\varphi_2(\underline{a}) = \sum_{j=1}^{t} f_{i_j} \log_2 p_{i_j}$.

在等式 (7.5) 中, 恰好存在 $\prod_{j=1}^{t} \varphi(p_{i_j}^{f_{i_j}})$ 个整数 c, 使得 $1 \leqslant c < \prod_{j=1}^{t} p_{i_j}^{f_{i_j}}$ 且 $\gcd\left(c, \prod_{j=1}^{t} p_{i_j}^{f_{i_j}}\right) = 1$, 于是也恰好存在 $\prod_{j=1}^{t} \varphi(p_{i_j}^{f_{i_j}})$ 条周期为 T 的二元序列 $\underline{a}$ 使得其 2-adic 复杂度 $\varphi_2(\underline{a}) = \sum_{j=1}^{t} f_{i_j} \log_2 p_{i_j}$.

另一方面, 对于任意不全为零的 h 个整数 $f_1, \cdots, f_h$, $0 \leqslant f_i \leqslant e_i, i = 1, 2, \cdots, h$, 容易验证也存在 $\prod_{i=1}^{h} \varphi(p_i^{f_i})$ 条周期为 T 的序列 $\underline{a}$, 使得其 2-adic 复杂度为 $\varphi_2(\underline{a}) = \sum_{i=1}^{h} f_i \log_2 p_i$.

因此, 周期 $T \geqslant 2$ 的序列 $\underline{a}$ 的 2-adic 复杂度 $\varphi_2(\underline{a})$ 的均值为

$$E_T = \frac{1}{2^T} \sum_{f_1=0}^{e_1} \sum_{f_2=0}^{e_2} \cdots \sum_{f_h=0}^{e_h} \varphi(p_1^{f_1}) \varphi(p_2^{f_2}) \cdots \varphi(p_h^{f_h}) \left(\sum_{i=1}^{h} f_i \log_2 p_i\right)$$

$$= \frac{1}{2^T} \sum_{i=1}^{h} \sum_{f_i=0}^{e_i} \varphi(p_i^{f_i}) f_i \log_2 p_i \cdot \left(\prod_{\substack{j=1 \\ j \neq i}}^{h} \sum_{f_j=0}^{e_j} \varphi(p_j^{f_j})\right)$$

$$= \frac{1}{2^T} \sum_{i=1}^{h} (p_i - 1) \log_2 p_i \cdot \left(\sum_{f_i=1}^{e_i} f_i p_i^{f_i-1} \right) \cdot \left(\prod_{\substack{j=1 \\ j \neq i}}^{h} \sum_{f_j=0}^{e_j} \varphi(p_j^{f_j}) \right).$$

由于 $\sum_{f_j=0}^{e_j} \varphi(p_j^{f_j}) = p_j^{e_j}$, 且 $2^T - 1 = p_1^{e_1} p_2^{e_2} \cdots p_h^{e_h}$, 故有

$$E_T = \frac{2^T - 1}{2^T} \sum_{i=1}^{h} (p_i - 1) p_i^{-e_i} \log_2 p_i \cdot \left(\sum_{f_i=1}^{e_i} f_i p_i^{f_i-1} \right).$$

另一方面, 由引理 7.8 可以得到

$$\sum_{f_i=1}^{e_i} f_i p_i^{f_i-1} = \frac{e_i p_i^{e_i+1} - (e_i + 1) p_i^{e_i} + 1}{(p_i - 1)^2},$$

故有

$$E_T = \frac{2^T - 1}{2^T} \sum_{i=1}^{h} \frac{e_i p_i^{e_i+1} - (e_i + 1) p_i^{e_i} + 1}{(p_i - 1) p_i^{e_i}} \log_2 p_i, \tag{7.6}$$

于是可以得到

$$E_T = \left(1 - \frac{1}{2^T} \right) \sum_{i=1}^{h} \left(e_i \log_2 p_i - \frac{(1 - p_i^{-e_i}) \log_2 p_i}{p_i - 1} \right)$$

$$= \left(1 - \frac{1}{2^T} \right) \log_2(2^T - 1) - \left(1 - \frac{1}{2^T} \right) \sum_{i=1}^{h} \frac{(1 - p_i^{-e_i}) \log_2 p_i}{p_i - 1}.$$

故命题得证. □

注 7.1 当周期 T 较大时, 上述均值 E_T 接近于 T. 特别地, 当 $2^T - 1$ 为素数时, 有

$$E_T = \frac{2^T - 2}{2^T} \cdot \log_2(2^T - 1).$$

定理 7.9[71] 设 $T \geqslant 2$, $2^T - 1 = p_1^{e_1} p_2^{e_2} \cdots p_h^{e_h}$, 其中 p_i 为不同的奇素数, $e_i \geqslant 1$, $i = 1, 2, \cdots, h$, 则周期为 T 的二元序列的 2-adic 复杂度的方差 Var_T 为

$$\mathrm{Var}_T = \left(1 - \frac{1}{2^T} \right) \sum_{i=1}^{h} (\log_2 p_i)^2 \cdot \frac{p_i^{2e_i+1} - (2e_i + 1) p_i^{e_i+1} + (2e_i + 1) p_i^{e_i} - 1}{(p_i - 1)^2 p_i^{2e_i}}$$

$$+ \left(\frac{1}{2^T} - \frac{1}{2^{2T}} \right) \left[\log_2(2^T - 1) - \sum_{i=1}^{h} \frac{(1 - p_i^{-e_i}) \log_2 p_i}{p_i - 1} \right]^2.$$

证明　设 $\underline{a}$ 为任一周期 $T \geqslant 2$ 的二元序列, $\varphi_2(\underline{a})$ 为其 2-adic 复杂度. 记 E_T 和 Var_T 分别是周期为 T 的二元序列的 2-adic 复杂度的均值和方差, 则有

$$E_T = E[\varphi_2(\underline{a})],$$

$$\text{Var}_T = E[\varphi_2(\underline{a}) - E[\varphi_2(\underline{a})]]^2 = E[\varphi_2(\underline{a})^2] - E[\varphi_2(\underline{a})]^2,$$

从而周期为 T 的二元序列的 2-adic 复杂度的方差 Var_T 为

$$\text{Var}_T = \frac{1}{2^T} \sum_{f_1=0}^{e_1} \cdots \sum_{f_h=0}^{e_h} \varphi(p_1^{f_1}) \cdots \varphi(p_h^{f_h})$$

$$\cdot (f_1 \log_2 p_1 + \cdots + f_h \log_2 p_h)^2 - E_T^2$$

$$= \frac{1}{2^T} \sum_{f_1=0}^{e_1} \cdots \sum_{f_h=0}^{e_h} \varphi(p_1^{f_1}) \cdots \varphi(p_h^{f_h})$$

$$\cdot \left(\sum_{i=1}^{h} (f_i \log_2 p_i)^2 + \sum_{\substack{i,j=1 \\ i<j}}^{h} (2 f_i f_j \log_2 p_i \log_2 p_j) \right) - E_T^2.$$

记

$$A = \frac{1}{2^T} \sum_{f_1=0}^{e_1} \cdots \sum_{f_h=0}^{e_h} \varphi(p_1^{f_1}) \cdots \varphi(p_h^{f_h}) \cdot \left(\sum_{i=1}^{h} (f_i \log_2 p_i)^2 \right),$$

$$B = \frac{1}{2^T} \sum_{f_1=0}^{e_1} \cdots \sum_{f_h=0}^{e_h} \varphi(p_1^{f_1}) \cdots \varphi(p_h^{f_h}) \cdot \left(\sum_{\substack{i,j=1 \\ i<j}}^{h} (2 f_i f_j \log_2 p_i \log_2 p_j) \right),$$

则有

$$\text{Var}_T = A + B - E_T^2. \tag{7.7}$$

下面分别计算 A 和 B.

$$A = \frac{1}{2^T} \sum_{f_1=0}^{e_1} \cdots \sum_{f_h=0}^{e_h} \varphi(p_1^{f_1}) \cdots \varphi(p_h^{f_h}) \cdot \left(\sum_{i=1}^{h} (f_i \log_2 p_i)^2 \right)$$

$$= \frac{1}{2^T} \sum_{i=1}^{h} \sum_{f_1=0}^{e_1} \cdots \sum_{f_h=0}^{e_h} \varphi(p_1^{f_1}) \cdots \varphi(p_h^{f_h}) \cdot (f_i \log_2 p_i)^2$$

$$= \frac{1}{2^T} \sum_{i=1}^{h} \sum_{f_i=0}^{e_i} (f_i \log_2 p_i)^2 \, \varphi(p_i^{f_i}) \cdot \prod_{\substack{j=1 \\ j \neq i}}^{h} \sum_{f_j=0}^{e_j} \varphi(p_j^{f_j})$$

$$= \frac{2^T - 1}{2^T} \cdot \sum_{i=1}^{h} \frac{(f_i \log_2 p_i)^2}{p_i^{e_i}} \cdot \sum_{f_i=1}^{e_i} f_i^2 \varphi(p_i^{f_i})$$

$$= \left(1 - \frac{1}{2^T}\right) \cdot \sum_{i=1}^{h} \frac{(f_i \log_2 p_i)^2 (p_i - 1)}{p_i^{e_i}} \cdot \sum_{f_i=1}^{e_i} f_i^2 p_i^{f_i-1}.$$

由引理 7.9 知

$$\sum_{f_i=1}^{e_i} f_i^2 p_i^{f_i-1} = \frac{e_i^2 p_i^{e_i+2} - (2e_i^2 + 2e_i - 1)p_i^{e_i+1} + (e_i+1)^2 p_i^{e_i} - p_i - 1}{(p_i - 1)^3},$$

故有

$$A = \left(1 - \frac{1}{2^T}\right) \sum_{i=1}^{h} (\log_2 p_i)^2 f(p_i, e_i), \tag{7.8}$$

其中

$$f(p_i, e_i) = \frac{e_i^2 p_i^{e_i+2} - (2e_i^2 + 2e_i - 1)p_i^{e_i+1} + (e_i+1)^2 p_i^{e_i} - p_i - 1}{(p_i - 1)^2 p_i^{e_i}}.$$

类似可以如下计算 B.

$$B = \frac{1}{2^T} \sum_{f_1=0}^{e_1} \cdots \sum_{f_h=0}^{e_h} \varphi(p_1^{f_1}) \cdots \varphi(p_h^{f_h}) \cdot \left(\sum_{\substack{i,j=1 \\ i<j}}^{h} 2f_i f_j \log_2 p_i \log_2 p_j \right)$$

$$= \frac{1}{2^T} \sum_{\substack{i,j=1 \\ i<j}}^{h} \sum_{f_1=0}^{e_1} \cdots \sum_{f_h=0}^{e_h} \varphi(p_1^{f_1}) \cdots \varphi(p_h^{f_h}) \cdot 2f_i f_j \log_2 p_i \log_2 p_j$$

$$= \frac{2}{2^T} \sum_{\substack{i,j=1 \\ i<j}}^{h} \log_2 p_i \log_2 p_j \cdot \left(\sum_{f_i=0}^{e_i} f_i \varphi(p_i^{f_i}) \right) \cdot \left(\sum_{f_j=0}^{e_j} f_j \varphi(p_j^{f_j}) \right) \cdot \left(\prod_{\substack{k=1 \\ k \neq i,j}}^{h} \sum_{f_k=0}^{e_k} \varphi(p_k^{f_k}) \right)$$

$$= \frac{2}{2^T} \sum_{\substack{i,j=1 \\ i<j}}^{h} \log_2 p_i \log_2 p_j \cdot \left(\sum_{f_i=0}^{e_i} f_i \varphi(p_i^{f_i}) \right) \cdot \left(\sum_{f_j=0}^{e_j} f_j \varphi(p_j^{f_j}) \right) \cdot \left(\prod_{\substack{k=1 \\ k \neq i,j}}^{h} p_k^{f_k} \right)$$

$$= \frac{2(2^T - 1)}{2^T} \cdot \sum_{\substack{i,j=1 \\ i<j}}^{h} \frac{\log_2 p_i \log_2 p_j}{p_i^{e_i} p_j^{e_j}} \cdot \left(\sum_{f_i=1}^{e_i} f_i \varphi(p_i^{f_i}) \right) \cdot \left(\sum_{f_j=1}^{e_j} f_j \varphi(p_j^{f_j}) \right)$$

$$= \frac{2(2^T-1)}{2^T} \cdot \sum_{\substack{i,j=1 \\ i<j}}^{h} \frac{(p_i-1)(p_j-1)\log_2 p_i \log_2 p_j}{p_i^{e_i} p_j^{e_j}} \cdot \left(\sum_{f_i=1}^{e_i} f_i p_i^{f_i-1}\right) \cdot \left(\sum_{f_j=1}^{e_j} f_j p_j^{f_j-1}\right).$$

由引理 7.8 知

$$\sum_{f_i=1}^{e_i} f_i p_i^{f_i-1} = \frac{e_i p_i^{e_i+1} - (e_i+1)p_i^{e_i} + 1}{(p_i-1)^2},$$

$$\sum_{f_j=1}^{e_j} f_j p_j^{f_j-1} = \frac{e_j p_j^{e_j+1} - (e_j+1)p_j^{e_j} + 1}{(p_j-1)^2},$$

故有

$$B = 2\left(1 - \frac{1}{2^T}\right) \sum_{\substack{i,j=1 \\ i<j}}^{h} \frac{e_i p_i^{e_i+1} - (e_i+1)p_i^{e_i} + 1}{(p_i-1)p_i^{e_i}}$$

$$\cdot \log_2 p_i \cdot \frac{e_j p_j^{e_j+1} - (e_j+1)p_j^{e_j} + 1}{(p_j-1)p_j^{e_j}} \log_2 p_j. \tag{7.9}$$

另一方面, 由等式 (7.6) 可以得到

$$E_T = \frac{2^T - 1}{2^T} \cdot \sum_{i=1}^{h} \frac{e_i p_i^{e_i+1} - (e_i+1)p_i^{e_i} + 1}{(p_i-1)p_i^{e_i}} \log_2 p_i,$$

故有

$$\frac{2^T}{2^T - 1} E_T^2 = \left(1 - \frac{1}{2^T}\right) \cdot \left(\sum_{i=1}^{h} \frac{e_i p_i^{e_i+1} - (e_i+1)p_i^{e_i} + 1}{(p_i-1)p_i^{e_i}} \log_2 p_i\right)^2$$

$$= \left(1 - \frac{1}{2^T}\right) \cdot \sum_{i=1}^{h} \left(\frac{e_i p_i^{e_i+1} - (e_i+1)p_i^{e_i} + 1}{(p_i-1)p_i^{e_i}} \log_2 p_i\right)^2$$

$$+ 2\left(1 - \frac{1}{2^T}\right) \cdot \sum_{\substack{i,j=1 \\ i<j}}^{h} \frac{e_i p_i^{e_i+1} - (e_i+1)p_i^{e_i} + 1}{(p_i-1)p_i^{e_i}} \log_2 p_i$$

$$\cdot \frac{e_j p_j^{e_j+1} - (e_j+1)p_j^{e_j} + 1}{(p_j-1)p_j^{e_j}} \log_2 p_j.$$

不妨设

$$C = \left(1 - \frac{1}{2^T}\right) \cdot \sum_{i=1}^{h} \left(\frac{e_i p_i^{e_i+1} - (e_i + 1)p_i^{e_i} + 1}{(p_i - 1)p_i^{e_i}} \log_2 p_i\right)^2, \qquad (7.10)$$

则有

$$\frac{2^T}{2^T - 1} E_T^2 = B + C. \qquad (7.11)$$

下面先计算 $A - C$. 由等式 (7.8) 和 (7.10) 可以得到

$$A - C = \left(1 - \frac{1}{2^T}\right) \cdot \sum_{i=1}^{h} (\log_2 p_i)^2 \cdot \left(f(p_i, e_i) - \left(\frac{e_i p_i^{e_i+1} - (e_i + 1)p_i^{e_i} + 1}{(p_i - 1)p_i^{e_i}}\right)^2\right)$$

$$= \left(1 - \frac{1}{2^T}\right) \cdot \sum_{i=1}^{h} (\log_2 p_i)^2 \cdot \frac{p_i^{2e_i+1} - (2e_i + 1)p_i^{e_i+1} + (2e_i + 1)p_i^{e_i} - 1}{(p_i - 1)^2 p_i^{2e_i}}.$$

再结合等式 (7.7), (7.11) 和定理 7.8 可以得到

$$\mathrm{Var}_T = A + B - E_T^2$$

$$= A + \left(B - \frac{2^T}{2^T - 1} E_T^2\right) + \frac{1}{2^T - 1} E_T^2$$

$$= A - C + \frac{1}{2^T - 1} E_T^2$$

$$= \left(1 - \frac{1}{2^T}\right) \cdot \sum_{i=1}^{h} (\log_2 p_i)^2 \cdot \frac{p_i^{2e_i+1} - (2e_i + 1)p_i^{e_i+1} + (2e_i + 1)p_i^{e_i} - 1}{(p_i - 1)^2 p_i^{2e_i}}$$

$$+ \left(\frac{1}{2^T} - \frac{1}{2^{2T}}\right) \cdot \left(\log_2(2^T - 1) - \left(1 - \frac{1}{2^T}\right) \cdot \sum_{i=1}^{h} \frac{(1 - p_i^{-e_i})\log_2 p_i}{p_i - 1}\right)^2.$$

故命题得证. □

注 7.2[71] 当周期 T 较大时, 方差值 Var_T 表达式中第二项近似为 0, 于是有

$$\mathrm{Var}_T \approx \left(1 - \frac{1}{2^T}\right) \cdot \sum_{i=1}^{h} (\log_2 p_i)^2 \cdot \frac{p_i^{2e_i+1} - (2e_i + 1)p_i^{e_i+1} + (2e_i + 1)p_i^{e_i} - 1}{(p_i - 1)^2 p_i^{2e_i}}.$$

进而, 如果 $2^T - 1$ 为素数, 则有

$$\mathrm{Var}_T = \frac{2^{T-1} - 1}{2^{2T-2}} \cdot (\log_2(2^T - 1))^2 \approx \frac{T^2}{2^{T-1}}.$$

综合定理 7.8 和定理 7.9 知, 当周期 T 较大时, 周期为 T 的序列的 2-adic 复杂度的均值接近于 T, 方差也较小.

7.4　有限序列的 2-adic 复杂度

本节介绍文献 [72] 给出的有限序列的 2-adic 复杂度和有理复杂度的性质. 类似于 7.1 节的记号, 如果 p_n/q_n 为二元有限序列 $\underline{a}(n-1) = (a_0, a_1, \cdots, a_{n-1})$ 的极小有理分数表示, 记 $\Phi(p_n, q_n) = \max\{|p_n|, |q_n|\}$, 称 $\varphi_2(\underline{a}(n-1)) = \log_2 \Phi(p_n, q_n)$ 为有限序列 $\underline{a}(n-1)$ 的 2-adic 复杂度, 称 $\Psi(\underline{a}(n-1)) = \Phi(p_n, q_n)$ 为有限序列 $\underline{a}(n-1)$ 的有理复杂度.

关于有限序列的线性复杂度, Rueppel[73,74] 早在 1985 年就证明了 n 长二元有限序列线性复杂度 $LC(\underline{a}(n-1))$ 的均值为

$$E[LC(\underline{a}(n-1))] = \frac{n}{2} + \frac{4 + n_{\bmod 2}}{18} - 2^{-n}\left(\frac{n}{3} + \frac{2}{9}\right),$$

方差为

$$\mathrm{Var}(LC(\underline{a}(n-1))) = \frac{86}{81} - 2^{-n}\left(\frac{14 - n_{\bmod 2}}{27}n + \frac{82 - 2 \cdot n_{\bmod 2}}{81}\right)$$
$$-2^{-2n}\left(\frac{n^2}{9} + \frac{4n}{27} + \frac{4}{81}\right),$$

其中 $n_{\bmod 2}$ 表示 n 模 2 的最小非负剩余, 即当 n 为奇数时, $n_{\bmod 2} = 1$, 否则, $n_{\bmod 2} = 0$.

对于一条好的伪随机序列 $\underline{a}$, 随着序列长度 n 的增加, 有限序列 $\underline{a}(n-1) = (a_0, a_1, \cdots, a_{n-1})$ 的线性复杂度围绕 $n/2$-线无规律升高. 以周期为 31 的 Swiss Coin 序列

$$\underline{a}(30) = (1,0,0,0,1,1,1,1,0,1,0,0,0,0,1,1,0,1,1,1,1,0,1,0,0,0,1,0,1,0,0)$$

为例, 图 7.3—图 7.5 分别给出了该 Swiss Coin 序列的线性复杂度、2-adic 复杂度和有理复杂度谱. 从图 7.4 和图 7.5 可以看出, 随着序列长度 n 的增加, 有限序列 $\underline{a}(n-1)$ 的 2-adic 复杂度 $\varphi_2(\underline{a}(n-1))$ 围绕 $(n-1)/2$ 无规则升高, 对应地, 其有理复杂度 $\Psi(\underline{a}(n-1))$ 围绕 $2^{(n-1)/2}$ 无规则升高.

本节先给出有限序列有理复杂度均值 $E[\Psi(\underline{a}(n-1))]$ 的上下界, 再研究有限序列 2-adic 复杂度 $\varphi_2(\underline{a}(n-1))$ 的性质.

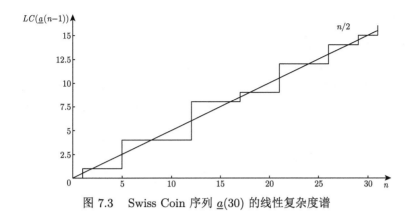

图 7.3 Swiss Coin 序列 $\underline{a}(30)$ 的线性复杂度谱

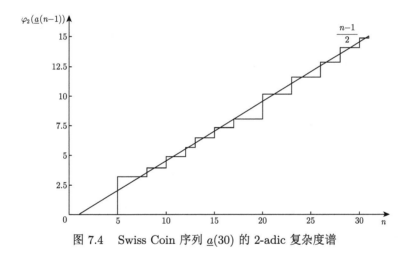

图 7.4 Swiss Coin 序列 $\underline{a}(30)$ 的 2-adic 复杂度谱

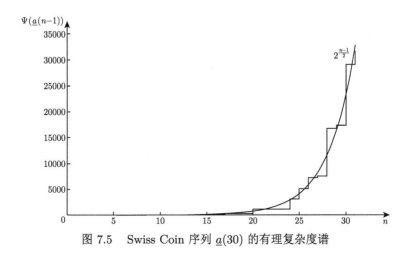

图 7.5 Swiss Coin 序列 $\underline{a}(30)$ 的有理复杂度谱

需要说明的是, 从直观上看, $\log_2(E[\Psi(\underline{a}(n-1))])$ 应是 $E[\varphi_2(\underline{a}(n-1))]$ 的一个很好的近似值. 表 7.1 提供了 $\log_2(E[\Psi(\underline{a}(n-1))])$ 和 $E[\varphi_2(\underline{a}(n-1))]$ 的一些实验数据比较. 从表 7.1 中数据可以看出, $\log_2(E[\Psi(\underline{a}(n-1))])$ 和 $E[\varphi_2(\underline{a}(n-1))]$ 很接近, 虽然它们的差值随着 n 的增加略有增长, 但增长幅度很小, 猜测差值将不会超过 $\log_2 n$. 后续对有限序列有理复杂度的研究也有助于更好地了解随机序列 2-adic 复杂度的变化规律.

表 7.1　　$\log_2(E[\Psi(\underline{a}(n-1))])$ 和 $E[\varphi_2(\underline{a}(n-1))]$ 的实验数据比较

长度 n	7	8	9	10	11	12	13
$\log_2(E[\Psi(\underline{a}(n-1))])$	3.345	3.867	4.385	4.898	5.407	5.913	6.418
$E[\varphi_2(\underline{a}(n-1))]$	3.063	3.571	4.078	4.582	5.084	5.585	6.086
长度 n	14	15	16	17	18	19	20
$\log_2(E[\Psi(\underline{a}(n-1))])$	6.921	7.424	7.926	8.427	8.928	9.428	9.928
$E[\varphi_2(\underline{a}(n-1))]$	6.586	7.086	7.586	8.086	8.586	9.086	9.586

7.4.1　有限序列有理复杂度均值的下界

为了方便计数, 对任意的正整数 n 和 q, 记 $M_q(n)$ 为长为 n 的二元序列中有理复杂度等于 q 的序列个数. 当 $q \leqslant 2^{(n-1)/2}$ 时, 容易如下确定 $M_q(n)$ 的值.

引理 7.10[72]　设 n 是正整数, q 是大于 1 的奇数. 若 $q \leqslant 2^{(n-1)/2}$, 则

$$M_q(n) = 3 \cdot \varphi(q),$$

其中 $\varphi(q)$ 为欧拉函数.

证明　记

$$\Omega_q = \{\pm p/q \mid 0 < p < q, \gcd(p,q) = 1\}$$
$$\cup \{\pm q/p \mid 0 < p < q, \gcd(p,q) = 1, p \text{ 是奇数}\}.$$

如果某 n 长二元序列 $\underline{a}(n-1)$ 的有理复杂度 $\Psi(\underline{a}(n-1)) = q$, 则 $\underline{a}(n-1)$ 的极小有理分数表示必都属于 Ω_q, 故 $M_q(n) \leqslant |\Omega_q|$.

反之, 设 u_1/v_1 和 u_2/v_2 是 Ω_q 中两个不同的有理分数, 并设 $\underline{a}(n-1)$ 和 $\underline{b}(n-1)$ 分别是有理分数 u_1/v_1 和 u_2/v_2 的导出序列的前 n 比特. 当 $q \leqslant 2^{(n-1)/2}$ 且 $0 < p < q$, $\gcd(p,q) = 1$ 时, $n \geqslant \lceil 2\log_2 \Phi(p,q) \rceil + 1$, 从而由定理 7.4 知, u_1/v_1 和 u_2/v_2 分别是 $\underline{a}(n-1)$ 和 $\underline{b}(n-1)$ 的唯一的极小有理分数表示, 这意味着 $\underline{a}(n-1) \neq \underline{b}(n-1)$, 并且 $\Psi(\underline{a}(n-1)) = \Psi(\underline{b}(n-1)) = q$. 因此, 又有 $M_q(n) \geqslant |\Omega_q|$.

综上可得 $M_q(n) = |\Omega_q|$.

下面只要证明 $|\Omega_q| = 3 \cdot \varphi(q)$.

一方面, 容易验证

$$|\{\pm p/q \mid 0 < p < q, \gcd(p,q) = 1\}| = 2 \cdot \varphi(q). \tag{7.12}$$

另一方面, 对 $0 < x < q$, 即 $0 < q - x < q$, 因为 q 是奇数, 故有

$$x \text{ 是偶数并且 } \gcd(x,q) = 1 \Leftrightarrow q - x \text{ 是奇数并且 } \gcd(q-x,q) = 1,$$

这意味着

$$\{q/p \mid 0 < p < q, \gcd(p,q) = 1, p \text{ 是奇数}\} = \varphi(q)/2,$$

从而

$$\{\pm q/p \mid 0 < p < q, \gcd(p,q) = 1, p \text{ 是奇数}\} = \varphi(q). \tag{7.13}$$

又因为 $\{\pm p/q \mid 0 < p < q, \gcd(p,q) = 1\}$ 和 $\{\pm q/p \mid 0 < p < q, \gcd(p,q) = 1, p \text{ 是奇数}\}$ 是不相交的, 所以联合 (7.12) 和 (7.13) 式可以得到 $|\Omega_q| = 3 \cdot \varphi(q)$. 故有

$$M_q(n) = |\Omega_q| = 3 \cdot \varphi(q). \qquad \square$$

对于偶数 q, 类似于引理 7.10 的证明, 容易验证长为 n 的二元序列 $\underline{a}(n-1)$ 的有理复杂度 $\Psi(\underline{a}(n-1)) = q$ 当且仅当 $\underline{a}(n-1)$ 的所有极小有理分数表示属于 $\{\pm q/p \mid 0 < p < q, \gcd(p,q) = 1\}$, 该集合恰有 $2 \cdot \varphi(q)$ 个元素, 故下面的引理成立.

引理 7.11[72] 设 n 是正整数, q 是偶数. 若 $q \leqslant 2^{(n-1)/2}$, 则

$$M_q(n) = 2 \cdot \varphi(q).$$

关于欧拉函数 $\varphi(n)$, 文献 [72] 中证明了下面的结论:

引理 7.12[72] 设 n 是大于 7 的正整数, 则有

$$\varphi(n) > \frac{5 \cdot n}{9 \cdot \log_2 \log_2 n + 8}.$$

下面再确定一类特殊序列的有理复杂度.

设 n 是正整数, m 是 0 到 $2^n - 1$ 间的任意整数. 不妨设整数 m 的二进制展开为 $m = \sum_{i=0}^{n-1} a_i \cdot 2^i$, 其中 $a_i \in \{0,1\}$, 并记 $\underline{a}(n-1) = (a_0, a_1, \cdots, a_{n-1})$. 容易看出, 当 m 遍历 0 到 $2^n - 1$ 间所有整数时, $\underline{a}(n-1)$ 也遍历所有 n 长二元序列.

对任意正整数 a, 记 $v_2(a)$ 为使得 $2^k | a$ 的最大非负整数 k 的值, 即 $v_2(a) = k$ 当且仅当 $2^k \| a$.

引理 7.13[72] 设 n, m, k 为正整数, $n > 1$, $1 \leqslant m \leqslant 2^n - 1$, $n/2 \leqslant k < n$, m 的二进制展开为 $m = \sum_{i=0}^{n-1} a_i \cdot 2^i$, 其中 $a_i \in \{0,1\}$, 则 n 长二元序列 $\underline{a}(n-1) = (a_0, a_1, \cdots, a_{n-1})$ 的有理复杂度 $\Psi(\underline{a}(n-1)) = 2^k$ 当且仅当 $v_2(m) = k$.

证明   先证必要性. 设 p/q 是序列 $\underline{a}(n-1)$ 的极小有理分数表示, 由于 q 为奇数, 如果 $\underline{a}(n-1)$ 的有理复杂度为 2^k, 则由有理复杂度的定义知 $|p| = 2^k$. 又因为 p/q 是序列 $\underline{a}(n-1)$ 的有理分数表示, 故有

$$p \equiv q \cdot m \bmod 2^n,$$

于是有 $2^k \| m$, 即 $v_2(m) = k$.

再证充分性. 若 $v_2(m) = k$, 则 m 可表为 $m = 2^k \cdot m'$, 其中 $\gcd(2, m') = 1$. 不妨设 q 是使得 $q \cdot m' \equiv 1 \bmod 2^{n-k}$ 的正整数, 其中 $0 < q < 2^{n-k}$, 则有

$$2^k \equiv q \cdot m \bmod 2^n,$$

这就意味着 $2^k/q$ 是 $\underline{a}(n-1)$ 的有理分数表示. 又因为 $k \geqslant n/2$, 故 $q < 2^{n-k} \leqslant 2^k$, 从而

$$\Psi(\underline{a}(n-1)) = \Phi(2^k, q) \leqslant 2^k. \tag{7.14}$$

另一方面, 设 p'/q' 是 $\underline{a}(n-1)$ 的极小有理分数表示, 其中 q' 为奇数, 则有

$$p'/q' \equiv m \bmod 2^n.$$

又因为 $1 \leqslant m \leqslant 2^n - 1$ 且 $2^k \| m$, 故 $p' \neq 0$, 且 $2^k | p'$, 从而

$$\Psi(\underline{a}(n-1)) \geqslant |p'| \geqslant 2^k. \tag{7.15}$$

故由等式 (7.14) 和 (7.15) 可以得到 $\Psi(\underline{a}(n-1)) = 2^k$.   □

注 7.3   由引理 7.13 知, 对任意正整数 n 和 k, 其中 $n/2 \leqslant k < n$, 有理复杂度为 2^k 的二元 n 长序列的个数 $M_{2^k}(n)$ 等于满足 $1 \leqslant 2^k \cdot m' \leqslant 2^n - 1$ 且 $\gcd(2, m') = 1$ 的正整数 m' 的个数, 即有 $M_{2^k}(n) = 2^{n-1-k}$.

下面给出长为 n 的二元有限序列有理复杂度均值下界的估计.

定理 7.10[72]   设 n 是大于 2 的整数, 则长为 n 的二元有限序列有理复杂度的均值 $E[\Psi(\underline{a}(n-1))]$ 满足

$$E[\Psi(\underline{a}(n-1))] > \begin{cases} \dfrac{2^{(n+1)/2}}{9 \cdot \log_2(n-1) - 1} + \dfrac{n-1}{4}, & \text{若 } n \text{ 为奇数}, \\[3mm] \dfrac{2^{(n-2)/2}}{9 \cdot \log_2(n-2) - 1} + \dfrac{n}{4}, & \text{若 } n \text{ 为偶数}. \end{cases}$$

证明   当 $3 \leqslant n \leqslant 7$ 时, 直接验证知结论成立. 下面设 $n > 7$.

先考虑 n 为奇数的情形. 同前, 记 $M_q(n)$ 是长为 n 的二元序列中有理复杂度等于 q 的序列个数, 则二元 n 长有限序列有理复杂度的均值为

$$E[\Psi(\underline{a}(n-1))] = \frac{1}{2^n} \cdot \sum_{q=1}^{2^n - 1} M_q(n) \cdot q.$$

由引理 7.10 和引理 7.11 知, 当 $1 \leqslant q \leqslant 2^{(n-1)/2}$ 时, 有

$$M_q(n) = \begin{cases} 3 \cdot \varphi(q), & \text{若 } q \text{ 为大于 1 的奇数}, \\ 2 \cdot \varphi(q), & \text{若 } q \text{ 为偶数}. \end{cases} \tag{7.16}$$

又由引理 7.13 后面的注 7.3 知, 当 $(n+1)/2 \leqslant i \leqslant n-1$ 时, $M_{2^i}(n) = 2^{n-1-i}$, 故有

$$E[\Psi(\underline{a}(n-1))] > \frac{1}{2^n} \cdot \sum_{q=2}^{2^{(n-1)/2}} M_q(n) \cdot q + \frac{1}{2^n} \cdot \sum_{i=(n+1)/2}^{n-1} M_{2^i}(n) \cdot 2^i. \tag{7.17}$$

对于第二个和式, 有

$$\sum_{i=(n+1)/2}^{n-1} M_{2^i}(n) \cdot 2^i = \sum_{i=(n+1)/2}^{n-1} 2^{n-1-i} \cdot 2^i = 2^{n-2} \cdot (n-1). \tag{7.18}$$

对于第一个和式, 由等式 (7.16) 和引理 7.12 可以得到

$$\sum_{q=2}^{2^{(n-1)/2}} M_q(n) \cdot q$$

$$= \sum_{u=1}^{2^{(n-3)/2}-1} 3 \cdot \varphi(2u+1) \cdot (2u+1) + \sum_{v=1}^{2^{(n-3)/2}} 2 \cdot \varphi(2v) \cdot (2v)$$

$$> \sum_{u=4}^{2^{(n-3)/2}-1} \frac{15 \cdot (2u+1)^2}{9 \cdot \log_2 \log_2(2u+1) + 8} + \sum_{v=4}^{2^{(n-3)/2}} \frac{40 \cdot v^2}{9 \cdot \log_2 \log_2(2v) + 8}$$

$$\geqslant \frac{15}{9 \cdot \log_2(n-1) - 1} \cdot \left(\sum_{u=4}^{2^{(n-3)/2}-1} (2u+1)^2 \right)$$

$$+ \frac{40}{9 \cdot \log_2(n-1) - 1} \cdot \left(\sum_{v=4}^{2^{(n-3)/2}} v^2 \right).$$

又因为

$$\sum_{i=0}^{k-1} (2i+1)^2 = \frac{k \cdot (4k^2-1)}{3},$$

$$\sum_{i=1}^{k} i^2 = \frac{k \cdot (k+1) \cdot (2k+1)}{6},$$

故有

$$\sum_{q=2}^{2^{(n-1)/2}} M_q(n) \cdot q$$

$$\geqslant \frac{15}{9 \cdot \log_2(n-1) - 1} \cdot \left(\frac{2^{(n-3)/2} \cdot (4 \cdot 2^{n-3} - 1)}{3} - (1^2 + 3^2 + 5^2 + 7^2) \right)$$

$$+ \frac{40}{9 \cdot \log_2(n-1) - 1}$$

$$\cdot \left(\frac{2^{(n-3)/2} \cdot (2^{(n-3)/2} + 1) \cdot (2^{(n-1)/2} + 1)}{6} - (1^2 + 2^2 + 3^2) \right)$$

$$= \frac{25 \cdot 2^{(3n-5)/2} + 5 \cdot 2^{(n-3)/2} + 15 \cdot 2^{n-1} - 1092}{27 \cdot \log_2(n-1) - 3}$$

$$\geqslant \frac{2^{(3n+1)/2} + 2^{(n-3)/2} + 2^{n+1} - 364}{9 \cdot \log_2(n-1) - 1}. \tag{7.19}$$

将 (7.18) 式和 (7.19) 式代入 (7.17) 式可以得到

$$E[\Psi(\underline{a}(n-1))] > \frac{1}{2^n} \cdot \left(\frac{2^{(3n+1)/2} + 2^{(n-3)/2} + 2^{n+1} - 364}{9 \cdot \log_2(n-1) - 1} + 2^{n-2} \cdot (n-1) \right)$$

$$> \frac{2^{(n+1)/2}}{9 \cdot \log_2(n-1) - 1} + \frac{n-1}{4}.$$

再考虑 n 为偶数的情形. 类似于上面的分析可以得到

$$E[\Psi(\underline{a}(n-1))] > \frac{1}{2^n} \cdot \sum_{q=2}^{2^{(n-2)/2}} M_q(n) \cdot q + \frac{1}{2^n} \cdot \sum_{i=n/2}^{n-1} M_{2^i}(n) \cdot 2^i$$

$$> \frac{2^{(n-2)/2}}{9 \cdot \log_2(n-2) - 1} + \frac{n}{4}.$$

综上命题得证.   □

7.4.2   有限序列有理复杂度均值的上界

本小节将给出有限序列有理复杂度均值的上界估计. 首先给出几个引理.

引理 7.14[72]   设 n 是大于 1 的正整数, 对任意整数 k, $0 < k < 2^{n-1}$, 设有限序列 $\underline{a}(n-1)$ 和 $\underline{b}(n-1)$ 分别为整数 $2^{n-1} - k$ 和 $2^{n-1} + k$ 对应的二进制序列, 则两序列的有理复杂度相等, 即有 $\Psi(\underline{a}(n-1)) = \Psi(\underline{b}(n-1))$.

证明 注意到对任意有理数 p/q, 其中 q 为奇数, 同余式

$$p \equiv q(2^{n-1} - k) \bmod 2^n$$

成立当且仅当同余式

$$-p \equiv q(2^{n-1} + k) \bmod 2^N$$

成立, 故 p/q 是 $\underline{a}(n-1)$ 的有理分数表示当且仅当 $-p/q$ 是 $\underline{b}(n-1)$ 的有理分数表示, 因此有

$$\Psi(\underline{a}(n-1)) = \Psi(\underline{b}(n-1)).\qquad\square$$

特别地, 当 $k = 1$ 时, 还可以进一步得到下面的结论.

引理 7.15 [72] 设 n 是大于 2 的正整数, 序列 $\underline{a}(n-1)$ 和 $\underline{b}(n-1)$ 分别为整数 $2^{n-1} - 1$ 和 $2^{n-1} + 1$ 对应的二进制序列, 则两序列的有理复杂度满足 $\Psi(\underline{a}(n-1)) = \Psi(\underline{b}(n-1)) = 2^{n-2} + 1$.

证明 由引理 7.14 知, $\Psi(\underline{a}(n-1)) = \Psi(\underline{b}(n-1))$. 下面只用证明整数 $2^{n-1}-1$ 对应的二进制序列 $\underline{a}(n-1)$ 的有理复杂度 $\Psi(\underline{a}(n-1)) = 2^{n-2} + 1$.

事实上, 当 q 为奇数时, 有理数 p/q 是序列 $\underline{a}(n-1)$ 的有理分数表示当且仅当

$$p \equiv q \cdot (2^{n-1} - 1) \bmod 2^n.$$

因 q 为奇数, $q \cdot 2^{n-1} \equiv 2^{n-1} \bmod 2^n$, 故上式也等价于

$$p + q \equiv 2^{n-1} \bmod 2^n. \qquad (7.20)$$

此时容易得到 $\Phi(p,q) \geqslant 2^{n-2} + 1$. 再由 p/q 的任意性知

$$\Psi(\underline{a}(n-1)) \geqslant 2^{n-2} + 1.$$

另一方面, 设 $p = 2^{n-2} + 1$, $q = 2^{n-2} - 1$, 容易验证它们满足 (7.20) 式, 从而 $\dfrac{2^{n-2} + 1}{2^{n-2} - 1}$ 是 $\underline{a}(n-1)$ 的有理分数表示, 故有

$$\Psi(\underline{a}(n-1)) \leqslant \Phi(2^{n-2} + 1, 2^{n-2} - 1) = 2^{n-2} + 1.$$

综上知, $\Psi(\underline{a}(n-1)) = 2^{n-2} + 1$. 命题得证. $\qquad\square$

引理 7.16 [72] 设 n 是大于 2 的正整数, $\underline{a}(n-1) = (a_0, a_1, \cdots, a_{n-1})$ 是长为 n 的二元有限序列, 对任意 $1 \leqslant k \leqslant n$, 设 p_k/q_k 为 $\underline{a}(k-1) = (a_0, a_1, \cdots, a_{k-1})$ 的极小有理分数表示, 则下面的结论成立:

(1) 若 p_1/q_1 为 $\underline{a}(k-1)$ (其中 $1 \leqslant k \leqslant n-1$) 的极小有理分数表示, 但不是 $\underline{a}(n-1)$ 的有理分数表示, 则

$$\Psi(\underline{a}(n-1)) = 2^{n-1-a_0} + a_0;$$

(2) 若存在整数 k, $1 \leqslant k \leqslant n-2$, 使得 p_k/q_k 不是 $\underline{a}(k)$ 的极小有理分数表示, 且 p_{n-1}/q_{n-1} 不是 $\underline{a}(n-1)$ 的有理分数表示, 则

$$\Psi(\underline{a}(n-1)) \leqslant \Psi(\underline{a}(n-2)) + 2^{n-k-1}\Psi(\underline{a}(k-1)).$$

证明　(1) 注意到 p_1/q_1 仅取三个值 $\{0/1, -1/1, 1/1\}$, 故 p_1/q_1 为 $\underline{a}(k-1)$, $1 \leqslant k \leqslant n-1$ 的极小有理分数表示意味着

$$\underline{a}(n-2) \in \{(0, \cdots, 0), (1, \cdots, 1), (1, 0, \cdots, 0)\}.$$

又因为 $p_{n-1}/q_{n-1} \neq p_n/q_n$, 故有

$$\underline{a}(n-1) \in \{(0, \cdots, 0, 1), (1, \cdots, 1, 0), (1, 0, \cdots, 0, 1)\}.$$

即序列 $\underline{a}(n-1)$ 对应的整数为 2^{n-1}, $2^{n-1}-1$, 或 $2^{n-1}+1$, 于是由引理 7.13 和引理 7.15 知

$$\Phi(0, \cdots, 0, 1) = 2^{n-1}, \quad \Phi(1, \cdots, 1, 0) = \Phi(1, 0, \cdots, 0, 1) = 2^{n-1} + 1.$$

故有

$$\Psi(\underline{a}(n-1)) = 2^{n-1-a_0} + a_0.$$

(2) 因为 p_k/q_k 不是序列 $\underline{a}(k)$ 的有理分数表示, 从而有

$$p_k \equiv q_k(a_0 + a_1 2 + \cdots + a_k 2^k) + 2^k \bmod 2^{k+1}.$$

上式两边同时乘以 2^{n-k-1} 可以得到

$$2^{n-k-1}p_k \equiv 2^{n-k-1}q_k \cdot (a_0 + a_1 2 + \cdots + a_k 2^k) + 2^{n-1} \bmod 2^n. \tag{7.21}$$

另一方面, 因为 p_{n-1}/q_{n-1} 不是 $\underline{a}(n-1)$ 的有理分数表示, 故有

$$p_{n-1} \equiv q_{n-1} \cdot (a_0 + a_1 2 + \cdots + a_{n-1} 2^{n-1}) + 2^{n-1} \bmod 2^n. \tag{7.22}$$

联合 (7.21) 和 (7.22) 式可以得到

$$p_{n-1} + 2^{n-k-1}p_k \equiv (q_{n-1} + 2^{n-k-1}q_k) \cdot (a_0 + a_1 2 + \cdots + a_{n-1} 2^{n-1}) \bmod 2^n.$$

注意到 $q_{n-1} + 2^{n-k-1}q_k$ 为奇数, 故上式意味着

$$\frac{p_{n-1} + 2^{n-k-1}p_k}{q_{n-1} + 2^{n-k-1}q_k}$$

是 $\underline{a}(n-1)$ 的有理分数表示. 因此有

$$\begin{aligned}
\Psi(\underline{a}(n-1)) &\leqslant \Phi(p_{n-1} + 2^{n-k-1}p_k, q_{n-1} + 2^{n-k-1}q_k) \\
&\leqslant \Phi(p_{n-1}, q_{n-1}) + 2^{n-k-1}\Phi(p_k, q_k) \\
&= \Psi(\underline{a}(n-2)) + 2^{n-k-1}\Psi(\underline{a}(k-1)).
\end{aligned}$$

命题得证. $\qquad\qquad\square$

注 7.4[72] 对于二元 n 长有限序列, 利用有理逼近算法可以逐步得到 $\underline{a}(0)$, $\underline{a}(1), \cdots, \underline{a}(n-1)$ 的极小有理分数表示 $p_1/q_1, p_2/q_2, \cdots, p_n/q_n$, 并且这 n 个极小有理数表示还满足

$$\frac{p_{k+1}}{q_{k+1}} = \frac{p_k}{q_k} \Leftrightarrow \frac{p_k}{q_k} \text{ 是 } \underline{a}(k) \text{ 的有理分数表示}, 1 \leqslant k \leqslant n-1.$$

对于上述极小有理数表示, 若 $p_1/q_1 = \cdots = p_{n-1}/q_{n-1} \neq p_n/q_n$, 则由引理 7.16 的结论 (1) 知

$$\Psi(\underline{a}(n-1)) = 2^{n-1-a_0} + a_0.$$

若 $p_k/q_k \neq p_{k+1}/q_{k+1} = \cdots = p_{n-1}/q_{n-1} \neq p_n/q_n$, $1 \leqslant k \leqslant n-2$, 则由引理 7.16 的结论 (2) 知

$$\Psi(\underline{a}(n-1)) \leqslant \Psi(\underline{a}(n-2)) + 2^{n-k-1} \cdot \Psi(\underline{a}(k-1)).$$

下面给出有限序列有理复杂度的上界估计.

定理 7.11[72] 设 n 是正整数, 则长为 n 的二元有限序列 $\underline{a}(n-1)$ 的有理复杂度的均值 $E[\Psi(\underline{a}(n-1))]$ 满足

$$E[\Psi(\underline{a}(n-1))] < \left(\frac{2 + \sqrt{2}}{2}\right)^n.$$

证明 用数学归纳法证明, 对长度 n 归纳. 记 $\lambda = (2 + \sqrt{2})/2$. 当 $n = 1, 2$ 时直接验证知结论成立. 假设对任意整数 $1 \leqslant k < n$, 定理的结论也成立, 即 $E[\Psi(\underline{a}(k-1))] < \lambda^k$, 下面证明 $E[\Psi(\underline{a}(n-1))] < \lambda^n$.

对任意 n 长二元有限序列 $\underline{a}(n-1)$, 记

$$\frac{p_1}{q_1}, \frac{p_2}{q_2}, \cdots, \frac{p_n}{q_n}$$

分别为 $\underline{a}(0), \underline{a}(1), \cdots, \underline{a}(n-1)$ 的极小有理分数表示, 并且它们还满足注 7.4 的性质, 即有

$$\frac{p_{k+1}}{q_{k+1}} = \frac{p_k}{q_k} \Leftrightarrow \frac{p_k}{q_k} \text{ 是 } \underline{a}(k) \text{ 的有理分数表示}, 1 \leqslant k \leqslant n-1.$$

进一步, 记

$$A_{n-1} = \left\{ \underline{a}(n-1) \in \mathbb{F}_2^n \,\middle|\, \frac{p_{n-1}}{q_{n-1}} = \frac{p_n}{q_n} \right\},$$

$$B_{n-1} = \left\{ \underline{a}(n-1) \in \mathbb{F}_2^n \,\middle|\, \frac{p_{n-1}}{q_{n-1}} \neq \frac{p_n}{q_n} \right\},$$

$$T_0 = \left\{ \underline{a}(n-1) \in \mathbb{F}_2^n \,\middle|\, \frac{p_1}{q_1} = \cdots = \frac{p_{n-1}}{q_{n-1}} \neq \frac{p_n}{q_n} \right\},$$

$$T_k = \left\{ \underline{a}(n-1) \in \mathbb{F}_2^n \,\middle|\, \frac{p_k}{q_k} \neq \frac{p_{k+1}}{q_{k+1}} = \cdots = \frac{p_{n-1}}{q_{n-1}} \neq \frac{p_n}{q_n} \right\}, \quad 1 \leqslant k \leqslant n-2.$$

容易看出 $T_0, T_1, \cdots, T_{n-2}, A_{n-1}$ 两两不相交且有

$$T_0 \cup T_1 \cup \cdots \cup T_{n-2} = B_{n-1}, \quad B_{n-1} \cup A_{n-1} = \mathbb{F}_2^n.$$

故有

$$\sum_{\underline{a}(n-1) \in \mathbb{F}_2^n} \Psi(\underline{a}(n-1))$$

$$= \sum_{\underline{a}(n-1) \in A_{n-1}} \Psi(\underline{a}(n-1)) + \sum_{\underline{a}(n-1) \in T_0} \Psi(\underline{a}(n-1))$$

$$+ \cdots + \sum_{\underline{a}(n-1) \in T_{n-2}} \Psi(\underline{a}(n-1)). \tag{7.23}$$

设 k 为正整数, 且 $1 \leqslant k \leqslant n-1$. 注意到 $\mathbb{F}_2^k$ 中任意序列 $\underline{a}(k-1) = (a_0, \cdots, a_{k-1})$ 唯一对应于 $\mathbb{F}_2^{k+1}$ 中两条序列 $(a_0, \cdots, a_{k-1}, 0)$ 和 $(a_0, \cdots, a_{k-1}, 1)$, 因此, 若 p/q 是序列 $\underline{a}(k-1)$ 的一个极小有理分数表示, 则 p/q 一定也是 $(a_0, \cdots, a_{k-1}, 0)$ 和 $(a_0, \cdots, a_{k-1}, 1)$ 中某一条序列的极小有理数表示. 基于这一事实, 可得 $|T_k| = 2^k$, 其中 $1 \leqslant k \leqslant n-2$, 并且当 $\underline{a}(n-1)$ 取遍 T_k 中序列时, $\underline{a}(n-1)$ 的前 k 项 $\underline{a}(k-1)$ 恰好取遍 $\mathbb{F}_2^k$ 中序列. 类似地, 当 $\underline{a}(n-1)$ 取遍 A_{n-1} 或 B_{n-1} 时, $\underline{a}(n-1)$ 的前 $n-1$ 项 $\underline{a}(n-2)$ 恰好取遍 $\mathbb{F}_2^{n-1}$ 中序列.

另一方面, 由引理 7.16 的结论 (1) 可以得到

$$\sum_{\underline{a}(n-1) \in T_0} \Psi(\underline{a}(n-1)) = 2^{n-1} + (2^{n-2} + 1) = 3 \cdot 2^{n-2} + 1, \tag{7.24}$$

而由引理 7.16 的结论 (2) 知, 对任意 $1 \leqslant k \leqslant n-2$, 有

$$\sum_{\underline{a}(n-1) \in T_k} \Psi(\underline{a}(n-1)) \leqslant \sum_{\underline{a}(n-1) \in T_k} \left(\Psi(\underline{a}(n-2)) + 2^{n-k-1} \Psi(\underline{a}(k-1)) \right). \quad (7.25)$$

又由前面的分析知, 当 $\underline{a}(n-1)$ 取遍 T_k 中序列时, $\underline{a}(n-1)$ 的前 k 项 $\underline{a}(k-1)$ 恰好取遍 $\mathbb{F}_2^k$ 中序列, $1 \leqslant k \leqslant n-2$, 所以由上式又可以得到

$$\sum_{\underline{a}(n-1) \in T_k} \Psi(\underline{a}(n-1))$$

$$\leqslant \sum_{\underline{a}(n-1) \in T_k} \left(\Psi(\underline{a}(n-2)) + 2^{n-k-1} \Psi(\underline{a}(k-1)) \right)$$

$$= \sum_{\underline{a}(n-1) \in T_k} \Psi(\underline{a}(n-1)) + \sum_{\underline{a}(k-1) \in \mathbb{F}_2^k} 2^{n-k-1} \Psi(\underline{a}(k-1)), \quad (7.26)$$

将 (7.25) 和 (7.26) 式代入 (7.24) 式可以得到

$$\sum_{\underline{a}(n-1) \in \mathbb{F}_2^n} \Psi(\underline{a}(n-1))$$

$$= 3 \cdot 2^{n-2} + 1 + \sum_{\underline{a}(n-1) \in A_{n-1}} \Psi(\underline{a}(n-1)) + \sum_{k=1}^{n-2} \sum_{\underline{a}(n-2) \in T_k} \Psi(\underline{a}(n-2))$$

$$+ \sum_{k=1}^{n-2} \sum_{\underline{a}(k-1) \in \mathbb{F}_2^k} 2^{n-k-1} \Psi(\underline{a}(k-1)). \quad (7.27)$$

一方面, 因为 $T_0 \cup T_1 \cup \cdots \cup T_{n-2} = B_{n-1}$, 所以

$$\sum_{k=1}^{n-2} \sum_{\underline{a}(n-2) \in T_k} \Psi(\underline{a}(n-1))$$

$$= \sum_{\underline{a}(n-1) \in B_{n-1}} \Psi(\underline{a}(n-2)) - \sum_{\underline{a}(n-1) \in T_0} \Psi(\underline{a}(n-2))$$

$$= \sum_{\underline{a}(n-1) \in B_{n-1}} \Psi(\underline{a}(n-2)) - 2. \quad (7.28)$$

另一方面, 因为当 $\underline{a}(n-1)$ 取遍 A_{n-1} 或 B_{n-1} 时, $\underline{a}(n-1)$ 的前 $n-1$ 项 $\underline{a}(n-2)$

也恰好取遍 $\mathbb{F}_2^{n-1}$ 中序列, 故有

$$\sum_{\underline{a}(n-1)\in A_{n-1}} \Psi(\underline{a}(n-1)) = \sum_{\underline{a}(n-1)\in B_{n-1}} \Psi(\underline{a}(n-2))$$

$$= \sum_{\underline{a}(n-2)\in \mathbb{F}_2^{n-1}} \Psi(\underline{a}(n-2)). \tag{7.29}$$

联合(7.27)—(7.29)式可以得到

$$\sum_{\underline{a}(n-1)\in \mathbb{F}_2^n} \Psi(\underline{a}(n-1)) = (3\cdot 2^{n-2}-1) + 2\cdot \sum_{\underline{a}(n-2)\in \mathbb{F}_2^{n-1}} \Psi(\underline{a}(n-2))$$

$$+ \sum_{k=1}^{n-2} \sum_{\underline{a}(k-1)\in \mathbb{F}_2^k} 2^{n-k-1}\Psi(\underline{a}(k-1)).$$

再利用归纳假设可以得到

$$E[\Psi(\underline{a}(n-1))] = \frac{1}{2^n} \sum_{\underline{a}(n-1)\in \mathbb{F}_2^n} \Psi(\underline{a}(n-1))$$

$$= \frac{3}{4} - \frac{1}{2^n} + \frac{1}{2^{n-1}} \sum_{\underline{a}(n-2)\in \mathbb{F}_2^{n-1}} \Psi(\underline{a}(n-2))$$

$$+ \frac{1}{2^{k+1}} \cdot \sum_{k=1}^{n-2} \sum_{\underline{a}(k-1)\in \mathbb{F}_2^k} \Psi(\underline{a}(k-1))$$

$$< \frac{3}{4} - \frac{1}{2^n} + \lambda^{n-1} + \frac{\sum_{k=1}^{n-2}\lambda^k}{2}$$

$$= \lambda^n + \frac{1-2\sqrt{2}}{4} - \frac{1}{2^n}$$

$$< \lambda^n.$$

综上知, 定理的结论对任意正整数 n 均成立.　　　　　　　　　　　　　□

7.4.3　有限序列 2-adic 复杂度的均值上界

本小节分析有限序列的 2-adic 复杂度, 首先可以证明任意 n 长二元序列的 2-adic 复杂度不大于 $n-1$.

引理 7.17[72]　设 n 是大于 1 的正整数, 则对任意 n 长二元序列 $\underline{a}(n-1)$, 有 $\varphi_2(\underline{a}(n-1)) \leqslant n-1$. 进一步, 等式成立当且仅当 $\underline{a}(n-1) = (0,\cdots,0,1)$.

证明 设 k 是小于 2^{n-1} 的任意正整数, 设 $\underline{a}(n-1)$ 是整数 $2^{n-1}-k$ 对应的二进制序列, 则 $\underline{a}(n-1)$ 也是有理数 $(2^{n-1}-k)/1$ 的 2-adic 导出序列的前 n 比特, 所以 $\Psi(\underline{a}(n-1)) \leqslant 2^{n-1}-k < 2^{n-1}$.

进而, 由引理 7.14 知, 整数 $2^{n-1}+k$ 对应的二进制序列 $\underline{b}(n-1)$ 的有理复杂度 $\Psi(\underline{b}(n-1)) = \Psi(\underline{a}(n-1)) < 2^{n-1}$. 这就意味着除 $\underline{a}(n-1) = (0,\cdots,0,1)$ 外, 其他 n 长二元序列 $\underline{a}(n-1)$ 都有 $\varphi_2(\underline{a}(n-1)) \leqslant n-1$.

又由引理 7.12 知, 整数 2^{n-1} 对应的二进制序列 $\underline{c}(n-1)$ 的有理复杂度为 $\Psi(\underline{c}(n-1)) = 2^{n-1}$, 故 $\varphi_2(\underline{c}(n-1)) \leqslant n-1$. $\qquad\square$

下面进一步分析给出有限序列 2-adic 复杂度的非平凡上界.

注意到 n 长二元有限序列一共有 $M = 2^n$ 条, 对任意 $0 \leqslant i \leqslant M-1$, 设 y_i 为第 i 条序列的有理复杂度, x_i 为第 i 条序列的 2-adic 复杂度, 则有 $y_i = 2^{x_i}$. 对于 M 个有理复杂度值 y_i, 利用算术平均值和几何平均值之间的关系式可以得到

$$\frac{y_1 + y_2 + \cdots + y_M}{M} \geqslant \sqrt[M]{y_1 y_2 \cdots y_M},$$

两边以 2 为底取对数可以得到

$$\log_2 \frac{y_1 + y_2 + \cdots + y_M}{M} \geqslant \frac{1}{M}(\log_2(y_1) + \log_2(y_2) + \cdots + \log_2(y_M))$$
$$= \frac{1}{M}(x_1 + x_2 + \cdots + x_M),$$

即 n 长二元有限序列有理复杂度的均值 $E[\Psi(\underline{a}(n-1))]$ 和 2-adic 复杂度的均值 $E[\varphi_2(\underline{a}(n-1))]$ 满足关系

$$\log_2(E[\Psi(\underline{a}(n-1))]) \geqslant E[\varphi_2(\underline{a}(n-1))]. \tag{7.30}$$

由此可以得到下面的结论:

定理 7.12 [72] 对任意正整数 n, n 长二元有限序列 2-adic 复杂度的均值 $E[\varphi_2(\underline{a}(n-1))]$ 满足

$$E[\varphi_2(\underline{a}(n-1))] < \log_2\left(\frac{2+\sqrt{2}}{2}\right)^n < 0.7716 \cdot n.$$

证明 由 (7.30) 式和定理 7.11 知

$$E[\varphi_2(\underline{a}(n-1))] \leqslant \log_2(E[\Psi(\underline{a}(n-1))])$$
$$< \log_2\left(\frac{2+\sqrt{2}}{2}\right)^n$$

$$= n \cdot \log_2 \left(2 + \sqrt{2}\right) - n$$

$$< 0.7716 \cdot n. \qquad\qquad \square$$

实验结果表明, $E[\varphi_2(\underline{a}(n-1))]$ 接近于 $(n-1)/2$, 尽管本定理给出的上界并不紧, 但这是目前在理论上能得到的唯一的非平凡上界.

第 8 章　极大周期 FCSR 序列采样的不平移等价性

第 6 章研究了极大周期 FCSR 序列 (l-序列) 的元素分布、相关性和进位序列的性质. 本章进一步研究极大周期 FCSR 序列采样的不平移等价性质, 该问题源自 1997 年 Goresky 和 Klapper[59] 在研究极大周期 FCSR 序列采样的算术相关性时提出的一个猜想: 当连接数 $p^e \notin \{5, 9, 11, 13\}$ 时, 极大周期 FCSR 序列的采样序列均不平移等价. 利用极大周期 FCSR 序列特定比特串的分布性质、自相关函数的性质、指数和估计等方法, 文献 [59,61,75–78] 证明了当连接数为素数时该猜想成立. 利用极大周期 FCSR 序列和环上本原序列间的关系, 文献 [79] 证明了当连接数为素数方幂时该猜想也成立. 下面先介绍极大周期 FCSR 序列采样不平移等价的猜想及早期研究进展, 接着分别介绍当连接数为素数和素数方幂时该猜想的证明.

8.1　极大周期 FCSR 序列采样不平移等价的猜想

设 $\underline{a} = (a_0, a_1, \cdots)$ 是周期为 T 的二元周期序列, 对任意正整数 d, 序列 $\underline{a}$ 的 d-采样序列定义为 $\underline{a}^{(d)} = (a_0, a_d, a_{2d}, \cdots)$. 当 d 为负整数时, 规定 $\underline{a}^{(d)} = \underline{a}^{(d \bmod T)}$, 其中 $d \bmod T$ 表示 d 模 T 的最小非负剩余. 以下均考虑 d 与 T 互素的采样序列. 由于序列 $\underline{a}$ 的周期为 T, 可以只考虑 $1 \leqslant d \leqslant T - 1$ 或者 $1 \leqslant |d| \leqslant T/2 - 1$ 时的采样序列.

在研究序列的算术相关性时, Goresky 和 Klapper 发现极大周期 FCSR 序列 (l-序列) 的两条不平移等价的采样序列具有理想的算术相关性质, 具体结论参见文献 [59] 或者定理 6.4. 利用 l-序列特定比特串的分布性质, 他们证明了 l-序列 $\underline{a}$ 的 (-1)-采样序列 $\underline{a}^{(-1)}$ 与 $\underline{a}$ 不平移等价. 借助进一步的计算机搜索, 他们发现当 l-序列 $\underline{a}$ 的周期不超过 4253、连接数 $p^e \notin \{5, 9, 11, 13\}$ 时, l-序列的不同采样序列均不平移等价. 基于此, 他们提出如下猜想:

猜想 8.1[59]　设 $\underline{a}$ 是一条以 $q = p^e$ 为连接数, 周期为 $T = \varphi(q)$ 的 l-序列. 设整数 c, d 与周期 T 互素, 且 $c \not\equiv d \bmod T$. 若 $p^e \notin \{5, 9, 11, 13\}$, 则采样序列 $\underline{a}^{(c)}$ 与 $\underline{a}^{(d)}$ 不平移等价.

由于采样序列 $\underline{a}^{(c)}$ 与 $\underline{a}^{(d)}$ 不平移等价当且仅当采样序列 $\underline{a}^{(cd^{-1} \bmod T)}$ 与 $\underline{a}$ 不平移等价. 故上述猜想等价于:

猜想 8.2[59]　设 $\underline{a}$ 是一条以 $q = p^e$ 为连接数, 周期为 $T = \varphi(q)$ 的 l-序列, 整数 d 与周期 T 互素. 若 $p^e \notin \{5, 9, 11, 13\}$, 则采样序列 $\underline{a}^{(d)}$ 与 $\underline{a}$ 都不平移等价.

当连接数为素数 p 时, Goresky 等通过实验验证了当 $13 < p < 2 \cdot 10^6$ 时猜想 8.2 均成立[76], 并且证明了当采样值 d 满足下列条件时猜想 8.2 也成立, 即有下面的结论.

定理 8.1[59,75,76]　设 $\underline{a}$ 是一条以素数 p 为连接数, 周期为 $T = p - 1$ 的 l-序列. 如果整数 d 与周期 T 互素, 且满足下列条件之一:

(1) $d = -1$ (即 $d = p - 2$);

(2) $p \equiv 1 \bmod 4$, 且 $d = (p + 1)/2$;

(3) $1 < d \leqslant \dfrac{(p^2 - 1)^4}{2^{24} p^7} \approx 5.96 \cdot 10^{-8} p$;

(4) $0 > d \geqslant -\dfrac{(p^2 - 1)^4}{2^{25} p^7} \approx -2.98 \cdot 10^{-8} p$,

则采样序列 $\underline{a}^{(d)}$ 与 $\underline{a}$ 不平移等价.

注 8.1　需要说明的是, 定理 8.1 中的结论 (3) 和 (4) 是用指数和估计方法得到的, 为了证明方便, 采样值 d 选择的是模 T 的绝对最小剩余, 即要求 $1 < d \leqslant T/2$, 或者 $-T/2 < d < 0$. 在此基础上, 文献 [77] 进一步证明了当采样值 $-0.000274p < d < 0.000823p$ 时猜想 8.2 都成立, 并且当素数 $p > 2.26 \cdot 10^{55}$ 时, 猜想 8.2 也都成立.

另一方面, Goresky 等也给出了不满足猜想 8.2 的采样序列的个数的如下上界.

命题 8.1[76]　设 $\underline{a}$ 是一条以素数 p 为连接数, 周期为 $T = p - 1$ 的 l-序列. 任意给定实数 $\varepsilon > 0$, 存在仅与 ε 有关的常数 $C_0(\varepsilon) > 0$, 使得至多存在 $C_0(\varepsilon) q^{2/3+\varepsilon}$ 条 $\underline{a}$ 的采样序列 $\underline{a}^{(d)}$ 与 $\underline{a}$ 平移等价.

下面两节将分别证明当连接数为素数和素数方幂时, 猜想 8.1 和猜想 8.2 均成立.

8.2　连接数为素数时不平移等价猜想的证明

本节先介绍文献 [61] 利用 l-序列自相关函数的性质给出的使得猜想 8.2 成立的部分素连接数, 再介绍文献 [78] 给出的猜想 8.2 的完整证明.

8.2.1　使得不平移等价猜想成立的部分素连接数

6.2 节介绍了 l-序列自相关函数的性质. 特别地, 由引理 6.4 知, 对于周期为 T 的 l-序列, 对任意的整数 $0 \leqslant \tau \leqslant T/2 - 1$, 有

$$C_{\underline{a}}(\tau) = -C_{\underline{a}}(T/2 - \tau) = -C_{\underline{a}}(T/2 + \tau) = C_{\underline{a}}(T - \tau). \tag{8.1}$$

再由定理 6.8 知, 对于以素数 p 为连接数的 l-序列 $\underline{a}$, 它有具有非平凡的极大自相关函数值 $\pm EL_3(p)$, 并且

$$C_{\underline{a}}(\tau) = (-1)^k \cdot EL_3(p) \Leftrightarrow 2^{-\tau} \equiv (-1)^k \cdot 3, \text{ 或 } (-1)^k \cdot 3^{-1} \bmod p, \tag{8.2}$$

其中 $k \in \{0,1\}$, $EL_3(p)$ 为小于 $p/3$ 的最大偶数.

关于 l-序列的采样序列的自相关函数, 容易证明下面的结论成立.

引理 8.1[61] 设 $\underline{a}$ 是一条以素数 p 为连接数, 周期为 $T = p - 1$ 的 l-序列. 若 d 是与周期 T 互素的正整数, 则对任意 $0 \leqslant \tau \leqslant T - 1$, 有

$$C_{\underline{a}^{(d)}}(\tau) = C_{\underline{a}}(d\tau).$$

进一步, 若采样序列 $\underline{a}^{(d)}$ 与 $\underline{a}$ 平移等价, 则有

$$C_{\underline{a}^{(d)}}(\tau) = C_{\underline{a}}(d\tau) = C_{\underline{a}}(\tau).$$

证明 如果 $\tau = 0$, 则结论是平凡的. 下面假定 $\tau > 0$. 因为 d 与周期 T 互素, 故有

$$C_{\underline{a}^{(d)}}(\tau) = \sum_{i=0}^{p-2} (-1)^{a_{di} + a_{d(i+\tau)}} = \sum_{i=0}^{p-2} (-1)^{a_i + a_{i+d\tau}} = C_{\underline{a}}(d \cdot \tau).$$

进而, 若 $\underline{a}^{(d)}$ 与 $\underline{a}$ 平移等价, 则存在非负整数 v 使得 $\underline{a}^{(d)} = x^v \underline{a}$, 于是有

$$C_{\underline{a}^{(d)}}(\tau) = C_{x^v \underline{a}}(\tau) = C_{\underline{a}}(\tau),$$

即有

$$C_{\underline{a}}(d\tau) = C_{\underline{a}^{(d)}}(\tau) = C_{\underline{a}}(\tau).$$

综上知引理的结论成立. □

利用引理 8.1 和 (8.2) 式可以得到下面的结论.

引理 8.2[61] 设 $p > 13$ 是素数, 2 是模 p 的原根, $\underline{a}$ 是一条以 p 为连接数的 l-序列. 设整数 d 与 $p - 1$ 互素且 $1 < d < p - 1$. 若采样序列 $\underline{a}^{(d)}$ 与 $\underline{a}$ 平移等价, 则要么 $d - 1$, 要么 $d + 1$ 是 $\mathrm{ord}_p(3)$ 的倍数, 其中 $\mathrm{ord}_p(3)$ 表示 3 模 p 的乘法阶.

证明 因为 2 是模 p 的原根, 所以存在整数 τ, $1 \leqslant \tau \leqslant p - 2$, 使得

$$2^{-\tau} \equiv 3 \bmod p. \tag{8.3}$$

故由 (8.2) 式知, 此时 $C_{\underline{a}}(\tau) = EL_3(p)$.

再由引理 8.1 知, 若采样序列 $\underline{a}^{(d)}$ 与 $\underline{a}$ 平移等价, 则有

$$C_{\underline{a}}(d\tau) = C_{\underline{a}^{(d)}}(\tau) = C_{\underline{a}}(\tau) = EL_3(p).$$

于是由 (8.2) 式又可以得到

$$2^{-d\cdot\tau} \equiv 3 \bmod p \quad \text{或者} \quad 2^{-d\cdot\tau} \equiv 3^{-1} \bmod p. \tag{8.4}$$

将 (8.3) 式代入 (8.4) 式可以得到

$$3^{d-1} \equiv 1 \bmod p \quad \text{或者} \quad 3^{d+1} \equiv 1 \bmod p,$$

这就意味着要么 $\mathrm{ord}_p(3)|(d-1)$, 要么 $\mathrm{ord}_p(3)|(d+1)$, 故引理的结论成立. $\qquad\square$

特别地, 当 $\mathrm{ord}_p(3) = p-1$, 即 3 也是模 p 的原根时, 由引理 8.2 容易得到下面的结论成立.

推论 8.1[61]　设 $p > 13$ 是素数, 2 和 3 都是模 p 的原根, $\underline{a}$ 是一条以 p 为连接数的 l-序列. 设整数 d 与 $p-1$ 互素且 $1 < d < p-1$, 则采样序列 $\underline{a}^{(d)}$ 与 $\underline{a}$ 都不平移等价.

证明　因为 $\mathrm{ord}_p(3) = p-1$, 由引理 8.2 知, 当 $1 < d \leqslant p-3$ 时, $d-1$ 和 $d+1$ 都不是 $\mathrm{ord}_p(3)$ 的倍数, 从而 $\underline{a}^{(d)}$ 与 $\underline{a}$ 都不平移等价.

当 $d = p-2$ 时, 由定理 8.1 的结论 (1) 知, $\underline{a}^{(d)}$ 与 $\underline{a}$ 也不平移等价. 故推论的结论成立. $\qquad\square$

实验结果表明, 在 l-序列的素数连接数 p, 即在满足 2 是原根的素数 p 中约有 39% 的素数同时满足推论 8.1 的条件, 即 3 是模 p 的原根. 进一步, 还可以将 3 是模 p 原根的条件降低到 $(p-1)/2^t$ 整除 $\mathrm{ord}_p(3)$, 其中 $2^t\|(p-1)$, 而满足这个条件的素数连接数比例可以从 39% 提升到 79%. 这表明存在一大类以素数为连接数的 l-序列符合猜想 8.2.

下面先分析在 $(p-1)/2^t$ 整除 $\mathrm{ord}_p(3)$ 的条件下, $\mathrm{ord}_p(3)$ 的可能取值. 由数论知识知, 当 p 是奇素数时, 2 是模 p 的二次剩余当且仅当 $p \equiv \pm 1 \bmod 8$, 故当 2 是模 p 的原根时, 必有

$$p \equiv 3 \bmod 8 \quad \text{或} \quad p \equiv 5 \bmod 8.$$

此时使得 $2^t\|(p-1)$ 的整数 t 分别为 1 或 2. 由于 $\mathrm{ord}_p(3)|(p-1)$, 故条件 $(p-1)/2^t$ 整除 $\mathrm{ord}_p(3)$ 等价于

$$\mathrm{ord}_p(3) = p-1, (p-1)/2, \quad \text{或} \quad (p-1)/4.$$

注意到推论 8.1 已经证明了 $\mathrm{ord}_p(3) = p-1$ 的情形, 下面分别讨论 $\mathrm{ord}_p(3)$ 的其他两种取值.

先考虑 $p \equiv 3 \bmod 8$ 的情况. 此时 $2 \| (p-1)$, 由 $(p-1)/2$ 整除 $\text{ord}_p(3)$ 可以得到 $\text{ord}_p(3) = p-1$ 或 $(p-1)/2$. 由于推论 8.1 已经证明了 $\text{ord}_p(3) = p-1$ 的情形, 下面只用分析 $\text{ord}_p(3) = (p-1)/2$ 的情况, 此时可以证明下面的引理成立.

引理 8.3[61] 设 $p > 13$ 是素数, 2 是模 p 的原根, $\underline{a}$ 是一条以 p 为连接数的 l-序列. 设整数 d 与 $p-1$ 互素且 $1 < d < p-1$. 如果 $p \equiv 3 \bmod 8$ 且 $\text{ord}_p(3) = (p-1)/2$, 则采样序列 $\underline{a}^{(d)}$ 与 $\underline{a}$ 都不平移等价.

证明 因为 $p \equiv 3 \bmod 8$, 故可设 $p = 2 \cdot k + 1$, 其中 k 为正奇数, 此时 $\text{ord}_p(3) = (p-1)/2 = k$.

如果采样序列 $\underline{a}^{(d)}$ 与 $\underline{a}$ 平移等价, 则由定理 8.1 的结论 (1) 和引理 8.2 知, $1 < d < p-2$, 并且 $d-1$ 和 $d+1$ 中至少有一个是 $\text{ord}_p(3) = k$ 的倍数, 故有 $d = k+1$, 或者 $d = k-1$.

另一方面, 由于 k 为奇数, $k+1$ 和 $k-1$ 都是偶数, 它们与 $p-1$ 都不互素, 这与 d 的选择矛盾. 故 $\underline{a}^{(d)}$ 与 $\underline{a}$ 不平移等价, 结论得证. □

再考虑 $p \equiv 5 \bmod 8$ 的情况. 此时 $2^2 \| (p-1)$, 由 $(p-1)/2^2$ 整除 $\text{ord}_p(3)$ 可以得到 $\text{ord}_p(3) = p-1$, $(p-1)/2$, 或 $(p-1)/4$. 由于推论 8.1 已经证明了 $\text{ord}_p(3) = p-1$ 的情形, 下面只用分析 $\text{ord}_p(3) = (p-1)/2$ 或 $(p-1)/4$ 的情况.

如果采样序列 $\underline{a}^{(d)}$ 与 $\underline{a}$ 平移等价, 同上由定理 8.1 的结论 (1) 和引理 8.2 知, $1 < d < p-2$, 并且要么 $d-1$ 要么 $d+1$ 是 $\text{ord}_p(3)$ 的倍数, 于是可以得到

$$d \in \left\{ \frac{p-1}{4} \pm 1, \frac{p-1}{2} \pm 1, \frac{3(p-1)}{4} \pm 1 \right\}.$$

注意到当 $p \equiv 5 \bmod 8$ 时, $\dfrac{p-1}{4} \pm 1$ 和 $\dfrac{3(p-1)}{4} \pm 1$ 都是偶数, 它们与 $p-1$ 都不互素, 故 $d \notin \left\{ \dfrac{p-1}{4} \pm 1, \dfrac{3(p-1)}{4} \pm 1 \right\}$. 另一方面, 由定理 8.1 的结论 (2) 知, $d \neq \dfrac{p-1}{2} + 1$, 故下面只用考虑 $d = \dfrac{p-1}{2} - 1 = \dfrac{p-3}{2}$ 的情况, 此时可以证明下面的结论成立.

引理 8.4[61] 设 $p > 13$ 是素数, 2 是模 p 的原根, $\underline{a}$ 是一条以 p 为连接数的 l-序列. 若 $p \equiv 5 \bmod 8$, 则对于 $d = (p-3)/2$, 采样序列 $\underline{a}^{(d)}$ 与 $\underline{a}$ 不平移等价.

在证明引理 8.4 之前, 先介绍文献 [61] 给出的关于 l-序列自相关函数的一个简单性质. 对任意的整数 $1 \leqslant u \leqslant p-1$ 和 $1 \leqslant x \leqslant p-1$, 记

$$f_u(x) = x \oplus (ux \bmod p),$$

其中 $ux \bmod p$ 表示 ux 模 p 得到的 0 到 $p-1$ 之间的数, $x \oplus y$ 表示非负整数 x, y 的模 2 加法, 即 $x+y$ 模 2 的最小非负剩余. 根据 l-序列的算术表示和自相关

函数的定义可以证明 l-序列的自相关函数 $C_{\underline{a}}(\tau)$ 满足

$$C_{\underline{a}}(\tau) = \sum_{x=1}^{p-1} (-1)^{f_{2^{-\tau} \bmod p}(x)},$$

并且下面的结论成立.

引理 8.5 [61]　设 $p > 13$ 是素数, 2 是模 p 的原根. 若 $p \equiv 5 \bmod 8$ 且 $p > 38659$, 则存在模 p 的二次非剩余 u 使得

$$\sum_{x=1}^{p-1} (-1)^{f_u(x)} > 0.$$

下面给出引理 8.4 的证明.

证明　若 $13 < p < 38659$, 可直接计算验证结论成立. 下面设 $p > 38659$.

如果 $\underline{a}^{(d)}$ 与 $\underline{a}$ 平移等价. 设 $1 \leqslant \tau \leqslant p-2$ 为奇数, 则由 (8.1) 式知

$$C_{\underline{a}}(\tau) = -C_{\underline{a}}\left(\frac{p-1}{2} - \tau\right) = C_{\underline{a}}(p-1-\tau).$$

另一方面, 由于 τ 为奇数且序列 $\underline{a}$ 的周期为 $p-1$, 故当 $d = (p-3)/2$ 时, 有

$$C_{\underline{a}}(d\tau) = C_{\underline{a}}\left(\frac{p-1}{2} \cdot \tau - \tau\right) = C_{\underline{a}}\left(\frac{p-1}{2} - \tau\right) = -C_{\underline{a}}(\tau).$$

再由引理 8.1 知, 当 $\underline{a}^{(d)}$ 与 $\underline{a}$ 平移等价时, 有

$$C_{\underline{a}}(d\tau) = C_{\underline{a}}(d\tau) = C_{\underline{a}}(\tau),$$

故对任意奇数 τ, 有 $C_{\underline{a}}(\tau) = 0$.

因 2 是模 p 的原根, 故当 τ 取遍 $\{0, 1, \cdots, p-2\}$ 中的全体奇数时, $2^{-\tau} \bmod p$ 恰好取遍全体模 p 的二次非剩余. 注意到

$$C_{\underline{a}}(\tau) = \sum_{x=1}^{p-1} (-1)^{f_{2^{-\tau} \bmod p}(x)},$$

故对全体模 p 的二次非剩余 u, 有 $\sum_{x=1}^{p-1} (-1)^{f_u(x)} = 0$, 这与引理 8.5 矛盾.

因此, 对于 $d = (p-3)/2$, 采样序列 $\underline{a}^{(d)}$ 与 $\underline{a}$ 不平移等价, 即引理 8.4 成立.　□

综合上面的分析, 可以得到

定理 8.2 [61]　设 $p > 13$ 是素数, 2 是模 p 的原根, $\underline{a}$ 是一条以 p 为连接数的 l-序列. 设整数 d 与 $p-1$ 互素且 $1 < d < p-1$. 如果 $(p-1)/2^t$ 整除 $\mathrm{ord}_p(3)$, 其中 $2^t \| (p-1)$, 则采样序列 $\underline{a}^{(d)}$ 与 $\underline{a}$ 都不平移等价.

针对定理 8.2 中的条件, 我们测试了前 40000 个素数 p. 在表 8.1 中第一类素数表示 2 是模 p 的原根的素数, 第二类素数表示 2 是模 p 的原根并且 $(p-1)/2^t$ 整除 $\mathrm{ord}_p(3)$ 的素数, 其中 $2^t \| (p-1)$, 表 8.1 中最后一行为第二类素数在第一类素数中所占比例. 从表 8.1 中数据可以看出, 大于 79% 的以素数为连接数的 l-序列都满足猜想 8.2.

表 8.1   满足定理 8.2 条件的素数分布表

前 k 个素数	$k = 5000$	$k = 10000$	$k = 20000$	$k = 40000$
第一类素数	1877	3752	7478	14935
第二类素数	1483	2968	5947	11847
所占比例	> 79.0%	> 79.1%	> 79.5%	> 79.3%

8.2.2   连接数为素数时不平移等价猜想的最终证明

8.2.1 小节给出了使得猜想 8.2 成立的某些素连接数, 下面接着介绍文献 [78] 给出的当连接数为素数时猜想 8.2 的最终证明.

设 $\underline{a}$ 是以素数 p 为连接数, 周期为 $T = p - 1$ 的 l-序列. 由定理 5.4 给出的 FCSR 序列的算术表示知, 存在 $b \in \mathbb{Z}/(p)$, 使得

$$a_i = (b \cdot 2^{-i} \bmod p) \bmod 2, \quad \text{对任意 } i \geqslant 0.$$

当 $1 < d < T$ 与周期 T 互素时, 序列 $\underline{a}$ 的 d-采样序列 $\underline{a}^{(d)}$ 的算术表示为

$$a_{di} = (b \cdot 2^{-di} \bmod p) \bmod 2, \quad \text{对任意 } i \geqslant 0.$$

注意到 2 是模 p 的原根, 当 i 遍历 $[0, p-2]$ 中所有整数时, 2^{-i} 和 2^{-di} 遍历 $\mathbb{Z}/(p)$ 中所有非零剩余. 因此当整数 $1 \leqslant d, A \leqslant p-1$, 且 d 与 $p-1$ 互素时, 映射 $\psi : x \to Ax^d$ 是 $\mathbb{Z}/(p)$ 上的置换. 进而, 采样序列 $\underline{a}^{(d)}$ 与 $\underline{a}$ 平移等价当且仅当映射 $\psi : x \to Ax^d$ 是 $\mathbb{Z}/(p)$ 中偶剩余间的置换.

不妨记 $\mathbb{E} = \{2, 4, 6, \cdots, p-1\}$ 为 $\mathbb{Z}/(p)$ 中所有非零偶剩余的集合, $\mathbb{O} = \{1, 3, 5, \cdots, p-2\}$ 为 $\mathbb{Z}/(p)$ 中所有奇剩余的集合, 则 $\underline{a}^{(d)}$ 与 $\underline{a}$ 平移等价当且仅当映射 $\psi : x \to Ax^d$ 是 $\mathbb{E}$ 上的置换. 容易验证, 如果

$$(p, A, d) = (5, 3, 3), (7, 1, 5), (11, 9, 3), (11, 3, 7), (11, 5, 9), \text{ 或} (13, 1, 5), \quad (8.5)$$

那么映射 $\psi : x \to Ax^d$ 是 $\mathbb{E}$ 上的置换. 除了这些情况外, 文献 [78] 证明了映射 $\psi : x \to Ax^d$ 都不是 $\mathbb{E}$ 上的置换, 从而当连接数为大于 13 的素数时猜想 8.2 都成立. 他们得到的主要结论为

定理 8.3[78]   设 p 是奇素数, 整数 $1 \leqslant d, A \leqslant p-1$, 且 d 与 $p-1$ 互素. 如果映射 $\psi : x \to Ax^d$ 不是恒等映射, 且参数 (p, A, d) 不是 (8.5) 式中的任何值, 则 $\psi : x \to Ax^d$ 不是 $\mathbb{E}$ 上的置换.

文献 [78] 在证明定理 8.3 时考虑了特殊同余式解的计数, 分析了当定理 8.3 不成立时参数 d, p 需要满足的必要条件, 先证明了当素数 $p < 2.4 \cdot 10^9$ 时, 定理 8.3 的结论成立, 接着证明了当素数 $p > 2.4 \cdot 10^9$ 时, 定理 8.3 的结论也成立. 为叙述的简洁性, 下面只保留主要结论的证明过程, 其他引理的证明参见文献 [78].

引理 8.6[78]　设 m 是正奇数, A, B 是非零整数, 且 $\gcd(A, B) = 1$. 记 $\mathcal{N}_m(A, B)$ 为使得 $x, y \in [1, (m-1)/2]$ 的同余式 $Ax + By \equiv 0 \bmod m$ 的解的个数, 则有

(1) 如果 AB 为偶数, 那么

$$\left| \mathcal{N}_m(A, B) - \frac{m}{4} \right| \leqslant \frac{|A| + |B|}{2} + 1;$$

(2) 如果 AB 为奇数, 那么

$$\left| \mathcal{N}_m(A, B) - \frac{m}{4} \left(1 - \frac{1}{AB} \right) \right| \leqslant \frac{|A| + |B|}{2} + 1.$$

引理 8.7[78]　设 p 是奇素数, a 是正奇数. 记 $\mathcal{N}_p(a)$ 为使得 $x, y \in [1, (p-1)/2]$ 的同余式 $y \equiv ax \bmod p$ 的解的个数, 则有

$$\left| \mathcal{N}_p(a) - \frac{p}{4} \left(1 + \frac{1}{a} \right) \right| \leqslant \frac{a}{8} + 3.$$

进而, 如果 a 是不同于 p 的奇素数, 则有

$$\left| \mathcal{N}_p(a) - \frac{p}{4} \left(1 + \frac{1}{a} \right) \right| \leqslant \frac{a}{6} + \frac{11}{4}.$$

利用引理 8.6 和引理 8.7, 文献 [78] 给出了如下使得定理 8.3 不成立的必要条件.

引理 8.8[78]　设 d, A 是使得映射 $\psi : x \to Ax^d$ 为 $\mathbb{Z}/(p)$ 中偶剩余间置换的整数, 则对满足

$$a^3 + 23a^2 + 42a < \frac{12}{7} p$$

的任意奇素数 a, 有

$$a^{d-1} \equiv 1 \bmod p, \quad \text{或} \ a^{d+1} \equiv 1 \bmod p.$$

此外, 文献 [78] 还证明了当 $\gcd(d-1, p-1)$ 或者 $\gcd(d+1, p-1)$ 较大时, 定理 8.3 成立, 即有下面的结论.

引理 8.9[78]   设映射 $\psi : x \to Ax^d$ 是 $\mathbb{Z}/(p)$ 中置换但不是恒等置换, 如果 $\gcd(d-1,p-1) > 9.06\sqrt{p}$, 那么映射 $\psi : x \to Ax^d$ 不是 $\mathbb{Z}/(p)$ 中偶剩余间的置换.

引理 8.10[78]   设映射 $\psi : x \to Ax^d$ 是 $\mathbb{Z}/(p)$ 中置换但不是恒等置换, 如果 $\gcd(d+1,p-1) > \dfrac{p-1}{p-7} \cdot 18\sqrt{p}$, 那么映射 $\psi : x \to Ax^d$ 不是 $\mathbb{Z}/(p)$ 中偶剩余间的置换.

利用引理 8.8—引理 8.10 可以先验证当素数 $13 < p < 2.4 \cdot 10^9$ 时, 定理 8.3 成立, 并最终证明对其他素数 p, 定理 8.3 也成立.

引理 8.11[78]   当素数 $13 < p < 2.4 \cdot 10^9$ 时, 定理 8.3 成立.

证明   由定理 8.1 的结论 (1) 知, 只用考虑整数 $1 < d \leqslant p-3$ 的情况. 记 a_p 为模 p 的最小奇素数原根, 下面分情况讨论.

(1) 如果对某个奇素数 p, 存在 a_p 满足 $a_p^3 + 23a_p^2 + 42a_p < \dfrac{12}{7}p$, 由于 a_p 为模 p 的原根, 其阶为 $p - 1 > d + 1$, 故由引理 8.8 知, $\psi : x \to Ax^d$ 不是 $\mathbb{Z}/(p)$ 中偶剩余间的置换.

(2) 如果对某个奇素数 p, 存在 a_p 不满足 $a_p^3 + 23a_p^2 + 42a_p < \dfrac{12}{7}p$, 但 $a_p^{d-1} \equiv 1 \bmod p$, 或者 $a_p^{d+1} \equiv 1 \bmod p$, 由于 a_p 为模 p 的原根, 此时可以得到 $(p-1)|(d-1)$ 或者 $(p-1)|(d+1)$. 由于 $1 < d \leqslant p-3$, $1 \leqslant d \pm 1 < p - 1$, 这两种情况均不存在.

(3) 如果对某个奇素数 p, 存在 a_p 不满足 $a_p^3 + 23a_p^2 + 42a_p < \dfrac{12}{7}p$, 并且 $a_p^{d-1} \not\equiv 1 \bmod p$, $a_p^{d+1} \not\equiv 1 \bmod p$. 当 $p < 2500$ 时直接验证知 $\psi : x \to Ax^d$ 不是 $\mathbb{Z}/(p)$ 中偶剩余间的置换. 当 $2500 < p < 2.4 \cdot 10^9$ 时, 一定存在满足 $a^3 + 23a^2 + 42a < \dfrac{12}{7}p$ 的奇素数 a, 对满足该不等式的每个奇素数 a, 计算 a 模 p 的乘法阶的最大值. 可以验证, 绝大多数情况下该最大值为 $(p-1)/2$, 其他情况下存在阶达到 $(p-1)/3$ 或者 $(p-1)/4$ 的奇素数 a.

以满足 $a^3 + 23a^2 + 42a < \dfrac{12}{7}p$ 的奇素数 a 中 a 模 p 的最大乘法阶 $\operatorname{ord}_p(a) = (p-1)/2$ 为例, 如果 $\psi : x \to Ax^d$ 不是 $\mathbb{Z}/(p)$ 偶剩余间的置换, 那么由引理 8.8 知, 要么 $a^{d-1} \equiv 1 \bmod p$, 要么 $a^{d+1} \equiv 1 \bmod p$. 由于 $\operatorname{ord}_p(a) = (p-1)/2$, 故可以得到

$$\frac{p-1}{2}\bigg|(d-1), \quad \text{或者} \quad \frac{p-1}{2}\bigg|(d+1). \tag{8.6}$$

考虑 $d \pm 1$ 与 $p - 1$ 的最大公因子, 由于 $1 < d \leqslant p-3$, $1 \leqslant d \pm 1 < p - 1$, 故有

$$\gcd(d-1,p-1) = (p-1)/2, \quad \text{或者} \quad \gcd(d+1,p-1) = (p-1)/2.$$

当 $p > 1300$ 时, 由引理 8.9 或者引理 8.10 知, 映射 $\psi : x \to Ax^d$ 不是 $\mathbb{Z}/(p)$ 中偶剩余间的置换. 当 $p < 1300$ 时直接验证知映射 $\psi : x \to Ax^d$ 不是 $\mathbb{Z}/(p)$ 中偶剩余间的置换.

综上知, 引理的结论成立.　　　　　　　　　　　　　　　　　　　　□

下面给出定理 8.3 的证明.

证明　由引理 8.11 知, 只用证明当素数 $p > 2.4 \cdot 10^9$ 时, 定理的结论成立. 不妨设

$$\gcd(d-1, p-1) = \alpha\sqrt{p}, \quad \gcd(d+1, p-1) = \beta\sqrt{p},$$

则由引理 8.9 和引理 8.10 知, 可以假定

$$\alpha \leqslant 9.06, \quad \beta \leqslant 18.001.$$

用反证法. 如果映射 $\psi : x \to Ax^d$ 是 $\mathbb{Z}/(p)$ 中偶剩余间的置换, 那么由引理 8.8 知, 对于满足

$$a^3 + 23a^2 + 42a < \frac{12}{7}p \tag{8.7}$$

的任意奇素数 a, 都有

$$a^{d-1} \equiv 1 \bmod p, \quad \text{或 } a^{d+1} \equiv 1 \bmod p.$$

特别地, 容易验证, 当 $p > 2.4 \cdot 10^9$ 时, 每个不超过 $p^{1/3}$ 的奇素数 a 都满足 (8.7) 式的条件, 从而都是模 p 的 $d-1$ 或 $d+1$ 次单位根. 记

$$\Lambda_- = \{a | a \text{ 是奇素数}, a < p^{1/3}, \text{且 } a^{d-1} \equiv 1 \bmod p\},$$
$$\Lambda_+ = \{a | a \text{ 是奇素数}, a < p^{1/3}, \text{且 } a^{d+1} \equiv 1 \bmod p\},$$

再记 $\lambda_- = |\Lambda_-|$, $\lambda_+ = |\Lambda_+|$, 由数论知识 (参见文献 [80] 的定理 1) 知, 当 $t \geqslant 59$ 时, 小于等于 t 的素数的个数 $\pi(t)$ 满足

$$\pi(t) > \frac{t}{\ln t} \cdot \left(1 + \frac{1}{2\ln t}\right),$$

故有

$$\lambda_- + \lambda_+ = \pi(p^{1/3}) - 1 > \frac{3p^{1/3}}{\ln p} \cdot \left(1 + \frac{3}{2\ln p}\right) - 1. \tag{8.8}$$

由于 $d-1$ 为偶数, 若 b 为模 p 的 $d-1$ 次单位根, 则 $-b \equiv p-b \bmod p$ 也是模 p 的 $d-1$ 次单位根, 故模 p 的 $d-1$ 次单位根中奇偶各占一半. 注意到模 p 的 $d-1$

次单位根也是 $p-1$ 次单位根, 不同的 $d-1$ 次单位根恰有 $\gcd(d-1, p-1) = \alpha\sqrt{p}$ 个, 其中奇数单位根恰有 $\frac{1}{2}\gcd(d-1, p-1) = \frac{\alpha}{2}\sqrt{p}$. 同理模 p 的 $d+1$ 次奇数单位根恰有 $\frac{1}{2}\gcd(d+1, p-1) = \frac{\beta}{2}\sqrt{p}$ 个. 另一方面, 由 λ_- 和 λ_+ 的定义知, 模 p 的 $d-1$ 次奇数单位根至少有

$$1 + \lambda_- + \binom{\lambda_-}{2} + \binom{\lambda_-}{3} > \frac{\lambda_-^3}{6}$$

个, 而模 p 的 $d+1$ 次奇数单位根至少有

$$1 + \lambda_+ + \binom{\lambda_+}{2} + \binom{\lambda_+}{3} > \frac{\lambda_+^3}{6}$$

个, 故有

$$\frac{\lambda_-^3}{6} < \frac{\alpha}{2}\sqrt{p}, \quad \frac{\lambda_+^3}{6} < \frac{\beta}{2}\sqrt{p}.$$

于是可以得到

$$\begin{aligned} \lambda_- + \lambda_+ &< 3^{1/3} \cdot \left(\alpha^{1/3} + \beta^{1/3}\right) \cdot p^{1/6} \\ &\leqslant 3^{1/3} \cdot \left(9.6^{1/3} + 18.001^{1/3}\right) \cdot p^{1/6} \\ &\leqslant 5.433 \cdot p^{1/6}. \end{aligned}$$

故由 (8.8) 式可以得到

$$\frac{3p^{1/3}}{\ln p} \cdot \left(1 + \frac{3}{2\ln p}\right) - 1 < 5.433 \cdot p^{1/6}.$$

当 $p > 2.4 \cdot 10^9$ 时上式不成立, 故假设不成立, 从而映射 $\psi : x \to Ax^d$ 不是 $\mathbb{Z}/(p)$ 中偶剩余间的置换. □

由定理 8.3 知, 当连接数为素数 $p > 13$ 时, 猜想 8.1 和猜想 8.2 成立, 即 l-序列的不同采样序列都不平移等价.

8.3 连接数为素数方幂时不平移等价猜想的证明

8.2 节证明了当连接数为素数方幂时猜想 8.1 成立, 本节继续证明当连接数为素数方幂时, 猜想 8.1 也成立.

设 $\underline{a}$ 是以 $q = p^e$ 为连接数, 周期为 $T = \varphi(q) = p^{e-1}(p-1)$ 的 l-序列. 由定理 5.4 给出的 FCSR 序列的算术表示知, 存在 $B \in \mathbb{Z}/(p^e)$, 使得

$$a_i = (B \cdot 2^{-i} \bmod p^e) \bmod 2, \quad 对任意 i \geqslant 0,$$

其中 2 为模 p^e 的原根. 这时序列 $\underline{a}$ 可以看成环 $\mathbb{Z}/(p^e)$ 上以 $(x - 2^{-1} \bmod p^e)$ 为特征多项式的 1 阶本原序列的模 2 导出序列.

更一般地, 对任意正整数 c, d, 当 c, d 与周期 $T = p^{e-1}(p-1)$ 互素时, $\underline{a}$ 的 c-采样序列 $\underline{a}^{(c)}$ 和 d-采样序列 $\underline{a}^{(d)}$ 的算术表示分别为

$$a_{ci} = (B \cdot 2^{-ci} \bmod p^e) \bmod 2, \quad 对任意 i \geqslant 0,$$

$$a_{di} = (B \cdot 2^{-di} \bmod p^e) \bmod 2, \quad 对任意 i \geqslant 0,$$

此时 $2^{-c} \bmod p^e$ 和 $2^{-d} \bmod p^e$ 也是模 p^e 的原根, 采样序列 $\underline{a}^{(c)}$ 和 $\underline{a}^{(d)}$ 可以看成环 $\mathbb{Z}/(p^e)$ 上分别以 $x - 2^{-c} \bmod p^e$ 和 $x - 2^{-d} \bmod p^e$ 为特征多项式的 1 阶本原序列的模 2 导出序列, 此时多项式 $x - 2^{-c} \bmod p^e$ 和 $x - 2^{-d} \bmod p^e$ 都是 $\mathbb{Z}/(p^e)$ 上的一次本原多项式.

对环 $\mathbb{Z}/(p^e)$ 上任意多项式 $f(x)$, 记 $G(f(x), p^e)$ 为 $\mathbb{Z}/(p^e)$ 上由 $f(x)$ 生成的线性递归序列全体, 并记

$$G'(f(x), p^e) = \{\underline{u} \in G(f(x), p^e) | \underline{u} \not\equiv \underline{0} \bmod p\}.$$

注意到当 $\underline{u} \in G'(f(x), p^e)$ 时, 对任意正整数 k, 其移位序列 $x^k \underline{u} \in G'(f(x), p^e)$. 因此以 $q = p^e$ 为连接数的 l-序列的采样序列 $\underline{a}^{(c)}$ 和 $\underline{a}^{(d)}$ 不平移等价当且仅当相应的环 $\mathbb{Z}/(p^e)$ 上的 1 阶本原序列模 2 不同余, 故猜想 8.1 和下面的猜想等价.

猜想 8.3 [79]　设 p 是奇素数, $e \geqslant 2$, $p^e \neq 9$, 且 2 是模 p^e 的原根. 设 ξ 和 ζ 是模 p^e 的两个不同的原根, 并记 $f(x) = x - \xi$, $g(x) = x - \zeta$, 则对任意 $\underline{u} \in G'(f(x), p^e), \underline{v} \in G'(g(x), p^e)$, 有

$$\underline{u} \not\equiv \underline{v} \bmod 2.$$

同猜想 8.3, 以下设 p 是奇素数, $e \geqslant 2$, $p^e \neq 9$, 且 2 是模 p^e 的原根.

设 $f(x)$ 是环 $\mathbb{Z}/(p^e)$ 上的 n 次本原多项式, 则对任意 $\underline{u} \in G'(f(x), p^e)$, 序列 $\underline{u}$ 有如下唯一的 p-adic 分解

$$\underline{u} = \underline{u}_0 + \underline{u}_1 \cdot p + \cdots + \underline{u}_{e-1} \cdot p^{e-1},$$

其中 $\underline{u}_i$ 是环 $\mathbb{Z}/(p)$ 上的序列, 称为 $\underline{u}$ 的第 i 权位序列, $\underline{u}_{e-1}$ 称为 $\underline{u}$ 的最高权位序列, $\underline{u}_0$ 称为 $\underline{u}$ 的最低权位序列, $\text{per}(\underline{u}_i) = p^{i-1}(p^n - 1)$, $i = 0, 1, \cdots, e-1$. 特别地, $\underline{u}_0$ 就是 $\mathbb{Z}/(p)$ 上由 $f(x) \bmod p$ 生成的 n 阶 m-序列.

记 $T_0 = p^n - 1$. 对于环 $\mathbb{Z}/(p^e)$ 上的 n 次本原多项式 $f(x)$, 由定理 1.5 和定理 1.6 知, 存在 $h_f(x) \in \mathbb{Z}/(p^{i+1})[x]$, $\deg h_f(x) < n$, 使得

$$x^{p^{i-1}T_0} \equiv 1 + p^i \cdot h_f(x) \bmod (f(x), p^{i+1}), \quad i = 1, 2, \cdots, e-1. \tag{8.9}$$

特别地, 当 $n = 1$ 时, $h_f(x)$ 为 $\mathbb{Z}/(p)$ 上的非零常数, 可以简记为 h_f.

为叙述方便, 对任意序列 $\underline{a}$, 以下记 $\underline{a} = (a(t))_{t=0}^{\infty}$. 设 $f(x)$ 是环 $\mathbb{Z}/(p^e)$ 上的 n 次本原多项式, 对任意 $\underline{u} \in G'(f(x), p^e)$, 记 $\underline{\alpha} = h_f(x)\underline{u}_0 (\bmod p)$, 其中 $h_f(x)$ 由 (8.9) 式给出. 由引理 2.2 知, 对任意非负整数 t, 有

$$u_{e-1}(t + j \cdot p^{e-2}T_0) \equiv u_{e-1}(t) + j \cdot \alpha(t) (\bmod p), \quad j = 0, 1, \cdots, p-1. \tag{8.10}$$

进一步, 若对某个非负整数 t 有 $\alpha(t) \neq 0$, 则

$$\{u_{e-1}(t + j \cdot p^{e-2}T_0) | j = 0, 1, \cdots, p-1\} = \{0, 1, \cdots, p-1\}. \tag{8.11}$$

由于 $\underline{u}_0$ 是 $\mathbb{Z}/(p)$ 上由 $f(x) \bmod p$ 生成的 m-序列, 且 $\deg(h_f(x)) < \deg(f(x))$, 故 $\underline{\alpha}$ 也是 $\mathbb{Z}/(p)$ 上由 $f(x) \bmod p$ 生成的 m-序列.

当 $f(x)$ 是 $\mathbb{Z}/(p^e)$ 上的本原多项式时, 由推论 4.1 还可以得到, 对于同一个多项式 $f(x)$ 生成的两条本原序列 $\underline{u}, \underline{v} \in G'(f(x), p^e)$, 有

$$\underline{u} = \underline{v} \text{ 当且仅当 } \underline{u} \equiv \underline{v} \bmod 2.$$

同猜想 8.3, 设 ξ 和 ζ 是模 p^e 的两个不同的原根. 对任意 $\underline{u} \in G'(f(x), p^e)$, $\underline{v} \in G'(g(x), p^e)$, 记

$$\underline{\alpha} = h_f\underline{u}_0 \bmod p, \quad \underline{\beta} = h_g\underline{v}_0 \bmod p,$$

其中 $\underline{u}_0$, $\underline{v}_0$ 分别为 $\underline{u}$ 和 $\underline{v}$ 的最低权位序列, h_f, h_g 由 (8.9) 式给出.

下面利用环上本原序列的性质给出猜想 8.3 的证明. 为叙述的简洁性, 不加证明直接引用文献 [79] 中的几个相关引理.

引理 8.12[79] 设 p 是奇素数, $\lambda, \alpha, \beta \in (\mathbb{Z}/(p))^*$, $\alpha \equiv \lambda\beta \bmod p$, δ 为 $\mathbb{Z}/(p)$ 中偶数. 如果 $1 \leqslant \lambda \leqslant p-2$, 那么存在正整数 $1 \leqslant j \leqslant p-1$ 使得

$$(j\alpha \bmod p) \bmod 2 \not\equiv ((j\beta + \delta) \bmod p) \bmod 2.$$

引理 8.13[79] 设 $\underline{u}, \underline{v}$ 同上, 如果存在整数 $t \geqslant 0$, 使得 $u_{e-1}(t) \not\equiv v_{e-1}(t) \bmod 2$, 那么 $\underline{u} \not\equiv \underline{v} \bmod 2$.

引理 8.14[79] 设 $\underline{u}, \underline{v}, \underline{\alpha}, \underline{\beta}$ 同上, 如果 $\underline{\alpha} \equiv (p-1) \cdot \underline{\beta} \bmod p$, 并且 $\underline{u}_{e-1} \equiv \underline{v}_{e-1} \bmod 2$, 那么 $\underline{u}_{e-1} + \underline{v}_{e-1} \equiv (p-1) \cdot \underline{1} \bmod p$.

引理 8.15[79]　设 $f(x), g(x)$ 同上, 则下面的结论成立:

(1) 如果 $p > 3$, 那么不存在序列 $\underline{u} \in G'(f(x), p^e)$, $\underline{v} \in G'(g(x), p^e)$ 使得 $\underline{u}_0 = \underline{v}_0$ 且 $\underline{u}_1 + \underline{v}_1 \equiv (p-1) \cdot \underline{1} \bmod p$;

(2) 如果 $p = 3$ 且 $e \geqslant 3$, 那么不存在序列 $\underline{u} \in G'(f(x), p^e)$, $\underline{v} \in G'(g(x), p^e)$ 使得 $\underline{u}_0 = \underline{v}_0$ 且 $\underline{u}_2 + \underline{v}_2 \equiv (p-1) \cdot \underline{1} \bmod p$.

利用上面的引理可以分别证明, 当 $\underline{\alpha} \not\equiv (p-1) \cdot \underline{\beta} \bmod p$, 或者 $\underline{\alpha} \equiv (p-1) \cdot \underline{\beta} \bmod p$ 时, 都有 $\underline{u} \not\equiv \underline{v} \bmod 2$.

引理 8.16[79]　设 $\underline{u}, \underline{v}, \underline{\alpha}, \underline{\beta}$ 同上, 如果 $\underline{\alpha} \not\equiv (p-1) \cdot \underline{\beta} \bmod p$, 那么 $\underline{u} \not\equiv \underline{v} \bmod 2$.

证明　由引理 8.13, 如果存在整数 $t \geqslant 0$, 使得 $u_{e-1}(t) \not\equiv v_{e-1}(t) \bmod 2$, 那么 $\underline{u} \not\equiv \underline{v} \bmod 2$. 下面只要证明存在这样的非负整数 t.

因为 $\underline{\alpha} \not\equiv (p-1) \cdot \underline{\beta} \bmod p$, 且 $\mathrm{per}(\underline{\alpha}) = \mathrm{per}(\underline{\beta}) = p-1$, 故存在整数 $0 \leqslant t_0 \leqslant p-2$, 使得 $\alpha(t_0) \not\equiv (p-1)\beta(t_0) \bmod p$. 记 $T_0 = p-1$, 由 (8.10) 式知, 对任意整数 $j = 0, 1, \cdots, p-1$, 有

$$u_{e-1}(t_0 + j \cdot p^{e-2}T_0) \equiv u_{e-1}(t_0) + j \cdot \alpha(t_0) \bmod p,$$

$$v_{e-1}(t_0 + j \cdot p^{e-2}T_0) \equiv v_{e-1}(t_0) + j \cdot \beta(t_0) \bmod p.$$

另一方面, 当 $\alpha(t_0) \neq 0$ 且 $\beta(t_0) \neq 0$ 时, 由 (8.11) 式知

$$\{u_{e-1}(t_0 + j \cdot p^{e-2}T_0) | j = 0, 1, \cdots, p-1\} = \{0, 1, \cdots, p-1\},$$

$$\{v_{e-1}(t_0 + j \cdot p^{e-2}T_0) | j = 0, 1, \cdots, p-1\} = \{0, 1, \cdots, p-1\}.$$

不失一般性, 设 $u_{e-1}(t_0) = 0$, $v_{e-1}(t_0) = \delta$. 如果 δ 为奇数, 那么 $u_{e-1}(t_0) \not\equiv v_{e-1}(t_0) \bmod 2$, 于是由引理 8.13 知, $\underline{u} \not\equiv \underline{v} \bmod 2$.

否则, 简记 $\alpha = \alpha(t_0)$, $\beta = \beta(t_0)$, 则 $\alpha \neq 0$, $\beta \neq 0$. 令 $\lambda = \alpha\beta^{-1} \bmod p$, 即 $\alpha \equiv \lambda\beta \bmod p$, 则 $1 \leqslant \lambda \leqslant p-2$. 由引理 8.12 知, 此时存在正整数 $1 \leqslant j_0 \leqslant p-1$ 使得

$$(j_0\alpha \bmod p) \bmod 2 \neq ((j_0\beta + \delta) \bmod p) \bmod 2,$$

即有

$$u_{e-1}(t_0 + j_0 \cdot p^{e-2}T_0) \not\equiv v_{e-1}(t_0 + j_0 \cdot p^{e-2}T_0) \bmod 2.$$

令 $t = t_0 + j_0 \cdot p^{e-2}T_0$, 则 $u_{e-1}(t) \not\equiv v_{e-1}(t)(\bmod 2)$, 于是由引理 8.13 也可以得到 $\underline{u} \not\equiv \underline{v} \bmod 2$.　　　　　　　　　　　　　　　　　　　□

引理 8.17[79]　设 $\underline{u}, \underline{v}, \underline{\alpha}, \underline{\beta}$ 同上, 如果 $\underline{\alpha} \equiv (p-1) \cdot \underline{\beta} \bmod p$, 那么 $\underline{u} \not\equiv \underline{v} \bmod 2$.

证明　如果存在整数 $t \geqslant 0$ 使得 $u_{e-1}(t) \not\equiv v_{e-1}(t) \bmod 2$, 那么由引理 8.13 知, $\underline{u} \not\equiv \underline{v} \bmod 2$.

下面设 $\underline{u}_{e-1} \equiv \underline{v}_{e-1} \bmod 2$, 则由引理 8.14 知

$$\underline{u}_{e-1} + \underline{v}_{e-1} \equiv (p-1) \cdot \underline{1} \bmod p.$$

要证明 $\underline{u} \not\equiv \underline{v} \bmod 2$, 只要证明

$$(\underline{u} \bmod p^{e-1}) \bmod 2 \neq (\underline{v} \bmod p^{e-1}) \bmod 2.$$

注意到

$$\underline{u} \bmod p^{e-1} = \underline{u}_0 + \underline{u}_1 \cdot p + \cdots + \underline{u}_{e-2} \cdot p^{e-2},$$

$$\underline{v} \bmod p^{e-1} = \underline{v}_0 + \underline{v}_1 \cdot p + \cdots + \underline{v}_{e-2} \cdot p^{e-2}$$

是环 $\mathbb{Z}/(p^{e-1})$ 上分别由 $f(x) \bmod p^{e-1}$ 和 $g(x) \bmod p^{e-1}$ 生成的本原序列. 简记

$$\underline{u}^{(e-1)} = \underline{u} \bmod p^{e-1}, \quad \underline{v}^{(e-1)} = \underline{v} \bmod p^{e-1}.$$

如果 $\underline{u}_{e-2} \not\equiv \underline{v}_{e-2} \bmod 2$, 那么由引理 8.13 知

$$\underline{u}^{(e-1)} \not\equiv \underline{v}^{(e-1)} \bmod 2,$$

故有 $\underline{u} \not\equiv \underline{v} \bmod 2$.

下面只用考虑 $\underline{u}_{e-2} \equiv \underline{v}_{e-2} \bmod 2$ 的情况. 更一般地, 设 k 是使得对任意 $1 \leqslant j \leqslant k$, $1 \leqslant k \leqslant e$, 同余式 $\underline{u}_{e-j} \equiv \underline{v}_{e-j} \bmod 2$ 都成立的最大正整数.

(1) 如果 $k = e$, 那么对任意 $0 \leqslant j \leqslant e-1$, 有 $\underline{u}_j \equiv \underline{v}_j \bmod 2$.

(1.1) 当 $j = 0$ 时, 有 $\underline{u}_0 \equiv \underline{v}_0 \bmod 2$. 因为 $\underline{u}_0, \underline{v}_0$ 是 $\mathbb{Z}/(p)$ 上由同一个本原多项式 $f(x) \bmod p = g(x) \bmod p$ 生成的 m-序列, 故由推论 4.1 知, $\underline{u}_0 = \underline{v}_0$.

(1.2) 当 $j \geqslant 1$ 时, 由引理 8.13 知, $\underline{u}_j + \underline{v}_j \equiv (p-1) \cdot \underline{1} \bmod p$, 这与引理 8.15 的结论矛盾.

(2) 如果 $k \leqslant e-1$, 那么 $\underline{u}_{e-k-1} \not\equiv \underline{v}_{e-k-1} \bmod 2$, 故由引理 8.13 知

$$\underline{u}^{(e-k)} \not\equiv \underline{v}^{(e-k)} \bmod 2,$$

其中

$$\underline{u}^{(e-k)} = \underline{u} \bmod p^{e-k}, \quad \underline{v}^{(e-k)} = \underline{v} \bmod p^{e-k}.$$

另一方面, 由 k 的定义知, 对任意 $1 \leqslant j \leqslant k$, 有 $\underline{u}_{e-j} \equiv \underline{v}_{e-j} \bmod 2$, 故有 $\underline{u} \not\equiv \underline{v} \bmod 2$.

综上知引理的结论成立. $\qquad\qquad\qquad\qquad\qquad\qquad\qquad\qquad\square$

联合引理 8.16 和引理 8.17 知, 猜想 8.3 成立, 即有下面的定理.

定理 8.4 [79]   设 p 是奇素数, $e \geqslant 2$, $p^e \neq 9$ 且 2 是模 p^e 的原根. 设 ξ 和 ζ 是模 p^e 的两个不同的原根, 并记 $f(x) = x - \xi$, $g(x) = x - \zeta$, 则对任意 $\underline{u} \in G'(f(x), p^e), \underline{v} \in G'(g(x), p^e)$, 有

$$\underline{u} \not\equiv \underline{v} (\mathrm{mod}\, 2).$$

综合定理 8.3 和定理 8.4 知, 无论连接数为素数还是素数方幂, 猜想 8.3 都成立, 即当连接数 $p^e \notin \{5, 9, 11, 13\}$ 时, l-序列的不同采样序列都不平移等价.

第 9 章　极大周期 FCSR 序列的线性性质

根据前几章的分析知, 极大周期 FCSR 序列 (l-序列) 具有好的分布性质和相关性质, 也具有较高的线性复杂度, 然而由于 l-序列的 2-adic 复杂度较低, 它们并不能直接用作密钥流序列. 2005 年, Arnault 和 Berger 提出了对 FCSR 序列线性过滤来产生密钥流序列的方式 [81,82], 基于此他们提出的 F-FCSR-8 和 F-FCSR-H 算法成功入选 eSTREAM 计划第三轮 [55]. 对于采用 FCSR 序列线性过滤方式得到的密钥流序列, 如果源序列比特间存在有偏差的线性关系, 那么密钥流序列也存在相应的有偏差的线性关系. 为更好地分析这类密钥流序列的密码性质, 本章进一步分析了极大周期 FCSR 序列的线性性质, 并给出了 FCSR 序列与连接数相关的一些有偏差的线性关系.

下面先分析模奇数加法运算的概率性质, 给出几类有较大偏差的线性逼近关系, 接着结合 FCSR 序列的算术表示和连接数的特点, 构造极大周期 FCSR 序列有较大偏差线性关系, 并给出如何寻找 FCSR 序列高偏差线性关系的有效算法.

9.1　模加法的概率性质

设 m 是正奇数, k 是大于 1 的整数, $X_1, X_2, \cdots, X_k$ 是 $\mathbb{Z}/(m) \setminus \{0\} = \{1, 2, \cdots, m-1\}$ 上相互独立且服从均匀分布的随机变量. 考虑模 m 加法的如下线性逼近关系成立的概率

$$P_k(m) = \Pr[(X_1 + \cdots + X_k \bmod m) \bmod 2 = X_1 \oplus \cdots \oplus X_k$$
$$|X_1 + \cdots + X_k \not\equiv 0 \bmod m],$$

其中 $(X_1 + \cdots + X_k \bmod m) \bmod 2$ 表示 $X_1 + \cdots + X_k$ 模 m 所得的最小非负剩余再模 2 得 0 或 1, $X_1 \oplus \cdots \oplus X_k$ 表示 $X_1, \cdots, X_k$ 的模 2 加法.

关于概率值 $P_k(m)$, 文献 [83] 证明了下面的结论成立.

引理 9.1[83]　若 k 为偶数, 则有

$$P_k(m) = 1/2.$$

引理 9.2[83]　若 s 为正整数, $k = 2s + 1$ 为奇数, 则有

$$P_{2s+1}(m) = \frac{\sum_{i=0}^{s} \sum_{j=1}^{m-1} \Gamma_{2s+1}(m, 2im+j)}{(m-1)^{2s+1} - \sum_{i=1}^{2s} \sum \Gamma_{2s+1}(m, im)},$$

其中

$$\Gamma_k(m,n) = \sum_{i=0}^{k}(-1)^i \binom{k}{i}\binom{n-(m-1)i-1}{k-1}$$

是满足 $1 \leqslant x_1, x_2, \cdots, x_k \leqslant m-1$ 的方程 $x_1 + x_2 + \cdots + x_k = n$ 的正整数解的个数.

根据引理 9.2, 当 $k = 3, 5, 7$ 时, 可以得到概率值 $P_k(m)$ 的计算结果如下.

推论 9.1[83]　若 $m > 7$, 则有

$$P_3(m) = \frac{1}{3} + O\left(\frac{1}{m}\right),$$

$$P_5(m) = \frac{17}{30} + O\left(\frac{1}{m}\right),$$

$$P_7(m) = \frac{149}{315} + O\left(\frac{1}{m}\right),$$

以第一个等式为例, 这里的符号 $O\left(\dfrac{1}{m}\right)$ 表示存在正数 c 和 n_0, 使得当 $m \geqslant n_0$ 时, 有

$$\left|P_3(m) - \frac{1}{3}\right| \leqslant \frac{c}{m}.$$

注 9.1[83]　由引理 9.2 和推论 9.1 可以看出, 随着 k 的增大, $P_k(m)$ 越来越接近于 1/2, 而 $P_3(m)$ 与 1/2 的偏差最大. 当 m 是较大的整数, 比如 $m > 2^{20}$ 时, 有

$$\frac{1}{3} - P_3(m) < 6.4 \cdot 10^{-7}.$$

此时可以用 1/3 作为概率 $P_3(m)$ 的近似值.

下面以 $P_3(m)$ 为例说明如何利用推论 9.1 的结论进行统计区分. 记

$$\Omega_3(m) = \{(X_1, X_2, X_3) | X_1, X_2, X_3 \in \{1, 2, \cdots, m-1\} \text{ 且 } X_1 + X_2 + X_3 \not\equiv 0 \bmod m\}.$$

由推论 9.1知, 当 m 适当大时, 从集合 $\Omega_3(m)$ 中随机选取一个元素 (X_1, X_2, X_3), 则等式

$$(X_1 + X_2 + X_3 \bmod m) \bmod 2 = X_1 \oplus X_2 \oplus X_3$$

成立的概率约为 1/3, 而等式

$$(X_1 + X_2 + X_3 \bmod m) \bmod 2 = X_1 \oplus X_2 \oplus X_3 \oplus 1$$

成立的概率约为 2/3. 显然, 这可以看成典型的成功概率为 1/3 的 Bernoulli 实验. 若记 X 为表示该 Bernoulli 实验的随机变量, 即

$$\Pr[X = 1] = P_s = 1/3, \quad 且 \quad \Pr[X = 0] = P_f = 2/3,$$

则 X 的均值为

$$\mu = E[X] = 1/3,$$

X 的方差为

$$\sigma^2 = \mathrm{Var}[X] = 2/9.$$

设 $X_1, X_2, \cdots, X_n$ 是 n 个服从上述 Bernoulli 分布的独立随机变量, $N(0,1)$ 表示均值为 0, 方差为 1 的标准正态分布, 则根据概率论中的中心极限定理知, 当 $n \to \infty$ 时, 随机变量

$$W_n = \frac{\dfrac{Y_n}{n} - \mu}{\dfrac{\sigma}{\sqrt{n}}} = \frac{\dfrac{Y_n}{n} - \dfrac{1}{3}}{\sqrt{\dfrac{2}{9n}}}$$

服从标准正态分布 $N(0,1)$, 其中 $Y_n = X_1 + X_2 + \cdots + X_n$. 一般来说, 只要 $nP_s \geqslant 5$ 且 $nP_f \geqslant 5$, W_n 的概率分布就可以近似认为是 $N(0,1)$. 通过查正态分布表可以得到

$$\Pr[W_n \leqslant 3.08] \approx 0.9990,$$

即有

$$\Pr\left[\frac{Y_n}{n} \leqslant \frac{1}{3} + \frac{1.4519}{\sqrt{n}}\right] \approx 0.9990. \tag{9.1}$$

9.2　l-序列的线性性质

本节介绍文献 [83] 给出的 l-序列的线性性质. 注意到在实际中, 可用于密码分析的密钥流序列总是有限的, 并且长度远小于密钥流序列的实际周期, 因此本节以有限序列为研究对象.

设 q 是正奇数, $q + 1 = q_1 2 + q_2 2^2 + \cdots + q_{r-1} 2^{r-1} + 2^r$, 其中 $q_1, q_2, \cdots, q_{r-1} \in \{0, 1\}$, $\underline{a}$ 是以 q 为连接数的 FCSR 序列. 以下称 $f_q(x) = x^r + q_1 x^{r-1} + \cdots + q_{r-1} x + 1$ 是由连接数 q 导出的线性关系式. 对序列 $\underline{a}$ 的任意长为 $L + r$ 的一段子序列 $(a_s, \cdots, a_{s+L+r-1})$, $s \geqslant 0$, 它对应的线性关系 $f_q(x)$ 的偏差定义为

$$\epsilon_q(s, L) = \frac{1}{L}\left|\sum_{i=s}^{s+L-1} (-1)^{a_{i+r} \oplus q_1 a_{i+r-1} \oplus \cdots \oplus q_{r-1} a_{i+1} \oplus a_i}\right|.$$

　　根据 9.1 节介绍的模加法的概率性质, 下面将说明当 $\text{wt}(q+1)$ 是较小的奇数时, 由 q 导出的线性关系很可能具有较大的偏差.

　　设 p 是奇素数, 2 是模 p 的原根, $\underline{a}$ 是以 p 为连接数的 l-序列. 由于以 p 为连接数的 l-序列彼此平移等价, 不失一般性, 可以设序列 $\underline{a}$ 的算术表示为

$$a_i = (2^{-i} \bmod p) \bmod 2, \quad \text{对任意 } i \geqslant 0.$$

注意到对任意正奇数 h, $q = hp$ 也是序列 $\underline{a}$ 的连接数. 设奇数 $q = hp = -1 + q_1 2 + q_2 2^2 + \cdots + q_{r-1} 2^{r-1} + 2^r$, 其中 $q_1, q_2, \cdots, q_{r-1} \in \{0, 1\}$, 则对任意的非负整数 i, 有

$$q_1 2^{-(i+r-1)} + q_2 2^{-(i+r-2)} + \cdots + q_{r-1} 2^{-(i+1)} + 2^{-i} \equiv 2^{-(i+r)} \bmod q,$$

从而也有

$$q_1 2^{-(i+r-1)} + q_2 2^{-(i+r-2)} + \cdots + q_{r-1} 2^{-(i+1)} + 2^{-i} \equiv 2^{-(i+r)} \bmod p. \tag{9.2}$$

记 $\underline{u} = (u_i)_{i=0}^{\infty}$, 其中 $u_i = 2^{-i} \bmod p$, 则 $a_i = u_i \bmod 2$, $\underline{a} = \underline{u} \bmod 2$. 由 (9.2) 式知, $\mathbb{Z}/(p)$ 上序列 $\underline{u}$ 满足递归关系

$$q_1 u_{i+r-1} + q_2 u_{i+r-2} + \cdots + q_{r-1} u_{i+1} + u_i \equiv u_{i+r} \bmod p, \quad \text{对任意 } i \geqslant 0. \tag{9.3}$$

因此, 对任意非负整数 i, 等式

$$q_1 a_{i+r-1} \oplus q_2 a_{i+r-2} \oplus \cdots \oplus q_{r-1} a_{i+1} \oplus a_i = a_{i+r} \tag{9.4}$$

成立当且仅当等式

$$\begin{aligned}
&q_1 u_{i+r-1} \oplus \cdots \oplus q_{r-1} u_{i+1} \oplus u_i \\
&= (q_1 u_{i+r-1} + q_2 u_{i+r-2} + \cdots + q_{r-1} u_{i+1} + u_i \bmod p) \bmod 2
\end{aligned} \tag{9.5}$$

成立. 基于以上分析, 下面详细讨论当 $\text{wt}(q+1) = 3$ 时, 由 q 导出的线性关系 $f_q(x)$ 的偏差.

　　不妨设 $q + 1 = 2^{r-v} + 2^{r-w} + 2^r$, 其中 $r = \lfloor \log_2(q+1) \rfloor$, $0 < w < v < r$, 则由 q 导出的线性关系为 $f_q(x) = x^r + x^v + x^w + 1$. 设 L 是任意给定的正整数, 则对 $\underline{a}$ 的任意一段长为 $L + r$ 的子序列 $(a_s, \cdots, a_{s+L+r-1})$, $s \geqslant 0$, 线性关系 $f_q(x)$ 的偏差为

$$\epsilon_q(s, L) = \frac{1}{L} \left| \sum_{i=s}^{s+L-1} (-1)^{a_{i+r} \oplus a_{i+v} \oplus a_{i+w} \oplus a_i} \right|.$$

对任意非负整数 s, 记 $\mathcal{N}_0(s)$ 为满足线性关系

$$a_{i+u} \oplus a_{i+w} \oplus a_i = a_{i+r} \tag{9.6}$$

的整数 $s \leqslant i \leqslant s + L - 1$ 的个数, 则有

$$\epsilon_q(s, L) = \frac{|2\mathcal{N}_0(s) - L|}{L}. \tag{9.7}$$

又由 (9.3) 和 (9.4) 式知, 线性关系式 (9.6) 成立当且仅当等式

$$u_{i+v} \oplus u_{i+w} \oplus u_i = (u_{i+v} + u_{i+w} + u_i \bmod p) \bmod 2 \tag{9.8}$$

成立, 因此 $\mathcal{N}_0(s)$ 即满足 (9.8) 式的整数 $s \leqslant i \leqslant s + L - 1$ 的个数.

设

$$\Omega = \{(X_1, X_2, X_3) | X_1, X_2, X_3 \in \{1, 2, \cdots, p-1\} \text{ 且 } X_1 + X_2 + X_3 \not\equiv 0 \bmod p\},$$

并设 $X = (X_1, X_2, X_3)$ 是 Ω 上服从均匀分布的随机变量, 则由推论 9.1知, 当 p 适当大时, 有

$$\Pr[(X_1 + X_2 + X_3 \bmod p) \bmod 2 = X_1 \oplus X_2 \oplus X_3] \approx 1/3.$$

假设对任意给定的非负整数 s, 子序列

$$(u_{s+v}, u_{s+w}, u_s), (u_{s+1+v}, u_{s+1+w}, u_{s+1}), \cdots,$$

$$(u_{s+L-1+v}, u_{s+L-1+w}, u_{s+L-1})$$

都可以看成对 X 进行的 L 次重复的独立的观察结果, 那么

$$u_{s+v} \oplus u_{s+w} \oplus u_s \oplus (u_{s+v} + u_{s+w} + u_s \bmod p),$$

$$u_{s+1+v} \oplus u_{s+1+w} \oplus u_{s+1} \oplus (u_{s+1+v} + u_{s+1+w} + u_{s+1} \bmod p),$$

$$\cdots\cdots$$

$$u_{s+L-1+v} \oplus u_{s+L-1+w} \oplus u_{s+L-1} \oplus (u_{s+L-1+v} + u_{s+L-1+w} + u_{s+L-1} \bmod p)$$

可以自然看作 L 个重复的独立的成功概率为 $1/3$ (等于 0 即认为成功) 的 Bernoulli 实验. 于是由推论 9.1 后面的分析可以认为, 当 $p > 2^{20}$ 时, 有

$$\Pr\left[\frac{\mathcal{N}_0(s)}{L} \leqslant \frac{1}{3} + \frac{1.4519}{\sqrt{L}}\right] \approx 0.9990, \tag{9.9}$$

这里 s 看作 $\{1, 2, \cdots, p-1\}$ 上服从均匀分布的随机变量. 再结合 (9.7) 式可以得到

$$\Pr\left[\epsilon_q(s, L) \geqslant \frac{1}{3} - \frac{2.9038}{\sqrt{L}}\right] \approx 0.9990.$$

一般来说, 如果 $u - w$ 和 w 都不等于 1, 那么以上在随机假设条件下给出的关于偏差 $\epsilon_q(s, L)$ 的估计式

$$\epsilon_q(s, L) > \frac{1}{3} - \frac{2.9038}{\sqrt{L}}, \quad s, L \geqslant 0$$

与实验结果吻合很好, 这也说明此时随机假设条件基本是合理的. 但是, 如果 $w = 1$ 或者 $v = w + 1$, 那么 (u_{i+v}, u_{i+w}, u_i) 在 $\mathbb{Z}/(p)$ 上具有很强的线性关系

$$u_i \equiv 2u_{i+w} \bmod p \quad \text{或} \quad u_{i+w} \equiv 2u_{i+v} \bmod p, \quad i \geqslant 0,$$

此时随机假设条件很难成立. 在这种情况下, 实验结果显示

$$\Pr\left[\epsilon_q(s, L) > \frac{1}{3 \cdot 2^\theta} - \frac{2.9038}{\sqrt{L}}\right] > 0.9990, \quad s, L \geqslant 0$$

以很大概率成立, 其中 θ 表示 $\{w, v - w\}$ 中 1 的个数.

为了进一步支持上述分析, 以下给出用 PARI 软件计算的实验结果.

例 9.1[83]　测试素数连接数导出的线性关系偏差. 对 2^{20} 到 2^{30} 之间满足 2 是模 p 原根且 $\mathrm{wt}(p+1) = 3$ 的素数 p (见表 9.1 的第 1 列), 在以 p 为连接数的 l-序列 $\underline{a} = ((2^{-i} \bmod p) \bmod 2)_{i=0}^{\infty}$ 上随机选取 100 个长度相等的子序列段, 分别计算它们关于线性关系 $f_p(x)$ 的偏差 ϵ_p. 在表 9.1 所列的素数中, 除 $2^{23} + 2^3 + 2^2 - 1$ 外, 对其他素数 p, 所测试的 100 个子序列段, 全都满足偏差

$$\epsilon_p > \frac{1}{3} - \frac{2.9038}{\sqrt{L}},$$

其中 L 是子序列段的长度. 而对于素数 $p = 2^{23} + 2^3 + 2^2 - 1$, 所测试的 100 个子序列段, 全都满足偏差

$$\epsilon_p > \frac{1}{6} - \frac{2.9038}{\sqrt{L}}.$$

例 9.2[83]　测试由极小连接数倍数导出的线性关系偏差. 对 $0 \leqslant i \leqslant 9$, 在 2^{20+i} 和 2^{20+i+1} 间随机选取 1 个素数 p 使得 2 是模 p 的原根, 并且存在 p 的奇倍数 q 满足 $\lfloor \log(q+1) \rfloor < \sqrt{p}$ 且 $\mathrm{wt}(q+1) = 3$. 对 q 重复例 9.1 的实验, 即测试偏差 $\epsilon_q > \frac{1}{3} - \frac{2.9038}{\sqrt{L}}$ 成立的比例, 其中 L 为子序列段的长度. 实验结果见表 9.2.

表 9.1 素数连接数实验结果

素数连接数 p	子序列段长度 L	比例/%
$2^{20}+2^{10}+2^2-1$	2^{10}	100
$2^{21}+2^{13}+2^2-1$	2^{10}	100
$2^{22}+2^6+2^2-1$	2^{10}	100
$2^{22}+2^{18}+2^2-1$	2^{10}	100
$2^{22}+2^{20}+2^2-1$	2^{10}	100
$2^{23}+2^3+2^2-1$	2^{12}	100
$2^{23}+2^9+2^2-1$	2^{12}	100
$2^{25}+2^5+2^2-1$	2^{12}	100
$2^{25}+2^{17}+2^2-1$	2^{12}	100
$2^{26}+2^8+2^2-1$	2^{12}	100
$2^{26}+2^{22}+2^2-1$	2^{12}	100
$2^{27}+2^{19}+2^2-1$	2^{12}	100
$2^{28}+2^6+2^2-1$	2^{12}	100
$2^{29}+2^{26}+2^2-1$	2^{14}	100
$2^{29}+2^{15}+2^2-1$	2^{14}	100

表 9.2 极小连接数倍数实验结果

素数连接数 p	连接数倍数 q	子序列段长度 L	比例/%
1528733	$2^{452}+2^{14}+2^7-1$	2^{10}	100
3373499	$2^{217}+2^{21}+2^{12}-1$	2^{10}	98
5276923	$2^{189}+2^{10}+2-1$	2^{10}	100
12053477	$2^{704}+2^{12}+2^6-1$	2^{10}	100
22400149	$2^{1298}+2^{20}+2^3-1$	2^{10}	100
43227203	$2^{3859}+2^{21}+2^3-1$	2^{10}	100
90503389	$2^{57}+2^{20}+2^{12}-1$	2^{12}	99
222545173	$2^{1941}+2^{26}+2^2-1$	2^{12}	100
352424669	$2^{209}+2^{15}+2^8-1$	2^{14}	100
614216573	$2^{160}+2^{28}+2^{10}-1$	2^{14}	98

利用本节得到的 l-序列的线性关系, 可以给出如下对基于 FCSR 线性过滤 (F-FCSR) 密码体制的区分攻击. 设 $p > 2^{20}$ 是素数, 2 是模 p 的原根, 并设某 F-FCSR 体制由以素数 p 为连接数的 r-级 Galois-FCSR(参见第 10 章) 和线性前馈函数 $F(x_1, x_2, \cdots, x_r) = \bigoplus_{i=1}^r c_i \cdot x_i \in \mathbb{F}_2[x_1, x_2, \cdots, x_r]$ 组成, 其中线性前馈函数的输入为 r 条主寄存器序列 $\underline{a}_1, \underline{a}_2, \cdots, \underline{a}_r$, 它们都是以 p 为连接数的 l-序列. 在第 t 时刻, 该 F-FCSR 体制的输出比特为 $z_t = F(a_{1,t}, a_{2,t}, \cdots, a_{r,t}) = \bigoplus_{i=1}^r c_i \cdot a_{i,t}$.

如果能够找到 p 的倍数 $q = 2^N + 2^{N-v} + 2^{N-w} - 1$, 其中 $0 < v < w < N$, 则根据前面的分析知, 序列 $\underline{a}_i(1 \leqslant i \leqslant r)$ 的适当长的任意一段子序列关于线性关系 $f_q(x) = x^N \oplus x^v \oplus x^w \oplus 1$ 的偏差约为 $1/3$. 又因为对任意的非负整数 t, 有

$$z_{t+N} \oplus z_{t+v} \oplus z_{t+w} \oplus z_t = \bigoplus_{i=1}^r c_i \cdot (a_{i,t+N} \oplus a_{i,t+v} \oplus a_{i,t+w} \oplus a_{i,t}),$$

故输出序列 z 的适当长的任意一段子序列关于线性关系 $f_q(x)$ 的偏差近似为 $3^{-(c_1+c_2+\cdots+c_r)}$. 利用线性关系 $f_q(x)$, 已知密钥流序列 z 的约 $O(N + 3^{2(c_1+c_2+\cdots+c_r)})$ 比特, 在统计意义上可区分密钥流序列与随机序列. 显然, 前馈函数 F 的抽头个数越少, 此区分攻击就越有效.

9.3　连接数低重倍数的搜索算法

借鉴文献 [84] 给出的搜索本原多项式的低重倍式算法的思想, 文献 [83] 给出了搜索给定素数的低重倍式的算法.

注意到如果存在正整数 γ 和素数 p 使得

$$(1 - 2^{\gamma}) \bmod p = 2^{i_1} + 2^{i_2} + \cdots + 2^{i_k}, \quad 0 < i_1 < i_2 < \cdots < i_k < \gamma,$$

那么奇数 $q = 2^{\gamma} + 2^{i_1} + 2^{i_2} + \cdots + 2^{i_k} - 1$ 一定是素数 p 的奇倍数并且 $\mathrm{wt}(q+1) = k + 1$, 由此可以给出如下搜索连接数低重倍数的算法 9.1. 算法约需要 $N \cdot \log_2 p$ 比特存储空间和 $N + \dbinom{N}{\omega - 1}$ 次模 p 运算.

算法 9.1　　连接数低重倍数的搜索算法

输入: 奇素数 p, 重量 ω, 指数上界 N.

输出: p 的奇倍数 q, 其中 $q < 2^{N+1}$ 且 $\mathrm{wt}(q+1) = \omega$.

　　1. 令 $q = 0$ 和 $r_0 = 1$. 对每个 $1 \leqslant i \leqslant N$, 计算 $r_i = 2r_{i-1} \bmod p$ 并将 r_i 存储在表 T 中, 其中 $T[i] = r_i$;

　　2. 对 $\{1, 2, \cdots, N\}$ 的每个 $\omega - 1$ 元子集 $\{j_1, j_2, \cdots, j_{\omega-1}\}$, 计算

$$A = (1 - r_{j_1} - r_{j_2} - \cdots - r_{j_{\omega-1}}) \bmod p.$$

如果存在整数 $1 \leqslant k \leqslant N$ 使得 $T[k] = A$ 并且 $k \notin \{j_1, j_2, \cdots, j_{\omega-1}\}$, 那么 $q = 2^k + 2^{j_1} + \cdots + 2^{j_{\omega-1}} - 1$ 就是 p 的满足 $\mathrm{wt}(q+1) = \omega$ 的倍数, 执行步骤 3.

　　3. 如果 $q > 0$, 那么输出 q, 否则, 输出字符串 "不存在 p 的小于 2^{N+1} 的奇倍数 q 使得 $\mathrm{wt}(q+1) = \omega$".

可以看到, 算法 9.1 的复杂度和成功性与参数 N 紧密相关. 给定素数 p, 要想在理论上精确估计满足 $\mathrm{wt}(q+1) = 3, 5$ 或 7 的最小奇倍数 q 是非常困难的. 然而, 下面的实验结果对于算法 9.1 中参数 N 的选取具有一定的指导作用.

对所有 2^{15} 到 2^{16} 之间的 1131 个满足 2 是原根的素数 p, 用算法 9.1 分别搜索满足 $\mathrm{wt}(q+1) = 3, 5$ 或 7 的最小奇倍数 q, 搜索结果见表 9.3, 其中表 9.3 的第二列给出了 $q < 2^{N+1}$ 且 $\mathrm{wt}(q+1) = \omega$ 的 q 所占的比例.

表 9.3　　测试算法 9.1 中参数 N

(ω, N)	比例/%
$\left(3, \left\lfloor p^{\frac{1}{2}} \right\rfloor\right)$	$= 100$
$\left(3, \left\lfloor p^{\frac{1}{2} - \frac{1}{16}} \right\rfloor\right)$	> 98.49
$\left(3, \left\lfloor p^{\frac{1}{2} - \frac{1}{14}} \right\rfloor\right)$	> 96.81
$\left(3, \left\lfloor p^{\frac{1}{2} - \frac{1}{12}} \right\rfloor\right)$	> 90.45
$\left(5, \left\lfloor p^{\frac{1}{3}} \right\rfloor\right)$	$= 100$
$\left(7, \left\lfloor p^{\frac{1}{3}} \right\rfloor\right)$	$= 100$

由于 2^{15} 到 2^{16} 之间的素数不足以区分 $\omega = 5$ 和 $\omega = 7$ 两个情形, 我们在 2^{20} 到 2^{21} 之间随机选取了 1000 个满足 2 是原根的素数 p, 重复上面的实验. 实验结果表明对于 $N = \left\lfloor p^{\frac{1}{4}} \right\rfloor$, 约 98.50% 的素数 p 都有奇倍数 $q < 2^{N+1}$ 并且 $\mathrm{wt}(q+1) = 7$, 而仅有约 20% 的素数 p 都有奇倍数 $q < 2^{N+1}$ 并且 $\mathrm{wt}(q+1) = 5$.

综上实验结果, 对于给定的素数 p, 满足 $\mathrm{wt}(q+1) = 3$ 的最小奇倍数 q 以较大概率不超过 $2^{\left\lfloor p^{7/16} \right\rfloor + 1}$, 满足 $\mathrm{wt}(q+1) = 5$ 的最小奇倍数 q 以较大概率不超过 $2^{\left\lfloor p^{1/3} \right\rfloor + 1}$, 满足 $\mathrm{wt}(q+1) = 7$ 的最小奇倍数 q 以较大概率不超过 $2^{\left\lfloor p^{1/4} \right\rfloor + 1}$.

根据上面的分析, 利用算法 9.1 寻找素数 p 的满足 $\mathrm{wt}(q+1) = 3, 5, 7$ 的最小奇倍数 q 时, 指数上界 N 分别约为 $\left\lfloor p^{7/16} \right\rfloor$, $\left\lfloor p^{1/3} \right\rfloor$, $\left\lfloor p^{1/4} \right\rfloor$. 当 p 较大, 比如 $p > 2^{160}$ 时, 算法 9.1 的计算复杂度较高. 为了进一步降低搜索复杂度, 文献 [85] 利用广义生日攻击算法, 考虑了满足 $2^{-w} + 2^{-x} \equiv 2^{-y} + 2^{-z} \bmod q$ 的 $(2+2)$ 型或者更一般的 $(m+m)$ 型奇倍数 q 的搜索问题, 与此相对应地, 本节考虑的是 $(3+1)$ 型奇倍数 q 的搜索问题.

第 10 章 Galois-FCSR 与 Diversified-FCSR

第 5 章介绍了 FCSR 的结构图和 FCSR 序列的基本性质, 而在基于 FCSR 的序列密码设计中通常采用本章将要介绍的 Galois-FCSR[86] 和 Diversified-FCSR[87] 结构. 与此相对应地, 第 5 章介绍的 FCSR 结构称为 Fibonacci-FCSR 结构. 与 Fibonacci 结构相比, Galois-FCSR 更易于并行实现, 相邻寄存器的输出序列没有简单的位移关系, 更适合用作序列源, 比如, eSTREAM 序列密码计划第三轮入选算法 F-FCSR-H v2[55] 就是基于 Galois-FCSR 的线性过滤构造的. 为进一步增强算法的安全性, 文献 [88] 又提出了 Ring-FCSR 结构, 并给出了改进版的 F-FCSR-H v3 算法. 在此基础上, 文献 [87] 给出了更一般化的 Diversified-FCSR 结构.

需要说明的是, Galois-FCSR 和 Diversified-FCSR 结构尽管在基于 FCSR 的序列密码设计中更常用, 但 Fibonacci 结构在研究 FCSR 序列的密码性质时更方便. 下面先给出 Galois-FCSR 和 Diversified-FCSR 结构的基本概念, 再分析这两种结构与 Fibonacci-FCSR 结构的关系. 本章的主要结论来源于文献 [86–88].

10.1 FCSR 的 Galois 和 Diversified 结构

本节介绍 FCSR 的 Galois 和 Diversified 结构. 为表述方便, 以下记 $a(i)$ 为序列 $\underline{a}$ 的第 i 比特, 即有 $\underline{a} = (a(i))_{i=0}^{\infty}$.

定义 10.1[86] 设 q 为正奇数, $q + 1 = q_1 2 + q_2 2^2 + \cdots + q_r 2^r$ 是 $q + 1$ 的 2 进制表示, 其中 $r = \lfloor \log_2(q+1) \rfloor$, $q_r = 1$, 则连接数为 q 的 Galois-FCSR 如图 10.1 所示, 其中 Σ 表示整数加法, div 2 表示 $\Sigma/2$ 的取整, mod 2 表示 Σ 模 2 取余数得到 0 或 1, 这里 c_i 的初始值取自 $\{0,1\}$, $1 \leqslant i \leqslant r - 1$.

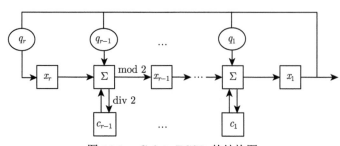

图 10.1 Galois-FCSR 的结构图

为叙述方便, 简记 GaFCSR(q) 为以 q 为连接数的 Galois-FCSR. 给定 GaFCSR(q) 的初态

$$(x_1, \cdots, x_r; c_1, \cdots, c_{r-1}) = (a_1(0), \cdots, a_r(0); c_1(0), \cdots, c_{r-1}(0)),$$

则 GaFCSR(q) 的 r 条输出序列

$$\underline{a}_1 = (a_1(i))_{i=0}^{\infty}, \ \cdots, \ \underline{a}_r = (a_r(i))_{i=0}^{\infty}$$

满足如下递归关系

$$a_j(i+1) = a_j(i+1) = a_{j+1}(i) + c_j(i) + q_j a_1(i) \bmod 2, \quad 1 \leqslant j \leqslant r-1,$$

$$a_r(i+1) = q_r a_1(i) = a_1(i),$$

$$c_j(i+1) = \left\lfloor \frac{a_{j+1}(i) + c_j(i) + q_j a_1(i)}{2} \right\rfloor$$

$$= \frac{a_{j+1}(i) + c_j(i) + q_j a_1(i) - a_j(i+1)}{2}, \quad 1 \leqslant j \leqslant r-1.$$

设 q 是正奇数, $r = \lfloor \log_2(q+1) \rfloor$, 若 $\underline{a}_1, \underline{a}_2, \cdots, \underline{a}_r$ 为 GaFCSR(q) 的 r 个寄存器 $x_1, x_2, \cdots, x_r$ 的输出序列, 则简记为 $\underline{a}_1, \underline{a}_2, \cdots, \underline{a}_r \in$ GaFCSR(q). 类似地, 记 FiFCSR(q) 为以 q 为连接数的 Fibanacci-FCSR, 若 $\underline{a}$ 为 FiFCSR(q) 的输出序列, 则简记为 $\underline{a} \in$ FiFCSR(q).

下面介绍 FCSR 的 Diversified 结构.

定义 10.2[86] 设 r 级 Diversified-FCSR 由二元主寄存器 $\boldsymbol{x} = (x_1, x_2, \cdots, x_r)$, 整数进位寄存器 $\boldsymbol{c} = (c_1, c_2, \cdots, c_r)$ 和 r 阶整数矩阵 T 组成. 记

$$\boldsymbol{a}(i) = (a_1(i), a_2(i), \cdots, a_r(i)),$$

$$\boldsymbol{c}(i) = (c_1(i), c_2(i), \cdots, c_r(i))$$

分别表示 i 时刻 $\boldsymbol{x}$ 和 $\boldsymbol{c}$ 的状态, 即 $(\boldsymbol{a}(i); \boldsymbol{c}(i))$ 为该 Diversified-FCSR 的 i 时刻状态, 并且满足

$$\boldsymbol{a}(i+1) = \boldsymbol{a}(i) \cdot T + \boldsymbol{c}(i) \mod 2,$$

$$\boldsymbol{c}(i+1) = \left\lfloor \frac{\boldsymbol{a}(i) \cdot T + \boldsymbol{c}(i)}{2} \right\rfloor = \frac{\boldsymbol{a}(i) \cdot T + \boldsymbol{c}(i) - \boldsymbol{a}(i+1)}{2}. \tag{10.1}$$

以下简记 DiFCSR(T) 表示以 T 为状态转移矩阵的 Diversified-FCSR. 若 $\underline{a}_1, \underline{a}_2, \cdots, \underline{a}_r$ 为 DiFCSR(T) 的 r 个寄存器 $x_1, x_2, \cdots, x_r$ 的输出序列, 则简记为 $\underline{a}_1, \underline{a}_2, \cdots, \underline{a}_r \in$ DiFCSR(T).

10.2　Galois-FCSR 和 Diversified-FCSR 的性质

本节将分析 Galois-FCSR 和 Diversified-FCSR 各寄存器输出序列的连接数性质, 可以证明以 q 为连接数的 Galois-FCSR 各寄存器的输出序列仍然以 q 为连接数, 而以 r 阶整数矩阵 T 为状态转移矩阵的 Diversified-FCSR 各寄存器的输出序列以 $|\det(I - 2T)|$ 为连接数, 其中 I 为 r 阶单位矩阵.

下面先分析 Diversified-FCSR 的情况, 可以证明下面的结论成立.

定理 10.1[87]　设 T 是 r 阶整数矩阵, 若 $q = |\det (I - 2T)|$ 是奇数, 则对任意 $\underline{a}_1, \underline{a}_2, \cdots, \underline{a}_r \in \mathrm{DiFCSR}(T)$, 有 $\underline{a}_j \in \mathrm{FiFCSR}(q), j = 1, 2, \cdots, r$.

证明　设 $\mathrm{DiFCSR}(T)$ 的初态为

$$(\boldsymbol{a}(0); \boldsymbol{c}(0)) = (a_1(0), a_2(0), \cdots, a_r(0); c_1(0), c_2(0), \cdots, c_r(0)),$$

则由 (10.1) 式知, 对任意 $i \geqslant 0$, 有

$$\boldsymbol{a}(i + 1) = \boldsymbol{a}(i) \cdot T + \boldsymbol{c}(i) - 2\boldsymbol{c}(i + 1),$$

从而

$$\boldsymbol{a}(i + 1) + \boldsymbol{a}(i + 2) \cdot 2 + \cdots = (\boldsymbol{a}(i) + \boldsymbol{a}(i + 1) \cdot 2 + \cdots) \cdot T + \boldsymbol{c}(i).$$

对 $j = 1, 2, \cdots, r$, 记

$$A_j(i) = \sum_{k=0}^{\infty} a_j(i + k) \cdot 2^k,$$

$$\boldsymbol{A}(i) = (A_1(i), A_2(i), \cdots, A_r(i)),$$

则有

$$\boldsymbol{A}(i + 1) = \boldsymbol{A}(i) \cdot T + \boldsymbol{c}(i).$$

特别地, 取 $i = 0$, 则有

$$\boldsymbol{A}(1) = \boldsymbol{A}(0) \cdot T + \boldsymbol{c}(0),$$

从而

$$2(\boldsymbol{A}(0) \cdot T + \boldsymbol{c}(0)) = 2\boldsymbol{A}(1) = \boldsymbol{A}(0) - \boldsymbol{a}(0),$$

于是可以得到

$$\boldsymbol{A}(0)(I - 2T) = \boldsymbol{a}(0) + 2\boldsymbol{c}(0).$$

记 $(I - 2T)^*$ 为 $(I - 2T)$ 的伴随矩阵, 即

$$(I - 2T) \cdot (I - 2T)^* = \det (I - 2T) \cdot I,$$

则有

$$\det (I - 2T)\boldsymbol{A}(0) = (\boldsymbol{a}(0) + 2\boldsymbol{c}(0)) \cdot (I - 2T)^*.$$

再记 $(p_1, p_2, \cdots, p_r) = (\boldsymbol{a}(0) + 2\boldsymbol{c}(0)) \cdot (I - 2T)^*$, 则有

$$\boldsymbol{A}(0) = \left(\frac{p_1}{\det (I - 2T)}, \frac{p_2}{\det (I - 2T)}, \cdots, \frac{p_r}{\det (I - 2T)} \right),$$

即

$$\sum_{k=0}^{\infty} a_j(k) \cdot 2^k = \frac{p_j}{\det (I - 2T)}, \quad j = 1, 2, \cdots, r.$$

令 $q = |\det (I - 2T)|$, 若 q 为奇数, 则有 $\underline{a}_j \in \text{FiFCSR}(q), j = 1, 2, \cdots, r$, 故定理得证.   □

下面分析 Galois-FCSR 的情况, 显然图 10.1 等价于图 10.2, 其中 c_r 的初始值 $c_r(0) = 0$, 从而对任意 $i \geqslant 0$, 都有 $c_r(i) = 0$. 利用定理 10.1, 可以证明下面的结论成立.

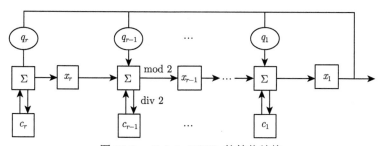

图 10.2   Galois-FCSR 的等价结构

定理 10.2[86]   设 q 是正奇数, $r = \lfloor \log_2(q+1) \rfloor$, 则对任意 $\underline{a}_1, \underline{a}_2, \cdots, \underline{a}_r \in \text{GaFCSR}(q)$, 有 $\underline{a}_j \in \text{FiFCSR}(q), j = 1, 2, \cdots, r$.

证明   设 $q = -1 + q_1 2 + q_2 2^2 + \cdots + q_r 2^r$, 对于任意 $\underline{a}_1, \underline{a}_2, \cdots, \underline{a}_r \in \text{GaFCSR}(q)$, 设 $\text{GaFCSR}(q)$ 的初态为 $(a_1(0), \cdots, a_r(0); c_1(0), \cdots, c_{r-1}(0))$, 则 $\underline{a}_1, \underline{a}_2, \cdots, \underline{a}_r$ 也是图 10.2 所示的 $\text{GaFCSR}(q)$ 的输出序列, 其初态为

$$(a_1(0), \cdots, a_r(0); c_1(0), \cdots, c_{r-1}(0), c_r(0)),$$

其中 $c_r(0) = 0$.

记

$$\boldsymbol{a}(i) = (a_1(i), a_2(i), \cdots, a_r(i)),$$

$$\boldsymbol{c}(i) = (c_1(i), c_2(i), \cdots, c_r(i)),$$

则由 $\underline{a}_1, \underline{a}_2, \cdots, \underline{a}_r \in \mathrm{GaFCSR}(q)$ 知, 下面的递归关系成立:

$$\boldsymbol{a}(i+1) = \boldsymbol{a}(i) \cdot T + \boldsymbol{c}(i) \mod 2,$$

$$\boldsymbol{c}(i+1) = \left\lfloor \frac{\boldsymbol{a}(i) \cdot T + \boldsymbol{c}(i)}{2} \right\rfloor = \frac{\boldsymbol{a}(i) \cdot T + \boldsymbol{c}(i) - \boldsymbol{a}(i+1)}{2},$$

其中

$$T = \begin{pmatrix} q_1 & q_2 & \cdots & q_{r-2} & q_{r-1} & q_r \\ 1 & 0 & \cdots & 0 & 0 & 0 \\ 0 & 1 & \cdots & 0 & 0 & 0 \\ \vdots & \vdots & \ddots & \vdots & \vdots & \vdots \\ 0 & 0 & \cdots & 1 & 0 & 0 \\ 0 & 0 & \cdots & 0 & 1 & 0 \end{pmatrix}.$$

从而由定理 10.1 知, $\underline{a}_j \in \mathrm{FiFCSR}(q')$, $j = 1, 2, \cdots, r$, 其中 $q' = |\det(I - 2T)|$. 下面计算 $\det(I - 2T)$.

注意到

$$\det(I - 2T) = \begin{vmatrix} 1 - 2q_1 & -2q_2 & \cdots & -2q_{r-2} & -2q_{r-1} & -2q_r \\ -2 & 1 & \cdots & 0 & 0 & 0 \\ 0 & -2 & \cdots & 0 & 0 & 0 \\ \vdots & \vdots & \ddots & \vdots & \vdots & \vdots \\ 0 & 0 & \cdots & -2 & 1 & 0 \\ 0 & 0 & \cdots & 0 & -2 & 1 \end{vmatrix},$$

上述行列式按第一行展开, 可以得到

$$\det(I - 2T) = 1 - q_1 2 - q_2 2^2 - \cdots - q_r 2^r = -q,$$

故有 $q' = |\det(I - 2T)| = q$, 从而 $\underline{a}_j \in \mathrm{FiFCSR}(q)$, $j = 1, 2, \cdots, r$, 故定理的结论得证. $\qquad\square$

　　至此, 我们证明了 Galois-FCSR 和 Diversified-FCSR 都可以转化为 Fibonacci-FCSR, 并且 r 级 Galois-FCSR 可以转化为 r 级 Diversified-FCSR, 连接数为 q 的 Galois-FCSR 可以转化为连接数为 q 的 Fibonacci-FCSR.

　　但是 r 级 Diversified-FCSR 的输出序列未必是 r 级 Fibonacci-FCSR 的输出序列, 这是因为 $\lfloor \log_2 |\det(I - 2T)| \rfloor$ 未必等于 r, 其中 T 是 r 级 Diversified-FCSR 的状态转移矩阵.

第三部分
非线性反馈移位寄存器序列

在 1967 年出版的 *Shift Register Sequences* (《移位寄存器序列》) 一书中, Golomb 系统整理了之前二十余年里, 二元域上线性反馈移位寄存器 (LFSR) 和非线性反馈移位寄存器 (NFSR) 的基本概念和主要结果, 奠定了此后线性反馈移位寄存器和非线性反馈移位寄存器的研究基础. 五十多年来, 移位寄存器一直是序列密码设计的主要部件, 特别是面向硬件实现的序列密码, 常常采用经典的 LFSR 结构和 NFSR 结构, 而轻量级的硬件实现也一直是序列密码应用的主要场景. 2004 年以前, 由于本原 LFSR 具有大周期、元素分布平衡、代数性质清晰等特点, 因此广泛应用于序列密码设计, 即所谓的基于 LFSR 的序列密码 (LFSR-based stream ciphers), 例如著名的 A5/1 算法、SNOW 2.0 算法、E0 算法等, 以及大量关于非线性序列生成器 (包括非线性前馈、钟控、带进位求和生成器) 周期性质和线性复杂度的研究. 由于 2003 年欧洲 NESSIE 计划最终淘汰了所有征集到的序列密码算法, 2004 年 ECRYPT 启动了 eSTREAM 计划. 与 NESSIE 计划相比, eSTREAM 计划所征集到的序列密码算法更丰富, 突破了传统基于 LFSR 的设计思想, 创新性更强. eSTREAM 计划之后, NFSR 在面向硬件实现的序列密码设计中开始逐渐占据重要地位. 特别地, eSTREAM 计划胜选算法 Trivium 和 Grain v1, 引领和推动了近二十年基于 NFSR 的序列密码设计与分析的发展.

自 1967 年以来, 甚至更早的几十年里, 对 NFSR 的研究一直没有停止, 但并不活跃, 关注度也不高. 受 Trivium 和 Grain v1 设计的影响, 近二十年, 关于 NFSR 的研究逐渐增多, 研究问题和方法与 2000 年以前也有较大差别. 2000 年以前, 受传统设计思想的影响, 学者们更关注 de Bruijn 序列的构造与线性复杂度. 这是因为一条 n 阶 de Bruijn 序列周期达到最大, 即等于 2^n, 并且 n 长的二元向量恰好全出现, 从而元素分布平衡. 由此可见 de Bruijn 序列既具有本原 LFSR 的大周期、元素分布平衡性, 又天然是非线性的生成方式, 因此, 自然被认为是取代本原 LFSR 序列的一类理想序列源. 然而, de Bruijn 序列的构造方式与实际的序列密码应用偏离很远. 这也是至今仍没有一个成功的序列密码算法是基于 de Bruijn 序列设计的原因. 近二十年, 关于 NFSR 的研究, 周期和线性复杂度不再是唯一的主题, 研究较多的科学问题有: 线性子簇、串联结构、Galois NFSR 的非奇异性、Galois NFSR 与 Fibonacci NFSR 的等价性等, 均是围绕 NFSR 的实际应用. 本书第三部分, 将系统介绍近二十年 NFSR 研究领域的代表性结果.

第 11 章　非线性反馈移位寄存器的基本概念

本章介绍非线性反馈移位寄存器 (NFSR) 的三种典型结构和相关的基本概念. 三种典型结构包括 Fibonacci 结构、串联结构、Galois 结构. Fibonacci 结构主要用于研究序列簇的性质, 包括圈结构、子簇等, 串联结构主要应用于 Grain 型序列密码的设计, Galois 结构主要应用于 Trivium 型序列密码的设计, 也是最有广泛应用前景的一类非线性反馈移位寄存器. 值得关注的是, Trivium 和 Grain 是近二十年学术界提出的最重要的序列密码算法, 在序列密码设计领域具有较大影响力, 也在一定程度上促进了近几年 NFSR 的基础理论研究, 许多研究成果都涉及对 Trivium 型 NFSR 和 Grain 型 NFSR 的应用. 因此, 为了方便读者阅读, 本章也对 Trivium 和 Grain 的主寄存器进行了简单介绍.

11.1　Fibonacci 结构

设 $n \in \mathbb{N}^*$, $f_1(x_0, x_1, \cdots, x_{n-1})$ 是一个 n 元布尔函数. 以 $f_1(x_0, x_1, \cdots, x_{n-1})$ 为反馈函数的 n 级 Fibonacci 非线性反馈移位寄存器如图 11.1 所示, 该非线性反馈移位寄存器也称为以

$$f(x_0, x_1, \cdots, x_n) = f_1(x_0, x_1, \cdots, x_{n-1}) \oplus x_n$$

为特征函数的非线性反馈移位寄存器, 简记为 NFSR(f).

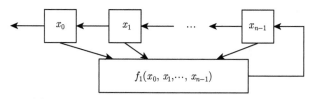

图 11.1　n 级 Fibonacci 非线性反馈移位寄存器

若 $\underline{s} = (s_t)_{t=0}^\infty \in \mathbb{F}_2^\infty$ 是 NFSR(f) 的一条输出序列, 即寄存器 x_0 的输出序列, 则 $\underline{s}$ 满足如下 n 阶递归关系:

$$s_{t+n} = f_1(s_t, s_{t+1}, \cdots, s_{t+n-1}), \quad t \geqslant 0,$$

即

$$f(s_t, s_{t+1}, \cdots, s_{t+n}) = 0, \quad t \geqslant 0.$$

非线性反馈移位寄存器 $\mathrm{NFSR}(f)$ 的全体输出序列集合记为 $G(f)$. 若

$$f_1(x_0, x_1, \cdots, x_{n-1}) = x_0 \oplus f_2(x_1, x_2, \cdots, x_{n-1}),$$

即 x_0 是 f_1 中独立的线性项, 则称 $\mathrm{NFSR}(f)$ 是非奇异的. 易见, $\mathrm{NFSR}(f)$ 的全体输出序列都是周期序列当且仅当 $\mathrm{NFSR}(f)$ 是非奇异的[28].

记全体布尔函数集合为 $\mathbb{B}$, 记全体非奇异 NFSR 特征函数集合为 $\mathcal{C}$, 即

$$\mathcal{C} = \{x_0 \oplus f_1(x_1, \cdots, x_{n-1}) \oplus x_n \mid n \in \mathbb{N}^*, f_1 \in \mathbb{B}\},$$

进一步, 记

$$\mathcal{C}^* = \{f \in \mathcal{C} \mid f(0, 0, \cdots, 0) = 0\},$$

即常数项等于 0 的非奇异 NFSR 特征函数. 显然, 若 $f \in \mathcal{C}^*$, 则 $G(f)$ 包含全零序列, 即 $\underline{0} \in G(f)$.

为表述方便, 对于 n 元布尔函数 $g(x_0, x_1, \cdots, x_{n-1})$ 和二元序列 $\underline{s} = (s_t)_{t=0}^{\infty}$, 本书用以下符号

$$g \circ \underline{s} = (g(s_t, s_{t+1}, \cdots, s_{t+n-1}))_{t=0}^{\infty}$$

记函数 g 作用在序列 $\underline{s}$ 上. 那么, 对于一个 n 级 NFSR 的特征函数 f 和一条二元序列 $\underline{s} = (s_t)_{t=0}^{\infty}$, 有

$$\underline{s} \in G(f) \Leftrightarrow f \circ \underline{s} = \underline{0}.$$

11.2　子　　簇

本节介绍子簇的概念以及给定两个非线性反馈移位寄存器特征函数的条件下子簇关系的判断.

定义 11.1　设 $n, m \in \mathbb{N}^*$, $\mathrm{NFSR}(f)$ 和 $\mathrm{NFSR}(g)$ 分别是 n 级和 m 级非线性反馈移位寄存器. 若 $G(f) \subseteq G(g)$, 则称 $\mathrm{NFSR}(f)$ 是 $\mathrm{NFSR}(g)$ 的一个 n 级子簇.

已知对于两个线性反馈移位寄存器 $\mathrm{LFSR}(l_1(x))$ 和 $\mathrm{LFSR}(l_2(x))$, 其中 $l_1(x)$, $l_2(x) \in \mathbb{F}_2[x]$, 子簇关系可以通过特征多项式的整除关系来判断, 即 $G(l_1(x)) \subseteq G(l_2(x))$ 当且仅当在 $\mathbb{F}_2[x]$ 中 $l_1(x)$ 整除 $l_2(x)$, 参见文献 [4]. 类似地, 对于两个非线性反馈移位寄存器, 子簇关系也可以通过特征函数的 "整除" 来判断, 该除法算法由文献 [89] 首次提出.

设 $f(x_0, x_1, \cdots, x_{n-1})$ 是一个 n 元布尔函数, 对任意的非负整数 i, 记

$$\sigma^i(f) = f(x_i, x_{i+1}, \cdots, x_{i+n-1}),$$

即对函数 f 的下标作平移. 此外, 函数 f 的代数正规型中变元的最大下标称为 f 的阶, 记为 $\mathrm{ord}(f)$.

定理 11.1[89] 设 $n, m \in \mathbb{N}^*$ 并且 $n \leqslant m$, $g(x_0, x_1, \cdots, x_m)$ 和 $f(x_0, x_1, \cdots, x_n) = x_n \oplus f'(x_0, x_1, \cdots, x_{n-1})$ 是两个布尔函数, 则存在布尔函数

$$h_i(x_0, x_1, \cdots, x_{i+n-1}), \quad i = 0, 1, \cdots, m-n \quad \text{和} \quad r(x_0, x_1, \cdots, x_{n-1})$$

满足

$$g(x_0, x_1, \cdots, x_m) = \left(\bigoplus_{i=0}^{m-n} h_i \cdot \sigma^i(f) \right) \oplus r,$$

并且满足上式的 $h_0, h_1, \cdots, h_{m-n}$ 和 r 是唯一的.

定理 11.1 称为布尔函数的约化①, 并记 $r = g(\mathrm{mod} f)$, 称为 g 模 f 的余式. 若 $r = 0$, 则称 f 关于约化算法整除 g, 记为 $f \| g$. 下面简述定理 11.1 的计算过程.

不妨设 $\mathrm{ord}(g) = m \geqslant n$, 则布尔函数 g 可以唯一地分解为

$$g = g_1(x_0, \cdots, x_{m-1}) \oplus g_2(x_0, \cdots, x_{m-1}) \cdot x_m, \quad g_2 \neq 0.$$

记

$$h_{m-n} = g_2(x_0, \cdots, x_{m-1}),$$

则

$$\begin{aligned} r_1 &\triangleq g \oplus h_{m-n} \sigma^{m-n}(f) \\ &= g_1(x_0, \cdots, x_{m-1}) \oplus g_2(x_0, \cdots, x_{m-1}) \cdot f'(x_{m-n}, \cdots, x_{m-1}). \end{aligned}$$

易见 $\mathrm{ord}(r_1) \leqslant m-1 < \mathrm{ord}(g)$. 将上述过程记为

$$g \xrightarrow{f} r_1, \quad \mathrm{ord}(r_1) < \mathrm{ord}(g).$$

若 $\mathrm{ord}(r_1) < n$, 则 r_1 即为 g 模 f 的余式; 否则, 继续对 r_1 进行约化, 得到阶更小的布尔函数 r_2. 经过有限步后, 得到约化链

$$g \xrightarrow{f} r_1 \xrightarrow{f} r_2 \xrightarrow{f} \cdots \xrightarrow{f} r_k,$$

---

① 文献 [89] 中称为除法算法 (division algorithm), 本书称为约化算法.

其中

$$\mathrm{ord}(r_k) < n \leqslant \mathrm{ord}(r_{k-1}) < \cdots < \mathrm{ord}(r_1) < \mathrm{ord}(g).$$

此时, r_k 即为 g 模 f 的余式, 也即 $r_k = g(\bmod f)$.

对任意的线性布尔函数 $l = c_0x_0 \oplus c_1x_1 \oplus \cdots \oplus c_nx_n$, 记

$$\phi(l) = c_0 \oplus c_1x \oplus \cdots \oplus c_nx^n \in \mathbb{F}_2[x].$$

显然, ϕ 是线性布尔函数到 $\mathbb{F}_2[x]$ 的一一映射. 若 f 和 g 是线性布尔函数, 则这里布尔函数的约化与 $\mathbb{F}_2$ 上单变元多项式的除法是一致的, 并且 $f\|g$ 当且仅当 $\phi(f)$ 整除 $\phi(g)$.

注 11.1　本书以下, 对线性布尔函数和单变元多项式不加区分, 即一个线性布尔函数 l 可自然视为单变元多项式 $l(x)$, 一个单变元多项式 $l(x)$ 也可自然视为线性布尔函数 l.

基于布尔函数的约化算法, 可得判断子簇关系的一个充要条件.

定理 11.2[89]　设 $n,m \in \mathbb{N}^*$, $\mathrm{NFSR}(f)$ 和 $\mathrm{NFSR}(g)$ 分别是 n 级和 m 级非线性反馈移位寄存器, 则 $G(f) \subseteq G(g)$ 当且仅当 $f\|g$.

证明　充分性. 设 $f\|g$, 即存在布尔函数 $h_0, h_1, \cdots, h_{m-n}$ 满足

$$g(x_0,x_1,\cdots,x_m) = \bigoplus_{i=0}^{m-n} h_i(x_0,x_1,\cdots,x_{n+i-1})f(x_i,x_{i+1},\cdots,x_{n+i}).$$

设 $\underline{a} = (a_0, a_1, \cdots) \in G(f)$. 因为

$$f(a_t, a_{t+1}, \cdots, a_{t+n}) = 0, \quad t \geqslant 0,$$

所以, 对任意的整数 $t \geqslant 0$ 有

$$g(a_t, a_{t+1}, \cdots, a_{t+m}) = \bigoplus_{i=0}^{m-n} h_i(a_t,\cdots,a_{t+n+i-1})f(a_{t+i},\cdots,a_{t+n+i}) = 0,$$

即 $\underline{a} \in G(g)$. 故, $G(f) \subseteq G(g)$.

必要性. 设 $G(f) \subseteq G(g)$, 并设

$$g = \bigoplus_{i=0}^{m-n} h_i(x_0,\cdots,x_{n+i-1})f(x_i,\cdots,x_{n+i}) \oplus r(x_0,\cdots,x_{n-1}),$$

则对任意的 $\underline{a} \in G(f) \subseteq G(g)$, 有

$$r(a_0, a_1, \cdots, a_{n-1}) = 0. \tag{11.1}$$

因为 NFSR(f) 是 n 级非线性反馈移位寄存器, 所以由 $\underline{a}$ 取遍 $G(f)$ 中序列知, (11.1) 式对任意的 $(a_0, a_1, \cdots, a_{n-1}) \in \mathbb{F}_2^n$ 都成立. 故 $r = 0$, 即 $g\|f$. $\square$

由定理 11.2 知, 子簇关系 $G(f) \subseteq G(g)$ 与约化整除关系 $f\|g$ 是等价的, 在本书以下关于子簇的结论, 均从 $f\|g$ 的角度进行研究和描述.

特别地, 若 $\mathrm{ord}(g) = \mathrm{ord}(f) + 1$ 并且 $G(f) \subseteq G(g)$, 则根据约化算法, 易得 g 由 f 唯一确定.

推论 11.1 设 $n \in \mathbb{N}^*$, NFSR(f) 是 n 级非线性反馈移位寄存器, NFSR(g) 是 $n+1$ 级非线性反馈移位寄存器, 则 $f\|g$ 当且仅当

$$g = f(x_0, x_1, \cdots, x_n) \oplus f(x_1, x_2, \cdots, x_{n+1}).$$

事实上, 在推论 11.1 情形中, 既有 $f\|g$ 也有 $(f \oplus 1)\|g$, 又因为 $G(f) \cap G(f \oplus 1) = \varnothing$ 并且 $|G(g)| = 2^{n+1}$, 所以 $G(g) = G(f) \cup G(f \oplus 1)$.

文献 [90] 从特征函数零点集的角度刻画了非线性反馈移位寄存器的子簇关系, 对于线性/仿射子簇的研究具有很大帮助.

设 $n \in \mathbb{N}^*$, NFSR(f) 是一个 n 级非线性反馈移位寄存器. 对于整数 $m \geqslant n$, 集合

$$\{(a_0, a_1, \cdots, a_m) \in \mathbb{F}_2^{m+1} \mid f(a_t, a_{t+1}, \cdots, a_{t+n-1}) = 0, 0 \leqslant t \leqslant m - n\}$$

记为 $V_m(f)$. 显然, $V_m(f)$ 由 $G(f)$ 中序列连续 $m+1$ 长的子序列构成. 若 f 是一个线性布尔函数, 则 $V_m(f)$ 是 $\mathbb{F}_2$ 上 n 维向量空间; 若 $f = l \oplus 1$ 是一个仿射函数, 其中 l 是一个线性布尔函数, 则 $V_m(f)$ 是一个仿射空间并且 $V_m(l \oplus 1) = V_m(l) \oplus E$, 其中 $E \in V_m(l \oplus 1)$ 可以任意取定.

定理 11.3 设 $n, m \in \mathbb{N}^*$ 且 $n \leqslant m$, NFSR(f) 和 NFSR(g) 分别是 n 级和 m 级非线性反馈移位寄存器, 则 $f\|g$ 当且仅当对所有 $C = (c_0, c_1, \cdots, c_m) \in V_m(f)$ 有 $g(c_0, c_1, \cdots, c_m) = 0$.

证明 由定理 11.1, 存在布尔函数 $h_0, h_1, \cdots, h_{m-n}$ 和布尔函数 r 满足

$$g(x_0, x_1, \cdots, x_m)$$
$$= \bigoplus_{i=0}^{m-n} h_i \cdot f(x_i, x_{i+1}, \cdots, x_{i+n}) \oplus r(x_0, x_1, \cdots, x_{n-1}). \tag{11.2}$$

因为对 $C = (c_0, c_1, \cdots, c_m) \in V_m(f)$ 有

$$f(c_i, c_{i+1}, \cdots, c_{i+n}) = 0, \quad 0 \leqslant i \leqslant m - n,$$

所以, 由 (11.2) 式得

$$g(c_0, c_1, \cdots, c_m) = r(c_0, c_1, \cdots, c_{n-1}).　　　　　(11.3)$$

必要性. 因为 $f \| g$, 所以 $r = 0$. 故, 由 (11.3) 式得, 对所有 $(c_0, c_1, \cdots, c_m) \in V_m(f)$, 有 $g(c_0, c_1, \cdots, c_m) = 0$.

充分性. 设对所有的向量 $(c_0, c_1, \cdots, c_m) \in V_m(f)$, 有 $g(c_0, c_1, \cdots, c_m) = 0$. 注意到 $n \leqslant m$, 所以当 $(c_0, c_1, \cdots, c_m)$ 取遍 $V_m(f)$ 时, $(c_0, c_1, \cdots, c_{n-1})$ 取遍 $\mathbb{F}_2^n$. 故, 由 (11.3) 式得 $r = 0$. 这表明 $f \| g$. □

11.3　串联结构

1970 年, 文献 [91] 在线性反馈移位寄存器串联基础上首次提出非线性反馈移位寄存器的串联结构[①], 并研究了串联结构与 Fibonacci 结构的等价性, 即具有相同的输出序列簇.

设 $m, n \in \mathbb{N}^*$, $f(x_0, \cdots, x_n) = f_1(x_0, \cdots, x_{n-1}) \oplus x_n$ 和 $g(y_0, \cdots, y_m) = g_1(y_0, \cdots, y_{m-1}) \oplus y_m$ 是两个非线性反馈移位寄存器的特征函数, 则 $\mathrm{NFSR}(f)$ 到 $\mathrm{NFSR}(g)$ 的串联如图 11.2 所示, 记为 $\mathrm{NFSR}(f, g)$. 图 11.2 中寄存器 y_0 的输出序列称为 $\mathrm{NFSR}(f, g)$ 的输出序列, $\mathrm{NFSR}(f, g)$ 的全体输出序列集合记为 $G(f, g)$. 显然, $G(f, g)$ 中共有 2^{m+n} 条序列. 若寄存器 y_0 输出序列 $\underline{a}$ 时, 寄存器 x_0 输出序列 $\underline{b}$, 则

$$g \circ \underline{a} = \underline{b} \quad \text{且} \quad f \circ \underline{b} = \underline{0}.$$

故, 对 $\underline{a} \in \mathbb{F}_2^\infty$ 有

$$\underline{a} \in G(f, g) \Leftrightarrow \text{存在 } \underline{b} \in G(f) \text{ 满足 } g \circ \underline{a} = \underline{b}$$
$$\Leftrightarrow f \circ (g \circ \underline{a}) = \underline{0}.$$

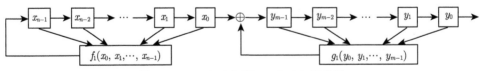

图 11.2　$\mathrm{NFSR}(f)$ 到 $\mathrm{NFSR}(g)$ 的串联

串联结构与 Fibonacci 结构的等价性可以用布尔函数的 *-积运算来描述. 对两个布尔函数 f, g 且 $\mathrm{ord}(f) = n$, 记

---

① 文献 [91] 中称为乘积移位寄存器.

$$f * g = f(g, \sigma(g), \cdots, \sigma^n(g)),$$

称为布尔函数的 $*$-积. 显然, $*$-积是一种布尔函数的合成运算.

定理 11.4[91] 设 $f, g \in \mathcal{C}$, 则 $\mathrm{NFSR}(f, g)$ 与 $\mathrm{NFSR}(f * g)$ 等价, 即 $G(f, g) = G(f * g)$.

证明 一方面, 已知

$$\underline{a} \in G(f, g) \Leftrightarrow f \circ (g \circ \underline{a}) = \underline{0}.$$

另一方面, 简单验证可知

$$f \circ (g \circ \underline{a}) = (f * g) \circ \underline{a}.$$

综上两方面即得 $\underline{a} \in G(f, g)$ 当且仅当 $\underline{a} \in G(f * g)$, 即定理结论成立. □

布尔函数 $*$-积不具有交换性. 从而, 一般地 $G(f, g)$ 不等于 $G(g, f)$. 但是, 对于两个线性布尔函数 l_1 和 l_2, $*$-积是可交换的, 即 $l_1 * l_2 = l_2 * l_1$, 并且 $\phi(l_1 * l_2) = \phi(l_1)\phi(l_2)$, 也即对于两个线性反馈移位寄存器, $\mathrm{LFSR}(l_1(x))$ 和 $\mathrm{LFSR}(l_2(x))$, 有

$$G(l_1(x), l_2(x)) = G(l_2(x), l_1(x)) = G(\phi(l_1)\phi(l_2)).$$

11.4 Galois 结构

设 $n \in \mathbb{N}^*$, 向量布尔函数

$$F = (f_0(x_0, x_1, \cdots, x_{n-1}), f_1(x_0, x_1, \cdots, x_{n-1}), \cdots, f_{n-1}(x_0, x_1, \cdots, x_{n-1})),$$

其中 $f_0, f_1, \cdots, f_{n-1}$ 是 n 元布尔函数. 以 F 为反馈函数的 n 级非线性反馈移位寄存器如图 11.3 所示, 记为 $\mathrm{NFSR}(F)$, 其中 $x_0, x_1, \cdots, x_{n-1}$ 是 n 个比特寄存器, f_i 是寄存器 x_i 的反馈函数, $0 \leqslant i \leqslant n-1$. 对 $t \geqslant 0$, 记 $\mathrm{NFSR}(F)$ 的第 t 时刻状态为 $X(t) = (x_0(t), x_1(t), \cdots, x_{n-1}(t))$, 则 $\mathrm{NFSR}(F)$ 的状态转移函数为

$$(x_0(t+1), x_1(t+1), \cdots, x_{n-1}(t+1))$$
$$= (f_0(x_0(t), x_1(t), \cdots, x_{n-1}(t)), \cdots, f_{n-1}(x_0(t), x_1(t), \cdots, x_{n-1}(t))).$$

设 $1 \leqslant i \leqslant n-1$, 若 $f_i \neq x_j, 0 \leqslant j \leqslant n-1$, 即第 i 个寄存器不是通过移位更新, 则第 i 个寄存器称为反馈更新寄存器, 否则称为移位更新寄存器. 若 $\mathrm{NFSR}(F)$ 每个寄存器输出序列都是周期的, 则称为非奇异的. 目前还没有关于 Galois NFSR 非奇异的充要条件, 在第 15 章将对部分情况进行讨论.

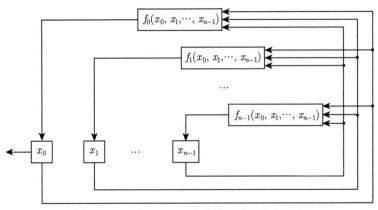

图 11.3　n 级 Galois 非线性反馈移位寄存器

由于 Galois NFSR 的每个寄存器都可以通过反馈更新而不是简单的移位更新, 因此研究 Galois NFSR 时情况比较复杂, 目前关于 Galois NFSR 的理论结果仍非常少.

11.5　Trivium 型和 Grain 型非线性反馈移位寄存器

Trivium 是由 Christophe de Cannière 和 Bart Preneel 设计的面向硬件实现的序列密码算法[92], 是轻量级序列密码算法国际标准 (ISO/IEC 29192-3:2012). Trivium 的主寄存器是一个 288 比特非线性反馈移位寄存器, 288 个寄存器分别标记为 $x_0, x_1, \cdots, x_{287}$. 内部状态更新可视为一个 288 级 Galois NFSR, 也可以看成是三个级数分别为 93, 84, 111 的移位寄存器互相反馈, 反馈函数均为 2 次函数, 参见图 11.4. Trivium 主寄存器的反馈函数记为 $F_{\text{TRIVIUM}} = (f_0, f_1, \cdots, f_{287})$, 其中

$$f_{110} = x_{24} \oplus x_{126} \oplus x_{111} \oplus x_{112}x_{113},$$

$$f_{194} = x_{117} \oplus x_{222} \oplus x_{195} \oplus x_{196}x_{197},$$

$$f_{287} = x_{219} \oplus x_{45} \oplus x_0 \oplus x_1x_2,$$

$$f_i = x_{i+1}, \quad i \notin \{110, 194, 287\}.$$

我们将类似 Trivium 的三组寄存器相互反馈的结构称为 Trivium 型非线性反馈移位寄存器. 以 Trivium 型非线性反馈移位寄存器为主寄存器的序列密码算法还有 Kreyvium[93] 和 TriviA-SC[94].

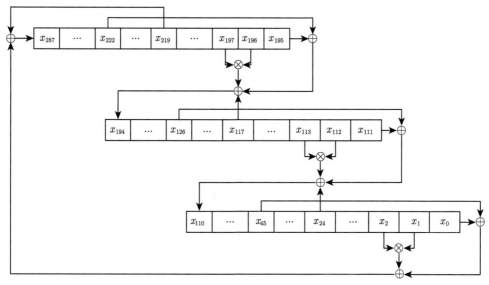

图 11.4　Trivium 主寄存器示意图

Grain 系列序列密码算法包括 Grain v1[95], Grain 128[95] 和 Grain-128a[96], 其中 Grain-v1 是欧洲 eSTREAM 项目的胜出算法之一, Grain-128a 是用于 RFID 空中接口加密和认证的国际标准 (ISO/IEC 29167-13:2015). Grain 系列密码算法的主寄存器均是一个 n 级本原 LFSR 到一个 n 级 NFSR 的串联. 以下本书称一个 n 级本原 LFSR 到一个 m 级 NFSR 的串联为 $n+m$ 级 Grain 型 NFSR, 参见图 11.5. 特别地, 若 $m=n$, 则称为 $2n$ 级 Grain 型 NFSR.

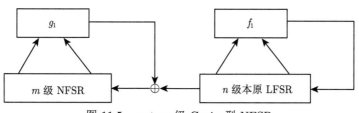

图 11.5　$n+m$ 级 Grain 型 NFSR

已知本原 LFSR 具有大周期和元素分布平衡性, 所以在一个 Grain 型 NFSR 中, 本原 LFSR 可以起到控制主寄存器序列周期和平衡状态分布的作用.

定理 11.5　设 $n, m \in \mathbb{N}^*$, NFSR(f, g) 是一个 $n+m$ 级 Grain 型 NFSR, $\underline{a} \in G(f, g)$. 若 $g \circ \underline{a} \neq \underline{0}$, 则 $2^n - 1$ 整除 per($\underline{a}$).

证明　设 $\underline{b} = g \circ \underline{a}$, 则 $\underline{b} \in G(f)$. 因为 LFSR(f) 是一个本原线性反馈移位寄存器, 所以若 $\underline{b} \neq \underline{0}$, 则 per($\underline{b}$) $= 2^n - 1$. 又由 $\underline{b} = g \circ \underline{a}$ 知 per($\underline{b}$) 整除 per($\underline{a}$),

故定理结论成立. □

注 11.2 定理 11.5 的条件 $g \circ \underline{a} \neq \underline{0}$ 等价于 Grain 型 NFSR(f, g) 输出序列 $\underline{a}$ 时, 本原 LFSR(f) 输出非零序列. 因此, 在实际应用中, 当本原 LFSR(f) 的初态为非零状态时, NFSR(f, g) 输出序列的周期是 $2^n - 1$ 的倍式.

第 12 章　线性/仿射子簇的判断与求解

给定一个非线性反馈移位寄存器 NFSR(f), 本章讨论如何判断和求解 $G(f)$ 中的线性子簇和仿射子簇. 线性/仿射子簇可以看作非线性反馈移位寄存器输出序列集中的一类具有线性结构的序列. 从序列密码设计的角度, 若主寄存器序列大量退化为线性序列, 则存在一定的安全隐患. 本章证明了非线性反馈移位寄存器中线性子簇一定是最高次项变元线性组合的因子. 若非线性反馈移位寄存器本身就是线性特征函数, 则该结果与线性反馈移位寄存器子簇判断条件完全一致, 因此可以看作线性反馈移位寄存器子簇理论到非线性反馈移位寄存器的一个合理推广.

12.1　线性子簇的存在性

设 $f \in \mathcal{C}$, l 是一个线性布尔函数. 若 $G(l) \subseteq G(f)$, 则 $\underline{0} \in G(f)$, 从而 $f \in \mathcal{C}^*$. 所以, 下面仅需讨论 $\mathcal{C}^*$ 中特征函数的线性子簇. 以下当正整数 n 给定后, 一个 n 元布尔函数 $f(x_0, x_1, \cdots, x_{n-1})$ 简记为 $f(X)$, 并且对任意的 n 维向量 $C = (c_0, c_1, \cdots, c_{n-1}) \in \mathbb{F}_2^n$, 记

$$f(X \oplus C) = f(x_0 \oplus c_0, x_1 \oplus c_1, \cdots, x_{n-1} \oplus c_{n-1}).$$

引理 12.1　设 $n, m \in \mathbb{N}^*$ 且 $m \leqslant n$, $f \in \mathcal{C}^*$, $\mathrm{ord}(f) = n$, l 是一个线性布尔函数, $\mathrm{ord}(l) = m$. 若 $l \| f$, 则对任意的 $C \in V_n(l)$ 有

$$l \| (f(X) \oplus f(X \oplus C)).$$

证明　设 $C \in V_n(l)$. 因为 $l \| f$, 所以由定理 11.3 得

$$f(C) = 0. \tag{12.1}$$

注意到 $V_n(l)$ 是一个线性空间, 对任意的 $C' \in V_n(l)$ 有

$$C' \oplus C \in V_n(l).$$

又由 $l \| f$ 以及定理 11.3, 对任意的 $C' \in V_n(l)$ 有

$$f(C' \oplus C) = 0. \tag{12.2}$$

综上 (12.1) 式和 (12.2) 式得

$$f(C') \oplus f(C' \oplus C) = 0, \quad \text{其中 } C' \in V_n(l). \tag{12.3}$$

根据定理 11.3, 上述 (12.3) 式表明

$$l \| (f(X) \oplus f(X \oplus C)). \qquad \qquad \square$$

设 $n \in \mathbb{N}^*$, $f(x_0, x_1, \cdots, x_{n-1}) \in \mathbb{B}$, $C \in \mathbb{F}_2^n$, 以下记

$$\mathcal{D}_C(f) = f(X) \oplus f(X \oplus C).$$

若 $\deg(f) = 1$, 则 $\mathcal{D}_C(f)$ 是常值函数. 设 $\deg(f) = d > 1$, 则显然有 $\deg(\mathcal{D}_C(f)) \leqslant d - 1$, 并且 $\mathcal{D}_C(f)$ 的 $d - 1$ 次项仅与 f 的 d 次项有关. 记函数 f 的代数正规型中全体 d 次项的和为 $f_{[d]}$. 以下根据差分函数 $\mathcal{D}_C(f)$ 的代数次数是否达到 $d - 1$ 分两种情况讨论. 讨论之前, 需要介绍若干符号.

对于一个 d 次项 $x_{i_1} x_{i_2} \cdots x_{i_d}$, 记其 d 个 $d-1$ 次因子集合为 $\mathcal{P}(x_{i_1} x_{i_2} \cdots x_{i_d})$, 即

$$\mathcal{P}(x_{i_1} x_{i_2} \cdots x_{i_d}) = \{x_{i_2} x_{i_3} \cdots x_{i_d}, x_{i_1} x_{i_3} \cdots x_{i_d}, \cdots, x_{i_1} x_{i_2} \cdots x_{i_{d-1}}\}.$$

对于 f 的一个 d 次项 t, 若 $s \in \mathcal{P}(t)$, 则存在唯一的线性布尔函数 $L(x_0, x_1, \cdots, x_{n-1})$ 满足

$$f_{[d]} = s \cdot L \oplus q, \tag{12.4}$$

其中布尔函数 q 的每一个项都不是 s 的倍式, 不妨将 (12.4) 式中 L 记为 $L_{f,s}$.

对于一个布尔函数 g, 其代数正规型中全体项的集合记为 $T(g)$, 全体变元的集合记为 $\mathrm{var}(g)$. 例如, 若 $g = x_1 \oplus x_2 x_4$, 则 $T(g) = \{x_1, x_2 x_4\}$, $\mathrm{var}(g) = \{x_1, x_2, x_4\}$.

引理 12.2 设 $n \in \mathbb{N}$, $f(x_0, x_1, \cdots, x_{n-1}) \in \mathbb{B}$, $\deg(f) = d > 1$, $C = (c_0, c_1, \cdots, c_{n-1}) \in \mathbb{F}_2^n$.

(1) 若 $\deg(\mathcal{D}_C(f)) = d - 1$, 则 $\varnothing \neq \mathrm{var}(\mathcal{D}_C(f)_{[d-1]}) \subseteq \mathrm{var}(f_{[d]})$;

(2) 若 $\deg(\mathcal{D}_C(f)) \leqslant d - 2$, 则 C 是下述线性方程组的一个解

$$L_{f,s}(x_0, x_1, \cdots, x_{n-1}) = 0, \quad s \in \bigcup_{t \in T(f_{[d]})} \mathcal{P}(t).$$

证明 首先, 显然有

$$\mathcal{D}_C(f) = \sum_{t \in T(f)} \mathcal{D}_C(t).$$

其次, 若 $\deg(t) \leqslant d-1$, 则 $\deg(\mathcal{D}_C(t)) \leqslant d-2$. 故, 注意到 $\mathcal{D}_C(f)$ 的 $d-1$ 次项仅与 f 的 d 次项有关, 即

$$\mathcal{D}_C(f)_{[d-1]} = \sum_{t \in T(f_{[d]})} \mathcal{D}_C(t)_{[d-1]}. \tag{12.5}$$

设 $t = x_{i_1} x_{i_2} \cdots x_{i_d} \in T(f_{[d]})$, 则

$$\mathcal{D}_C(t) = \prod_{j=1}^{d} x_{i_j} \oplus \prod_{j=1}^{d} (x_{i_j} \oplus c_{i_j}),$$

从而

$$\mathcal{D}_C(t)_{[d-1]} = c_{i_1} x_{i_2} \cdots x_{i_d} \oplus x_{i_1} c_{i_2} \cdots x_{i_d} \oplus \cdots \oplus x_{i_1} x_{i_2} \cdots c_{i_d}, \tag{12.6}$$

即

$$T(\mathcal{D}_C(t)_{[d-1]}) \subseteq \mathcal{P}(t). \tag{12.7}$$

综合 (12.5) 式和 (12.7) 式得

$$T(\mathcal{D}_C(f)_{[d-1]}) \subseteq \bigcup_{t \in T(f_{[d]})} \mathcal{P}(t). \tag{12.8}$$

(1) 若 $\deg(\mathcal{D}_C(f)) = d-1$, 则直接由 (12.8) 式得

$$\mathrm{var}(\mathcal{D}_C(f)_{[d-1]}) \subseteq \mathrm{var}(f_{[d]}).$$

(2) 若 $\deg(\mathcal{D}_C(f)) < d-1$, 则由 (12.5) 式知

$$\sum_{t \in T(f_{[d]})} \mathcal{D}_C(t)_{[d-1]} = 0.$$

结合 (12.6) 式, 即

$$\sum_{t = x_{i_1} x_{i_2} \cdots x_{i_d} \in T(f_{[d]})} (c_{i_1} x_{i_2} \cdots x_{i_d} \oplus x_{i_1} c_{i_2} \cdots x_{i_d} \oplus \cdots \oplus x_{i_1} x_{i_2} \cdots c_{i_d}) = 0.$$

这表明等式左边展开后每个项的系数等于 0, 故得 C 是线性方程组

$$L_{f,s}(x_0, x_1, \cdots, x_{n-1}) = 0, \quad s \in \bigcup_{t \in T(f_{[d]})} \mathcal{P}(t)$$

的解. $\qquad \square$

　　递归应用引理 12.2 可得线性子簇存在性的一个必要条件, 且该条件仅与特征函数的最大次项有关. 对于一个布尔函数 f, 其代数正规型中全体变元的下标构成的集合记为 $\mathrm{sub}(f)$. 例如, 若 $f = x_0 \oplus x_1 x_2 \oplus x_4$, 则 $\mathrm{sub}(f) = \{0, 1, 2, 4\}$.

　　定理 12.1　设 $f \in \mathcal{C}^*$, $\deg(f) = d$, l 是一个线性布尔函数. 记 $I = \mathrm{sub}(f_{[d]})$. 若 $l \parallel f$, 则存在一组以 I 为下标集的常数 $\{c_i \in \mathbb{F}_2 | i \in I\}$ 满足

$$l \parallel \sum_{i \in I} c_i x_i.$$

　　证明　对 $\deg(f)$ 用数学归纳法. 若 $\deg(f) = 1$, 则结论显然成立. 假设结论对 $\deg(f) < k$ 成立, 其中 $k > 1$. 下面证明结论对 $\deg(f) = k$ 成立. 设 $\mathrm{ord}(f) = n$, 则 $\mathrm{ord}(l) \leqslant n$. 分以下两种情形.

　　情形 1　存在 $C \in V_n(l)$ 满足 $\deg(\mathcal{D}_C(f)) = d - 1$. 首先, 由引理 12.1 知 $l \parallel \mathcal{D}_C(f)$. 其次, 记 $J = \mathrm{sub}(\mathcal{D}_C(f)_{[d-1]})$, 由归纳假设知, 存在一组以 J 为下标集的常数 $\{c_j \in \mathbb{F}_2 | j \in J\}$ 满足

$$l \parallel \sum_{j \in J} c_j x_j. \tag{12.9}$$

再由引理 12.2 知

$$\mathrm{sub}(\mathcal{D}_C(f)_{[d-1]}) \subseteq \mathrm{sub}(f_{[d]}),$$

即 $J \subseteq I$. 从而, (12.9) 式也意味着存在一组以 I 为下标集的常数 $\{c_i \in \mathbb{F}_2 \mid i \in I\}$ 满足

$$l \parallel \sum_{i \in I} c_i x_i.$$

　　情形 2　对所有的 $C \in V_n(l)$ 都有 $\deg(\mathcal{D}_C(f)) < d - 1$. 由引理 12.2 知, 对任意的 $C \in V_n(l)$ 有

$$L_{f,s}(C) = 0, \quad s \in \bigcup_{t \in T(f_{[d]})} \mathcal{P}(t).$$

取定一个 $s \in \bigcup_{t \in T(f_{[d]})} \mathcal{P}(t)$, 则由定理 11.3 知

$$l \parallel L_{f,s}(X). \tag{12.10}$$

显然 $\mathrm{sub}(L_{f,s}) \subseteq \mathrm{sub}(f_{[d]})$ 并且 $L_{f,s}$ 是线性函数, 所以 (12.10) 式表明定理结论成立. $\square$

注意到线性布尔函数的约化与单变元多项式的整除是一致的, 定理 12.1 的必要条件也等价于在 $\mathbb{F}_2$ 上有 $l(x)$ 整除 $\phi(\sum_{i \in \mathrm{sub}(f_{[d]})} c_i x^i)$.

根据定理 12.1, 显然有下面的推论.

推论 12.1　设 $f \in \mathcal{C}^*$, l 是一个线性布尔函数. 若 $l \| f$, 则

$$\mathrm{ord}(l) \leqslant \max(\mathrm{sub}(f_{[d]})) - \min(\mathrm{sub}(f_{[d]})).$$

最后, 线性子簇的必要条件也适用于仿射子簇.

定理 12.2　设 $n, m \in \mathbb{N}^*$ 且 $m \leqslant n$, $\mathrm{NFSR}(f)$ 是一个 n 级非线性反馈移位寄存器, l 是一个线性布尔函数, $\mathrm{ord}(l) = m$, 则 $(l \oplus 1) \| f$ 当且仅当 $l \| f(X \oplus E)$, 其中 $E = (e_0, e_1, \cdots, e_n)$ 是 $V_n(l \oplus 1)$ 中的一个给定向量.

证明　由定理 11.3 知, $(l \oplus 1) \| f$ 当且仅当对任意的 $C \in V_n(l \oplus 1)$ 有 $f(C) = 0$. 因为 l 是线性布尔函数, 所以

$$V_n(l \oplus 1) = V_n(l) \oplus E.$$

显然, $f(X)$ 在 $V_n(l) \oplus E$ 上函数值为 0 当且仅当 $f(X \oplus E)$ 在 $V_n(l)$ 上函数值为 0. 故定理结论成立.　　　　　　　　　　　　　　　　　　　　　□

注意到函数 $f(X)$ 和 $f(X \oplus E)$ 的全体最高次项是完全相同的, 所以由定理 12.1 和定理 12.2 得下面的推论.

推论 12.2　设 $f \in \mathcal{C}$, $\deg(f) = d$, l 是一个线性布尔函数. 记 $I = \mathrm{sub}(f_{[d]})$. 若 $(l \oplus 1) \| f$, 则存在一组以 I 为下标集的常数 $\{c_i \in \mathbb{F}_2 | i \in I\}$ 满足

$$l \,\Big\|\, \sum_{i \in I} c_i x_i.$$

12.2　Grain 型 NFSR 的线性/仿射子簇

本节讨论 Grain 型 NFSR 线性子簇和仿射子簇的特性. 由于 Grain 型 NFSR(f, g) 是一类特殊的串联结构, 从一个本原 LFSR(f) 到一个 NFSR(g) 的串联, 所以利用本原 LFSR 序列的性质, 可以证明当 $\deg(g) > 2$ 或者 $\mathrm{ord}(g) < \mathrm{ord}(f)$ 时, $G(f, g)$ 的线性/仿射子簇都是 $G(g)$ 的线性/仿射子簇, 这从很大程度上简化了 Grain 型 NFSR 线性/仿射子簇的求解.

在不引起混淆的情况下, 本节中有限域上的加法运算也记为 "+".

12.2.1　有限域上迹函数的一个结论

本节设 $n \in \mathbb{N}^*$. 对于任意的 $\alpha \in \mathbb{F}_{2^n}$, 记

$$\mathrm{Tr}_{\mathbb{F}_{2^n}}(\alpha) = \alpha + \alpha^2 + \cdots + \alpha^{2^{n-1}},$$

则 $\mathrm{Tr}_{\mathbb{F}_{2^n}}(\cdot)$ 是 $\mathbb{F}_{2^n}$ 到 $\mathbb{F}_2$ 的函数, 称为 $\mathbb{F}_{2^n}$ 上的 (绝对) 迹函数, 以下简记为 $\mathrm{Tr}(\cdot)$. 显然, 迹函数有以下性质:

(1) $\mathrm{Tr}(\alpha + \beta) = \mathrm{Tr}(\alpha) + \mathrm{Tr}(\beta)$, 其中 $\alpha, \beta \in \mathbb{F}_{2^n}$;

(2) $\mathrm{Tr}(c\alpha) = c\mathrm{Tr}(\alpha)$, 其中 $\alpha \in \mathbb{F}_{2^n}, c \in \mathbb{F}_2$;

(3) $\mathrm{Tr}(\alpha^{2^i}) = \mathrm{Tr}(\alpha)$, 其中 $\alpha \in \mathbb{F}_{2^n}, i \in \mathbb{N}$.

下述引理 12.3 是有限域上多项式的一个简单性质.

引理 12.3 设 $f(x), g(x) \in \mathbb{F}_{2^n}[x]$, 则 $f(a) = g(a)$ 对所有 $a \in \mathbb{F}_{2^n}$ 成立当且仅当 $f(x) \equiv g(x) \bmod x^{2^n} + x$.

根据引理 12.3, 若将 $\mathbb{F}_{2^n}$ 上多项式看作 $\mathbb{F}_{2^n}$ 到 $\mathbb{F}_{2^n}$ 的函数, 则仅需考虑次数小于 2^n 的多项式. 特别地, 若 $f(x)$ 是一个 $\mathbb{F}_{2^n}$ 到 $\mathbb{F}_2$ 的常值函数且 $\deg(f) < 2^n$, 则 $f(x)$ 等于 0 或 1. 若 $f(x)$ 是 $\mathbb{F}_{2^n}^*$ 到 $\mathbb{F}_2$ 的常值函数, 则容易验证有以下结论成立.

引理 12.4 设 $f(x) \in \mathbb{F}_{2^n}[x]$, 若 $f(x)$ 关于 $x \in \mathbb{F}_{2^n}^*$ 是常值函数, 则存在 $c_1, c_2 \in \mathbb{F}_2$ 满足 $f(x) \equiv c_1 x^{2^n-1} + c_2 \bmod x^{2^n} + x$.

由引理 12.4 知, 若 $f(x)$ 是 $\mathbb{F}_{2^n}^*$ 上常值函数但不是 $\mathbb{F}_{2^n}$ 上常值函数, 则 $f(x)$ $(\bmod \, x^{2^n} + x)$ 是一个次数等于 $2^n - 1$ 的多项式.

注 12.1 设 $f(x) \in \mathbb{F}_{2^n}[x]$, 以下记 $\mathbb{F}_{2^n}[x]$ 中次数小于 2^n 且与 $f(x)$ 模 $x^{2^n}+x$ 同余的多项式为 $\overline{f(x)}$.

对于一个正整数 m, 以下记其二进制展开中 1 的个数为 $\mathrm{wt}(m)$, 称为 m 的汉明重量. 设 $1 \leqslant m < 2^n, j \in \mathbb{N}^*$. 易见, 若整数 $1 \leqslant c < 2^n$ 满足

$$x^{2^j m} \equiv x^c \bmod x^{2^n} + x, \tag{12.11}$$

则 $\mathrm{wt}(2^j m) = \mathrm{wt}(c)$. 进一步, 对 $1 \leqslant i \leqslant n - 1$, 记

$$W_i = \{\beta_1 x^{j_1} + \beta_2 x^{j_2} + \cdots + \beta_k x^{j_k} \mid \beta_u \in \mathbb{F}_{2^n}^*,$$
$$1 \leqslant j_1 < j_2 < \cdots < j_k < 2^n, \mathrm{wt}(j_u) = i, 1 \leqslant u \leqslant k, k \in \mathbb{N}^*\},$$

即 x 指数重量等于 i 的多项式集合.

引理 12.5 设 $\beta \in \mathbb{F}_{2^n}^*, 0 < d < 2^n - 1$ 且 $\gcd(d, 2^n - 1) = 1$, 若 $\mathrm{Tr}(\beta((x + 1)^d + x^d))$ 是 $\mathbb{F}_{2^n}^*$ 到 $\mathbb{F}_2$ 的常值函数, 则 $\mathrm{Tr}(\beta((x + 1)^d + x^d))$ 也是 $\mathbb{F}_{2^n}$ 到 $\mathbb{F}_2$ 的常值函数.

证明 因为 $d < 2^n - 1$, 所以 $\mathrm{wt}(d) < n$. 又根据 (12.11) 式, $x^c = \overline{x^{2^j d}}$ 与 x^d 的指数重量一样, 所以 $\overline{\mathrm{Tr}(\beta((x+1)^d + x^d))}$ 中不存在次数等于 $2^n - 1$ 的单项式, 故由引理 12.4 知 $\mathrm{Tr}(\beta((x+1)^d + x^d))$ 模 $x^{2^n} + x$ 是常值, 即结论成立. $\qquad\square$

定理 12.3 设 $\beta \in \mathbb{F}_{2^n}^*, 0 < d < 2^n - 1$ 且 $\gcd(d, 2^n - 1) = 1$, 则 $\mathrm{Tr}(\beta((x + 1)^d + x^d))$ 是 $\mathbb{F}_{2^n}$ 到 $\mathbb{F}_2$ 的常值函数当且仅当下述两个条件之一成立:

(1) $d = 2^i, i \in \mathbb{N}$;

(2) $d = 2^i(1 + 2^j), i \in \mathbb{N}, j \in \mathbb{N}^*$, 并且 $\beta \in \mathbb{F}_{2^r}, r = \gcd(j, n)$.

证明 充分性. 若 $d = 2^i$, 则由迹函数的性质得

$$\mathrm{Tr}(\beta((x+1)^{2^i} + x^{2^i})) = \mathrm{Tr}(\beta),$$

故结论成立. 若 $d = 2^i(1 + 2^j)$, 则

$$\begin{aligned}
& \mathrm{Tr}(\beta((x+1)^{2^i(2^j+1)} + x^{2^i(2^j+1)})) \\
= & \mathrm{Tr}(\beta(x^{2^{i+j}} + x^{2^i} + 1)) \\
= & \mathrm{Tr}(\beta x^{2^{i+j}}) + \mathrm{Tr}(\beta x^{2^i}) + \mathrm{Tr}(\beta).
\end{aligned} \tag{12.12}$$

因为 $\beta \in \mathbb{F}_{2^r}$ 且 $r \mid j$, 所以 $\beta = \beta^{2^j}$. 从而

$$\begin{aligned}
& \mathrm{Tr}(\beta x^{2^{i+j}}) + \mathrm{Tr}(\beta x^{2^i}) + \mathrm{Tr}(\beta) \\
= & \mathrm{Tr}((\beta x^{2^i})^{2^j}) + \mathrm{Tr}(\beta x^{2^i}) + \mathrm{Tr}(\beta) \\
= & \mathrm{Tr}(\beta).
\end{aligned} \tag{12.13}$$

综上 (12.12) 式和 (12.13) 式得

$$\mathrm{Tr}(\beta((x+1)^{2^i(2^j+1)} + x^{2^i(2^j+1)})) = \mathrm{Tr}(\beta),$$

结论成立.

必要性. 首先, 证明 $\mathrm{wt}(d) < 3$. 采用反证法. 假设 $\mathrm{wt}(d) \geqslant 3$. 因为 $\mathrm{Tr}(x^2) = \mathrm{Tr}(x), x \in \mathbb{F}_{2^n}$, 所以不妨设 d 是奇数, 并且设 d 的二进制展开为

$$d = 2^{i_0} + 2^{i_1} + \cdots + 2^{i_k}, \quad i_0 < i_1 < \cdots < i_k < n, \quad i_0 = 0,$$

其中 $k \geqslant 2$. 记

$$\Gamma = \{c_0 2^{i_0} + c_1 2^{i_1} + \cdots + c_k 2^{i_k} | c_0, c_1, \cdots, c_k \in \{0, 1\}\}.$$

从而

$$\begin{aligned}
(x+1)^d + x^d & = (x+1)(x^{2^{i_1}} + 1) \cdots (x^{2^{i_k}} + 1) + x^d \\
& = 1 + \sum_{i=1}^{k} \sum_{j \in \Gamma \text{且} \mathrm{wt}(j)=i} x^j \\
& \triangleq 1 + \sum_{i=1}^{k} w_i(x).
\end{aligned}$$

因为 $\mathrm{Tr}(\beta((x+1)^d + x^d))$ 是 $\mathbb{F}_{2^n}$ 到 $\mathbb{F}_2$ 的常值函数且

$$\mathrm{Tr}(\beta((x+1)^d + x^d)) = \mathrm{Tr}(\beta) + \sum_{i=1}^{k} \mathrm{Tr}(\beta w_i(x)),$$

所以存在 $a \in \mathbb{F}_2$ 满足

$$\sum_{i=1}^{k} \mathrm{Tr}(\beta w_i(x)) \equiv a \bmod x^{2^n} + x. \tag{12.14}$$

注意到对 $1 \leqslant i \leqslant k$, 若 $\overline{\mathrm{Tr}(\beta w_i(x))} \neq 0$, 则

$$\overline{\mathrm{Tr}(\beta w_i(x))} \in W_i.$$

又因为 $W_i(1 \leqslant i \leqslant k)$ 中每个多项式都不含有常数项, 并且对于不同的 i_1 和 i_2, 有 $W_{i_1} \cap W_{i_2} = \varnothing$, 所以由 (12.14) 式知

$$\overline{\mathrm{Tr}(\beta w_i(x))} = 0, \quad 1 \leqslant i \leqslant k.$$

对 $0 \leqslant j \leqslant k$, 记

$$d_j = d - 2^{i_j} = \sum_{0 \leqslant u \leqslant k, u \neq j} 2^{i_u},$$

则

$$\mathrm{Tr}(\beta w_k(x)) = \mathrm{Tr}(\beta x^{d_0}) + \mathrm{Tr}(\beta x^{d_1}) + \cdots + \mathrm{Tr}(\beta x^{d_k}).$$

由 $\overline{\mathrm{Tr}(\beta w_k(x))} = 0$ 得 x^{d_0} 的系数应等于 0. 从而至少存在一个整数 $0 \leqslant u \leqslant k$ 和 $1 \leqslant v \leqslant n-1$ 满足

$$2^v d_u \equiv d_0 \bmod 2^n - 1.$$

情形 1　若 $u = 0$, 则

$$2^n - 1 \mid d_0(2^v - 1). \tag{12.15}$$

设 $\gcd(n, v) = l$, 则 $\gcd(2^n - 1, 2^v - 1) = 2^l - 1$ 并且由 (12.15) 式得

$$\frac{2^n - 1}{2^l - 1} \,\bigg|\, d_0.$$

设 $n = n'l$, 则 d_0 可以表示为

$$d_0 = q \cdot \frac{2^n - 1}{2^l - 1} = q \cdot (1 + 2^l + \cdots + 2^{(n'-1)l}), \tag{12.16}$$

其中 $q < 2^l$. 设 $q = 2^{t_1} + 2^{t_2} + \cdots + 2^{t_m}$, 其中 $0 \leqslant t_1 < t_2 < \cdots < t_m \leqslant v - 1$, 则由 (12.16) 式知

$$\begin{aligned}\{i_1, i_2, \cdots, i_k\} = \{&t_1, t_1 + l, \cdots, t_1 + (n'-1)l, \\ &t_2, t_2 + l, \cdots, t_2 + (n'-1)l, \\ &\cdots, \\ &t_m, t_m + l, \cdots, t_m + (n'-1)l\}. \end{aligned} \tag{12.17}$$

考虑 $x^{1+2^l+\cdots+2^{(n'-1)l}}$ 在 $\overline{\mathrm{Tr}(\beta w_l(x))}$ 中的系数. 对 $z = 1, 2, \cdots, m$, 记 $x^{1+2^l+\cdots+2^{(n'-1)l}}$ 在 $\mathrm{Tr}(\beta x^{2^{t_z}+2^{t_z+l}+\cdots+2^{t_z+(n'-1)l}})$ 中的系数为 δ_z, 则

$$\delta_z = \beta^{2^{n-t_z}} + \beta^{2^{n-(t_z+l)}} + \cdots + \beta^{2^{n-(t_z+(n'-1)l)}}.$$

因为 $\overline{\mathrm{Tr}(\beta w_l(x))} = 0$, 所以 $x^{1+2^l+\cdots+2^{(n'-1)l}}$ 的系数等于 0, 即

$$\delta_1 + \delta_2 + \cdots + \delta_m = 0.$$

结合 (12.17) 式得

$$\beta^{2^{n-i_1}} + \beta^{2^{n-i_2}} + \cdots + \beta^{2^{n-i_k}} = 0. \tag{12.18}$$

又因为 $\mathrm{Tr}(\beta w_1(x))$ 是零函数以及

$$\mathrm{Tr}(\beta w_1(x)) = \mathrm{Tr}((\beta + \beta^{2^{n-i_1}} + \cdots + \beta^{2^{n-i_k}}) \cdot x),$$

所以

$$\beta + \beta^{2^{n-i_1}} + \cdots + \beta^{2^{n-i_k}} = 0. \tag{12.19}$$

综合 (12.18) 和 (12.19) 式得 $\beta = 0$, 这与 $\beta \neq 0$ 矛盾.

情形 2　若 $u \neq 0$, 则

$$d_0 = 2^{i_1} + 2^{i_2} + \cdots + 2^{i_k} = [2^v d_u]_{\bmod 2^n - 1} = \sum_{0 \leqslant y \leqslant k \text{ 且} y \neq u} 2^{[y+v] \bmod n}. \tag{12.20}$$

设 $\gcd(n, v) = p$ 并记 $l = \dfrac{n}{p}$, 则 l 是满足 $n \mid lv$ 的最小正整数. 那么, 根据 (12.20) 式, 以 v 为间隔, 集合 $\{i_0, i_1, \cdots, i_k\}$ 可以表示成

$$\{i_0, i_1, \cdots, i_k\} = \{r_0, r_0 + v, \cdots, r_0 + [b_0 v]_{\bmod n},$$

$$r_1, [r_1 + v]_{\bmod n}, \cdots, [r_1 + b_1 v]_{\bmod n},$$

$$\cdots,$$

$$r_m, [r_m + v]_{\bmod n}, \cdots, [r_m + b_m v]_{\bmod n}\}, \qquad (12.21)$$

其中 $m \in \mathbb{N}, r_0 = 0, r_1, r_2, \cdots, r_m$ 是小于 n 的正整数, $b_0, b_1, \cdots, b_m$ 是小于 l 的正整数. 在 (12.21) 式中有且仅有一个整数 $0 \leqslant i \leqslant m$ 满足

$$r_i + b_i v \equiv i_u \bmod n,$$

并且对于 $j \neq i$ 有 $b_j = l - 1$. 下面证明同余方程 $yv \equiv i_u \bmod n$ 有解. 因为 $\gcd(n, v) = p$, 所以 $\gcd(2^n - 1, 2^v - 1) = 2^p - 1$. 注意到

$$2^v d_u \equiv d_0 \bmod 2^n - 1 \Rightarrow (2^v - 1)d \equiv 2^{v + i_u} - 1 \bmod 2^n - 1, \qquad (12.22)$$

故 $2^p - 1$ 整除 $2^{v + i_u} - 1$, 从而 $p \mid i_u$. 由此知同余式 $yv \equiv i_u \bmod n$ 有解. 设正整数 b 满足 $bv \equiv i_u \bmod n$. 显然有 $1 \leqslant b \leqslant l - 1$. 下面进一步说明 $b < l - 1$. 若 $b = l - 1$, 则

$$bv \equiv i_u \bmod n \Rightarrow i_u + v \equiv 0 \bmod n.$$

那么, $(2^n - 1) \mid (2^{i_u + v} - 1)$, 进而由 (12.22) 式得

$$2^n - 1 \mid (2^v - 1)d \Rightarrow \frac{2^n - 1}{2^p - 1} \,\Big|\, d. \qquad (12.23)$$

因为 $v < n$, 所以 $p < n$, 从而 (12.23) 式与 $\gcd(d, 2^n - 1) = 1$ 矛盾. 故, $1 \leqslant b < l - 1$. 由以上分析知 (12.21) 式可以更具体地表示为

$$\{i_0, i_1, \cdots, i_k\} = \{0, v, \cdots, [bv]_{\bmod n},$$

$$r_1, [r_1 + v]_{\bmod n}, \cdots, [r_1 + (l - 1)v]_{\bmod n},$$

$$\cdots,$$

$$r_m, [r_m + v]_{\bmod n}, \cdots, [r_m + (l - 1)v]_{\bmod n}\}. \qquad (12.24)$$

若 $b = k$, 则 (12.24) 式, 即

$$\{i_0, i_1, \cdots, i_k\} = \{0, v, \cdots, [bv]_{\bmod n}\}. \qquad (12.25)$$

考虑 x^{1+2^v} 在 $\overline{\text{Tr}(\beta w_2(x))}$ 中的系数. 注意到 x^{1+2^v} 出现且仅出现在下述迹函数中

$$\text{Tr}(\beta x^{2^{[jv] \bmod n} + 2^{[(j+1)v] \bmod n}}) \,(\bmod\ x^{2^n} + x), \quad 0 \leqslant j \leqslant k-1,$$

并且系数为 $\beta^{2^{n-[jv] \bmod n}}$. 故

$$\beta + \beta^{2^{n-v}} + \cdots + \beta^{2^{n-[(k-1)v] \bmod n}} = 0. \tag{12.26}$$

由 (12.25) 和 (12.26) 式得 $\beta^{2^{n-iu}} = 0$, 即 $\beta = 0$.

若 $b < k$, 则 $b < l < k$ 并且 (12.24) 式中 $m \geqslant 1$. 考虑 $x^{1+2^v+\cdots+2^{[(l-1)v] \bmod n}}$ 在 $\overline{\text{Tr}(\beta w_l(x))}$ 中的系数. 注意到 $x^{1+2^v+\cdots+2^{[(l-1)v] \bmod n}}$ 出现且仅出现在下述迹函数中

$$\text{Tr}(\beta x^{2^{r_j} + 2^{[r_j+v] \bmod n} + \cdots + 2^{[r_j+(l-1)v] \bmod n}}) \,(\bmod\ x^{2^n} + x), \quad 1 \leqslant j \leqslant m,$$

并且系数为

$$\delta_j = \beta^{2^{n-r_j}} + \beta^{2^{n-[r_j+v] \bmod n}} + \cdots + \beta^{2^{n-[r_j+(l-1)v] \bmod n}}.$$

从而

$$\sum_{j=1}^{m} \delta_j = 0. \tag{12.27}$$

再考虑 $x^{1+2^l+\cdots+2^{[bl] \bmod n}}$ 在 $\overline{\text{Tr}(\beta w_{b+1}(x))}$ 中的系数. 单项式 $x^{1+2^l+\cdots+2^{[bl] \bmod n}}$ 出现且仅出现在

$$\text{Tr}(\beta x^{1+2^v+\cdots+2^{[(l-1)v] \bmod n}}) \,(\bmod\ x^{2^n+x}) \tag{12.28}$$

以及

$$\text{Tr}(\beta x^{2^i + 2^{[i+v] \bmod n} + \cdots + 2^{[i+(l-1)v] \bmod n}}) \,(\bmod\ x^{2^n+x}) \tag{12.29}$$

的表达式中, 其中 i 取遍 $\{i_0, i_1, \cdots, i_k\}$ 中除 $\{0, v, \cdots, [bv] \bmod n\}$ 以外任意元素. 单项式 $x^{1+2^l+\cdots+2^{[bl] \bmod n}}$ 在 (12.28) 式中的系数为 β, 在 (12.29) 式中的系数为 $\beta^{2^{n-i}}$, 所以由单项式 $x^{1+2^l+\cdots+2^{[bl] \bmod n}}$ 的系数等于 0 得

$$0 = \beta + \sum_{j=1}^{m} \sum_{i=0}^{l-1} \beta^{2^{n-[r_j+iv] \bmod n}} = \beta + \sum_{j=1}^{m} \delta_j. \tag{12.30}$$

由 (12.27) 式和 (12.30) 式得 $\beta = 0$.

综上知 $\mathrm{wt}(d) < 3$. 下面仅需讨论 $\mathrm{wt}(d) = 2$ 的情形. 不妨设 $d = 2^i(1 + 2^j)$, 其中 $j > 0$ 且 $d < 2^n - 1$. 记 $\gamma = \beta^{2^{n-i-j}} + \beta^{2^{n-i}}$, 则由 (12.12) 式得

$$
\begin{aligned}
&\mathrm{Tr}(\beta((x+1)^d + x^d)) \\
={}&\mathrm{Tr}((\beta^{2^{n-i-j}} + \beta^{2^{n-i}}) \cdot x) + \mathrm{Tr}(\beta) \\
={}&\mathrm{Tr}(\gamma x) + \mathrm{Tr}(\beta).
\end{aligned}
\tag{12.31}
$$

若 $\gamma \neq 0$, 则当 x 遍历 $\mathbb{F}_{2^n}$ 时, γx 也恰好遍历 $\mathbb{F}_{2^n}$. 又因为迹函数 $\mathrm{Tr}(\cdot)$ 是 $\mathbb{F}_{2^n}$ 到 $\mathbb{F}_2$ 的满射, 所以由 (12.31) 式知 $\mathrm{Tr}(\beta((x+1)^d + x^d))$ 是关于 $x \in \mathbb{F}_{2^n}$ 的常值函数当且仅当 $\gamma = 0$, 从而

$$
\beta^{2^{n-i-j}}(1 + \beta^{2^j}) = 0 \Rightarrow \beta^{2^j} = 1 \Rightarrow \beta \in \mathbb{F}_{2^j}.
$$

又已知 $\beta \in \mathbb{F}_{2^n}$, 故 $\beta \in \mathbb{F}_{2^r}, r = \gcd(j, n)$. $\qquad\square$

本节最后, 我们简单回顾一下有限域上对偶基的定义和性质. 设 $n \in \mathbb{N}^*$, $\{\alpha_1, \alpha_2, \cdots, \alpha_n\}$ 和 $\{\beta_1, \beta_2, \cdots, \beta_n\}$ 是 $\mathbb{F}_{2^n}$ 在 $\mathbb{F}_2$ 上的两组基. 若

$$
\mathrm{Tr}(\alpha_i \beta_j) = \begin{cases} 0, & i \neq j, \\ 1, & i = j, \end{cases}
$$

则称 $\{\alpha_1, \alpha_2, \cdots, \alpha_n\}$ 和 $\{\beta_1, \beta_2, \cdots, \beta_n\}$ 是 $\mathbb{F}_{2^n}$ 在 $\mathbb{F}_2$ 上的一组对偶基. 已知给定 $\mathbb{F}_{2^n}$ 在 $\mathbb{F}_2$ 上的任意一组基, 对偶基都存在, 参见文献 [4, 第 2 章]. 特别地, 若 $\{\alpha_1, \alpha_2, \cdots, \alpha_n\}$ 和 $\{\beta_1, \beta_2, \cdots, \beta_n\}$ 是 $\mathbb{F}_{2^n}$ 在 $\mathbb{F}_2$ 上的一组对偶基, 则对于任意的元素 $x \in \mathbb{F}_{2^n}$, x 在 $\{\alpha_1, \alpha_2, \cdots, \alpha_n\}$ 这组基下的表示为

$$
x = \mathrm{Tr}(x\beta_1)\alpha_1 + \mathrm{Tr}(x\beta_2)\alpha_2 + \cdots + \mathrm{Tr}(x\beta_n)\alpha_n.
$$

12.2.2　线性子簇

本节的讨论需要用到数论中一个经典结果, 即关于 $2^n - 1$ 的素因子分解中本原素因子的存在性, 请参见定义 6.6 和定理 6.9.

以下设 l 是一个线性布尔函数. 利用 $2^n - 1$ 本原素因子的存在性以及 Grain 型 NFSR 的周期性质, 对于一个 $2n$ 级 Grain 型 $\mathrm{NFSR}(f, g)$ 可以证明, 若其线性子簇 $G(l)$ 不是 $G(g)$ 的线性子簇, 则 $\phi(l)$ 一定有一个 n 次本原多项式因子.

引理 12.6　设整数 $n \geqslant 3$, $\mathrm{NFSR}(f, g)$ 是一个 $2n$ 级 Grain 型 NFSR, 其中 $\deg(g) \geqslant 2$. 若 $G(l) \subseteq G(f, g)$ 且 $G(l) \nsubseteq G(g)$, 则存在 n 次本原多项式 $h(x)$ 满足 $h(x) \mid \phi(l)$.

证明 因为 $G(l) \nsubseteq G(g)$, 所以存在序列 $\underline{a} \in G(l)$ 但 $\underline{a} \notin G(g)$. 由定理 11.5 知 $2^n - 1 \mid \mathrm{per}(\underline{a})$. 设 $\underline{a}$ 的极小多项式为 $m_{\underline{a}}(x) \in \mathbb{F}_2[x]$, 并且设

$$m_{\underline{a}}(x) = p_1(x)^{e_1} p_2(x)^{e_2} \cdots p_t(x)^{e_t},$$

其中 $p_1, p_2, \cdots, p_t$ 是 $\mathbb{F}_2[x]$ 中两两不同的不可约多项式, $e_i \in \mathbb{N}^*, 1 \leqslant i \leqslant t$. 那么

$$\mathrm{per}(\underline{a}) = 2^b \cdot \mathrm{lcm}(\mathrm{per}(p_1(x)), \mathrm{per}(p_2(x)), \cdots, \mathrm{per}(p_t(x))),$$

其中 b 是满足 $2^b \geqslant \max(\{e_i \mid 1 \leqslant i \leqslant t\})$ 的最小正整数. 设 $n \neq 6$, 则由引理 6.9 知存在 $2^n - 1$ 的一个本原素因子 q. 由 $q \mid \mathrm{per}(\underline{a})$ 得至少存在一个整数 $1 \leqslant i \leqslant t$ 满足 $q \mid \mathrm{per}(p_i(x))$. 设 $\deg(p_i(x)) = d_i$. 因为 $p_i(x)$ 是 $\mathbb{F}_2$ 上不可约多项式, 所以 $\mathrm{per}(p_i(x)) \mid (2^{d_i} - 1)$. 由 $q \mid \mathrm{per}(p_i(x))$ 和 $\mathrm{ord}_q(2) = n$ 知 $n \mid d_i$. 又因为 NFSR(f, g) 是 $2n$ 级 NFSR, 所以 $d_i < 2n$. 故, $d_i = n$. 这表明 $p_i(x)$ 是 $m_{\underline{a}}(x)$ 的一个 n 次不可约因子. 若 $n = 6$, 则 $9 \mid 2^6 - 1$ 并且 $\mathrm{ord}_9(2) = 6$, 同理可证 $m_{\underline{a}}(x)$ 中有一个 6 次不可约多项式因子, 也记为 $p_i(x)$.

下面证明 $h(x) = p_i(x)$ 是 $l(x)$ 的一个本原多项式因子. 首先, 由 $\underline{a} \in G(l)$ 知 $m_{\underline{a}}(x) \mid \phi(l)$, 从而 $h(x) \mid \phi(l)$. 那么, $G(h) \subseteq G(f, g)$. 其次, 因为 $h(x)$ 是 n 次多项式, 而 $\mathrm{ord}(g) = n$ 且 $\deg(g) > 1$, 所以显然有 $G(h) \nsubseteq G(g)$. 那么, 存在非零序列 $\underline{b} \in G(h)$ 但 $\underline{b} \notin G(g)$, 由定理 11.5 知 $2^n - 1 \mid \mathrm{per}(\underline{b})$. 这表明一条以 n 次不可约多项式 $h(x)$ 为极小多项式的序列周期达到 $2^n - 1$, 故 $h(x)$ 是一个 n 次本原多项式, 即 $h(x)$ 是 $\phi(l)$ 的一个本原多项式因子. □

引理 12.7 设整数 $n > 1$, $h(x) \in \mathbb{F}_2[x]$ 是一个 n 次本原多项式, $\underline{a} \in G(h)$ 是一条非零序列, $g(x_0, x_1, \cdots, x_{n-1})$ 是一个 n 元非布尔函数且 $\deg(g) < n$, 则

(1) $g \circ \underline{a} \in G(h)$ 当且仅当 g 是线性布尔函数;

(2) $g \circ \underline{a} = \underline{1}$ 当且仅当 $g = 1$.

证明 (1) 首先, 因为在一条 n 级 m-序列上, 除全 0 向量外, $\mathbb{F}_2^n$ 中的向量出现且恰好出现一次, 所以对于两个 n 元布尔函数 $g_1(x_0, x_1, \cdots, x_{n-1})$ 和 $g_2(x_0, x_1, \cdots, x_{n-1})$, $g_1 \circ \underline{a} = g_2 \circ \underline{a}$ 当且仅当

$$g_1 = g_2 \quad \text{或者} \quad g_1 = g_2 \oplus \prod_{i=0}^{n-1}(x_i \oplus 1).$$

从而当 $\deg(g_1)$ 和 $\deg(g_2)$ 小于 n 时, $g_1 \circ \underline{a} = g_2 \circ \underline{a}$ 当且仅当 $g_1 = g_2$. 其次, 对于任意的线性布尔函数 $l(x_0, x_1, \cdots, x_{n-1})$ 都有 $l \circ \underline{a} \in G(h)$. 最后, n 元线性布尔函数的个数等于 $G(h)$ 中非零序列个数, 即 $2^n - 1$. 故, 引理得证.

(2) 同理可证. □

定理 12.4　设整数 $n \geqslant 4$, $\text{NFSR}(f, g)$ 是一个 $2n$ 级 Grain 型 NFSR, 其中 $g = x_0 \oplus g_1(x_1, \cdots, x_{n-1}) \oplus x_n$ 是非线性特征函数, l 是一个线性特征函数. 若 $\deg(g) > 2$ 或者 n 等于 2 的方幂, 则

$$G(l) \subseteq G(f, g) \Leftrightarrow G(l) \subseteq G(g).$$

证明　充分性显然成立, 仅需证明必要性. 已知 $G(l) \subseteq G(f, g)$, 下面采用反证法证明 $G(l) \subseteq G(g)$.

假设 $G(l) \nsubseteq G(g)$, 则由引理 12.6 知存在 $\mathbb{F}_2$ 上 n 次本原多项式 $h(x)$ 满足 $G(h) \subseteq G(f, g)$. 设 $\alpha \in \mathbb{F}_{2^n}$ 是 $h(x)$ 的一个根, 则 α 是 $\mathbb{F}_{2^n}$ 中本原元. 因为 $\phi(f)$ 也是本原多项式, 所以存在与 $2^n - 1$ 互素的整数 d 满足 α^d 是 $\phi(f)$ 的根.

设 $\underline{s} \in G(h)$ 是一条非零序列, 并且不妨设 $\underline{s} = (\text{Tr}(\alpha^t))_{t=0}^{\infty}$. 记 $\underline{b} = g \circ \underline{s}$, 即

$$b_t = g(\text{Tr}(\alpha^t), \text{Tr}(\alpha^{t+1}), \cdots, \text{Tr}(\alpha^{t+n})), \quad t \geqslant 0.$$

因为 $\underline{b} \in G(f)$ 并且 $\underline{b} \neq \underline{0}$, 所以存在 $\beta \in \mathbb{F}_{2^n}^*$ 满足 $\underline{b} = (\text{Tr}(\beta\alpha^{dt}))_{t=0}^{\infty}$. 从而对 $t \geqslant 0$ 有

$$\begin{aligned}
&\text{Tr}(\beta\alpha^{dt})\\
&= g(\text{Tr}(\alpha^t), \text{Tr}(\alpha^{t+1}), \cdots, \text{Tr}(\alpha^{t+n}))\\
&= g_1(\text{Tr}(\alpha^{t+1}), \cdots, \text{Tr}(\alpha^{t+n-1})) + (\text{Tr}(\alpha^t) + \text{Tr}(\alpha^{t+n})). \quad (12.32)
\end{aligned}$$

设 $f = x_0 + \sum_{i=1}^{n-1} c_i x_i + x_n$, 则

$$\text{Tr}(\alpha^t) + \text{Tr}(\alpha^{t+n}) = \sum_{i=1}^{n-1} c_i \text{Tr}(\alpha^{t+i}), \quad t \geqslant 0.$$

从而由 (12.32) 式得

$$\text{Tr}(\beta\alpha^{dt}) = g_1(\text{Tr}(\alpha^{t+1}), \cdots, \text{Tr}(\alpha^{t+n-1})) + \sum_{i=1}^{n-1} c_i \text{Tr}(\alpha^{t+i}), \quad t \geqslant 0. \quad (12.33)$$

记

$$g'(x_0, x_1, \cdots, x_{n-1}) = g_1 \oplus \sum_{i=1}^{n-1} c_i x_i,$$

则 (12.33) 式即

$$\text{Tr}(\beta\alpha^{dt}) = g'(\text{Tr}(\alpha^t), \text{Tr}(\alpha^{t+1}), \cdots, \text{Tr}(\alpha^{t+n-1})), \quad t \geqslant 0. \quad (12.34)$$

设正整数 k_0 满足

$$(\mathrm{Tr}(\alpha^{k_0}), \mathrm{Tr}(\alpha^{k_0+1}), \cdots, \mathrm{Tr}(\alpha^{k_0+n-1})) = (1, 0, \cdots, 0).$$

注意到函数 g' 的代数正规型中不含变元 x_0, 所以

$$g'(x_0 \oplus 1, x_1, \cdots, x_n) = g'(x_0, x_1, \cdots, x_n).$$

对整数 $t \geqslant 0$, 记

$$\alpha^t + \alpha^{k_0} = \alpha^{u_t},$$

则

$$
\begin{aligned}
&(\alpha^{u_t}, \alpha^{u_t+1}, \cdots, \alpha^{u_t+n-1}) \\
&= (\mathrm{Tr}(\alpha^t) + \mathrm{Tr}(\alpha^{k_0}), \mathrm{Tr}(\alpha^{t+1}) + \mathrm{Tr}(\alpha^{k_0+1}), \cdots, \mathrm{Tr}(\alpha^{t+n-1}) + \mathrm{Tr}(\alpha^{k_0+n-1})) \\
&= (\mathrm{Tr}(\alpha^t) + 1, \mathrm{Tr}(\alpha^{t+1}), \cdots, \mathrm{Tr}(\alpha^{t+n})).
\end{aligned}
$$

故, 由 (12.34) 式得

$$\mathrm{Tr}(\beta\alpha^{dt}) = \mathrm{Tr}(\beta\alpha^{du_t}) = \mathrm{Tr}(\beta(\alpha^t + \alpha^{k_0})^d), \quad t \geqslant 0,$$

即

$$\mathrm{Tr}(\beta\alpha^{k_0 d}\alpha^{d(t-k_0)}) = \mathrm{Tr}(\beta\alpha^{k_0 d}(\alpha^{t-k_0} + 1)^d), \quad t \geqslant 0.$$

注意到 k_0 和 d 是固定的常值, 所以上式表明, 对于任意的 $x \in \mathbb{F}_{2^n}^*$ 有

$$\mathrm{Tr}(\beta'((x+1)^d + x^d)) = 0,$$

其中 $\beta' = \beta\alpha^{k_0 d}$, 即 $\mathrm{Tr}(\beta'((x+1)^d + x^d))$ 是 $\mathbb{F}_{2^n}^*$ 到 $\mathbb{F}_2$ 的常值函数. 由引理 12.5 和定理 12.3 知 $d = 2^i$ 或者 $d = 2^i(1+2^j), j > 0$.

若 $d = 2^i$, 则 $\mathrm{Tr}(\beta\alpha^{dt}) = \mathrm{Tr}(\beta^{2^{n-i}}\alpha^t)$, 从而 (12.34) 式也即

$$\mathrm{Tr}(\beta^{2^{n-i}}\alpha^t) = g'(\mathrm{Tr}(\alpha^t), \mathrm{Tr}(\alpha^{t+1}), \cdots, \mathrm{Tr}(\alpha^{t+n-1})), \quad t \geqslant 0.$$

这表明 $g'(\underline{s}, L\underline{s}, \cdots, L^{n-1}\underline{s}) \in G(h)$, 由引理 12.7 知 g' 是一个线性布尔函数, 从而 g 是一个线性布尔函数, 矛盾.

若 $d = 2^i(1+2^j), j > 0$, 按照 n 是否是 2 的方幂分两种情况讨论.

若 n 是 2 的方幂, 不妨设 $n = 2^b$, 因为 $n \geqslant 4$, 自然有 $b \geqslant 2$. 由 $\gcd(d, 2^n-1) = 1$ 得 $\gcd(1+2^j, 2^n-1) = 1$, 从而

$$\gcd(2^{2j}-1, 2^n-1) = \gcd((2^j-1)(2^j+1), 2^n-1) = \gcd(2^j-1, 2^n-1).$$

由此得

$$\gcd(2j, 2^b) = \gcd(j, 2^b).$$

故, 2^b 整除 j, 这与 $j < n$ 矛盾.

以下设 n 不是 2 的方幂, 则由定理条件得 $\deg(g) > 2$. 注意到 $\{1, \alpha, \cdots, \alpha^{n-1}\}$ 是 $\mathbb{F}_{2^n}$ 在 $\mathbb{F}_2$ 上的一组基, 则存在 $\{1, \alpha, \cdots, \alpha^{n-1}\}$ 的一组对偶基 $\{\delta_0, \delta_1, \cdots, \delta_{n-1}\}$ 满足, 对任意的 $x \in \mathbb{F}_{2^n}$, x 在 $\{\delta_0, \delta_1, \cdots, \delta_{n-1}\}$ 这组基下的表示为

$$x = \mathrm{Tr}(x)\delta_0 + \mathrm{Tr}(x\alpha)\delta_1 + \cdots + \mathrm{Tr}(x\alpha^{n-1})\delta_{n-1}.$$

对任意的 $x \in \mathbb{F}_{2^n}$, 不妨记

$$(x_0, x_1, \cdots, x_{n-1}) = (\mathrm{Tr}(x), \mathrm{Tr}(x\alpha), \cdots, \mathrm{Tr}(x\alpha^{n-1})). \tag{12.35}$$

因为 α 是 $\mathbb{F}_{2^n}$ 中本原元, 所以由 (12.34) 式知, 对任意的 $x \in \mathbb{F}_{2^n}^*$ 有

$$\mathrm{Tr}(\beta x^d) = g'(\mathrm{Tr}(x), \mathrm{Tr}(x\alpha), \cdots \mathrm{Tr}(x\alpha^{n-1})).$$

进而由 $d = 2^i(1 + 2^j) = 2^i + 2^{i+j}$ 以及 x 在 $\{\delta_0, \delta_1, \cdots, \delta_{n-1}\}$ 这组基下的坐标表示 (12.35) 式得

$$\sum_{u=0}^{n-1}\sum_{v=0}^{n-1} \mathrm{Tr}(\beta \delta_u^{2^i} \delta_v^{2^{i+j}}) x_u x_v = g'(x_0, x_1, \cdots, x_{n-1}),$$

其中 $(x_0, x_1, \cdots, x_{n-1}) \in \mathbb{F}_2^n$ 且不等于全 0 向量. 这表明

$$g'(x_0, x_1, \cdots, x_{n-1}) = \sum_{u=0}^{n-1}\sum_{v=0}^{n-1} \mathrm{Tr}(\beta \delta_u^{2^i} \delta_v^{2^{i+j}}) x_u x_v$$

或者

$$g'(x_0, x_1, \cdots, x_{n-1}) = \sum_{u=0}^{n-1}\sum_{v=0}^{n-1} \mathrm{Tr}(\beta \delta_u^{2^i} \delta_v^{2^{i+j}}) x_u x_v \oplus \prod_{l=0}^{n-1}(x_l \oplus 1).$$

从而 $\deg(g') \leqslant 2$ 或 $\deg(g') = n$. 又显然有 $\deg(g') = \deg(g)$, 所以这与 $2 < \deg(g) < n$ 矛盾.

综上讨论知假设不成立, 故 $G(l) \subseteq G(g)$. $\square$

12.2.3 仿射子簇

本节讨论 Grain 型 NFSR 的仿射子簇, 分析方法与线性子簇类似. 以下设 l 是一个线性布尔函数, 非负整数 c 满足 $(x+1)^c \mid \phi(l)$ 但 $(x+1)^{c+1} \nmid \phi(l)$.

引理 12.8 设 n 是大于 1 的整数, $\mathrm{NFSR}(f, g)$ 是一个 $2n$ 级 Grain 型 NFSR, 其中 $\deg(g) \geqslant 2$. 若 $G(l \oplus 1) \subseteq G(f, g)$ 且 $G(l \oplus 1) \nsubseteq G(g)$, 则存在 n 次本原多项式 $h(x)$ 满足 $G(\phi^{-1}((x+1)^c h(x)) \oplus 1) \subseteq G(l \oplus 1)$.

证明 因为 $G(l \oplus 1) \nsubseteq G(g)$, 所以存在序列 $\underline{a} \in G(l \oplus 1)$ 但 $\underline{a} \notin G(g)$. 由定理 11.5 知 $2^n - 1 \mid \mathrm{per}(\underline{a})$. 类似引理 12.6 的证明, 存在一个 n 次不可约多项式 $h(x)$ 整除序列 $\underline{a}$ 的极小多项式. 又因为显然有 $\underline{a}$ 的极小多项式整除 $(x+1)\phi(l)$, 故 $h(x) \mid (x+1)\phi(l)$, 即 $h(x) \mid \phi(l)$. 从而根据线性递归序列理论有 $G(\phi((x+1)^c h(x)) \oplus 1) \subseteq G(\phi(l) \oplus 1)$.

下面证明 $h(x)$ 是 $\mathbb{F}_2$ 上 n 次本原多项式. 因为 $G(\phi((x+1)^c h(x)) \oplus 1) \subseteq G(f, g)$ 并且 $G(\phi((x+1)^c h(x)) \oplus 1) \nsubseteq G(g)$, 所以存在序列 $\underline{b} \in G(\phi((x+1)^c h(x)) \oplus 1)$ 且 $\underline{b} \notin G(g)$. 由定理 11.5 知 $2^n - 1 \mid \mathrm{per}(\underline{b})$. 又因为 $\mathrm{per}(\underline{b}) \mid 2^u \cdot \mathrm{per}(h(x))$, 其中 u 是满足 $2^u \geqslant c+1$ 的最小正整数, 故 $\mathrm{per}(h(x)) = 2^n - 1$, 这表明 $h(x)$ 是一个 n 次本原多项式. $\qquad \square$

定理 12.5 设整数 $n \geqslant 4$, $\mathrm{NFSR}(f, g)$ 是一个 $2n$ 级 Grain 型 NFSR, 其中 $g = x_0 \oplus g_1(x_1, \cdots, x_{n-1}) \oplus x_n$ 是非线性特征函数, l 是一个线性特征函数. 若 $\deg(g) > 2$ 或者 n 等于 2 的方幂, 则

$$G(l \oplus 1) \subseteq G(f, g) \Leftrightarrow G(l \oplus 1) \subseteq G(g).$$

证明 充分性显然成立. 下面证明必要性. 已知 $G(l \oplus 1) \subseteq G(f, g)$. 采用反证法.

假设 $G(l \oplus 1) \nsubseteq G(g)$. 由引理 12.8 知, 存在 n 次本原多项式 $h(x)$ 满足

$$G(\phi((x+1)^c h(x)) \oplus 1) \subseteq G(l \oplus 1).$$

从而也有

$$G(\phi((x+1)^c h(x)) \oplus 1) \subseteq G(f, g).$$

设 $\underline{s}$ 是 $G(h)$ 中一条非零序列, $\underline{a} \in G((x+1)^{c+1})$ 且 $\underline{a} \notin G((x+1)^c)$, 则

$$\underline{s} \oplus \underline{a} \in G(\phi((x+1)^c h(x)) \oplus 1) \subseteq G(f, g).$$

记 $\underline{b} = g \circ (\underline{s} \oplus \underline{a})$, 则 $\underline{b} \in G(f)$ 并且 $\underline{b} \neq \underline{0}$. 因为 $\mathrm{per}(\underline{a}) = 2^u$, 其中 u 是满足 $2^u \geqslant c+1$ 的最小正整数, 所以

$$b_{2^u t} = g(s_{2^u t} \oplus a_0, s_{2^u t + 1} \oplus a_1, \cdots, s_{2^u t + n} \oplus a_n), \quad t \geqslant 0. \tag{12.36}$$

若记

$$p(x_0, x_1, \cdots, x_n)$$
$$= g(x_0 \oplus a_0, x_1 \oplus a_1, \cdots, x_n \oplus a_n)$$
$$= x_0 \oplus g_1(x_1 \oplus a_1, \cdots, x_{n-1} \oplus a_{n-1}) \oplus x_n \oplus a_0 \oplus a_n,$$

则 (12.36) 式也即

$$b_{2^u t} = p(s_{2^u t}, s_{2^u t+1}, \cdots, s_{2^u t+n}), \quad t \geqslant 0. \tag{12.37}$$

设 $\alpha \in \mathbb{F}_{2^n}$ 是 $h(x)$ 的一个根, 则 α 是 $\mathbb{F}_{2^n}$ 中本原元. 因为 $\phi(f)$ 也是本原多项式, 所以存在与 $2^n - 1$ 互素的整数 d 满足 α^d 是 $\phi(f)$ 的根. 不妨设 $\underline{s} = (\text{Tr}(\alpha^t))_{t=0}^{\infty}$. 另外, 存在 $\beta \in \mathbb{F}_{2^n}^*$ 满足 $\underline{b} = (\text{Tr}(\beta \alpha^{dt}))_{t=0}^{\infty}$. 由 (12.36) 式得

$$\text{Tr}(\beta \alpha^{2^u dt}) = p(\text{Tr}(\alpha^{2^u t}), \text{Tr}(\alpha \alpha^{2^u t}), \cdots, \text{Tr}(\alpha^n \alpha^{2^u t})), \quad t \geqslant 0. \tag{12.38}$$

因为 $\gcd(2^u, 2^n - 1) = 1$, 所以

$$\{\alpha^{2^u t} \mid 0 \leqslant t \leqslant 2^n - 2\} = \{1, \alpha, \cdots, \alpha^{2^n - 2}\}.$$

那么由 (12.38) 式得

$$\text{Tr}(\beta \alpha^{dt}) = p(\text{Tr}(\alpha^t), \text{Tr}(\alpha \alpha^t), \cdots, \text{Tr}(\alpha^n \alpha^t)), \quad t \geqslant 0.$$

这表明

$$p \circ \underline{s} = \underline{b} \in G(f),$$

由串联结构性质知

$$\underline{s} \in G(f * p). \tag{12.39}$$

因为 $G(h)$ 中平移不等价的序列仅有两条, 即 $\{\underline{s}, \underline{0}\}$. 下面证明 $\underline{0} \in G(f * p)$. 若 $p(0, 0, \cdots, 0) = 0$, 则显然有 $\underline{0} \in G(f * p)$. 若 $p(0, 0, \cdots, 0) = 1$, 不妨设 $p(x_0, x_1, \cdots, x_n) = p'(x_0, x_1, \cdots, x_n) \oplus 1$, 其中 $p'(0, 0, \cdots, 0) = 0$. 注意到 $f(x)$ 是一个本原多项式, 所以 $f(1) = 1$. 那么, 我们有

$$\underline{0} = (f * p) \circ \underline{s} = (f * p' \oplus 1) \circ \underline{s} = (f * p') \circ \underline{s} \oplus \underline{1},$$

从而

$$(f * p') \circ \underline{s} = \underline{1}.$$

由引理 12.7 得 $f * p' = 1$, 这与 $\text{ord}(f * p') = 2n$ 矛盾. 故 $p(0, 0, \cdots, 0) = 1$ 不成立. 由 $\{\underline{s}, \underline{0}\} \subseteq G(f * p)$ 得 $G(h) \subseteq G(f * p)$. 最后, 由定理 12.4 知 $G(h) \subseteq G(p)$, 这与 p 是 n 级非线性特征函数矛盾. 故假设不成立, 从而 $G(l \oplus 1) \subseteq G(g)$, 定理得证. □

12.2.4 Grain 系列序列密码算法线性/仿射子簇结果

Grain 系列序列密码算法包括 Grain v1, Grain-128 和 Grain-128a. 因为 Grain-128 和 Grain-128a 的主寄存器是 128 级本原 LFSR 到 128 级 NFSR 的串联结构, 而 Grain v1 的 NFSR 部分是 6 次特征函数, 所以定理 12.4 和定理 12.5 可直接应用于 Grain v1, Grain-128 和 Grain-128a 主寄存器的分析, 从而关于 Grain v1, Grain-128 和 Grain-128a 主寄存器线性/仿射子簇的搜索仅需考虑 NFSR 部分的线性/仿射子簇. 再根据定理 12.1 具体进行计算和验证可得:

- Grain v1 的 160 级主寄存器有且仅有一个线性/仿射子簇 $G(x_0 \oplus x_1 \oplus x_2)$;

- Grain-128 的 256 级主寄存器有且仅有一个线性/仿射子簇 $G(x_0 \oplus x_1 \oplus x_3)$;

- Grain-128a 的 256 级主寄存器有且仅有一个线性/仿射子簇 $G(x_0 \oplus x_1)$.

上述结果可参见文献 [90, 97].

第 13 章 串联结构的分解与唯一性

非线性反馈移位寄存器的串联结构广泛应用于 Grain 型序列密码算法. 早在 1970 年, 学者们已研究了串联 NFSR 的圈结构, 并且认识到一个 n 级非线性反馈移位寄存器到一个 m 级非线性反馈移位寄存器的串联等价于一个 $n+m$ 级非线性反馈移位寄存器, 即输出序列簇相同, 参见 11.3 节.

然而, 关于串联结构, 以下两个问题仍没有完全解决:

(i) 给定一个 Fibonacci NFSR, 能否分解成两个小级数 Fibonacci NFSR 的串联以及如何分解;

(ii) 给定一个串联 NFSR, 是否存在与之等价的串联 NFSR, 也即对于一个序列簇来说, 串联结构的生成方式是否唯一, 在何种意义下是唯一的.

注意到串联结构可等价于一个 Fibonacci 结构, 问题 (ii) 也等价于问题 (i) 中的分解是否唯一. 本章介绍上述两个问题的研究进展, 主要参考文献为 [98, 99, 100]. 此外, 关于 Fibonacci NFSR 的串联分解, 本章主要介绍已证明的理论结果, 忽略算法的描述, 而在理论结果基础上, 根据实际情况, 不难设计分解算法.

设 h, f, g 是三个非线性反馈移位寄存器的特征函数. 因为 NFSR(h) 等价于 NFSR(f, g) 当且仅当 $h = f * g$, 所以一个非线性反馈移位寄存器的串联分解即特征函数的 $*$-积分解. 此外, 若 $h = f * g$, 则 h 是非奇异的当且仅当 f 和 g 是非奇异的, 即一个非奇异特征函数的 $*$-积分解总是得到两个非奇异特征函数. 故本章从布尔函数 $*$-积分解角度研究非线性反馈移位寄存器的串联分解.

因为布尔函数的 $*$-积运算一般不具有交换性, 所以若 $h = f * g, h, f, g \in \mathbb{B}$, 则称 f 是 h 的左 $*$-积因子, g 是 h 的右 $*$-积因子.

13.1 布尔函数 $*$-积运算的基本性质

本节介绍布尔函数 $*$-积运算的一些基本性质, 可看作本章后续几个小节的准备工作.

记 $T(\mathbb{B})$ 是布尔函数中全体项的集合, 即

$$T(\mathbb{B}) = \{x_0^{\alpha_0} x_1^{\alpha_1} \cdots x_{n-1}^{\alpha_{n-1}} \mid n \in \mathbb{N}^*, \alpha_i \in \{0, 1\}, 0 \leqslant i \leqslant n-1\},$$

需要注意 $1 \in T(\mathbb{B})$. 定义 $\preceq$ 为 $T(\mathbb{B})$ 上逆字典序, 即对于两个项 $x_0^{\alpha_0} x_1^{\alpha_1} \cdots x_{n-1}^{\alpha_{n-1}}$ 和 $x_0^{\beta_0} x_1^{\beta_1} \cdots x_{m-1}^{\beta_{m-1}}$, 有

$$x_0^{\alpha_0} x_1^{\alpha_1} \cdots x_{n-1}^{\alpha_{n-1}} \preceq x_0^{\beta_0} x_1^{\beta_1} \cdots x_{m-1}^{\beta_{m-1}} \Leftrightarrow \sum_{i=0}^{n-1} \alpha_i 2^i \leqslant \sum_{i=0}^{m-1} \beta_i 2^i.$$

进一步, 若 $s, t \in T(\mathbb{B})$ 满足 $s \preceq t$ 且 $s \neq t$, 则记 $s \prec t$. 一个布尔函数 f 关于逆字典序的首项记为 $\mathrm{HT}(f)$.

性质 13.1 设 $g(x_0, \cdots, x_m) = g_0(x_0, \cdots, x_{m-1}) \oplus x_m \in \mathbb{B}$, $t = x_{i_1} x_{i_2} \cdots x_{i_k}$, 其中 $k \geqslant 1$ 且 $i_1 < i_2 < \cdots < i_k$, 则

(1) $\mathrm{HT}(t * g) = \prod_{j=1}^{k} x_{m+i_j}$.

(2) $\deg(t * g) \geqslant \deg(g) + \deg(t) - 1$. 特别地, $\deg(t * g) = \deg(g)$ 当且仅当 $k = 1$.

证明 (1) 因为

$$t * g = \prod_{j=1}^{k} (x_{m+i_j} \oplus g_0(x_{i_j}, \cdots, x_{m-1+i_j})),$$

所以显然有

$$\mathrm{HT}(t * g) = \prod_{j=1}^{k} x_{m+i_j}.$$

(2) 记

$$\prod_{j=2}^{k} (x_{m+i_j} \oplus g_0(x_{i_j}, \cdots, x_{m-1+i_j})) = \prod_{j=2}^{k} x_{m+i_j} \oplus r,$$

显然 $\mathrm{HT}(r) \prec \prod_{j=2}^{k} x_{m+i_j}$. 因为

$$t * g = (\sigma^{i_1} g) \prod_{j=2}^{k} (x_{m+i_j} \oplus g_0(x_{i_j}, \cdots, x_{m-1+i_j})),$$

$$= (\sigma^{i_1} g) \prod_{j=2}^{k} x_{m+i_j} \oplus (\sigma^{i_1} g) \cdot r,$$

并且

$$\mathrm{HT}(\sigma^{i_1} g) \prec \prod_{j=2}^{k} x_{m+i_j},$$

所以

$$T\left((\sigma^{i_1}g)\prod_{j=2}^{k}x_{m+i_j}\right) \subseteq T(t*g),$$

从而

$$\deg(t*g) \geqslant \deg\left((\sigma^{i_1}g)\prod_{j=2}^{k}x_{m+i_j}\right) = \deg(g) + \deg(t) - 1.$$

最后, 显然有 $\deg(t*g) = \deg(g)$ 当且仅当 $\deg(t) = 1$.　　　　　　　　$\square$

对于 $f \in \mathbb{B}$ 且 $\mathrm{ord}(f) = n - 1$, 记

$$R(f(x_0, x_1, \cdots, x_{n-1})) = f(x_{n-1}, \cdots, x_1, x_0),$$

以及

$$D(f(x_0, x_1, \cdots, x_{n-1})) = f(x_0 \oplus 1, x_1 \oplus 1, \cdots, x_{n-1} \oplus 1),$$

这是布尔函数研究中常见的两个变换. 显然, 若 $f \in \mathcal{C}$, 则 $R(f), D(f) \in \mathcal{C}$. 与布尔函数的 $*$-积结合在一起, 有一些容易验证的简单性质. 例如, 对于布尔函数 f, g, h, 有 $f = D(f) * (x_0 \oplus 1)$ 以及 $f = g * h$ 当且仅当 $R(f) = R(g) * R(h)$.

性质 13.2　设 $h, f, g \in \mathbb{B}$ 并且 $h = f * g$, 则 $h \in \mathcal{C}$ 当且仅当 $f, g \in \mathcal{C}$.

证明　充分性显然成立. 下面仅需证明必要性.

设 $\mathrm{ord}(f) = n_f, \mathrm{ord}(g) = n_g, \mathrm{ord}(h) = n_h$, 则 $n_h \leqslant n_f + n_g$. 因为 $h \in \mathcal{C}$, 所以不妨设

$$h = x_0 \oplus h_1(x_1, \cdots, x_{n_h-1}) \oplus x_{n_h}. \tag{13.1}$$

设

$$f = f_0(x_0, \cdots, x_{n_f-1}) \oplus f_1(x_0, \cdots, x_{n_f-1})x_{n_f}, \quad f_1 \neq 0,$$
$$g = g_0(x_0, \cdots, x_{n_g-1}) \oplus g_1(x_0, \cdots, x_{n_g-1})x_{n_g}, \quad g_1 \neq 0.$$

那么

$$f * g = f_0 * g \oplus (f_1 * g) \cdot (x_{n_f} * g).$$

因为

$$\mathrm{ord}(x_{n_f} * g) = n_f + n_g,$$

而

$$\mathrm{ord}(f_i * g) \leqslant n_f + n_g - 1, \quad i = 0, 1,$$

所以

$$\mathrm{ord}(f * g) = n_f + n_g,$$

即

$$n_h = n_f + n_g.$$

注意到

$$f * g = u \oplus (f_1 * g) \cdot g_1(x_{n_f}, \cdots, x_{n_f+n_g-1}) \cdot x_{n_f+n_g}, \tag{13.2}$$

其中 $\mathrm{ord}(u) < n_f + n_g$. 比较 (13.1) 式和 (13.2) 式得

$$(f_1 * g) \cdot g_1 = 1,$$

则

$$f_1 * g = 1,$$
$$g_1 = 1.$$

故

$$g = g_0(x_0, \cdots, x_{n_g-1}) \oplus x_{n_g}.$$

若 $f_1 \neq 1$, 由性质 13.1(1) 知

$$\mathrm{HT}(f_1 * g) = \mathrm{HT}(f_1) * x_{n_g},$$

从而

$$\deg(f_1 * g) \geqslant 1, \tag{13.3}$$

这与 $f_1 * g = 1$ 矛盾, 故 $f_1 = 1$, 即

$$f = f_0(x_0, \cdots, x_{n_f-1}) \oplus x_{n_f}.$$

最后, 因为

$$h = f * g \Rightarrow R(h) = R(f) * R(g),$$

所以, 类似地, 由 $R(h) = R(f) * R(g)$ 可以证明

$$f_0 = 1, \quad g_0 = 1.$$

综上知, $f, g \in \mathcal{C}$. $\qquad\square$

性质 13.3 设 $f \in \mathbb{B}$ 且 $f \neq 0$, $g \in \mathcal{C}$, 则 $f * g \neq 0$.

证明 若 $f = 1$, 则 $f * g = 1$, 结论成立. 若 $f \neq 1$, 则由性质 13.1(1) 知

$$\mathrm{HT}(f * g) = \mathrm{HT}(f) * x_n,$$

其中 $n = \mathrm{ord}(g)$, 故显然有 $f * g \neq 0$. $\qquad\square$

注 13.1   若 $g \notin \mathcal{C}$, 则性质 13.3 可能不成立, 即两个非零函数的 $*$-积是常值零函数. 例如, 容易验证 $x_3 x_4 * (x_1 x_2 \oplus x_2) = 0$.

性质 13.4   设 l 是一个线性布尔函数, $f \in \mathbb{B}$ 且 $\deg(f) \geqslant 1$, 则 $l * f \neq 0$.

性质 13.5   设 l 是一个线性布尔函数, A 是 $T(\mathbb{B})$ 的一个有限子集, 则

$$l * \left(\bigoplus_{t \in A} t \right) = \bigoplus_{t \in A} (l * t).$$

性质 13.6   设 $f \in \mathbb{B}$ 且 $\deg(f) \geqslant 1$, 则以下三个条件等价:

(1) f 是 $*$-积不可约的;

(2) $f \oplus 1$ 是 $*$-积不可约的;

(3) $D(f) \oplus 1$ 是 $*$-积不可约的.

对于一个布尔函数 f, 记 f 中一次项的和为 $L(f)$, 二次以及大于二次项的和为 $NL(f)$. 那么, 若 f 没有常数项, 则 f 可以表示成 $f = L(f) \oplus NL(f)$. 基于该符号表示, 下面证明 $\mathcal{C}^*$ 中的两个特征函数 f, g 的 $*$-积 $f * g$, 其代数次数不会小于 $\deg(g)$. 需要注意的是, 该结果对于一般布尔函数是不成立的.

性质 13.7   设 $f, g \in \mathcal{C}^*$, 则 $\deg(f * g) \geqslant \deg(g)$. 进一步, 等号成立当且仅当 $\deg(f) = 1$.

证明   若 $\deg(f) = 1$, 则结论显然成立. 下面设 $\deg(f) > 1$, 则

$$f * g = (L(f) \oplus NL(f)) * g = L(f) * g \oplus NL(f) * g.$$

因为 $NL(f) \neq 0$, 所以由性质 13.3 得 $NL(f) * g \neq 0$, 并且由性质 13.1(2) 知

$$\deg(NL(f) * g) > \deg(g).$$

又因为 $\deg(L(f) * g) = \deg(g)$, 故

$$\deg(f * g) = \deg(NL(f) * g) > \deg(g). \qquad \square$$

13.2   布尔函数 $*$-积分解标准型

在研究特征函数 $*$-积分解之前, 有必要先讨论布尔函数 $*$-积分解的标准型问题. 关于布尔函数 $*$-积分解标准型的概念在文献 [99] 中首次提出.

易见, 对任意非常值布尔函数 h 均有

$$h = x_0 * h = (x_0 \oplus 1) * (h \oplus 1) = h * x_0 = D(h) * (x_0 \oplus 1).$$

故这些分解都是平凡的. 从而有以下关于 $*$-积不可约布尔函数的定义.

定义 13.1[99]   设 $h \in \mathbb{B}$ 并且 $\deg(h) \geqslant 1$. 若

$$h = b * c \Rightarrow b \in \{x_0, x_0 \oplus 1\} \quad \text{或} \quad c \in \{x_0, x_0 \oplus 1\},$$

则称 h 是 *-积不可约的布尔函数.

对于一个给定的布尔函数 h, 总可以分解成有限个 *-积不可约函数的积, 但是仍存在一些分解不唯一的平凡情形, 为了方便后续讨论分解唯一性, 在定义 *-积标准型时, 应排除这些不唯一的情形. 主要有以下两种情形:

- 对于两个线性布尔函数 l_1 和 l_2, 总是有 $l_1 * l_2 = l_2 * l_1$;

- 若 $h = f * g$, 则 $h = D(f) * (g \oplus 1)$. 以三个布尔函数 p_1, p_2, p_3 为例, 由该性质得

$$p_1 * p_2 * p_3 = p_1 * D(p_2) * (p_3 \oplus 1) = D(p_1) * (p_2 \oplus 1) * p_3,$$

  并且根据性质 13.6, 若 p_1, p_2, p_3 是 *-积不可约函数, 则上述等式中的布尔函数都是 *-积不可约的.

下面给出布尔函数 *-积分解标准型的概念.

定义 13.2[99]   设 $f \in \mathbb{B}$ 并且 $\deg(f) \geqslant 1$, 若 f 的一个分解式

$$f = p_1 * p_2 * \cdots * p_s \tag{13.4}$$

满足如下三个条件:

(1) p_i 是 *-积不可约函数或者线性函数, 其中 $1 \leqslant i \leqslant s$;

(2) 没有相邻的线性函数;

(3) 对于 $2 \leqslant i \leqslant s$, 有 $p_i(0, 0, \cdots, 0) = 0$,

则称 (13.4) 式为 f 的 *-积分解标准型.

注 13.2   考虑到线性函数 *-积交换性对标准型唯一性的影响, 在 *-积分解标准型的定义中, 线性布尔函数未必是 *-积不可约的, 即不考虑线性函数的分解.

注 13.3   一个布尔函数的 *-积分解标准型是存在的但未必是唯一的, 标准型唯一的充要条件仍有待研究.

设 $f(x_0, x_1, \cdots, x_{n-1}) \in \mathbb{B}$ 且 $f(0, 0, \cdots, 0) = 1$. 记 $f(x_0, \cdots, x_{n-1}) = f_1(x_0, \cdots, x_{n-1}) \oplus 1$, 其中 f_1 没有常数项, 则

$$f_1 = p_1 * p_2 * \cdots * p_s$$

是 f_1 的一个 *-积分解标准型当且仅当

$$f = (p_1 \oplus 1) * p_2 * \cdots * p_s$$

是 f 的一个 $*$-积分解标准型. 因此, 本章以下仅考虑没有常数项的非奇异特征函数的 $*$-积分解.

13.3　LFSR 到 NFSR 的串联分解

设 $h \in \mathcal{C}^*$ 且 $\deg(h) \geqslant 1$. 本节讨论是否存在形如 $h = l * f$ 的分解, 其中 l 是一个线性布尔函数, f 是一个布尔函数, 以及如何进行分解.

首先, 对于线性布尔函数与一个项的 $*$-积, 下述定义中的下标距离向量是一个不变量.

定义 13.3[100]　设 $d \in \mathbb{N}^*, t = x_{i_1} x_{i_2} \cdots x_{i_d} \in T(\mathbb{B})$, 记

$$\mathrm{Dis}(t) = (0, i_2 - i_1, \cdots, i_d - i_1)_d,$$

称为 t 的下标距离向量.

设 $k \in \mathbb{N}^*, l = x_{i_1} \oplus x_{i_2} \oplus \cdots \oplus x_{i_k}$ 是一个线性布尔函数, $t \in T(\mathbb{B})$, 则

$$l * t = \sum_{j=1}^{k} x_{i_j} * t.$$

显然, 对于函数 $l * t$ 中任意一个项 $s = x_{u_1} x_{u_2} \cdots x_{u_d}$, 有

$$(0, u_2 - u_1, \cdots, u_d - u_1)_d = \mathrm{Dis}(t).$$

进一步, 我们有下面的结论.

引理 13.1　设 $d \in \mathbb{N}^*, h$ 是一个 d 次齐次布尔函数, 则存在 $t \in T(\mathbb{B})$ 和线性布尔函数 l 满足 $h = l * t$ 当且仅当 $T(h)$ 中任意两个项 s 和 s' 都有 $\mathrm{Dis}(s) = \mathrm{Dis}(s')$.

证明　充分性由上面的分析知结论成立. 下面证明必要性. 设对 $s \in T(h)$ 有

$$\mathrm{Dis}(s) = (0, u_2, \cdots, u_d)_d,$$

从而存在非负整数 i_s 满足

$$s = x_{i_s} * (x_0 x_{u_2} \cdots x_{u_d}).$$

记 $t = x_0 x_{u_2} \cdots x_{u_d}$, 则 h 可以表示为

$$h = \sum_{s \in T(h)} x_{i_s} * t = \left(\sum_{s \in T(h)} x_{i_s} \right) * t.$$

记 $l = \sum_{s \in T(h)} x_{i_s}$, 则 $h = l * t$. □

记 $T_0(\mathbb{B}) = \{x_0 t \mid t \in T(\mathbb{B})\}$，即包含变元 x_0 的全体项的集合. 根据引理 13.1, 若将布尔函数 h 中下标距离向量相同的项合并，则在不计次序的条件下 h 可以唯一地表示为

$$h = l_1 * t_1 \oplus l_2 * t_2 \oplus \cdots \oplus l_k * t_k, \tag{13.5}$$

其中 $t_1, t_2, \cdots, t_k \in T_0(\mathbb{B})$ 是下标距离向量两两不同的项. 上述 (13.5) 式称为布尔函数 h 关于左线性分解的 *-积正规型. 易见下面的定理成立.

定理 13.1[100] 设布尔函数 h 关于左线性分解的 *-积正规型为 (13.5) 式. 记

$$L(x) = \gcd(\phi(l_1), \phi(l_2), \cdots, \phi(l_k)),$$

则存在线性布尔函数 l 和布尔函数 f 满足 $h = l * f$ 当且仅当 $\phi(l) | L(x)$.

显然, 定理 13.1 中 $\phi^{-1}(L)$ 是 h 的最大阶线性左 *-积因子, 并且其他线性左 *-积因子都是 $L(x)$ 的因子.

推论 13.1 设 $f, g \in \mathcal{C}_1^*, l_f, l_g$ 是线性布尔函数. 若 $l_f * f = l_g * g$, f 是 *-积不可约函数, 则 $\phi(l_g) \mid \phi(l_f)$.

证明 设 $h = l_f * f$, 并设 h 关于左线性分解的 *-积正规型为 (13.5) 式. 由定理 13.1 得

$$\phi(l_f) \mid L(x).$$

下面证明 $\phi(l_f) = L(x)$. 假设 $\phi(l_f) \neq L(x)$. 设

$$\phi(L) = l_f * l,$$

其中 $l \neq x_0$ 是一个线性布尔函数. 因为

$$L(x) = \gcd(\phi(l_1), \phi(l_2), \cdots, \phi(l_k)),$$

所以不妨设

$$l_i = \phi^{-1}(L) * l_i', \quad 1 \leqslant i \leqslant k,$$

其中 l_i' 是线性布尔函数. 由 (13.5) 式得

$$h = l_f * (l * l_1' * t_1 \oplus l * l_2' * t_2 \oplus \cdots \oplus l * l_k' * t_k).$$

将 $h = l_f * f$ 代入上式得

$$l_f * (l * l_1' * t_1 \oplus l * l_2' * t_2 \oplus \cdots \oplus l * l_k' * t_k \oplus f) = 0.$$

由性质 13.4 得

$$f = l * (l_1' * t_1 \oplus \cdots \oplus l_k' * t_k).$$

因为 $l \neq x_0$, 所以这与 f 是 *-积不可约函数矛盾, 所以 $\phi(f) = L(x)$ 成立. 最后由 $h = l_g * g$ 和定理 13.1 得 $\phi(l_g) \mid \phi(l_f)$. □

13.4　NFSR 到 LFSR 的串联分解

设 $h \in \mathcal{C}^*$ 且 $\deg(h) \geqslant 1$, 本节讨论是否存在形如 $h = f * l$ 的分解, 其中 l 是一个线性布尔函数, f 是一个特征函数, 以及如何进行分解. 首先, 从理论上刻画存在这种分解形式的充要条件.

定理 13.2[98]　设 $h(x_0, x_1, \cdots, x_r) \in \mathcal{C}^*, \mathrm{ord}(h) = r, l(x_0, x_1, \cdots, x_n) \in \mathbb{B}_{n+1}$ 是一个线性布尔函数且 $n < r$, 则存在 $r - n$ 阶布尔函数 $f \in \mathcal{C}^*$ 满足 $h = f * l$ 当且仅当对任意的 $\underline{a} \in G(l)$ 和 $\underline{b} \in G(h)$ 有 $\underline{a} \oplus \underline{b} \in G(h)$.

证明　必要性. 由 11.2 节的讨论知

$$\underline{b} \in G(h) \Leftrightarrow f \circ (l \circ \underline{b}) = \underline{0}.$$

设 $\underline{a} \in G(l)$, 则 $l \circ (\underline{a}) = \underline{0}$. 那么, 对任意的 $\underline{b} \in G(h)$ 有

$$f \circ (l \circ (\underline{a} \oplus \underline{b})) = f \circ (l \circ (\underline{a}) \oplus l \circ (\underline{b})) = f \circ (l \circ (\underline{b})) = \underline{0}.$$

故 $\underline{a} \oplus \underline{b} \in G(h)$.

充分性. 令 $m = r - n$, 以及

$$H = \{l \circ (b_0, b_1, \cdots, b_r) \mid (b_0, b_1, \cdots, b_r) \in V_r(G(h))\},$$

其中

$$l \circ (b_0, b_1, \cdots, b_r) = (l(b_0, \cdots, b_n), \cdots, l(b_m, \cdots, b_{n+m})).$$

定义布尔函数 $f(x_0, x_1, \cdots, x_m)$ 满足

$$f(c_0, c_1, \cdots, c_m) = \begin{cases} 0, & (c_0, c_1, \cdots, c_m) \in H, \\ 1, & (c_0, c_1, \cdots, c_m) \notin H. \end{cases}$$

下面仅需说明 f 是非零布尔函数, 即 $|H| < 2^{m+1}$. 因为对任意的 $\underline{a} \in G(l)$ 和 $\underline{b} \in G(h)$ 有 $\underline{a} \oplus \underline{b} \in G(h)$, 所以从零点集的角度, 即对任意的 $(a_0, a_1, \cdots, a_r) \in V_r(l)$ 和 $(b_0, b_1, \cdots, b_r) \in V_r(G(h))$, 有

$$(a_0 \oplus b_0, a_1 \oplus b_1, \cdots, a_r \oplus b_r) \in V_r(G(h)).$$

从而 $V_r(G(h))$ 中全体向量可以按照等价关系

$$(b_0, \cdots, b_r) \sim (b_0', \cdots, b_r') \Leftrightarrow (b_0 \oplus b_0', \cdots, b_r \oplus b_r') \in V_r(G(l))$$

划分为 $2^{r-n} = 2^m$ 个两两不交的等价类:

$$C_1 \cup C_2 \cup \cdots \cup C_{2^m}.$$

又因为显然有

$$(b_0, \cdots, b_r) \sim (b_0', \cdots, b_r') \Leftrightarrow l \circ (b_0, \cdots, b_r) = l \circ (b_0', \cdots, b_r'),$$

所以, $|H| = 2^m$, 即等价类的个数. 故 f 是一个非零布尔函数. 又显然有

$$f \circ (l \circ \underline{b}) = \underline{0},$$

即 $G(h) \subseteq G(f, l)$. 另一方面, $\text{ord}(f * l) \leqslant m + n = r$, 所以 $G(h) = G(f, l)$, 即 $h = f * l$. 最后由 $h \in \mathcal{C}^*$ 以及 $l \in \mathcal{C}^*$ 得 $f \in \mathcal{C}^*$. $\qquad\square$

定理 13.3[98] 设 $h \in \mathcal{C}^*$, 若 $h = f_1 * l_1 = f_2 * l_2$, 其中 l_1, l_2 是线性布尔函数, $f_1, f_2 \in \mathcal{C}^*$, 则存在 $f \in \mathcal{C}^*$ 满足 $h = f * l$, 其中 $l = \phi^{-1}(\text{lcm}(\phi(l_1), \phi(l_2)))$.

证明 设 $\underline{a} \in G(l)$, 则由线性递归序列理论知, 存在序列 $\underline{a}_1 \in G(l_1)$ 和 $\underline{a}_2 \in G(l_2)$ 满足

$$\underline{a} = \underline{a}_1 \oplus \underline{a}_2.$$

那么对任意的 $\underline{b} \in G(h)$, 有

$$\underline{a} \oplus \underline{b} = \underline{a}_1 \oplus \underline{a}_2 \oplus \underline{b}. \qquad (13.6)$$

记 $\underline{b}_2 = \underline{a}_2 \oplus \underline{b}$, 则由 $h = f_2 * l_2$ 以及定理 13.2 知 $\underline{b}_2 \in G(h)$. 同理, $\underline{a}_1 \oplus \underline{b}_2 \in G(h)$. 故由 (13.6) 式得 $\underline{a} \oplus \underline{b} \in G(h)$, 再由定理 13.2 知, 存在 $f \in \mathcal{C}^*$ 满足 $h = f * l$. $\qquad\square$

由定理 13.3 知函数 h 的最大线性右 *-积因子是唯一的. 因此, 在实际中仅需求出级数最大的线性右 *-积因子. 注意到定理 13.2 的充要条件并不能用于实际判断和求解, 目前并没有方法可以直接由已知函数 h 的代数正规型给出右线性 *-积因子. 但是, 有方法可以得到一个比较紧的倍式, 在很大程度上缩小了需要穷尽的范围.

性质 13.8[98] 设 $h \in \mathcal{C}^*$ 并且 $\deg(h) = d > 1$. 若 $h = f * l$, 其中 l 是线性布尔函数, $f \in \mathcal{C}^*$, 则对任意的 $s \in \bigcup_{t \in T(h_{[d]})} \mathcal{P}(t)$ 有 $\phi(l) \mid \phi(L_{h,s})$.

证明 设 $\text{ord}(h) = r, \text{ord}(l) = m, \text{ord}(f) = n$, 则 $r = m + n$. 对于 $(a_0, a_1, \cdots, a_r) \in G(l)$, 有

$$h(x_0 \oplus a_0, x_1 \oplus a_1, \cdots, x_r \oplus a_r)$$
$$= f(l(x_0 \oplus a_0, \cdots, x_n \oplus a_n), \cdots, l(x_m \oplus a_m, \cdots, x_{n+m} \oplus a_{n+m}))$$

$$= f(l(x_0, \cdots, x_n), \cdots, l(x_m, \cdots, x_{n+m}))$$
$$= h(x_0, x_1, \cdots, x_r).$$

故由引理 12.2 知 $(a_0, a_1, \cdots, a_r)$ 是线性方程组

$$L_{h,s}(x_0, x_1, \cdots, x_r) = 0, \quad s \in \bigcup_{t \in T(h_{[d]})} \mathcal{P}(t) \tag{13.7}$$

的一个解. 由 $(a_0, a_1, \cdots, a_r)$ 的任意性知

$$\phi(l) \mid \phi(L_{h,s}), \quad s \in \bigcup_{t \in T(h_{[d]})} \mathcal{P}(t). \qquad \square$$

性质 13.8 并不是获得右线性 *-积因子倍式的唯一方法, 在 13.5 节中我们还将给出两个新的方法.

13.5　NFSR 到 NFSR 的串联分解

本节的主要目的是讨论一般形式的分解, 但主要定理也适用 NFSR 到 LFSR 串联分解的情形. 本节记代数正规型中不含常数项的全体布尔函数集合为 $\mathbb{B}^*$, 即 $\mathbb{B}^* = \{f(x_0, x_1 \cdots, x_{n-1}) \in \mathbb{B} \mid f(0, 0, \cdots, 0) = 0\}$.

设 $f \in \mathbb{B}$, $n \in \mathbb{N}$, 则存在唯一的布尔函数 p, r 和常值 $c \in \mathbb{F}_2$ 满足

$$f = p \cdot x_n \oplus c \cdot x_n \oplus r,$$

其中 $p \in \mathbb{B}^*, x_n \notin \mathrm{var}(r)$, 记

$$Q(f, x_n) = p.$$

对任意的正整数 d, 记

$$\Delta_d(f) = Q(f, x_n),$$

其中 $n = \mathrm{ord}(f_{\geqslant[d]})$. 进一步, 定义

$$\Delta^0(f) = f,$$
$$\Delta_d^e(f) = \Delta_d(\Delta_d^{e-1}(f)), \quad e \in \mathbb{N}^*.$$

特别地, 若 e 是满足 $\deg(\Delta_d^e(f)) < d$ 的最小非负整数, 则记 $\Delta_d^*(f) = \Delta_d^e(f)$.

例 13.1　设

$$f = x_0 \oplus x_6 \oplus x_1 x_2 \oplus x_3 x_4 x_6 \oplus x_2 x_6 x_7 \oplus x_2 x_3 x_5 x_6 \oplus x_2 x_3 x_4 x_5 \oplus x_8,$$

则

$$\Delta_4(f) = x_3 x_4 \oplus x_2 x_7 \oplus x_2 x_3 x_5.$$

定理 13.4[100]　设 $f, g \in \mathbb{B}$, 其中 $\deg(f) > 1$, $g(x_0, \cdots, x_m) = x_m \oplus g_0(x_0, \cdots, x_{m-1})$. 若 $h = f * g \oplus r$, 其中 $\deg(r) < \deg(g)$, 则存在次数小于 $\deg(g)$ 的布尔函数 $r' \in \mathbb{B}^*$ 满足

$$\Delta_{\deg(g)+1}(h) = \Delta_2(f) * g \oplus r'.$$

证明　记 $d = \deg(g)$. 因为 $\deg(f) > 1$, 所以 f 可以表示成

$$f = NL(f) \oplus L(f) = \Delta_2(f) \cdot x_n \oplus q \oplus L(f),$$

其中 $\mathrm{ord}(NL(f)) = n, \mathrm{ord}(q) < n$. 那么

$$\begin{aligned}
h &= f * g \oplus r \\
&= (\Delta_2(f) * g) \cdot (\sigma^n(g)) \oplus q * g \oplus L(f) * g \oplus r \\
&= (\Delta_2(f) * g) \cdot x_{n+m} \oplus (\Delta_2(f) * g) \cdot g_0(x_n, \cdots, x_{m+n-1}) \\
&\quad \oplus q * g \oplus L(f) * g \oplus r.
\end{aligned}$$

记

$$p = (\Delta_2(f) * g) \cdot g_0(x_n, \cdots, x_{m+n-1}) \oplus q * g,$$

那么

$$h = (\Delta_2(f) * g) \cdot x_{n+m} \oplus p \oplus L(f) * g \oplus r. \tag{13.8}$$

一方面, 显然有 $\mathrm{ord}(p) < n + m$ 且 $\deg(L(f) * g \oplus r) \leqslant d$. 另一方面, $\deg(\Delta_2(f) * g) \geqslant d$ 并且 $\mathrm{ord}(\Delta_2(f) * g) < n + m$. 综上两方面, 由 (13.8) 式得

$$\mathrm{ord}(h_{\geqslant[d+1]}) = n + m,$$

以及

$$\Delta_{d+1}(h) = \Delta_2(f) * g \oplus Q(L(f) * g \oplus r, x_{n+m}). \tag{13.9}$$

令 $r' = Q(L(f) * g \oplus r, x_{n+m})$, 则结论成立.　　　　　　　□

若定理 13.4 中 g 是线性函数, 则 $r' = 0$, 从而有下述推论.

推论 13.2[100]　设 $f, l, h \in \mathbb{B}$, $\deg(f) > 1$, l 是线性布尔函数. 若 $h = f * l$, 则 $\Delta_2^*(h) = \Delta_2^*(f) * l$.

注 13.4　根据推论 13.2, $\Delta_2^*(h)$ 也是线性右 $*$-积因子的一个倍式.

因为定理 13.4 中布尔函数 r' 的代数次数小于 $\deg(g)$, 所以由 $\Delta_{\deg(g)+1}^*(h)$ 大致可以确定 $g_{[d]}$, 即下述结论成立.

推论 13.3　设 $f, g, h \in \mathcal{C}^*$, $\deg(f) > 1$. 若 $h = f * g$, 则

$$(\Delta^*_{\deg(g)+1}(h))_{[d]} = \Delta^*_2(f) * g_{[d]}.$$

在一些特殊情况下, 由定理 13.4 可以确定整个函数 g, 即下面的推论.

推论 13.4　设 $f, g, h \in \mathcal{C}^*$, $\deg(f) > 1$, $\mathrm{HT}(NL(f)) = x_{i_1} x_{i_2} \cdots x_{i_k}$, 其中 $i_1 < i_2 < \cdots < i_k$. 若 $h = f * g$ 且 $k > \deg(g)$, 则

$$\Delta^*_{\deg(g)+1}(h) = \Delta^*_2(f) * g.$$

注 13.5　设 $h, f, g \in \mathcal{C}^*$. 若 $h = f * g, \deg(f) > 1, \deg(g) > 1$, 并且函数 g 没有线性左 $*$-积因子, 则 g 由推论 13.4 可唯一确定.

注意到定理 13.4 的讨论主要围绕 $\max(\mathrm{sub}(h_{\geqslant [d]}))$ 与 $f * g$ 的关系, 如果我们考虑 $\min(\mathrm{sub}(h_{\geqslant [d]}))$, 也可以得到类似结果.

设 $f \in \mathbb{B}$, 对任意的正整数 d, 记

$$\delta_d(f) = Q(f, x_n),$$

其中 $n = \min(\mathrm{sub}(f_{\geqslant [d]}))$. 进一步, 定义

$$\delta^0(f) = f,$$
$$\delta^e_d(f) = \delta_d(\delta^{e-1}_d(f)), \quad e \in \mathbb{N}^*.$$

特别地, 若 e 是满足 $\deg(\delta^e_d(f)) < d$ 的最小非负整数, 则记 $\delta^*_d(f) = \delta^e_d(f)$. 下述定理的证明与定理 13.4 类似.

定理 13.5　设 $f, g, h \in \mathbb{B}$, $\deg(f) > 1$, $g(x_0, \cdots, x_m) = x_0 \oplus g_0(x_1, \cdots, x_m)$. 若 $h = f * g \oplus r$, 其中 $\deg(r) < \deg(g)$, 则存在次数小于 $\deg(g)$ 的布尔函数 $r' \in \mathbb{B}^*$ 满足

$$\delta_{\deg(g)+1}(h) = \delta_2(f) * g \oplus r'.$$

同样地, 若定理 13.5 中 g 是线性函数, 则有下述推论, 即 $\delta_2(\cdot)$ 也是获得线性右 $*$-积因子倍式的一个方法.

推论 13.5　设 $f, l, h \in \mathbb{B}$, $\deg(f) > 1$, l 是线性布尔函数. 若 $h = f * l$, 则 $\delta^*_2(h) = \delta^*_2(f) * l$.

类似推论 13.4, 根据定理 13.5, 对于以下特殊情形, 可以确定函数 g.

推论 13.6　设 $f, g, h \in \mathcal{C}^*$, $\deg(f) > 1$, $\mathrm{HT}(NL(R(f))) = x_{i_1} x_{i_2} \cdots x_{i_k}$, 其中 $i_1 < i_2 < \cdots < i_k$. 若 $h = f * g$ 且 $k > \deg(g)$, 则

$$\delta^*_{\deg(g)+1}(h) = \delta^*_2(f) * g.$$

13.6 LFSR 到 NFSR 串联结构表示的唯一性

设 l 是一个线性布尔函数, $f \in \mathcal{C}^*$ 是一个 $*$-积不可约函数, $h = l * f$. 显然, $h = l * f$ 是 h 的一个 $*$-积标准型. 本节将给出 $h = l * f$ 的 $*$-积标准型唯一的充要条件, 参见文献 [99]. 特别地, Grain 型序列密码的主寄存器均是 LFSR 到 NFSR 的串联, 因此, 本节最后将证明 Grain v1, Grain-128, Grain-128a 的主寄存器不存在其他等价的串联表示. 本节将 "关于左线性分解的 $*$-积正规型" 简称为 "$*$-积正规型".

设 $h \in \mathbb{B}^*$, 并设 h 的 $*$-积正规型为

$$h = l_1 * t_1 \oplus l_2 * t_2 \oplus \cdots \oplus l_k * t_k, \tag{13.10}$$

其中 $t_1, t_2, \cdots, t_k \in T_0(\mathbb{B})$ 是下标距离向量两两不同的项. 以下称集合 $\mathcal{B}(h) = \{t_1, t_2, \cdots, t_k\}$ 为 h 关于 $*$-积正规型的标准基, $\mathcal{B}(h)$ 中全体项按逆字典序 $\preceq$ 排序的首项记为 $\mathrm{HT}(\mathcal{B}(h))$, 并且对 $1 \leqslant i \leqslant k$, 称 l_i 为 t_i 在 h 中的 L-系数.

注 13.6 对于线性布尔函数 l, 显然有 $\mathcal{B}(l * h) = \mathcal{B}(h)$.

首先, 我们讨论 $t * p$ 的标准基首项, 其中 $t \in T(\mathbb{B}), p \in \mathcal{C}^*$. 注意到若 $\deg(t) = 1$, 即 $t = x_i$ 是一个单变元, 则显然有 $\mathrm{HT}(\mathcal{B}(t * p)) = \mathrm{HT}(\mathcal{B}(p))$. 因此, 仅需考虑 $\deg(t) \geqslant 2$ 的情形.

对于一个布尔函数 $h(x_i, x_{i+1}, \cdots, x_n), 1 \leqslant i \leqslant n$, 记

$$\sigma^{-1}(h) = h(x_{i-1}, x_i, \cdots, x_{n-1}).$$

若 $h(x_i, x_{i+1}, \cdots, x_n)$ 的 $*$-积正规型为

$$h = l_1 * t_1 \oplus l_2 * t_2 \oplus \cdots \oplus l_k * t_k,$$

则

$$\sigma^{-1}(h) = \sigma^{-1}(l_1) * t_1 \oplus \sigma^{-1}(l_2) * t_2 \oplus \cdots \oplus \sigma^{-1}(l_k) * t_k.$$

从而

$$\mathcal{B}(\sigma^{-1}(h)) = \mathcal{B}(h).$$

引理 13.2 设 $t = x_0 x_{i_1} \cdots x_{i_k} \in \mathbb{B}_0, k \geqslant 1, p \in \mathcal{C}^*$, 则

$$\mathrm{HT}(\mathcal{B}(t * p)) = x_0 x_{i_1+m} \cdots x_{i_k+m},$$

并且 $\mathrm{HT}(\mathcal{B}(t * p))$ 的 L-系数为 x_0.

证明　设 $p = x_0 \oplus p_1(x_1, \cdots, x_{m-1}) \oplus x_m$, 则

$$t * p = (x_0 \oplus p_1(x_1, \cdots, x_{m-1}) \oplus x_m) \cdot \prod_{j=1}^{k} p(x_{i_j}, \cdots, x_{i_j+m}). \tag{13.11}$$

记

$$h = \prod_{j=1}^{k} p(x_{i_j}, \cdots, x_{i_j+m}) = \prod_{j=1}^{k} (x_{i_j} \oplus p_1(x_{i_j+1}, \cdots, x_{i_j+m-1}) \oplus x_{i_j+m}),$$

易见

$$\mathrm{HT}(h) = \prod_{j=1}^{k} x_{i_j+m}.$$

不妨记

$$h = \prod_{j=1}^{k} x_{i_j+m} \oplus \mathrm{red}(h),$$

则 (13.11) 式即

$$t * p = (x_0 \oplus x_m) \cdot \left(\prod_{j=1}^{k} x_{i_j+m} \oplus \mathrm{red}(h) \right)$$

$$\oplus p_1(x_1, \cdots, x_{m-1}) \left(\prod_{j=1}^{k} x_{i_j+m} \oplus \mathrm{red}(h) \right)$$

$$\triangleq r_1 \oplus r_2. \tag{13.12}$$

一方面, 显然有

$$\mathrm{HT}(\mathcal{B}(r_1)) = x_0 \left(\prod_{j=1}^{k} x_{i_j+m} \right). \tag{13.13}$$

另一方面, 因为

$$\sigma^{-1}(r_2) = p(x_0, \cdots, x_{m-2}) \left(\prod_{j=1}^{k} x_{i_j+m-1} \oplus \sigma^{-1}(\mathrm{red}(h)) \right),$$

所以, 对任意的 $t \in T(\sigma^{-1}(r_2))$ 有 $t \prec x_{i_k+m}$, 从而

$$\mathrm{HT}(\mathcal{B}(\sigma^{-1}(r_2))) \prec x_0 \left(\prod_{j=1}^{k} x_{i_j+m} \right).$$

又因为 $\mathcal{B}(r_2) = \mathcal{B}(\sigma^{-1}(r_2))$, 所以

$$\text{HT}(\mathcal{B}(r_2)) \prec x_0 \left(\prod_{j=1}^{k} x_{i_j+m} \right). \tag{13.14}$$

由 (13.12)—(13.14) 式得

$$\text{HT}(\mathcal{B}(t*p)) = x_0 \left(\prod_{j=1}^{k} x_{i_j+m} \right).$$

最后, 由 (13.12) 式得 $\text{HT}(\mathcal{B}(t*p))$ 的 L-系数为 x_0. □

由引理 13.2 和注 13.6 可得下面的推论.

推论 13.7 设 l 是一个线性布尔函数, $t = x_0 x_{i_1} \cdots x_{i_k} \in \mathbb{B}_0$, $k \geqslant 1$, $p \in \mathcal{C}^*$, 则

$$\text{HT}(\mathcal{B}(l*t*p)) = x_0 x_{i_1+m} \cdots x_{i_k+m},$$

并且 $\text{HT}(\mathcal{B}(t*p))$ 的 L-系数为 l.

设 $g \in \mathbb{B}^*$, $\deg(g) > 1$, g 的 $*$-积正规型为

$$g = l_1 * t_1 \oplus l_2 * t_2 \oplus \cdots \oplus l_{k-1} * t_{k-1} \oplus l_k * t_k,$$

其中 $t_1, t_2, \cdots, t_k \in T_0(\mathbb{B})$ 是下标距离向量两两不同的项并且 $t_k \prec t_{k-1} \prec \cdots \prec t_1$. 若 $L(g) \neq 0$, 则 $l_k = L(g)$, $t_k = x_0$. 因此, 不失一般性, g 的 $*$-积正规型也可以写为

$$g = l_1 * t_1 \oplus l_2 * t_2 \oplus \cdots \oplus l_{k-1} * t_{k-1} \oplus L(g), \tag{13.15}$$

其中 $\deg(t_i) \geqslant 2, 1 \leqslant i \leqslant k-1$. 特别地, 若 g 是特征函数, 则 $L(g) \neq 0$.

引理 13.3 设 $p, f, g \in \mathcal{C}^*$, $\deg(g) > 1$, g 的 $*$-积正规型如 (13.15) 式, l 是一个线性布尔函数. 若 $l*f = g*p$, 则

$$\phi(l) \mid \phi(l_i), \quad 1 \leqslant i \leqslant k-1.$$

证明 由函数 g 的 $*$-积正规型得

$$l*f = l_1 * t_1 * p \oplus l_2 * t_2 * p \oplus \cdots \oplus l_{k-1} * t_{k-1} * p \oplus L(g)*p. \tag{13.16}$$

下面采用数学归纳法证明 $\phi(l) \mid \phi(l_i), 1 \leqslant i \leqslant k-1$.

首先, 讨论 $i = 1$ 的情形. 由推论 13.7 得

$$\text{HT}(\mathcal{B}(L(g)*p)) \prec \text{HT}(\mathcal{B}(l_{k-1}*t_{k-1}*p)) \prec \cdots \prec \text{HT}(\mathcal{B}(l_1*t_1*p)),$$

因此

$$\mathrm{HT}(\mathcal{B}(l_1 * t_1 * p)) \in \mathcal{B}(l * f).$$

由推论 13.7 知 $\mathrm{HT}(\mathcal{B}(l_1 * t_1 * p))$ 的 L-系数为 l_1. 再由定理 13.1 知 $\phi(l)$ 整除 $\phi(l_1)$.

假设结论对 $1 \leqslant j \leqslant i$ 成立, 其中 $1 \leqslant i < k-1$, 记 $\phi(l_j) = \phi(l)\phi(l_j')$, 即 $l_j = l * l_j'$. 下面证明结论对 $j = i+1$ 成立.

由 (13.16) 式得

$$l * \left(\left(\bigoplus_{j=1}^{i} l_j' * t_j * p \right) \oplus f \right) = l_{i+1} * t_{i+1} * p \oplus \cdots \oplus l_{k-1} * t_{k-1} * p \oplus L(g) * p.$$

不妨记

$$f' = \left(\bigoplus_{j=1}^{i} l_j' * t_j * p \right) \oplus f,$$

$$g' = l_{i+1} * t_{i+1} \oplus \cdots \oplus l_{k-1} * t_{k-1} \oplus L(g),$$

则

$$l * f' = g' * p.$$

由性质 13.3 知 $g' * p \neq 0$, 则类似 $i = 1$ 的讨论知, $\phi(l)$ 整除 $\phi(l_{i+1})$.

故由数学归纳法知结论成立.　　　　　　　　　　　　　　　　　　　　□

引理 13.4　设 $f, g \in \mathcal{C}^*, \deg(f) > 1$, l 是一个线性布尔函数. 若存在 *-积不可约的非线性函数 $p \in \mathcal{C}_1^*$ 满足 $l * f = g * p$, 则 l 是 g 的一个线性左 *-积因子.

证明　以下分两种情形.

情形 1　若 g 是一个线性函数, 则由推论 13.1 得 $\phi(l)$ 整除 $\phi(g)$, 即 l 是 g 的一个线性左 *-积因子.

情形 2　若 g 是非线性函数, 则设 g 的 *-积正规型为 (13.15) 式. 由 $l * f = g * p$ 以及引理 13.3 得

$$\phi(l) \mid \phi(l_i), \quad 1 \leqslant i \leqslant k-1.$$

对 $1 \leqslant i \leqslant k-1$, 不妨记 $\phi(l_i) = \phi(l)\phi(l_i')$, 其中 l_i' 是线性布尔函数. 那么

$$l * \left(\sum_{i=1}^{k-1} l_i' * p \oplus f \right) = L(g) * p.$$

因为 p 是 *-积不可约函数, 所以由推论 13.1 得 $\phi(l)$ 整除 $\phi(L(g))$. 记 $L(g) = l*l'_g$, 其中 l'_g 是线性布尔函数, 则

$$g = l * (l'_1 * t_1 \oplus l'_2 * t_2 \oplus \cdots \oplus l'_{k-1} * t_{k-1} \oplus l'_g).$$

这表明 l 是 g 的一个线性左 *-积因子.   □

定理 13.6[99]   设 $f \in \mathcal{C}^*_1$ 是 *-积不可约函数, l 是一个线性布尔函数. 若 $p \in \mathcal{C}^*_1$ 是 $l*f$ 的非线性右 *-积因子, 则 $p = f$.

证明   设 $p \in \mathcal{C}^*_1$ 是 $l*f$ 的非线性右 *-积因子, 则存在 $g \in \mathcal{C}^*$ 满足 $l*f = g*p$. 由引理 13.4 知 l 是 g 的一个线性左 *-积因子. 记 $g = l*g'$, $g' \in \mathcal{C}^*$. 从而

$$l * f = l * g' * p,$$

即

$$l * (f \oplus g' * p) = 0.$$

由性质 13.3 得

$$f = g' * p. \tag{13.17}$$

因为 f 是 *-积不可约函数, 所以 $g' = x_0$. 故由 (13.17) 式得 $p = f$.   □

定理 13.6 表明, 若 $l*f$ 的 *-积分解标准型不唯一, 即存在另一个 *-积分解标准型

$$l * f = p_1 * p_2 * \cdots * p_k, \quad k \geqslant 2,$$

则 p_k 是线性布尔函数. 下面我们给出存在 p_k 是线性函数成立的充要条件.

注意到函数 ϕ 是线性布尔函数和 $\mathbb{F}_2$ 上单变元多项式之间的一一映射, 因此, 为叙述简便, 在下述定理中不区分线性布尔函数和单变元多项式.

定理 13.7[99]   设 $f \in \mathcal{C}^*_1$ 是一个 *-积不可约函数, l_f 是一个线性布尔函数, 则存在 $g \in \mathcal{C}^*_1$ 和线性布尔函数 l_g 满足

$$l_f * f = g * l_g$$

当且仅当

$$f = \rho * l \oplus L, \tag{13.18}$$

其中 ρ 是非线性布尔函数, $l \neq x_0$ 是线性布尔函数且 $\phi(l)$ 整除 $\phi(l_f)$, L 是线性布尔函数. 进一步, 若 (13.18) 式成立, 则

$$g = l_f * \rho \oplus \frac{l_f}{l} * L \quad \text{且} \quad l_g = l.$$

证明   充分性. 由

$$l_f * f = l_f * \rho * l \oplus l_f * L$$

和

$$g * l = \left(l_f * \rho \oplus \frac{l_f}{l} * L \right) * l = l_f * \rho * l \oplus l_f * L$$

易见 $l_f * f = g * l$ 成立.

必要性. 设 g 的 $*$-积正规型为 (13.15) 式. 因为 $l_f * f = g * l_g$, 所以由引理 13.3 得

$$l_f \mid l_i, \quad 1 \leqslant i \leqslant k - 1.$$

从而, 存在非线性布尔函数 $\rho \neq 0$ 满足

$$g = l_f * \rho \oplus L(g). \tag{13.19}$$

再由 $l_f * f = g * l_g$ 得

$$l_f * f = l_f * \rho * l_g \oplus L(g) * l_g,$$

即

$$l_f * (f \oplus \rho * l_g) = L(g) * l_g. \tag{13.20}$$

这表明 l_f 是 $L(g) * l_g$ 的一个左 $*$-积因子, 故

$$l_f \mid L(g) * l_g. \tag{13.21}$$

那么, 存在线性布尔函数 L 满足

$$L(g) * l_g = l_f * L, \tag{13.22}$$

将 (13.22) 式代入 (13.20) 式得

$$l_f * (f \oplus \rho * l_g \oplus L) = 0.$$

由性质 13.3 知

$$f = \rho * l_g \oplus L,$$

即 (13.18) 式成立. 因为 f 是 $*$-积不可约函数, 所以

$$\gcd(l_g, L) = 1,$$

从而由 $L(g) * l_g = l_f * L$ 得

$$l_g \mid l_f \quad \text{且} \quad L(g) = \frac{l_f}{l_g} * L.$$

结合 (13.18) 式得

$$g = l_f * \rho \oplus \frac{l_f}{l_g} * L.$$

综上讨论, 必要性成立. □

注 13.7 $\frac{l_f}{l} = \phi^{-1}\left(\frac{\phi(l_f)}{\phi(l)}\right)$, 其中 $\frac{\phi(l_f)}{\phi(l)}$ 是 $\mathbb{F}_2[x]$ 中单变元多项式除法.

若定理 13.7 中 $\phi(l_f)$ 是 $\mathbb{F}_2[x]$ 中不可约多项式, 则有下面的推论.

推论 13.8 设 $f \in \mathcal{C}_1^*$ 是 $*$-积不可约函数, l_f 是 $*$-积不可约线性布尔函数, 则存在 $g \in \mathcal{C}_1^*$ 和线性布尔函数 l_g 满足

$$l_f * f = g * l_g$$

当且仅当

$$f = \rho * l_f \oplus L, \tag{13.23}$$

其中 ρ 是非线性布尔函数, L 是线性布尔函数. 进一步, 若 (13.23) 式成立, 则

$$g = l_f * \rho \oplus L \quad \text{且} \quad l_g = l_f.$$

注 13.8 线性布尔函数 l 是 $*$-积不可约的当且仅当 $\phi(l)$ 是 $\mathbb{F}_2[x]$ 中不可约多项式.

若 $f \in \mathcal{C}_1^*$ 是 $*$-积不可约函数, l 是线性布尔函数, 则 $l * f$ 是一个 $*$-积分解标准型. 综合定理 13.6 和定理 13.7 即得关于 $l * f$ 标准型唯一的充要条件.

定理 13.8[99] 设 $f \in \mathcal{C}_1^*$ 是 $*$-积不可约函数, l 是线性布尔函数, 则 $h = l * f$ 的 $*$-积分解标准型唯一当且仅当 f 不能表示成如下形式:

$$f = \rho * l_1 \oplus l_2,$$

其中 ρ 是一个非线性布尔函数, l_1 和 l_2 是线性布尔函数, $l_1 \neq x_0$, $\phi(l_1) \mid \phi(l)$.

由定理 13.8 容易得下面判断 $*$-积分解标准型唯一的充分条件, 该条件可应用于 Grain 型 NFSR.

推论 13.9[99] 设 $f \in \mathcal{C}_1^*$ 是 $*$-积不可约函数, l 是 $*$-积不可约线性布尔函数. 若 $\mathrm{ord}(f) \leqslant \mathrm{ord}(l)$, 则 $l * f$ 的 $*$-积分解标准型唯一.

证明 采用反证法. 假设 $h = l * f$ 存在另一个不同的 $*$-积分解标准型

$$h = r_1 * r_2 * \cdots * r_k,$$

其中 $r_i \in \mathbb{B}^*$ 是线性函数或 $*$-积不可约函数. 记

$$g = r_1 * r_2 * \cdots * r_{k-1},$$

则 $h = g * r_k$. 由定理 13.6 知 r_k 只能是线性布尔函数. 记 $l_g = r_k$, 则 $l * f = g * l_g$. 从而由推论 13.8 知存在非线性布尔函数 ρ 和线性布尔函数 L 满足

$$f = \rho * l \oplus L.$$

易见

$$\mathrm{ord}(f) \geqslant \mathrm{ord}(\rho) + \mathrm{ord}(l) > \mathrm{ord}(l),$$

这与 $\mathrm{ord}(f) \leqslant \mathrm{ord}(l)$ 矛盾. □

定理 13.9[99]　设 $n \in \mathbb{N}^*$, $\mathrm{NFSR}(l, f)$ 是 $2n$ 级 Grain 型 NFSR. 若 f 是 $*$-积不可约函数, 则 $\mathrm{NFSR}(l, f)$ 没有非平凡的等价串联表示.

注 13.9　根据 $*$-积分解标准型的定义, 与 $\mathrm{NFSR}(l, f)$ 等价的平凡串联结构有且仅有 $\mathrm{NFSR}(D(l), f \oplus 1)$.

Grain 系列序列密码的主寄存器均是一个本原 LFSR 与一个 NFSR 的串联, 并且 LFSR 和 NFSR 的级数相等. 可以验证 Grain v1, Grain-128, Grain-128a 主寄存器的 NFSR 部分均是 $*$-积不可约的特征函数, 参见文献 [99]. 从而, Grain v1, Grain-128, Grain-128a 的主寄存器均满足定理 13.9 的条件, 因此没有非平凡的其他等价串联表示.

第 14 章　环状串联结构及其性质

在 NFSR(f) 到 NFSR(g) 的串联结构中, NFSR(f) 的反馈更新是相对独立的. 在此基础上, 若将 NFSR(g) 的输出比特反馈到 NFSR(f), 则得到一个环状的结构, 如图 14.1 所示, 其中 $f = f_1(x_0, \cdots, x_{n-1}) \oplus x_n, g = g_1(y_0, \cdots, y_{m-1}) \oplus y_m$, 记为 RingNFSR($f, g$), 称为环状串联 NFSR. 环状串联 NFSR 在文献 [101] 中首次提出. 两个 NFSR 的环状串联可自然推广到任意有限个 NFSR 的环状串联, 如图 14.2 所示. 环状串联 NFSR 的主要特点是分量 NFSR 不是独立的, 并且任意两个分量 NFSR 的更新都彼此关联、互相影响, 而这一点也体现在环状串联 NFSR 的圈结构中, 即每个分量 NFSR 的输出序列周期均相等.

由于环状串联 NFSR 需要额外增加一个比特寄存器来保证非奇异性, 本章中提出新的前向反馈环状串联结构, 不需要增加额外的寄存器来保证非奇异性, 同时也满足每个寄存器输出序列的周期是相等的.

需要说明的是, 文献 [101] 和本章的核心思想不同, 文献 [101] 以构造具有圈结构相同的 Fibonacci NFSR 为主要目的, 而本章以提出两类新型环状串联结构为主要目的.

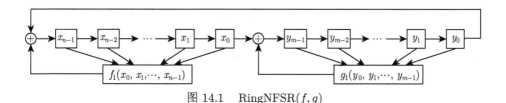

图 14.1　RingNFSR(f, g)

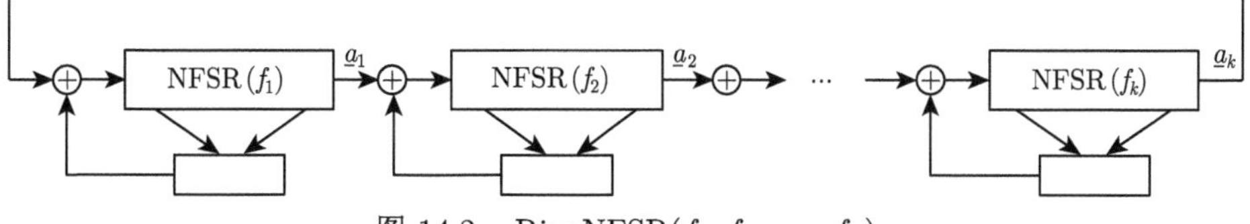

图 14.2　RingNFSR($f_1, f_2, \cdots, f_k$)

14.1　环状串联 NFSR 的特征函数

设 $k \in \mathbb{N}^*, f_1, f_2, \cdots, f_k$ 是 NFSR 特征函数并且

$$f_i = f_{i,1}(x_0, x_1, \cdots, x_{n_i-1}) \oplus x_{n_i}, \quad \text{ord}(f_i) = n_i, \quad 1 \leqslant i \leqslant k.$$

以 $f_1, f_2, \cdots, f_k$ 为特征函数的 k 个 NFSR 的环状串联结构如图 14.2 所示, 记为 RingNFSR$(f_1, f_2, \cdots, f_k)$. 若记 RingNFSR$(f_1, f_2, \cdots, f_k)$ 第 t 时刻内部状态为

$$(a_{1,n_1-1}(t), \cdots, a_{1,0}(t), a_{2,n_2-1}(t), \cdots, a_{2,0}(t), \cdots, a_{k,n_k-1}(t), \cdots, a_{k,0}(t)),$$

则第 $t+1$ 时刻的内部状态为

$$\begin{cases} a_{1,n_1-1}(t+1) = f_{1,1}(a_{1,0}(t), \cdots, a_{1,n_1-1}(t)) \oplus a_{k,0}(t), \\ a_{2,n_2-1}(t+1) = f_{2,1}(a_{2,0}(t), \cdots, a_{2,n_2-1}(t)) \oplus a_{1,0}(t), \\ \quad\quad\quad \cdots\cdots \\ a_{k,n_k-1}(t+1) = f_{k,1}(a_{k,0}(t), \cdots, a_{k,n_k-1}(t)) \oplus a_{k-1,0}(t), \\ a_{i,j}(t+1) = a_{i,j+1}(t), \quad 1 \leqslant i \leqslant k, 1 \leqslant j \leqslant n_i - 2. \end{cases}$$

图 14.2 中序列 $\underline{a}_i = (a_{i,0}(t))_{t=0}^{\infty}$ 称为 NFSR(f_i) 在 RingNFSR$(f_1, f_2, \cdots, f_k)$ 中的输出序列, 简称 NFSR(f_i) 的输出序列, NFSR(f_i) 全体输出序列构成的集合记为 $G_i(f_1, f_2, \cdots, f_k), 1 \leqslant i \leqslant k$; 称 $(\underline{a}_1, \underline{a}_2, \cdots, \underline{a}_k)$ 为 RingNFSR$(f_1, f_2, \cdots, f_k)$ 的输出序列向量, 即给定初态条件下, 各个分量 NFSR 的输出序列构成的向量. 根据 RingNFSR$(f_1, f_2, \cdots, f_k)$ 的内部状态更新函数, 输出序列向量 $(\underline{a}_1, \underline{a}_2, \cdots, \underline{a}_k)$ 的各个分量序列之间存在如下代数关系:

$$\begin{cases} f_1 \circ \underline{a}_1 = \underline{a}_k, \\ f_2 \circ \underline{a}_2 = \underline{a}_1, \\ \quad\quad \cdots\cdots \\ f_k \circ \underline{a}_k = \underline{a}_{k-1}. \end{cases} \tag{14.1}$$

下面我们证明 RingNFSR$(f_1, f_2, \cdots, f_k)$ 中每个分量 NFSR 的输出序列簇都等价于一个 $\sum_{i=1}^{k} n_i$ 级 Fibonacci NFSR 的输出序列簇.

定理 14.1[101]　设 $h = f_1 * f_2 * \cdots * f_k \oplus x_0$, 则 $G_k(f_1, f_2, \cdots, f_k) = G(h)$.

证明 首先, 证明 $G_k(f_1, f_2, \cdots, f_k) \subseteq G(h)$.

设 $(\underline{a}_1, \underline{a}_2, \cdots, \underline{a}_k)$ 是 $\mathrm{RingNFSR}(f_1, f_2, \cdots, f_k)$ 的一个输出序列向量, 即 $\mathrm{NFSR}(f_i)$ 的输出序列为 $\underline{a}_i$, $1 \leqslant i \leqslant k$, 如图 14.2 所示. 那么, 由 (14.1) 式得

$$(f_1 * f_2 * \cdots * f_k) \circ \underline{a}_k = \underline{a}_k,$$

即

$$h \circ \underline{a}_k = \underline{0}.$$

故 $\underline{a}_k \in G(h)$. 从而, $G_k(f_1, f_2, \cdots, f_k) \subseteq G(h)$.

其次, 证明 $|G(h)| = |G_k(f_1, f_2, \cdots, f_k)|$.

因为

$$\mathrm{ord}(h) = n_1 + n_2 + \cdots + n_k \triangleq m,$$

所以 $|G(h)| = 2^m$. 又因为 $\mathrm{RingNFSR}(f_1, f_2, \cdots, f_k)$ 总共有 2^m 个不同的初态, 所以仅需证明对于不同的初态 S_0 和 S_0', 序列 $\mathrm{NFSR}(f_k)$ 的输出序列 $\underline{a}_k$ 和 $\underline{a}_k'$ 不相同即可.

假设对于 S_0 和 S_0', $\mathrm{NFSR}(f_i)$ 的输出序列分别为 $\underline{a}_i$ 和 $\underline{a}_i'$, $1 \leqslant i \leqslant k$. 因为 $S_0 \neq S_0'$, 所以至少存在一个 $1 \leqslant i \leqslant k$ 满足 $\underline{a}_i \neq \underline{a}_i'$. 若 $i = k$, 则结论成立. 若 $i < k$, 则由

$$f_{i+1} \circ \underline{a}_{i+1} = \underline{a}_i \neq \underline{a}_i' = f_{i+1} \circ \underline{a}_{i+1}'$$

得

$$\underline{a}_{i+1} \neq \underline{a}_{i+1}'.$$

若 $i + 1 = k$, 则结论成立; 否则, 同理依次可证明

$$\underline{a}_j \neq \underline{a}_j', \quad j = i+1, i+2, \cdots, k.$$

故当 $j = k$ 时结论成立. □

注 14.1 对于布尔函数 $*$-积和异或的混合运算, $*$-积运算的优先级高于异或运算, 即先作 $*$-积运算, 再作异或运算.

易见, $\mathrm{RingNFSR}(f_1, f_2, \cdots, f_k)$ 中分量 NFSR 进行循环移位后, 各个分量 NFSR 的输出序列簇是不变的, 即

$$\mathrm{RingNFSR}(f_i, f_{i+1}, \cdots, f_k, f_1, \cdots, f_{i-1}), \quad 1 \leqslant i \leqslant k$$

与

$$\mathrm{RingNFSR}(f_1, f_2, \cdots, f_k)$$

没有本质区别. 故由定理 14.1 直接得下面的推论.

推论 14.1　对 $1 \leqslant i \leqslant k$, 记

$$h_i = f_{i+1} * \cdots * f_k * f_1 * \cdots * f_i \oplus x_0,$$

则 $G_i(f_1, f_2, \cdots, f_k) = G(h_i)$.

需要注意的是, 若 $f_1, f_2, \cdots, f_k$ 都是非奇异的特征函数, 则

$$h = f_k * f_{k-1} * \cdots * f_1 \oplus x_0$$

的代数正规型中 x_0 不出现, 从而 h 是奇异的, 即 $G_1(f_1, f_2, \cdots, f_k)$ 中序列不全是 (严格) 周期序列. 若一个环状串联 NFSR 的每个比特寄存器输出序列都是周期的, 则称该环状串联 NFSR 是非奇异的. 对于序列密码应用, 非奇异性是一个必要条件. 根据布尔函数 *-积的性质, 容易证明一个环状串联 NFSR 是非奇异的当且仅当至少存在一个分量 NFSR 的特征函数是奇异的且在反馈函数中变元 x_0 不出现, 即下面的定理.

定理 14.2　$\mathrm{RingNFSR}(f_1, f_2, \cdots, f_k)$ 是非奇异的当且仅当存在 $1 \leqslant i \leqslant k$ 满足 $x_0 \notin \mathrm{var}(f_i)$.

一种简单的构造非奇异环状串联的方法如图 14.3 所示, 即在 $\mathrm{NFSR}(f_k)$ 的右侧增加一个比特寄存器, 其中 $f_1, f_2, \cdots, f_k$ 是非奇异的特征函数. 若记 $f_{k+1} = x_1$, 则图 14.3 即 $\mathrm{RingNFSR}(f_1, f_2, \cdots, f_k, f_{k+1})$, 并且各个寄存器输出序列满足

$$f_1 \circ \underline{a}_1 = \underline{b},$$
$$f_i \circ \underline{a}_i = \underline{a}_{i-1}, \quad 2 \leqslant i \leqslant k,$$
$$x_1 \circ \underline{b} = \underline{a}_k.$$

对 $1 \leqslant i \leqslant k$, 记

$$h_i' = x_1 * f_{i+1} * \cdots * f_k * f_1 * \cdots * f_i \oplus x_0,$$

则

$$G_i(f_1, f_2, \cdots, f_k, f_{k+1}) = G(h_i'), \quad 1 \leqslant i \leqslant k,$$

因为 h_i' 是非奇异的特征函数, 所以 $G_i(f_1, f_2, \cdots, f_k, f_{k+1})$ 都是周期序列, $1 \leqslant i \leqslant k$. 又显然有

$$G_{k+1}(f_1, f_2, \cdots, f_k, f_{k+1}) = G_k(f_1, f_2, \cdots, f_k, f_{k+1}).$$

故 $\mathrm{RingNFSR}(f_1, f_2, \cdots, f_k, f_{k+1})$ 每个 (比特) 寄存器输出序列都是周期序列, 从而图 14.3 所示 $\mathrm{RingNFSR}(f_1, f_2, \cdots, f_k, f_{k+1})$ 是非奇异的.

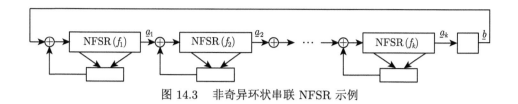

图 14.3 非奇异环状串联 NFSR 示例

14.2 环状串联 NFSR 的圈结构

本节证明非奇异的环状串联 NFSR 的每个寄存器输出序列周期相同. 对于奇异的环状串联 NFSR, 若考虑每条准周期序列的严格周期部分, 结果也是成立的.

设 $\underline{a}$ 是一条二元序列, $\mathrm{per}(\underline{a}) = T$, 则对正整数 S 有 $x_S \circ \underline{a} = \underline{a}$ 当且仅当 $T \mid S$.

定理 14.3 设 $k \in \mathbb{N}^*$, $f_1, f_2, \cdots, f_k$ 是 k 个 NFSR 特征函数. 若 $(\underline{a}_1, \underline{a}_2, \cdots, \underline{a}_k)$ 是 $\mathrm{RingNFSR}(f_1, f_2, \cdots, f_k)$ 的一个输出序列向量, 则

$$\mathrm{per}(\underline{a}_1) = \mathrm{per}(\underline{a}_2) = \cdots = \mathrm{per}(\underline{a}_k).$$

证明 记 $T_i = \mathrm{per}(\underline{a}_i), 1 \leqslant i \leqslant k$. 已知

$$f_1 \circ \underline{a}_1 = \underline{a}_k,$$

$$f_2 \circ \underline{a}_2 = \underline{a}_1,$$

$$\cdots\cdots$$

$$f_k \circ \underline{a}_k = \underline{a}_{k-1}.$$

由 $f_1 \circ \underline{a}_1 = \underline{a}_k$ 得

$$x_{T_1} \circ \underline{a}_k = x_{T_1} \circ (f_1 \circ \underline{a}_1) = f_1 \circ (x_{T_1} \circ \underline{a}_1) = f_1 \circ \underline{a}_1 = \underline{a}_k,$$

从而

$$x_{T_1} \circ \underline{a}_k = \underline{a}_k, \tag{14.2}$$

同理可得

$$x_{T_i} \circ \underline{a}_{i-1} = \underline{a}_{i-1}, \quad 2 \leqslant i \leqslant k. \tag{14.3}$$

由 (14.2) 式和 (14.3) 式得

$$T_k \mid T_1, \quad T_{i-1} \mid T_i, \quad 2 \leqslant i \leqslant k,$$

则

$$T_k \leqslant T_1 \leqslant T_2 \leqslant \cdots \leqslant T_{k-1} \leqslant T_k,$$

故

$$T_1 = T_2 = \cdots = T_k. \qquad \square$$

注 14.2　由推论 14.1 和定理 14.3 可得文献 [101, 推论 2], 即 NFSR(h_1), NFSR(h_2), $\cdots$, NFSR(h_k) 的圈结构相同, 其中 h_i 的定义见推论 14.1, $1 \leqslant i \leqslant k$.

14.3　前向反馈环状串联 NFSR

如前所述, 当 $f_1, f_2, \cdots, f_k$ 是非奇异的特征函数时, RingNFSR($f_1, f_2, \cdots, f_k$) 是奇异的, 而构造非奇异的环状串联 NFSR 总是需要添加一个比特寄存器. 本节提出与环状串联结构非常近似的一类 Galois NFSR, 称为前向反馈环状串联 NFSR, 如图 14.4 所示, 其中

$$f_i = x_{n_i} \oplus f_i'(x_0, \cdots, x_{n_i-1}) = x_{n_i} \oplus f_{i,1}(x_1, \cdots, x_{n_i-1}) \oplus x_0, \quad 1 \leqslant i \leqslant k,$$

且 SR(f_i) 称为以 f_i 为特征函数的移位寄存器, n_i 是 SR(f_i) 的比特长度. 图 14.4 所示前向反馈环状串联 NFSR 记为 F-RingNFSR($f_1, f_2, \cdots, f_k$). 若记 F-RingNFSR($f_1, f_2, \cdots, f_k$) 第 t 时刻内部状态为

$$(a_{1,n_1-1}(t), \cdots, a_{1,0}(t), a_{2,n_2-1}(t), \cdots, a_{2,0}(t), \cdots, a_{k,n_k-1}(t), \cdots, a_{k,0}(t)),$$

则第 $t+1$ 时刻的内部状态为

$$\begin{cases} a_{1,n_1-1}(t+1) = f_k'(a_{k,0}(t), \cdots, a_{k,n_k-1}(t)), \\ a_{2,n_2-1}(t+1) = f_1'(a_{1,0}(t), \cdots, a_{1,n_1-1}(t)), \\ \qquad\qquad \cdots\cdots \\ a_{k,n_k-1}(t+1) = f_{k-1}'(a_{k-1,0}(t), \cdots, a_{k-1,n_k-1}(t)), \\ a_{i,j}(t+1) = a_{i,j+1}(t), \quad 1 \leqslant i \leqslant k, 0 \leqslant j \leqslant n_i - 2. \end{cases} \tag{14.4}$$

对 $1 \leqslant i \leqslant k$, 图 14.4 中序列 $\underline{a}_i = (a_{i,0}(t))_{t=0}^{\infty}$ 称为 SR(f_i) 在 F-RingNFSR($f_1, f_2, \cdots, f_k$) 中的输出序列, 简称 SR(f_i) 的输出序列, SR(f_i) 全体输出序列构成的集合记为 $\mathcal{G}_i(f_1, f_2, \cdots, f_k)$; 称 $(\underline{a}_1, \underline{a}_2, \cdots, \underline{a}_k)$ 为 F-RingNFSR($f_1, f_2, \cdots, f_k$)

的输出序列向量. 根据 F-RingNFSR$(f_1, f_2, \cdots, f_k)$ 的内部状态更新函数, 输出序列向量 $(\underline{a}_1, \underline{a}_2, \cdots, \underline{a}_k)$ 的各个分量序列之间存在如下代数关系:

$$\begin{cases} x_{n_2} \circ \underline{a}_2 = f_1' \circ \underline{a}_1, \\ x_{n_3} \circ \underline{a}_3 = f_2' \circ \underline{a}_2, \\ \qquad \cdots\cdots \\ x_{n_1} \circ \underline{a}_1 = f_k' \circ \underline{a}_k. \end{cases} \tag{14.5}$$

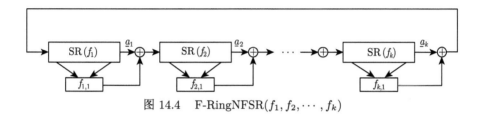

图 14.4　F-RingNFSR$(f_1, f_2, \cdots, f_k)$

本节将证明前向反馈环状串联 NFSR 与传统的环状串联 NFSR, 在特征函数、输出序列周期方面都有相似的性质, 且总能保证非奇异性.

定理 14.4　F-RingNFSR$(f_1, f_2, \cdots, f_k)$ 是非奇异的.

证明　仅需证明 F-RingNFSR$(f_1, f_2, \cdots, f_k)$ 的状态更新函数是可逆的, 从而也是 $\mathbb{F}_2^m$ 到 $\mathbb{F}_2^m$ 的一一映射, 其中 $m = \sum_{i=1}^{k} n_i$. 已知第 $t+1$ 时刻内部状态为

$$(a_{1,n_1-1}(t+1), \cdots, a_{1,0}(t+1), a_{2,n_2-1}(t+1), \cdots,$$
$$a_{2,0}(t+1), \cdots, a_{k,n_k-1}(t+1), \cdots, a_{k,0}(t+1)),$$

则由 (14.4) 式得

$$\begin{cases} a_{k,0}(t) = f_{k,1}(a_{k,1}(t), \cdots, a_{k,n_k-1}(t)) \oplus a_{1,n_1-1}(t+1), \\ a_{1,0}(t) = f_{1,1}(a_{1,1}(t), \cdots, a_{1,n_1-1}(t)) \oplus a_{2,n_2-1}(t+1), \\ \qquad\qquad \cdots\cdots \\ a_{k-1,0}(t) = f_{k-1,1}(a_{k-1,1}(t), \cdots, a_{k-1,n_k-1}(t)) \oplus a_{k,n_k-1}(t+1), \\ a_{i,j}(t) = a_{i,j-1}(t+1), \quad 1 \leqslant i \leqslant k, 1 \leqslant j \leqslant n_i - 1, \end{cases}$$

即第 t 时刻状态可由第 $t+1$ 时刻状态唯一确定. 故, F-RingNFSR$(f_1, f_2, \cdots, f_k)$ 的状态更新函数是可逆的.　□

由定理 14.4 知 F-RingNFSR$(f_1, f_2, \cdots, f_k)$ 中每个 SR 的输出序列均是周期序列.

定理 14.5　设 $h = f'_k * \cdots * f'_2 * f'_1 \oplus x_m$, 则 $\mathcal{G}_1(f_1, f_2, \cdots, f_k) = G(h)$, 其中 $m = \sum_{i=1}^{k} n_i$.

证明　首先证明 $\mathcal{G}_1(f_1, f_2, \cdots, f_k) \subseteq G(h)$.

设 $(\underline{a}_1, \underline{a}_2, \cdots, \underline{a}_k)$ 是 F-RingNFSR$(f_1, f_2, \cdots, f_k)$ 的一个输出序列向量. 那么, 由 (14.5) 式得

$$x_m \circ \underline{a}_1 = (f'_k * \cdots * f'_2 * f'_1) \circ \underline{a}_1,$$

即

$$h \circ \underline{a}_1 = \underline{0}.$$

故

$$\underline{a}_1 \in G(h).$$

由 $\underline{a}_1$ 的任意性知 $\mathcal{G}_1(f_1, f_2, \cdots, f_k) \subseteq G(h)$.

因为 $\mathrm{ord}(h) = m$, 所以 $|G(h)| = 2^m$. 又因为 F-RingNFSR$(f_1, f_2, \cdots, f_k)$ 共有 2^m 个初态, 所以下面仅需证明对于 F-RingNFSR$(f_1, f_2, \cdots, f_k)$ 不同的初态 S_0 和 S'_0, SR(f_1) 的输出序列 $\underline{a}_1$ 和 $\underline{a}'_1$ 不相同.

设由 S_0 生成的输出序列向量为 $(\underline{a}_1, \underline{a}_2, \cdots, \underline{a}_k)$, 由 S'_0 生成的输出序列向量为 $(\underline{a}'_1, \underline{a}'_2, \cdots, \underline{a}'_k)$. 因为 $S_0 \neq S'_0$, 所以至少存在一个 $1 \leqslant i \leqslant k$ 满足 $\underline{a}_i \neq \underline{a}'_i$. 若 $i = 1$, 则结论成立. 若 $i > 1$, 则因为 $\underline{a}_i$ 和 $\underline{a}'_i$ 都是周期序列, 所以

$$x_{n_i} \circ \underline{a}_i \neq x_{n_i} \circ \underline{a}'_i.$$

那么, 由

$$f'_{i-1} \circ \underline{a}_{i-1} = x_{n_i} \circ \underline{a}_i \neq x_{n_i} \circ \underline{a}'_i = f'_{i-1} \circ \underline{a}'_{i-1}$$

得

$$\underline{a}_{i-1} \neq \underline{a}'_{i-1}.$$

若 $i = 2$, 则结论成立. 否则, 同理依次可证明

$$\underline{a}_j \neq \underline{a}'_j, \quad j = i - 1, \cdots, 2, 1.$$

当 $j = 1$ 时结论成立. 　　　　　　　　　　　　　　　　　　　　□

在前向反馈环状串联结构中, 各个移位寄存器 (SR) 进行循环移位, 不改变各个移位寄存器的输出序列簇, 即

$$\text{F-RingNFSR}(f_i, f_{i+1}, \cdots, f_k, f_1, \cdots, f_{i-1}), \quad 1 \leqslant i \leqslant k$$

与

$$\text{F-RingNFSR}(f_1, f_2, \cdots, f_k)$$

没有本质区别. 因此, 由定理 14.5 可直接得下面的推论.

推论 14.2 对 $1 \leqslant i \leqslant k$, 设

$$h_i = f'_{i-1} * \cdots * f'_1 * f'_k * \cdots * f'_i \oplus x_m,$$

则 $\mathcal{G}_i(f_1, f_2, \cdots, f_k) = G(h_i)$, 其中 $m = \sum_{i=1}^{k} n_i$.

定理 14.6 若 $(\underline{a}_1, \underline{a}_2, \cdots, \underline{a}_k)$ 是 F-RingNFSR$(f_1, f_2, \cdots, f_k)$ 的一个输出序列向量, 则

$$\text{per}(\underline{a}_1) = \text{per}(\underline{a}_2) = \cdots = \text{per}(\underline{a}_k).$$

证明 设 $\text{per}(\underline{a}_i) = T_i, 1 \leqslant i \leqslant k$. 由 (14.5) 式得

$$\begin{cases} x_{T_1} \circ (x_{n_2} \circ \underline{a}_2) = x_{n_2} \circ \underline{a}_2, \\ x_{T_2} \circ (x_{n_3} \circ \underline{a}_3) = x_{n_3} \circ \underline{a}_3, \\ \qquad \cdots\cdots \\ x_{T_k} \circ (x_{n_1} \circ \underline{a}_1) = x_{n_1} \circ \underline{a}_1. \end{cases} \tag{14.6}$$

由定理 14.4 知, $\underline{a}_1, \underline{a}_2, \cdots, \underline{a}_k$ 都是周期序列, 所以由 (14.6) 式得

$$\begin{cases} x_{T_1} \circ \underline{a}_2 = \underline{a}_2, \\ x_{T_2} \circ \underline{a}_3 = \underline{a}_3, \\ \qquad \cdots\cdots \\ x_{T_k} \circ \underline{a}_1 = \underline{a}_1. \end{cases}$$

这表明

$$T_1 \mid T_k, T_{i+1} \mid T_i, \quad 1 \leqslant i \leqslant k-1,$$

故

$$T_1 = T_2 = \cdots = T_k. \qquad \square$$

推论 14.2 和定理 14.6 说明 F-RingNFSR$(f_1, f_2, \cdots, f_k)$ 的每个 SR 的输出序列簇具有相同的圈结构, 即 NFSR(h_1), NFSR(h_2), $\cdots$, NFSR(h_k) 具有相同的圈结构. 当 $k = 2$ 时, 即文献 [101, 定理 3] 的一类情况. 文献 [101, 定理 3] 是一个理论结果, 具体地, NFSR$(f * g \oplus x_N)$ 和 NFSR$(g * f \oplus x_N)$ 具有相同的圈

结构, 其中 f, g 是两个布尔函数, N 是正整数. 文献 [101] 将 NFSR($f * g \oplus x_N$) 和 NFSR($g * f \oplus x_N$) 看作两个独立的 Fibonacci NFSR. 而本节揭示了它们之间的联系, 提供了统一的 Galois 实现模型, 即前向反馈环状串联结构, 并通过前向反馈环状串联结构容易将文献 [101, 定理 3] 推广到一般有限个布尔函数 *-积的情形.

第 15 章　Galois NFSR 的非奇异性

一个非线性反馈移位寄存器用于序列密码主寄存器的设计必须满足非奇异性, 否则两个不同的初始状态有可能生成相同的密钥流. 关于 Fibonacci NFSR 的非奇异性, Golomb 在 20 世纪 60 年代已给出了清晰简明的充要条件, 参见 11.1 节. 由于 Galois NFSR 数量大、结构复杂, 一直没有判断非奇异性的一般理论. 在此背景下, 文献 [102] 提出了研究 Galois NFSR 非奇异性的新方法, 对于一类有重要应用价值的 Galois NFSR, 给出并证明了判断非奇异性的充要条件, 以及一般 Galois NFSR 满足非奇异性的充分条件. 本章主要介绍文献 [102] 中的充要条件.

15.1　Galois NFSR 的标准表示及其简化反馈函数

对于一个 Galois NFSR, 其每个寄存器都可以由一个反馈函数进行更新. 因此, Galois NFSR 中每个寄存器的位置是相对的而不是绝对的. 从而我们可以通过简单的寄存器置换, 使看似不同的两个 Galois NFSR 成为相同的 Galois NFSR. 受此启发, 给出下面置换意义下等价 Galois NFSR 的概念.

设 σ 是集合 $\{0, 1, \cdots, n-1\}$ 上的一个置换, $X = \{x_0, x_1, \cdots, x_{n-1}\}$, 记

$$\sigma(X) = (x_{\sigma(0)}, x_{\sigma(1)}, \cdots, x_{\sigma(n-1)}).$$

进一步, 对于 $\mathbb{F}_2^n$ 到 $\mathbb{F}_2^n$ 的向量布尔函数 F, 记

$$\sigma(F) = (f_{\sigma^{-1}(0)}(\sigma(X)), f_{\sigma^{-1}(1)}(\sigma(X)), \cdots, f_{\sigma^{-1}(n-1)}(\sigma(X))).$$

定义 15.1　设 $F = (f_0, f_1, \cdots, f_{n-1})$ 以及 $G = (g_0, g_1, \cdots, g_{n-1})$ 分别是两个 n 级 Galois NFSR 的反馈函数. 如果存在集合 $\{0, 1, \cdots, n-1\}$ 上的一个置换 σ 使得 $\sigma(F) = G$, 则称 NFSR(F) 和 NFSR(G) 在置换意义下等价, 也简称等价.

对于一个 n 级 Galois NFSR, 记其输出序列向量为 $(\underline{a}_0, \underline{a}_1, \cdots, \underline{a}_{n-1})$, 其中 $\underline{a}_i$ 是第 i 个寄存器的输出序列, $0 \leqslant i \leqslant n-1$. 那么, 对于两个等价的 n 级 Galois NFSR, 全体输出序列向量构成的集合是相等的. 因此, 我们有以下简单的性质.

性质 15.1　设 NFSR(F) 和 NFSR(G) 是两个等价的 n 级 Galois NFSR, 则 NFSR(F) 是非奇异的当且仅当 NFSR(G) 是非奇异的.

回顾 11.4 节, 一个 Galois NFSR 中的比特寄存器分为移位更新寄存器和反馈更新寄存器. 若一个 Galois NFSR 只含有移位更新寄存器, 则称为一个纯轮换 NFSR. 若一个 Galois NFSR 不是纯轮换的, 则至少有一个寄存器为反馈更新寄存器. 受 Fibonacci 结构的启发, 我们将具有移位关系的两个比特寄存器放到相邻位置, 从而给出 Galois NFSR 的标准表示.

定义 15.2   设 $n \in \mathbb{N}^*$, $F = (f_0, f_1, \cdots, f_{n-1})$ 是一个 n 级 Galois NFSR 的反馈函数, 满足

(1) $f_{n-1} \neq x_0$;

(2) 对 $0 \leqslant i \leqslant n - 2$, 若 $f_i = x_j$, 则 $j = i + 1$,

那么, 称 $F = (f_0, f_1, \cdots, f_{n-1})$ 为标准反馈函数, NFSR(F) 为标准的 Galois NFSR.

显然, 一个 Fibonacci NFSR 的反馈函数就是一个标准反馈函数. 由定义 15.2 可知, 对于一个标准的 n 级 Galois NFSR, 第 $n - 1$ 个寄存器必为反馈更新寄存器. 因此标准 Galois NFSR 至少存在一个寄存器的反馈函数是非平凡的.

在序列密码研究范畴中, Galois NFSR 都是标准的或者与标准的 Galois NFSR 是等价的, 那些不是标准的 Galois NFSR 并没有实际应用价值. 下面给出两类典型的非标准 Galois NFSR.

例 15.1   纯轮换 NFSR 不是标准 Galois NFSR.

例 15.2   设 F 为一个 n 级 Galois NFSR 的反馈函数, 且存在整数 j, 使得 F 满足

$$f_0 = x_j, \quad f_1 = x_j,$$

则 NFSR(F) 不是标准 Galois NFSR. 易见, NFSR(F) 第 0 个寄存器和第 1 个寄存器的输出序列始终是一样的.

设一个标准的 n 级 NFSR(F) 有 k 个反馈更新寄存器 ($k \geqslant 1$), 则

$$\Omega(F) = [i_k + l_k, \cdots, i_k] \parallel [i_{k-1} + l_{k-1}, \cdots, i_{k-1}] \parallel \cdots \parallel [i_1 + l_1, \cdots, i_1]$$

表示 $x_{i_k+l_k}, x_{i_{k-1}+l_{k-1}}, \cdots, x_{i_1+l_1}$ 是 NFSR(F) 中的 k 个反馈更新寄存器, 如图 15.1 所示, 其中, 对任意的 $1 \leqslant j \leqslant k$, $l_j \geqslant 0$ 且 $i_k > i_{k-1} > \cdots > i_1 = 0$. 若 NFSR($F$) 是一个 n 级 Fibonacci NFSR, 则有

$$\Omega(F) = [n - 1, n - 2, \cdots, 0].$$

从 $\Omega(F)$ 可以看出, 一个标准的 Galois NFSR 可以被分割成若干个类似 Fibonacci 结构的反馈移位寄存器, 但是反馈更新寄存器的反馈函数可以与每一个 Galois NFSR 的寄存器相关.

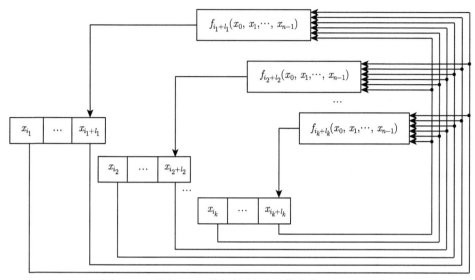

图 15.1 具有 k 个反馈更新寄存器的标准 NFSR(F)

定义 15.3 设 $n \in \mathbb{N}^*$, NFSR(F) 是一个以 F 为反馈函数的标准 n 级 Galois NFSR, 其中存在 k 个反馈更新寄存器 ($k \geqslant 1$) 并且

$$\Omega(F) = [i_k + l_k, \cdots, i_k] \parallel [i_{k-1} + l_{k-1}, \cdots, i_{k-1}] \parallel \cdots \parallel [i_1 + l_1, \cdots, i_1].$$

令 $Y = \{x_0, x_1, \cdots, x_{n-1}\} \setminus \{x_{i_1}, x_{i_2}, \cdots, x_{i_k}\}$. 对 $j = 1, 2, \cdots, k$, 分别记

$$f_{i_j+l_j} = D_j(Y) \oplus \left(\sum_{u=1}^{k} C_{j,u}(Y) \cdot x_{i_u} \right) \oplus \left(\sum_{\boldsymbol{\alpha} \in \mathbb{F}_2^k} E_{\boldsymbol{\alpha},j}(Y) \cdot \prod_{u=1}^{k} x_{i_u}^{\alpha_u} \right),$$

其中 $D_j(Y), C_{j,1}(Y), \cdots, C_{j,k}(Y), E_{\boldsymbol{\alpha},j}(Y)$ 是关于 Y 的布尔函数, 则向量布尔函数

$$F_s = (f_{i_1+l_1}, f_{i_2+l_2}, \cdots, f_{i_k+l_k})$$

称为 NFSR(F) 的简化反馈函数, 布尔函数矩阵

$$\mathcal{M}(F) = \begin{pmatrix} C_{1,1}(Y) & C_{1,2}(Y) & \cdots & C_{1,k}(Y) \\ C_{2,1}(Y) & C_{2,2}(Y) & \cdots & C_{2,k}(Y) \\ \vdots & \vdots & \ddots & \vdots \\ C_{k,1}(Y) & C_{k,2}(Y) & \cdots & C_{k,k}(Y) \end{pmatrix}$$

称为 NFSR(F) 的判别矩阵.

若 F_s 含有关于变量 $x_{i_1}, x_{i_2}, \cdots, x_{i_k}$ 的非线性项, 则称 F_s 为非线性简化反馈函数. 否则, 称 F_s 为线性简化反馈函数. 需要注意的是, 即使一个 NFSR 的简化反馈函数是线性的, 该 NFSR 的反馈函数也可能是复杂的非线性反馈函数.

15.2　一类典型 Galois NFSR 非奇异性的充要条件

具有线性简化反馈函数的 Galois NFSR 在实际密码设计中具有广泛应用, 事实上, 公开已知的 Galois NFSR 均满足线性简化反馈函数的条件. 本节讨论这一类 Galois NFSR 的非奇异性, 即简化反馈函数 F_s 形如

$$\begin{pmatrix} f_{i_1+l_1} \\ f_{i_2+l_2} \\ \vdots \\ f_{i_k+l_k} \end{pmatrix} = \begin{pmatrix} D_1(Y) \\ D_2(Y) \\ \vdots \\ D_k(Y) \end{pmatrix} \oplus \mathcal{M}(F) \begin{pmatrix} x_{i_1} \\ x_{i_2} \\ \vdots \\ x_{i_k} \end{pmatrix}. \tag{15.1}$$

定理 15.1[102]　设 NFSR(F) 是一个 n 级 Galois NFSR 并且 NFSR(F) 的简化反馈函数 F_s 是线性的, 则 NFSR(F) 是非奇异的当且仅当 $\det(\mathcal{M}(F)) = 1$.

证明　充分性. 设线性简化反馈函数 F_s 为 (15.1) 式. 因为 $\tilde{X}(t) = \hat{X}(t+1)$, 所以

$$\begin{pmatrix} x_{i_1+l_1}(t+1) \\ x_{i_2+l_2}(t+1) \\ \vdots \\ x_{i_k+l_k}(t+1) \end{pmatrix} = \begin{pmatrix} D_1(\tilde{X}(t)) \\ D_2(\tilde{X}(t)) \\ \vdots \\ D_k(\tilde{X}(t)) \end{pmatrix} \oplus M(\tilde{X}(t)) \cdot \begin{pmatrix} x_{i_1}(t) \\ x_{i_2}(t) \\ \vdots \\ x_{i_k}(t) \end{pmatrix}.$$

由 $\det(\mathcal{M}(F)) = 1$ 知 $M(\tilde{X}(t))$ 是可逆的. 故

$$\begin{pmatrix} x_{i_1}(t) \\ x_{i_2}(t) \\ \vdots \\ x_{i_k}(t) \end{pmatrix} = (M(\hat{X}(t+1)))^{-1} \cdot \begin{pmatrix} x_{i_1+l_1}(t+1) - D_1(\hat{X}(t+1)) \\ x_{i_2+l_2}(t+1) - D_2(\hat{X}(t+1)) \\ \vdots \\ x_{i_k+l_k}(t+1) - D_k(\hat{X}(t+1)) \end{pmatrix},$$

即 F_s 是可逆的.

必要性. 假设 $\det(\mathcal{M}(F)) \neq 1$, 则 $\det(\mathcal{M}(F)) = 0$ 或 $\det(\mathcal{M}(F))$ 是关于 Y 的一个非常值布尔函数, 即 $\det(\mathcal{M}(F)) = h(Y)$. 那么, 至少存在 Y 的一个取值, 记为 $Y = P$, 使得 $\det(M(P)) = 0$. 设 $X(t+1)$ 是使得 $\hat{X}(t+1) = P$

的状态, 则 $\det(M(\hat{X}(t+1))) = 0$. 由于 $\tilde{X}(t) = \hat{X}(t+1)$, 从而可得关于变量 $x_{i_1}(t), x_{i_2}(t), \cdots, x_{i_k}(t)$ 的线性方程组

$$M(\hat{X}(t+1)) \cdot \begin{pmatrix} x_{i_1}(t) \\ x_{i_2}(t) \\ \vdots \\ x_{i_k}(t) \end{pmatrix} = \begin{pmatrix} x_{i_1+l_1}(t+1) \\ x_{i_2+l_2}(t+1) \\ \vdots \\ x_{i_k+l_k}(t+1) \end{pmatrix} \oplus \begin{pmatrix} D_1(\hat{X}(t+1)) \\ D_2(\hat{X}(t+1)) \\ \vdots \\ D_k(\hat{X}(t+1)) \end{pmatrix}. \quad (15.2)$$

因为 $\det(M(\hat{X}(t+1))) = 0$, 所以方程组 (15.2) 的解个数大于 1, 这与 F_s 可逆矛盾. 故假设不成立, 应有 $\det(\mathcal{M}(F)) = 1$. □

注 15.1　在实际应用中, 从降低硬件资源的角度, 反馈更新寄存器非常少, 并且判别矩阵 $\mathcal{M}(F)$ 常常是 0/1 矩阵, 所以 $\det(\mathcal{M}(F))$ 是容易求取的.

注意到一个 Fibonacci NFSR(F) 只有一个反馈更新寄存器, 从而其判别矩阵 $\mathcal{M}(F)$ 是一个 1×1 的矩阵

$$\mathcal{M}(F) = (h(Y)).$$

由定理 15.1 知, 该 NFSR(F) 是非奇异的当且仅当 $h(Y) = 1$. 也就是说, 一个 Fibonacci NFSR(F) 是非奇异的当且仅当其反馈函数 F 可写为 $F = f(x_1, \cdots, x_{n-1}) \oplus x_0$. 这与 Golomb 在文献 [28, 第 VI 章, 定理 1] 中给出的结果是一致的. 因此, 定理 15.1 可以看作 Fibonacci NFSR 非奇异性判别的经典结果向 Galois NFSR 的一个推广.

15.3　应　　用

为了说明 15.2 节充要条件的适用性和有效性, 本节将其应用到已知的 Galois NFSR, 并给出三类非奇异 Galois NFSR 的构造方法.

15.3.1　Trivium

已知 Trivium 的主寄存器是非奇异的. 本节将 Trivium 的主寄存器作为定理 15.1 应用的实例, 可以看到定理 15.1 非常简单明了地说明 Trivium 的主寄存器是非奇异的.

记 Trivium 主寄存器的反馈函数为 $F_{\text{TRIVIUM}} = (f_0, f_1, \cdots, f_{287})$, 其中

$$f_{110} = x_{24} \oplus x_{126} \oplus x_{111} \oplus x_{112}x_{113},$$
$$f_{194} = x_{117} \oplus x_{222} \oplus x_{195} \oplus x_{196}x_{197},$$
$$f_{287} = x_{219} \oplus x_{45} \oplus x_0 \oplus x_1x_2,$$

$$f_i = x_{i+1}, \quad i \notin \{110, 194, 287\}.$$

那么

$$\Omega(F_{\text{Trivium}}) = [287, \cdots, 195] \parallel [194, \cdots, 111] \parallel [110, \cdots, 0],$$

且 Trivium 的简化反馈函数是线性的. 易知, F_{Trivium} 的判别矩阵为

$$\mathcal{M}(F_{\text{Trivium}}) = \begin{pmatrix} 0 & 1 & 0 \\ 0 & 0 & 1 \\ 1 & 0 & 0 \end{pmatrix},$$

且 $\det(\mathcal{M}(F_{\text{Trivium}})) = 1$. 从而由定理 15.1 可知 Trivium 的主寄存器是非奇异的.

15.3.2　SPRING

SPRING 是一种基于 NFSR 的 SP 结构轻量级分组密码算法[103], 主要面向硬件实现设计. SPRING 中使用的 S 盒是一个 32 级 Galois NFSR, 记为 NFSR-SR, 见图 15.2. 在文献 [103] 中, 已证明 NFSR-SR 是非奇异的. 下面利用定理 15.1 说明 NFSR-SR 是非奇异的. 记 NFSR-SR 的反馈函数为 $F_{\text{SPRING}} = (f_0, f_1, \cdots, f_{31})$, 其中

$$f_7 = x_4 x_5 \oplus x_0 \oplus x_2 \oplus x_8 \oplus x_{16},$$
$$f_{15} = x_{12} x_{13} \oplus x_8 \oplus x_{11} \oplus x_{16} \oplus x_{24},$$
$$f_{23} = x_{19} x_{20} \oplus x_{16} \oplus x_{21} \oplus x_0 \oplus x_{24},$$
$$f_{31} = x_{27} x_{28} \oplus x_{24} \oplus x_{30} \oplus x_0 \oplus x_8,$$
$$f_i = x_{i+1}, \quad i \notin \{7, 15, 23, 31\}.$$

那么

$$\Omega(F_{\text{SPRING}}) = [31, \cdots, 24] \parallel [23, \cdots, 16] \parallel [15, \cdots, 8] \parallel [7, \cdots, 0],$$

且简化反馈函数是线性的. 易知, F_{SPRING} 的判别矩阵为

$$\mathcal{M}(F_{\text{SPRING}}) = \begin{pmatrix} 1 & 1 & 1 & 0 \\ 0 & 1 & 1 & 1 \\ 1 & 0 & 1 & 1 \\ 1 & 1 & 0 & 1 \end{pmatrix},$$

且 $\det(\mathcal{M}(F_{\text{SPRING}})) = 1$. 从而由定理 15.1 可知, NFSR-SR 是非奇异的.

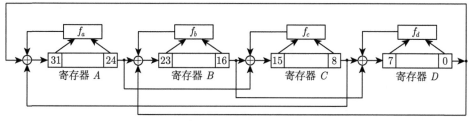

图 15.2 SPRING 中 NFSR-SR 示意图

15.3.3 上三角类非奇异 Galois NFSR

设 NFSR(F_{upper}) 是具有线性简化反馈函数的 n 级 Galois NFSR, 其判别矩阵 $\mathcal{M}(F_{\text{upper}})$ 是一个上三角矩阵, 即

$$\mathcal{M}(F_{\text{upper}}) = \begin{pmatrix} 1 & * & \cdots & * \\ 0 & 1 & \cdots & * \\ \vdots & \vdots & \ddots & \vdots \\ 0 & 0 & \cdots & 1 \end{pmatrix}_{k \times k}, \tag{15.3}$$

其中 $*$ 可以是 0, 1, 或关于 $Y = \{x_0, x_1, \cdots, x_{n-1}\} \setminus \{x_{i_1}, x_{i_2}, \cdots, x_{i_k}\}$ 的布尔函数. 显然, $\det(\mathcal{M}(F_{\text{upper}})) = 1$, 从而由定理 15.1 得 NFSR($F_{\text{upper}}$) 是非奇异的. 不失一般性, NFSR($F_{\text{upper}}$) 的反馈函数可以表示为

$$f_{i_1+l_1} = x_{i_1} \oplus C_{1,2}(Y)x_{i_2} \oplus \cdots \oplus C_{1,k}(Y)x_{i_k} \oplus D_{i_1}(Y),$$
$$f_{i_2+l_2} = x_{i_2} \oplus C_{2,3}(Y)x_{i_3} \oplus \cdots \oplus C_{2,k}(Y)x_{i_k} \oplus D_{i_2}(Y),$$
$$\cdots\cdots$$
$$f_{i_k+l_k} = x_{i_k} \oplus D_{i_k}(Y),$$
$$f_l = x_{l+1}, \quad l \in \{0, 1, \cdots, n-1\} \setminus \{i_1+l_1, i_2+l_2, \cdots, i_k+l_k\}.$$

15.3.4 下三角类非奇异 Galois NFSR

若具有线性简化反馈函数的 n 级 Galois NFSR(F_{lower}) 的判别矩阵具有以下形式

$$\mathcal{M}(F_{\text{lower}}) = \begin{pmatrix} 0 & \cdots & 0 & 1 \\ 0 & \cdots & 1 & * \\ \vdots & \cdots & \vdots & \vdots \\ 1 & * & * & * \end{pmatrix}_{k \times k}, \tag{15.4}$$

其中 $*$ 可以是 0, 1, 或关于 $Y = \{x_0, x_1, \cdots, x_{n-1}\} \setminus \{x_{i_1}, x_{i_2}, \cdots, x_{i_k}\}$ 的布尔函数. 显然, $\det(\mathcal{M}(F_{\text{upper}})) = 1$, 从而由定理 15.1 得 $\text{NFSR}(F_{\text{lower}})$ 是非奇异的. 不失一般性, $\text{NFSR}(F_{\text{lower}})$ 的反馈函数可以表示为

$$f_{j_1+m_1} = x_{j_k} \oplus D_{j_1}(Y),$$
$$f_{j_2+m_2} = x_{j_{k-1}} \oplus C_{2,k}(Y)x_{j_k} \oplus D_{j_2}(Y),$$
$$\cdots\cdots$$
$$f_{j_k+m_k} = x_{j_1} \oplus C_{k,2}(Y)x_{j_2} \oplus \cdots \oplus C_{k,k}(Y)x_{j_k} \oplus D_{j_k}(Y),$$
$$f_l = x_{l+1}, \quad l \in \{0, 1, \cdots, n-1\} \setminus \{j_1+m_1, j_2+m_2, \cdots, j_k+m_k\}.$$

下面证明 $\text{NFSR}(F_{\text{upper}})$ 和 $\text{NFSR}(F_{\text{lower}})$ 是不等价的.

性质 15.2 设 $k > 1$, $\text{NFSR}(F_{\text{upper}})$ 和 $\text{NFSR}(F_{\text{lower}})$ 分别如 (15.3) 式和 (15.4) 式所定义, 则 $\text{NFSR}(F_{\text{upper}})$ 和 $\text{NFSR}(F_{\text{lower}})$ 不等价.

证明 假设 $\text{NFSR}(F_{\text{upper}})$ 和 $\text{NFSR}(F_{\text{lower}})$ 是等价的, 则存在集合 $\{0, 1, \cdots, n-1\}$ 上的置换 σ 使得 $\sigma(F_{\text{upper}}) = F_{\text{lower}}$. 设

$$\Omega(F_{\text{upper}}) = [i_k+l_k, \cdots, i_k] \parallel [i_{k-1}+l_{k-1}, \cdots, i_{k-1}] \parallel \cdots \parallel [i_1+l_1, \cdots, i_1],$$

以及

$$\Omega(F_{\text{lower}}) = [j_k+m_k, \cdots, j_k] \parallel [j_{k-1}+m_{k-1}, \cdots, j_{k-1}] \parallel \cdots \parallel [j_1+m_1, \cdots, j_1].$$

由于 $\text{NFSR}(F_{\text{upper}})$ 和 $\text{NFSR}(F_{\text{lower}})$ 都是标准 NFSR, 因此 σ 只改变 $[i_1+l_1, \cdots, i_1], \cdots, [i_k+l_k, \cdots, i_k]$ 的顺序. 从而对 $1 \leqslant u \leqslant k$, 有

$$(\sigma(i_u), \sigma(i_u+l_u)) \in \{(j_1, j_1+m_1), (j_2, j_2+m_2), \cdots, (j_k, j_k+m_k)\}.$$

由于 $\mathcal{M}(F_{\text{upper}}) = (a_{u,v})_{k \times k}$ 中的元素 $a_{u,v}$ 是变量 x_{i_v} 在 $f_{i_u+l_u}$ 中的系数且 $\text{NFSR}(F_{\text{upper}})$ 和 $\text{NFSR}(F_{\text{lower}})$ 是等价的, 从而存在一个 $k \times k$ 的置换矩阵 A 使得

$$\mathcal{M}(F_{\text{lower}}) = A \cdot \sigma(\mathcal{M}(F_{\text{upper}})) \cdot A^{\mathrm{T}}. \tag{15.5}$$

由于

$$A \cdot \begin{pmatrix} 1 & 0 & \cdots & 0 \\ 0 & 1 & \cdots & 0 \\ \vdots & \vdots & \ddots & \vdots \\ 0 & 0 & \cdots & 1 \end{pmatrix} \cdot A^{\mathrm{T}} = \begin{pmatrix} 1 & 0 & \cdots & 0 \\ 0 & 1 & \cdots & 0 \\ \vdots & \vdots & \ddots & \vdots \\ 0 & 0 & \cdots & 1 \end{pmatrix},$$

从而有

$$A \cdot \sigma(\mathcal{M}(F_{\text{upper}})) \cdot A^{\text{T}} = \begin{pmatrix} 1 & * & \cdots & * \\ * & 1 & \cdots & * \\ \vdots & \vdots & \ddots & \vdots \\ * & * & \cdots & 1 \end{pmatrix},$$

即 $\sigma(\mathcal{M}(F_{\text{upper}}))$ 左乘矩阵 A 且右乘矩阵 A^{T} 将不会改变主对角线上元素的值, 与 (15.5) 式矛盾. 因此, 当 $k > 1$ 时, $\text{NFSR}(F_{\text{upper}})$ 和 $\text{NFSR}(F_{\text{lower}})$ 是不等价的. □

15.3.5 非奇异 Galois NFSR 的一般构造方法

比上三角类和下三角类更一般的情形是从单位矩阵出发构造非奇异 Galois NFSR.

由行列式的性质可知, 对布尔函数矩阵进行以下基本运算, 其行列式不变:

- 对换矩阵两列 (或两行) 的位置;

- 第 k 列 (行) 乘以某个布尔函数加到第 j 列 (行).

性质 15.3 设 $\text{NFSR}(F)$ 是具有线性简化反馈函数的 n 级 Galois NFSR. 若判别矩阵 $\mathcal{M}(F)$ 可以通过一系列上述基本运算约化成单位矩阵, 则 $\text{NFSR}(F)$ 是非奇异的.

证明 由于基本运算不改变矩阵的行列式, 从而可得 $\det(\mathcal{M}(F)) = \det(I_n) = 1$, 其中, I_n 是一个 $n \times n$ 的单位矩阵. 因此, 由定理 15.1 知, $\text{NFSR}(F)$ 是非奇异的. □

第 16 章 Galois 结构与 Fibonacci 结构的等价性

本章讨论的 Galois 结构与 Fibonacci 结构等价性的含义是输出序列簇相等. 设 $n \in \mathbb{N}^*$, 以 n 元向量布尔函数

$$F = (f_0(x_0, \cdots, x_{n-1}), f_1(x_0, \cdots, x_{n-1}), \cdots, f_{n-1}(x_0, \cdots, x_{n-1}))$$

为反馈函数的 Galois NFSR 如图 11.3 所示. 对 $0 \leqslant i \leqslant n-1$, 寄存器 x_i 的所有输出序列构成的集合记为 $G_i(F)$. 本章主要考虑某个寄存器 x_i 的输出序列簇 $G_i(F)(0 \leqslant i \leqslant n-1)$ 是否等于一个 n 级 Fibonacci NFSR 的输出序列簇.

设 $f(x_0, x_1, \cdots, x_n) = f_1(x_0, \cdots, x_{n-1}) \oplus x_n$ 是一个 n 级 Fibonacci NFSR 的特征函数. 为了保持表示的一致性, 本章中也将 Fibonacci NFSR 的反馈函数写作向量形式, 即

$$F_1 = (x_1, x_2, \cdots, x_{n-1}, f_1(x_0, x_1, \cdots, x_{n-1})),$$

从而该 Fibonacci NFSR 在本章中记作 $\mathrm{NFSR}(F_1)$, 输出序列簇记为 $G(F_1)$, 即 $G_0(F_1)$.

16.1 Galois NFSR 与 Fibonacci NFSR 等价的充要条件

设 $n \in \mathbb{N}^*$, F 是一个 n 输入 n 输出的向量布尔函数, 即

$$F = (f_0(x_0, \cdots, x_{n-1}), f_1(x_0, \cdots, x_{n-1}), \cdots, f_{n-1}(x_0, \cdots, x_{n-1})),$$

则 F 可自然视为 $\mathbb{F}_2^n$ 到 $\mathbb{F}_2^n$ 的映射. 反之, 任意 $\mathbb{F}_2^n$ 到 $\mathbb{F}_2^n$ 的映射 φ 都可以表示成一个 n 输入 n 输出的向量布尔函数, 即

$$\varphi = (\varphi_0(x_0, \cdots, x_{n-1}), \varphi_1(x_0, \cdots, x_{n-1}), \cdots, \varphi_{n-1}(x_0, \cdots, x_{n-1})).$$

对任意的 n 元布尔函数 $h(x_0, x_1, \cdots, x_{n-1})$, 记 h 和上述 F 的复合函数为

$$h \circ F = h(f_0, f_1, \cdots, f_{n-1}),$$

显然, $h \circ F$ 是一个 n 元布尔函数. 进一步, 对任意一个 n 输入 n 输出的向量布尔函数

$$H = (h_0(x_0, \cdots, x_{n-1}), h_1(x_0, \cdots, x_{n-1}), \cdots, h_{n-1}(x_0, \cdots, x_{n-1})),$$

记 H 和 F 的复合函数为

$$H \circ F = (h_0 \circ F, h_1 \circ F, \cdots, h_{n-1} \circ F),$$

显然, $H \circ F$ 仍是一个 n 输入 n 输出的向量布尔函数. 特别地, 设 $k \in \mathbb{N}^*$, k 个函数 F 的合成记为 F^k.

定理 16.1 设一个 n 级 Galois NFSR 的反馈函数为

$$F = (f_0(x_0, \cdots, x_{n-1}), f_1(x_0, \cdots, x_{n-1}), \cdots, f_{n-1}(x_0, \cdots, x_{n-1})),$$

一个 n 级 Fibonacci NFSR 的反馈函数为

$$F_1 = (x_1, x_2, \cdots, x_{n-1}, f(x_0, \cdots, x_{n-1})),$$

则 $G_0(F) = G(F_1)$ 当且仅当存在 $\mathbb{F}_2^n$ 到 $\mathbb{F}_2^n$ 的双射

$$H = (h_0(x_0, \cdots, x_{n-1}), h_1(x_0, \cdots, x_{n-1}), \cdots, h_{n-1}(x_0, \cdots, x_{n-1}))$$

满足

$$H \circ F = F_1 \circ H \quad \text{且} \quad h_0(x_0, x_1, \cdots, x_{n-1}) = x_0.$$

证明 充分性. 由 $H \circ F = F_1 \circ H$ 得

$$(h_0 \circ F, h_1 \circ F, \cdots, h_{n-2} \circ F, h_{n-1} \circ F)$$
$$= (h_1, h_2, \cdots, h_{n-1}, f(h_0, h_1, \cdots, h_{n-1})),$$

即

$$h_i \circ F = h_{i+1}, \quad 0 \leqslant i \leqslant n-2, \tag{16.1}$$
$$h_{n-1} \circ F = f(h_0, h_1, \cdots, h_{n-1}). \tag{16.2}$$

根据 (16.1) 式逐步迭代可得

$$h_i = h_0 \circ F^i, \quad 1 \leqslant i \leqslant n-1. \tag{16.3}$$

因为 $h_0(x_0, x_1, \cdots, x_{n-1}) = x_0$, 所以 (16.3) 式也即

$$h_i = x_0 \circ F^i, \quad 1 \leqslant i \leqslant n-1, \tag{16.4}$$

进而也有

$$h_{n-1} \circ F = x_0 \circ F^n. \tag{16.5}$$

将 (16.4) 式和 (16.5) 式代入 (16.2) 式得

$$x_0 \circ F^n = f(x_0, x_0 \circ F, \cdots, x_0 \circ F^{n-1}). \tag{16.6}$$

这表明 $G_0(F) \subseteq G(F)$. 另一方面, 因为 H 是双射, 所以对任意的 $(\beta_0, \beta_1, \cdots, \beta_{n-1}) \in \mathbb{F}_2^n$, 存在 $(\alpha_0, \alpha_1, \cdots, \alpha_{n-1}) \in \mathbb{F}_2^n$ 满足

$$H(\alpha_0, \alpha_1, \cdots, \alpha_{n-1}) = (\beta_0, \beta_1, \cdots, \beta_{n-1}).$$

由 (16.3) 式, 对 $1 \leqslant i \leqslant n-1$ 有

$$\beta_i = h_i(\alpha_0, \alpha_1, \cdots, \alpha_{n-1}) = (x_0 \circ F^i)(\alpha_0, \alpha_1, \cdots, \alpha_{n-1}), \tag{16.7}$$

再由 (16.6) 式得

$$(x_0 \circ F^n)(\alpha_0, \alpha_1, \cdots, \alpha_{n-1}) = f(\beta_0, \beta_1, \cdots, \beta_{n-1}). \tag{16.8}$$

由 (16.7) 式和 (16.8) 式知

$$\{(\beta_0, \cdots, \beta_{n-1}, f(\beta_0, \cdots, \beta_{n-1})) \mid (\beta_0, \cdots, \beta_{n-1}) \in \mathbb{F}_2^n\}$$
$$\subseteq \{(\alpha_0, \alpha_1, \cdots, \alpha_n) \mid (\alpha_0, \alpha_1, \cdots, \alpha_n, \cdots) \in G_0(F)\}.$$

故 $G(F_1) \subseteq G_0(F)$. 综上两方面得 $G_0(F) = G(F_1)$.

必要性. 因为 $G_0(F) = G(F_1)$, 即 $G_0(F)$ 等于一个 n 级 Fibonacci NFSR 的输出序列簇, 所以 NFSR(F) 上寄存器 x_0 的全体输出序列, 截取前 n 比特应恰好等于 $\mathbb{F}_2^n$, 即

$$\{(\alpha_0, \alpha_1, \cdots, \alpha_{n-1}) \mid (\alpha_0, \alpha_1, \cdots, \alpha_{n-1}, \cdots) \in G_0(F)\} = \mathbb{F}_2^n.$$

那么, 若记

$$H = (x_0, x_0 \circ F, \cdots, x_0 \circ F^{n-1}),$$

则 H 是 $\mathbb{F}_2^n$ 到 $\mathbb{F}_2^n$ 的双射. 又因为 $G_0(F) = G(F_1)$, 所以

$$x_0 \circ F^n = f(x_0, x_0 \circ F, x_0 \circ F^2, \cdots, x_0 \circ F^{n-1}).$$

由此得

$$\begin{aligned}
H \circ F &= (x_0 \circ F, x_0 \circ F^2, \cdots, x_0 \circ F^n) \\
&= (x_0 \circ F, x_0 \circ F^2, \cdots, f(x_0, x_0 \circ F, \cdots, x_0 \circ F^{n-1})) \\
&= F_1 \circ H,
\end{aligned}$$

即 $H \circ F = F_1 \circ H$. 故必要性成立. 　　　　　　　　　　　　□

16.2 Dubrova 充分条件及其代数形式

在文献 [104] 中, Dubrova 利用有向图的方法给出了 Galois NFSR 与 Fibonacci NFSR 等价的充分条件, 并根据该充分条件构造了一类 Uniform Galois NFSR.

以 V 为顶点集和 E 为边集的有向图记为 Graph(V, E). 若从顶点 v 到顶点 v' 有一条有向边, 则记该有向边为 (v, v'), 并称 (v, v') 为 v' 的一条入弧. 一个顶点 v 的所有入弧数量称为 v 的入度.

定义 16.1 设 $F = (f_0, f_1, \cdots, f_{n-1})$ 是一个 n 级 Galois NFSR 的反馈函数. 若具有 n 个顶点的有向图 Graph $= (\{v_0, v_1, \cdots, v_{n-1}\}, E)$ 满足

$$(v_i, v_j) \in E \Leftrightarrow x_i \in \text{var}(f_j),$$

则称该有向图为 NFSR(F) 的反馈图, 记为 Graph(F).

设 Graph 是一个非线性反馈移位寄存器的反馈图, v_i 和 v_j 是 Graph 中的两个顶点且 (v_j, v_i) 是 v_i 唯一的入弧, 则可以定义顶点 v_j 替换顶点 v_i 的代替变换, 记为 $S(v_i, v_j)$, 即从有向图 Graph 中删去顶点 v_i 且 v_i 在图中的每一条出弧 (v_i, v_k) 替换为 (v_j, v_k). 对于一个给定的反馈图 Graph, 可以反复进行代替变换, 有限步后可以得到只有一个顶点的有向图或者没有顶点入度等于 1 的有向图, 称为关于 Graph 的既约反馈图.

定理 16.2[104] 设 Graph(F) 是 NFSR(F) 的反馈图. 若关于 Graph(F) 的既约反馈图只有一个顶点 v_m, 则存在一个以 F_1 为反馈函数的 n 级 Fibonacci NFSR 满足 $G_m(F) \subseteq G(F_1)$.

证明 设

$$F = (f_0(x_0, x_1, \cdots, x_{n-1}), f_1(x_0, x_1, \cdots, x_{n-1}), \cdots, f_{n-1}(x_0, x_1, \cdots, x_{n-1}))$$

是一个 n 级 NFSR 的反馈函数. 对 $t \geqslant 0$, 记第 t 时刻内部状态比特集合为 $X(t) = \{x_0(t), x_1(t), \cdots, x_{n-1}(t)\}$. 那么, 根据反馈函数, 对 $t \geqslant 1$ 有

$$E_0(X(t), X(t-1)) \triangleq \begin{cases} x_0(t) = f_0(x_0(t-1), \cdots, x_{n-1}(t-1)), \\ x_1(t) = f_1(x_0(t-1), \cdots, x_{n-1}(t-1)), \\ \qquad \cdots\cdots \\ x_{n-1}(t) = f_{n-1}(x_0(t-1), \cdots, x_{n-1}(t-1)). \end{cases}$$

注意到反馈图 Graph(F) 满足代替变换 $S(v_i, v_j)$ 条件当且仅当

$$f_i = x_j \oplus c, \quad \text{其中 } c \in \mathbb{F}_2,$$

即在 E_0 中有

$$x_i(t) = x_j(t-1) \oplus c, \quad t \geqslant 1.$$

一次代替变换 $S(v_i, v_j)$ 对应于将 E_0 中的所有 $x_i(t-1)$ 用 $x_j(t-2) \oplus c$ 代替, 并且从 E_0 中删去等式 $x_i(t) = x_j(t-1) \oplus c$, 得到以下内部状态比特

$$X(t) \setminus \{x_i(t)\}, \quad X(t-1) \setminus \{x_i(t-1)\}, \quad x_j(t-2)$$

满足的代数关系

$$E_1(X(t) \setminus \{x_i(t)\}, \ X(t-1) \setminus \{x_i(t-1)\}, \ x_j(t-2)), \quad t \geqslant 2.$$

故若经过 $n-1$ 次代替变换后, $\mathrm{Graph}(F)$ 约化到一个单点 v_m, 则当 $t \geqslant n$ 时, 我们得到关于 $v_m(t), v_m(t-1), \cdots, v_m(t-n)$ 的一个代数关系

$$E_{n-1}(v_m(t), v_m(t-1), \cdots, v_m(t-n)), \quad t \geqslant n,$$

其中有且仅有一个等式

$$v_m(t) = f_m(v_m(t-n), \cdots, v_m(t-1)), \quad t \geqslant n.$$

由此知, $\mathrm{NFSR}(F)$ 的第 m 个寄存器满足 n 阶非线性递归关系, 也即若设

$$F_1 = (x_1, x_2, \cdots, x_{n-1}, f_m(x_0, \cdots, x_{n-1}))$$

是一个 n 级 Fibonacci NFSR 的反馈函数, 则 $G_m(F) \subseteq G(F_1)$. □

设 $\mathrm{Graph}(F)$ 是一个 n 级非线性反馈移位寄存器的反馈图. 若从反馈函数代数正规型的角度考虑 Dubrova 提出的反馈图的代替变换, 则顶点 v_j 可以代替顶点 v_i 当且仅当 $\mathrm{var}(f_i) = v_j$, 即存在布尔函数 g_i 满足 $f_i = g_i(x_j)$. 因此, 容易给出既约反馈图是单点的 Galois NFSR 反馈函数的代数形式.

定理 16.3　设 F 是一个 n 级 Galois NFSR 的反馈函数, 则 $\mathrm{Graph}(F)$ 的既约反馈图只有一个单点当且仅当 F 满足如下代数形式:

$$f_{r_0} = g_{r_0}(x_{r_0}, x_{r_1}, \cdots, x_{r_{n-1}}),$$
$$f_{r_i} = g_{r_i}(x_{r_0}, x_{r_1}, \cdots, x_{r_{i-1}}), \quad 1 \leqslant i \leqslant n-1,$$

其中 $\{r_0, r_1, \cdots, r_{n-1}\} = \{0, 1, \cdots, n-1\}$.

注意到定理 16.3 中 $\{r_0, r_1, \cdots, r_{n-1}\}$ 是 $\{0, 1, \cdots, n-1\}$ 的一个置换, 所以定理 16.3 中反馈函数 F 与

$$F' = \begin{cases} f_0 = g_0(x_0, x_1, \cdots, x_{n-1}), \\ f_i = g_i(x_0, x_1, \cdots, x_{i-1}), \quad 1 \leqslant i \leqslant n-1 \end{cases}$$

在置换意义下等价, 即 NFSR(F) 和 NFSR(F') 的区别只有寄存器的标号不同. 因此, 从 Galois NFSR 在置换意义下相等的角度, 一个 Galois NFSR 既约反馈图只有一个单点当且仅当反馈函数的代数形式为 F'.

16.3　Uniform NFSR 类

在文献 [104] 中, 提出一类与 Fibonacci 等价的 Galois NFSR, 称为 Uniform NFSR.

定义16.2　设 NFSR(F) 是一个 n 级 Galois NFSR, 若存在整数 $0 < \tau \leqslant n-1$ 使得 F 满足

$$\begin{cases} f_i = x_{i+1}, & 0 \leqslant i < \tau, \\ f_\tau = x_{\tau+1} \oplus g_\tau(x_0, x_1, \cdots, x_{n-1}), \\ f_i = x_{i+1 (\bmod n)} \oplus g_i(x_0, x_1, \cdots, x_\tau), & \tau < i \leqslant n-1, \end{cases}$$

其中 $x_{j+1 (\bmod n)} \notin \mathrm{var}(g_j), \tau \leqslant j \leqslant n-1$, 则称 NFSR($F$) 是以 τ 为参数的 Uniform NFSR.

定理 16.4　设 NFSR(F) 是一个以 τ 为参数的 Uniform NFSR, 则存在一个以 F_1 为反馈函数的 n 级 Fibonacci NFSR 满足 $G_\tau(F) \subseteq G(F_1)$.

证明　设 φ 是集合 $\{0, 1, \cdots, n-1\}$ 上的一个置换, 满足

$$\begin{aligned} \tau &\mapsto 0, \\ \tau - 1 &\mapsto 1, \\ &\cdots\cdots \\ 0 &\mapsto \tau, \\ n-1 &\mapsto \tau+1, \\ &\cdots\cdots \\ \tau+1 &\mapsto n-1. \end{aligned}$$

从而, 在置换 φ 的作用下, 以 τ 为参数的 Uniform NFSR 与以

$$F' = \begin{cases} f_0 = x_{n-1} \oplus g_0(x_0, x_1, \cdots, x_{n-1}), \\ f_i = x_{i-1}, & 1 \leqslant i \leqslant \tau, \\ f_{\tau+i} = x_{i-1} \oplus g_{\tau+i}(x_0, \cdots, x_\tau), & 1 \leqslant i \leqslant n-1-\tau \end{cases}$$

为反馈函数的 Galois NFSR 在置换意义下等价. 由定理 16.3 和定理 16.2 知存在一个以 F_1 为反馈函数的 n 级 Fibonacci NFSR 满足 $G_0(F') \subseteq G(F_1)$. 又因为 $\varphi^{-1}(0) = \tau$, 所以 $G_\tau(F) \subseteq G(F_1)$. □

注 16.1　一个 Uniform NFSR 未必是非奇异的.

16.4　Triangulation-I NFSR 类

本节介绍文献 [105] 中给出的 Triangulation-I NFSR.

定义 16.3　设 NFSR(F) 是一个 n 级 Galois NFSR, 若 F 满足

$$F : \begin{cases} f_0 = g_0(x_0, x_1, \cdots, x_{n-1}), \\ f_i = g_i(x_0, x_1, \cdots, x_{i-1}, f_0), \quad 1 \leqslant i \leqslant n-1, \end{cases} \tag{16.9}$$

则称 NFSR(F) 为 Triangulation-I NFSR.

　　若将与 Triangulation-I NFSR 在双射意义下等价的 Galois NFSR 所构成的集合称为 Triangulation-I NFSR 等价类, 则 Uniform NFSR 属于 Triangulation-I NFSR 等价类; 进一步, 根据定理 16.3 及其后的讨论知, 若一个 Galois NFSR 的既约反馈图只有单点, 则该 Galois NFSR 属于 Triangulation-I NFSR 等价类. 故 Triangulation-I NFSR 等价类包含了满足 Dubrova 充分条件的全体 Galois NFSR.

　　定理 16.5　设 NFSR(F) 是一个 n 级 Triangulation-I NFSR, 则存在一个以 F_1 为反馈函数的 n 级 Fibonacci NFSR 满足 $G_0(F) \subseteq G(F_1)$.

　　证明　设 F 满足 (16.9) 式. 注意到对 $t \geqslant 0$ 有

$$x_0(t+1) = f_0(x_0(t), \cdots, x_{n-1}(t)), \tag{16.10}$$

则由

$$f_i = g_i(x_0, x_1, \cdots, x_{i-1}, f_0), \quad 1 \leqslant i \leqslant n-1,$$

可得对 $t \geqslant 0$ 有

$$x_i(t+1) = g_i(x_0(t), \cdots, x_{i-1}(t), x_0(t+1)), \quad 1 \leqslant i \leqslant n-1.$$

从而当 $t \geqslant 0$ 时, 对 $1 \leqslant i \leqslant n-1$, 存在布尔函数 h_i 满足

$$x_i(t+n-1) = h_i(x_0(t+n-1), x_0(t+n-2), \cdots, x_0(t+n-1-i)). \tag{16.11}$$

由 (16.10) 式得

$$x_0(t+n) = f_0(x_0(t+n-1), \cdots, x_{n-1}(t+n-1)), \quad t \geqslant 0. \tag{16.12}$$

将 (16.11) 式代入 (16.12) 式, 对 $t \geqslant 0$ 有

$$x_0(t+n) = f_0(x_0(t+n-1), h_1(x_0(t+n-1), x_0(t+n-2)), \cdots,$$
$$h_{n-1}(x_0(t+n-1), \cdots, x_0(t))). \tag{16.13}$$

令

$$F_1 = \begin{cases} f_i = x_{i+1}, & 0 \leqslant i \leqslant n-2, \\ f_{n-1} = f_0(x_{n-1}, h_1(x_{n-1}, x_{n-2}), \cdots, h_{n-1}(x_{n-1}, \cdots, x_0)), \end{cases}$$

显然, 以 F_1 为反馈函数的 NFSR 是一个 Fibonacci NFSR. 那么, (16.13) 式表明 NFSR(F) 的第 0 个寄存器的任意一条输出序列 $\underline{a}_0 = (x_0(t))_{t=0}^{\infty}$ 可以由 NFSR(F_1) 生成, 即 $\underline{a}_0 \in G(F_1)$. 故 $G_0(F) \subseteq G(F_1)$. □

定理 16.6 设 NFSR(F) 是一个 n 级 Triangulation-I NFSR, 则 NFSR(F) 是非奇异的当且仅当 F 形如

$$\begin{cases} f_0 = x_{n-1} \oplus \tilde{g}_0(x_0, x_1, \cdots, x_{n-2}), \\ f_1 = x_0 \oplus \tilde{g}_1(f_0), \\ f_i = x_{i-1} \oplus \tilde{g}_i(x_0, x_1, \cdots, x_{i-2}, f_0), & 2 \leqslant i \leqslant n-1. \end{cases} \tag{16.14}$$

证明 首先, 由 NFSR(F) 是一个 n 级 Triangulation-I NFSR 知 F 满足 (16.9) 式. 进一步, 设

$$F : \begin{cases} f_0 = g_0^{(0)}(x_0, \cdots, x_{n-2}) \cdot x_{n-1} \oplus g_0^{(1)}(x_0, \cdots, x_{n-2}), \\ f_1 = g_1^{(0)}(f_0) \cdot x_0 \oplus g_1^{(1)}(f_0), \\ f_i = g_i^{(0)}(x_0, \cdots, x_{i-2}, f_0) \cdot x_{i-1} \oplus g_i^{(1)}(x_0, \cdots, x_{i-2}, f_0), & 2 \leqslant i \leqslant n-1. \end{cases}$$

对任意的 $\beta = (\beta_0, \beta_1, \cdots, \beta_{n-1}) \in \mathbb{F}_2^n$, 令

$$\begin{cases} g_1^{(0)}(\beta_0) \cdot x_0 = \beta_1 \oplus g_1^{(1)}(\beta_0), \\ g_i^{(0)}(x_0, \cdots, x_{i-2}, \beta_0) \cdot x_{i-1} = \beta_i \oplus g_i^{(1)}(x_0, \cdots, x_{i-2}, \beta_0), & 2 \leqslant i \leqslant n-1, \\ g_0^{(0)}(x_0, \cdots, x_{n-2}) \cdot x_{n-1} = \beta_0 \oplus g_0^{(1)}(x_0, \cdots, x_{n-2}) \end{cases}$$

是关于 n 个二元变量 $(x_0, x_1, \cdots, x_{n-1})$ 在参数 β 下的方程组, 记为 $E(\beta)$. 可以验证, $\alpha = (\alpha_0, \alpha_1, \cdots, \alpha_{n-1}) \in \mathbb{F}_2^n$ 是方程组 $E(\beta)$ 的解当且仅当 $F(\alpha) = \beta$. 从而仅需证明 NFSR(F) 是非奇异的当且仅当对任意的 $\beta \in \mathbb{F}_2^n$, 方程组 $E(\beta)$ 有唯一解.

若

$$g_0^{(0)} = g_1^{(0)} = \cdots = g_{n-1}^{(0)} = 1,$$

即布尔函数 $g_0^{(0)}, g_1^{(0)}, \cdots, g_{n-1}^{(0)}$ 都是常值 1 函数, 则方程组 $E(\beta)$ 也可写为

$$E_1(\beta) = \begin{cases} x_0 = \beta_1 \oplus g_1^{(1)}(\beta_0), \\ x_{i-1} = \beta_i \oplus g_i^{(1)}(x_0, \cdots, x_{i-1}, \beta_0), & 2 \leqslant i \leqslant n-1, \\ x_{n-1} = \beta_0 \oplus g_0^{(1)}(x_0, \cdots, x_{n-2}). \end{cases}$$

显然, 对于任意的 $\beta \in \mathbb{F}_2^n$, 方程组 $E_1(\beta)$ 都有唯一解.

若 $g_1^{(0)} \neq 1$, 则存在 $b_0 \in \mathbb{F}_2$ 满足 $g_1^{(0)}(b_0) = 0$. 令

$$b_1 = g_1^{(1)}(b_0) \oplus 1,$$

则对于

$$\beta = (b_0, b_1, 0, \cdots, 0) \in \mathbb{F}_2^n,$$

在方程组 $E(\beta)$ 中有

$$g_1^{(0)}(\beta_0) \cdot x_0 = \beta_1 \oplus g_1^{(1)}(\beta_0) \Rightarrow 0 = 1,$$

从而, 方程组 $E(\beta)$ 无解.

若存在 $2 \leqslant i \leqslant n-1$ 满足布尔函数 $g_i^{(0)} \neq 1$ 且 i 是满足该条件的最小正整数, 则存在一组赋值 $(a_0, \cdots, a_{i-2}, b_0)$ 满足

$$g_i^{(0)}(a_0, \cdots, a_{i-2}, b_0) = 0.$$

设 $(b_1, \cdots, b_{i-1})$ 是下述关于二元变量 $(y_1, \cdots, y_{i-1})$ 的方程组

$$\begin{cases} y_1 = a_0 \oplus g_1^{(1)}(b_0), \\ y_j = a_{j-1} \oplus g_j^{(1)}(a_0, \cdots, a_{j-2}, b_0), & 2 \leqslant j \leqslant i-1 \end{cases}$$

的唯一一组解, 并记

$$b_i = g_i^{(1)}(a_0, \cdots, a_{i-2}, b_0) \oplus 1.$$

令

$$\beta = (b_0, b_1, \cdots, b_i, 0, \cdots, 0) \in \mathbb{F}_2^n,$$

则在方程组 $E(\beta)$ 中有

$$g_i^{(0)}(x_0, \cdots, x_{i-2}, \beta_0) \cdot x_{i-1} = \beta_i \oplus g_i^{(1)}(x_0, \cdots, x_{i-2}, \beta_0) \Rightarrow 0 = 1,$$

从而, 方程组 $E(\beta)$ 无解.

若

$$g_0^{(0)} \neq 1 \quad \text{且} \quad g_1^{(0)} = \cdots = g_{n-1}^{(0)} = 1,$$

则由 $g_0^{(0)} \neq 1$ 知存在一组赋值 $(a_0, \cdots, a_{n-2}) \in \mathbb{F}_2^{n-1}$ 满足

$$g_0^{(0)}(a_0, \cdots, a_{n-2}) = 0.$$

设 $(b_1, \cdots, b_{n-1})$ 是关于二元变量 $(y_1, \cdots, y_{n-1})$ 的方程组

$$\begin{cases} y_1 = a_0 \oplus g_1^{(1)}(b_0), \\ y_j = a_{j-1} \oplus g_j^{(1)}(a_0, \cdots, a_{j-2}, b_0), \quad 2 \leqslant j \leqslant n-1 \end{cases}$$

的唯一一组解, 并记

$$b_0 = g_0^{(1)}(a_0, \cdots, a_{n-2}) \oplus 1.$$

令

$$\beta = (b_0, b_1, \cdots, b_{n-1}) \in \mathbb{F}_2^n,$$

则在方程组 $E(\beta)$ 中有

$$g_0^{(0)}(x_0, \cdots, x_{n-2}) \cdot x_{n-1} = \beta_0 \oplus g_0^{(1)}(x_0, \cdots, x_{n-2}) \Rightarrow 0 = 1,$$

从而, 方程组 $E(\beta)$ 无解.

综上讨论, 对任意的 $\beta \in \mathbb{F}_2^n$, 方程组 $E_1(\beta)$ 都有唯一解当且仅当 $g_0^{(0)} = g_1^{(0)} = \cdots = g_{n-1}^{(0)} = 1$. 故定理结论成立. $\qquad\square$

16.5 Triangulation-II NFSR 类

本节介绍文献 [105] 中给出的 Triangulation-II NFSR.

定义 16.4 设 NFSR(F) 是一个 n 级 Galois NFSR, 若 F 满足

$$F: \begin{cases} f_i = x_{i+1} \oplus g_i(x_0, x_1, \cdots, x_i), \quad 0 \leqslant i \leqslant n-2, \\ f_{n-1} = g_{n-1}(x_0, x_1, \cdots, x_{n-1}), \end{cases} \tag{16.15}$$

则称 NFSR(F) 为 Triangulation-II NFSR.

定理 16.7 设 NFSR(F) 是一个 n 级 Triangulation-II NFSR, 则存在一个以 F_1 为反馈函数的 n 级 Fibonacci NFSR 满足 $G_0(F) \subseteq G(F_1)$.

证明　对 $t \geqslant 0$, 设 $X(t) = (x_0(t), x_1(t), \cdots, x_{n-1}(t))$ 是 NFSR(F) 第 t 时刻内部状态. 下面采用数学归纳法证明对 $1 \leqslant i \leqslant n-1$, 存在 i 元布尔函数 $h_i(y_0, y_1, \cdots, y_{i-1})$ 满足

$$x_i(t) = x_0(t+i) \oplus h_i(x_0(t), x_0(t+1), \cdots, x_0(t+i-1)). \tag{16.16}$$

设 $i = 1$, 则由

$$x_1(t) = x_0(t+1) \oplus g_1(x_0(t))$$

知 (16.16) 式对 $i = 1$ 成立, 即 $h_1 = g_1(y_0)$. 假设 (16.16) 式对 $i = k$ 成立, 其中 $1 \leqslant k < n-1$. 下面证明 (16.16) 式对 $i = k+1$ 成立. 因为根据 (16.15) 式得

$$x_{k+1}(t) = x_k(t+1) \oplus g_k(x_0(t), x_1(t), \cdots, x_k(t)).$$

再由归纳假设知

$$
\begin{aligned}
x_{k+1}(t) = {} & x_0(t+k+1) \oplus h_k(x_0(t+1), \cdots, x_0(t+k)) \\
& \oplus g_k(x_0(t), x_1(t) \oplus h_1(x_0(t)), \cdots, \\
& x_0(t+k) \oplus h_k(x_0(t), \cdots, x_0(t+k-1))).
\end{aligned}
$$

令

$$h_{k+1} = h_k(y_1, \cdots, y_k) \oplus g_k(y_0, y_1 \oplus h_1(y_0), \cdots, y_{t+k} \oplus h_k(y_0, \cdots, y_{t+k-1})),$$

则 (16.15) 式对 $k+1$ 成立. 故由数学归纳法知 (16.16) 式对 $1 \leqslant i \leqslant n-1$ 成立.

因为根据 (16.15) 式, 对 $t \geqslant 0$ 有

$$x_{n-1}(t+1) = g_{n-1}(x_0(t), x_1(t), \cdots, x_{n-1}(t)),$$

所以 $x_0(t), x_0(t+1), \cdots, x_0(t+n)$ 满足递归关系

$$x_0(t+n) = h_{n-1}(x_0(t+1), \cdots, x_0(t+n-1)) \oplus g_{n-1}(x_0(t), h_1', \cdots, h_{n-1}'), \tag{16.17}$$

其中

$$h_i' = x_0(t+i) \oplus h_i(x_0(t), \cdots, x_0(t+i-1)), \quad 1 \leqslant i \leqslant n-1.$$

从而, 若记

$$F_1 = (x_1, x_2, \cdots, f),$$

其中

$$f = h_{n-1}(x_1, \cdots, x_{n-1}) \oplus g_{n-1}(x_0, x_1 \oplus h_1(x_0), \cdots, x_{n-1} \oplus h_{n-1}(x_0, \cdots, x_{n-2})),$$

则 F_1 是一个 Fibonacci NFSR 的反馈函数. 由 (16.17) 式知 $(x_0(t))_{t=0}^{\infty} \in G(F_1)$, 故 $G_0(F) \subseteq G(F_1)$.   □

注 16.2   若 F 是一个非奇异的 Triangulation-I NFSR 的反馈函数, 则 F^{-1} 是一个非奇异 Triangulation-II NFSR 的反馈函数, 参见文献 [105].

参 考 文 献

[1] 黄民强. 环上本原序列的分析及其密码学评价. 博士学位论文. 合肥: 中国科学技术大学, 1988.

[2] Huang M Q, Dai Z D. Projective maps of linear recurring sequences with maximal p-adic periods. Fibonacci Quarterly, 1992, 30(2): 139-143.

[3] Kuzmin A, Nechaev A. Linear recurring sequences over Galois rings. Russian Mathematical Surveys, 1993, 48(1): 171-172.

[4] Lidl R, Niederreiter H. Finite Fields. Cambridge: Cambridge University Press, 1983.

[5] Chen H, Qi W. On the distinctness of maximal length sequences over $\mathbb{Z}/(pq)$ modulo 2. Finite Fields and Their Applications, 2009, 15(1): 23-39.

[6] Tian T, Qi W. Typical primitive polynomials over integer residue rings. Finite Fields and Their Applications, 2009, 15(6): 796-807.

[7] Korobov N. Exponential Sums and Their Applications. Dordrecht: Kluwer Academic Publishers, 1992.

[8] Zheng Q, Qi W, Tian T. On the distinctness of binary sequences derived from primitive sequences modulo square-free odd integers. IEEE Transactions on Information Theory, 2013, 59(1): 680-690.

[9] Bugeaud Y, Corvaja P, Zannier U. An upper bound for the G.C.D. of $a^n - 1$ and $b^n - 1$. Mathematische Zeitschrift, 2003, 243(1): 79-84.

[10] Massey J. Shift register synthesis and BCH decoding. IEEE Transactions on Information Theory, 1969, 15(1): 122-127.

[11] Kurakin V. The first coordinate sequence of a linear recurrence of maximal period over a Galois ring. Discrete Mathematics and Applications, 1994, 4(2): 129-141.

[12] Borevich Z, Shafarevich I. Number Theory. New York: Academic Press, 1986.

[13] Dai Z D, Beth T, Gollmann D. Lower bounds for the linear complexity of sequences over residue rings//Damgård I, ed. Advances in Cryptology - EUROCRYPT'90, volume 473 of Lecture Notes in Computer Science. Berlin: Springer, 1990: 189-195.

[14] Kuzmin A, Nechaev A. Linear recurring sequences over Galois rings. Algebra and Logic, 1995, 34(2): 87-100.

[15] Dai Z D. Binary sequences derived from ML-sequences over rings, I: Periods and minimal polynomials. Journal of Cryptology, 1992, 5(3): 193-207.

[16] Kurakin V, Kuzmin A, Mikhalev A, et al. Linear recurring sequences over rings and modules. Journal of Mathematical Sciences, 1995, 76(6): 2793-2915.

[17] 戚文峰. 环 $\mathbb{Z}/(2^e)$ 上本原序列的压缩映射及其导出序列的分析. 博士学位论文. 郑州: 解放军信息工程学院, 1997.

[18] Kuzmin A. The distribution of elements on cycles of linear recurrents over rings of residues. Russian Mathematical Surveys, 1992, 47(6): 219-221.

[19] 祝跃飞, 张亚娟. $GR(4, r)$ 上本原序列的元素分布. 数学进展, 2002, 31(1): 20-30.

[20] 戚文峰, 周锦君. 环 $\mathbb{Z}/(2^e)$ 上本原序列最高权位的 0,1 分布 (II). 科学通报, 1997, 42(18): 1938-1940.

[21] 朱凤翔, 戚文峰. 环 $\mathbb{Z}/(2^e)$ 上本原序列导出序列的 0,1 分布. 第 6 届中国密码学学术会议, 2000: 1-5.

[22] 朱凤翔. $\mathbb{Z}/(2^e)$ 上本原序列最高权位的随机性质. 硕士学位论文. 郑州: 解放军信息工程大学, 2001.

[23] 戴宗铎, 叶顶锋, 王平, 等. Galois 环导出 p 元序列中元素组的分布及其渐近均匀性. 通信学报, 2002, 23(5): 39-44.

[24] Fan S, Han W. Random properties of the highest level sequences of primitive sequences over $\mathbb{Z}/(2^e)$. IEEE Transactions on Information Theory, 2003, 49(6): 1553-1557.

[25] Sole P, Zinoviev D. The most significant bit of maximum length sequences over $\mathbb{Z}_{2^l}$: Autocorrelation and imbalance. IEEE Transactions on Information Theory, 2004, 50(8): 1844-1846.

[26] Sole P, Zinoviev D. Distribution of r-patterns in the most significant bit of a maximum length sequence over $\mathbb{Z}_{2^l}$//Helleseth T, et al., eds. Sequences and Their Applications - SETA 2004, volume 3486 of Lecture Notes in Computer Science. Berlin: Springer, 2004: 275-281.

[27] 胡红钢. 几类伪随机序列的研究. 博士学位论文. 北京: 中国科学院研究生院, 2005.

[28] Golomb S. Shift Register Sequences. San Francisco: Holden-Day, 1967.

[29] Zhu X, Qi W. The nonlinear complexity of level sequences over $\mathbb{Z}/(4)$. Finite Fields and Their Applications, 2006, 12(1): 103-127.

[30] 刘峰. 剩余类环 $\mathbb{Z}/(2^e)$ 上一类保熵映射的还原问题. 硕士学位论文. 郑州: 解放军信息工程大学, 1999.

[31] 朱宣勇. 环上本原序列保熵压缩映射的研究. 博士学位论文. 郑州: 解放军信息工程大学, 2004.

[32] Kuzmin A, Nechaev A. Reconstruction of a linear recurrence of maximal period over a Galois ring from its highest coordinate sequence. Discrete Mathematics and Applications, 2011, 21(2): 145-178.

[33] Bylkov D, Nechaev A. An algorithm to restore a linear recurring sequence over the ring $R = \mathbb{Z}_{p^n}$ from a linear complication of its highest coordinate sequence. Discrete Mathematics and Applications, 2010, 20(5-6): 591-609.

[34] 戚文峰, 周锦君. 环 $\mathbb{Z}/(2^d)$ 上本原序列的保熵映射类. 自然科学进展, 1999, 9(3): 209-215.

[35] Qi W F, Yang J H, Zhou J J. ML-sequences over rings $\mathbb{Z}/(2^e)^*$: I. constructions of nondegenerative ML-sequences II. injectiveness of compression mappings of new classes//Ohta K, et al., eds. Advances in Cryptology - ASIACRYPT'98, volume 1514 of Lecture Notes in Computer Science. Berlin: Springer, 1998: 315-326.

[36] Zhu X, Qi W. Compression mappings on primitive sequences over $\mathbb{Z}/(p^e)$. IEEE Transactions on Information Theory, 2004, 50(10): 2442-2448.

[37] Zhu X, Qi W. Further result of compressing maps on primitive sequences modulo odd prime powers. IEEE Transactions on Information Theory, 2007, 53(8): 2985-2990.

[38] Tian T, Qi W. Injectivity of compressing maps on primitive sequences over $\mathbb{Z}/(p^e)$. IEEE Transactions on Information Theory, 2007, 53(8): 2960-2966.

[39] Sun Z, Qi W. Injective maps on primitive sequences over $\mathbb{Z}/(p^e)$. Applied Mathematics: A Journal of Chinese Universities, 2007, 22(4): 469-477.

[40] Wang L, Hu Z. Injectivity on distribution of elements in the compressed sequences derived from primitive sequences over $\mathbb{Z}_{p^e}$. Cryptography and Communications, 2019, 11(2): 167-189.

[41] Zhu X, Qi W. Uniqueness of the distribution of zeroes of primitive level sequences over $\mathbb{Z}/(p^e)$. Finite Fields and Their Applications, 2005, 11(1): 30-44.

[42] Zhu X, Qi W. Uniqueness of the distribution of zeroes of primitive level sequences over $\mathbb{Z}/(p^e)$ (II). Finite Fields and Their Applications, 2007, 13(2): 230-248.

[43] Zhu X, Qi W. On the distinctness of modular reductions of maximal length sequences modulo odd prime powers. Mathematics of Computation, 2008, 77(263): 1623-1637.

[44] 郑群雄. 环 $\mathbb{Z}/(P^e)$ 上压缩导出序列局部保熵性研究. 硕士学位论文. 郑州: 解放军信息工程大学, 2009.

[45] Zheng Q, Qi W. Distribution properties of compressing sequences derived from primitive sequences over $\mathbb{Z}/(p^e)$. IEEE Transactions on Information Theory, 2010, 56(1): 555-563.

[46] Zheng Q, Qi W, Tian T. Further result on distribution properties of compressing sequences derived from primitive sequences over $\mathbb{Z}/(p^e)$. IEEE Transactions on Information Theory, 2013, 59(8): 5016-5022.

[47] Jiang Y, Lin D. Distribution properties of compressing sequences derived from primitive sequences modulo odd prime powers. IEEE Transactions on Information Theory, 2014, 60(10): 6602-6608.

[48] Jiang Y, Zheng Q, Lin D. On s-uniform property of compressing sequences derived from primitive sequences modulo odd prime powers. Science China Information Sciences, 2017, 60(5): 052102. doi:10.1007/s11432-015-5472-x.

[49] Chan A H, Games R A. On the linear span of binary sequences obtained from finite geometries//Odlyzko A M, ed. Advances in Cryptology - CRYPTO'86, volume 263 of Lecture Notes in Computer Science. Berlin: Springer, 1986: 405-417.

[50] Jiang Y, Lin D. On the distinctness of binary sequences derived from 2-adic expansion of m-sequences over finite prime fields. CoRR, 2014, abs/1402.4590. http://arxiv.org/abs/1402.4590.

[51] Zheng Q, Qi W. A new result on the distinctness of primitive sequences over $\mathbb{Z}/(pq)$ modulo 2. Finite Fields and Their Applications, 2011, 17(3): 254-274.

[52] Zheng Q, Qi W. Further results on the distinctness of binary sequences derived from primitive sequences modulo square-free odd integers. IEEE Transactions on Information Theory, 2013, 59(6): 4013-4019.

[53] Hu Z, Wang L. Injectivity of compressing maps on the set of primitive sequences modulo square-free odd integers. Cryptography and Communications, 2015, 7: 347-361.

[54] Klapper A, Goresky M. 2-adic shift registers//Anderson R, ed. Fast Software Encryption. Berlin: Springer, 1993: 174-178.

[55] Arnault F, Berger T P, Lauradoux C. F-FCSR stream ciphers//Robshaw M, et al., eds. New Stream Cipher Designs - The eSTREAM Finalists, volume 4986 of Lecture Notes in Computer Science. Berlin: Springer, 2008: 170-178.

[56] Klapper A, Goresky M. Feedback shift registers, 2-adic span, and combiners with memory. Journal of Cryptology, 1997, 10(2): 111-147.

[57] Klapper A, Goresky M. Cryptanalysis based on 2-adic rational approximation//Coppersmith D, ed. Advances in Cryptology - CRYPTO'95, volume 963 of Lecture Notes in Computer Science. Berlin: Springer, 1995: 262-273.

[58] Klapper A, Goresky M. Large period nearly de Bruijn FCSR sequences//Guillou L C, et al., eds. Advances in Cryptology - EUROCRYPT'95, volume 921 of Lecture Notes in Computer Science. Berlin: Springer, 1995: 263-273.

[59] Goresky M, Klapper A. Arithmetic crosscorrelations of feedback with carry shift register sequences. IEEE Transactions on Information Theory, 1997, 43(4): 1342-1345.

[60] Qi W, Xu H. Partial period distribution of FCSR sequences. IEEE Transactions on Information Theory, 2003, 49(3): 761-765.

[61] Tian T, Qi W. Autocorrelation and distinctness of decimations of l-sequences. SIAM Journal on Discrete Mathematics, 2009, 23(2): 805-821.

[62] Xu H, Qi W. Autocorrelations of maximum period FCSR sequences. SIAM Journal on Discrete Mathematics, 2006, 20(3): 568-577.

[63] Tian T, Qi W. A note on the crosscorrelation of maximal length FCSR sequences. Designs, Codes and Cryptography, 2009, 51(1): 1-8.

[64] Xu H, Qi W, Zheng Y. Autocorrelations of l-sequences with prime connection integer. Cryptography and Communications, 2009, 1(2): 207-223.

[65] Tian T, Qi W. Period and complementarity properties of FCSR memory sequences. IEEE Transactions on Information Theory, 2007, 53(8): 2966-2970.

[66] Feit W. On large Zsigmondy primes. Proceedings of the American Mathematical Society, 1988, 102(1): 29-36.

[67] Seo C, Lee S, Sung Y, et al. A lower bound on the linear span of an FCSR. IEEE Transactions on Information Theory, 2000, 46(2): 691-693.

[68] Tian T, Qi W. 2-adic complexity of binary m-sequences. IEEE Transactions on Information Theory, 2010, 56(1): 450-454.

[69] Xiong H, Qu L, Li C. A new method to compute the 2-adic complexity of binary sequences. IEEE Transactions on Information Theory, 2014, 60(4): 2399-2406.

[70] Hu H. Comments on "a new method to compute the 2-adic complexity of binary sequences". IEEE Transactions on Information Theory, 2014, 60(9): 5803-5804.

[71] Hu H, Feng D. On the 2-adic complexity and the k-error 2-adic complexity of periodic binary sequences. IEEE Transactions on Information Theory, 2008, 54(2): 874-883.

[72] Tian T, Qi W. Expected values for the rational complexity of finite binary sequences. Designs, Codes and Cryptography, 2010, 55(1): 65-79.

[73] Rueppel R A. Linear complexity and random sequences//Pichler F, ed. Advances in Cryptology - EUROCRYPT'85, volume 219 of Lecture Notes in Computer Science. Berlin: Springer, 1985: 167-188.

[74] Rueppel R A. Analysis and Design of Stream Ciphers. Berlin: Springer-Verlag, 1986.

[75] Goresky M, Klapper A, Murty R. On the distinctness of decimations of l-sequences//Helleseth T, et al., eds. Sequences and Their Applications - Proceedings of SETA 2001. Berlin: Springer, 2001: 197-208.

[76] Goresky M, Klapper A, Murty R, et al. On decimations of l-sequences. SIAM Journal on Discrete Mathematics, 2004, 18(1): 130-140.

[77] Bourgain J, Cochrane T, Paulhus J, et al. Decimations of l-sequences and permutations of even residues mod p. SIAM Journal on Discrete Mathematics, 2009, 23(2): 842-857.

[78] Cochrane T, Konyagin S. Proof of the Goresky Klapper Conjecture on decimations of l-sequences. SIAM Journal on Discrete Mathematics, 2011, 25(4): 1812-1831.

[79] Xu H, Qi W. Further results on the distinctness of decimations of l-sequences. IEEE Transactions on Information Theory, 2006, 52(8): 3831-3836.

[80] Rosser J, Schoenfeld L. Approximate formulas for some functions of prime numbers. Illinois Journal of Mathematics, 1962, 6: 64-94.

[81] Arnault F, Berger T. F-FCSR: design of a new class of stream ciphers//Gilbert H, et al., eds. Fast Software Encryption: 12th International Workshop, FSE 2005, volume 3557 of Lecture Notes in Computer Science. Berlin: Springer, 2005: 83-97.

[82] Arnault F, Berger T. Design and properties of a new pseudorandom generator based on a filtered FCSR automaton. IEEE Transactions on Computers, 2005, 54(11): 1374-1383.

[83] Tian T, Qi W. Linearity properties of binary FCSR sequences. Designs, Codes and Cryptography, 2009, 52(3): 249-262.

[84] Canteaut A, Trabbia M. Improved fast correlation attacks using parity-check equations of weight 4 and 5//Preneel B, ed. Advances in Cryptology - EUROCRYPT 2000, volume 1807 of Lecture Notes in Computer Science. Berlin: Springer, 2000: 573-588.

[85] Wang H, Stankovski P, Johansson T. A generalized birthday approach for efficiently finding linear relations in l-sequences. Designs, Codes and Cryptography, 2015, 74(1): 41-57.

[86] Goresky M, Klapper A. Fibonacci and Galois representations of feedback-with-carry shift registers. IEEE Transactions on Information Theory, 2002, 48(11): 2826-2836.

[87] Berger T P, Minier M, Pousse B. Software oriented stream ciphers based upon FCSRs in diversified mode//Roy B K, et al., eds. Progress in Cryptology - INDOCRYPT 2009, volume 5922 of Lecture Notes in Computer Science. Springer, 2009: 119-135.

[88] Arnault F, Berger T P, Lauradoux C, et al. A new approach for FCSRs//Jacobson M J, et al., eds. Selected Areas in Cryptography, 16th Annual International Workshop, SAC 2009, volume 5867 of Lecture Notes in Computer Science. Berlin: Springer, 2009: 433-448.

[89] Mykkeltveit J, Siu M, Tong P. On the cycle structure of some nonlinear shift register sequences. Information and Control, 1979, 43(2): 202-215.

[90] Zhang J, Tian T, Qi W, et al. A new method for finding affine sub-families of NFSR sequences. IEEE Transactions on Information Theory, 2019, 65(2): 1249-1257.

[91] Green D, Dimond K. Nonlinear product-feedback shift registers. Proceedings of the Institution of Electrical Engineers, 1970, 117(4): 681-686.

[92] Cannière C D, Preneel B. Trivium//Robshaw M, et al., eds. New Stream Cipher Designs - The eSTREAM Finalists, volume 4986 of Lecture Notes in Computer Science. Berlin: Springer, 2008: 244-266.

[93] Canteaut A, Carpov S, Fontaine C, et al. Stream ciphers: A practical solution for efficient homomorphic-ciphertext compression. Journal of Cryptology, 2018, 31(3): 885-916.

[94] Chakraborti A, Chattopadhyay A, Hassan M, Nandi M. Trivia: A fast and secure authenticated encryption scheme//Güneysu T, et al., eds. Cryptographic Hardware and Embedded Systems - CHES 2015, volume 9293 of Lecture Notes in Computer Science. Berlin: Springer, 2015: 330-353.

[95] Hell M, Johansson T, Maximov A, Meier W. The Grain family of stream ciphers//Robshaw M, et al., eds. New Stream Cipher Designs - The eSTREAM Finalists, volume 4986 of Lecture Notes in Computer Science. Berlin: Springer, 2008: 179-190.

[96] Ågren M, Hell M, Johansson T, et al. Grain-128a: A new version of Grain-128 with optional authentication. International Journal of Wireless and Mobile Computing, 2011, 5(1): 48-59.

[97] Zhang J, Tian T, Qi W, et al. On the affine sub-families of quadratic NFSRs. IEEE Transactions on Information Theory, 2018, 64(4): 2932-2940.

[98] Zhang J, Qi W, Tian T, et al. Further results on the decomposition of an NFSR into the cascade connection of an NFSR into an LFSR. IEEE Transactions on Information Theory, 2015, 61(1): 645-654.

[99] Tian T, Zhang J, Qi W. On the uniqueness of a type of cascade connection representations for NFSRs. Designs, Codes and Cryptography, 2019, 87(10): 2267-2294.

[100] Tian T, Zhang J, Ye C, et al. A survey and new results on the decomposition of an NFSR into a cascade connection of two smaller NFSRs. Cryptology ePrint Archive, Report 2014/536, 2014.(2018-02-10)[2023-10-25] https: //eprint.iacr.org/2014/536.

[101] Zhao X, Tian T, Qi W. A ring-like cascade connection and a class of NFSRs with the same cycle structures. Designs, Codes and Cryptography, 2018, 86(12): 2775-2790.

[102] Wang X J, Tian T, Qi W F. A generic method for investigating nonsingular Galois NFSRs. Designs, Codes and Cryptography, 2022, 90: 387-408.

[103] 田甜, 戚文峰, 叶晨东, 等. 基于 NFSR 的分组密码算法 SPRING. 密码学报, 2019, 6(6): 815-834.

[104] Dubrova E. A transformation from the Fibonacci to the Galois NLFSRs. IEEE Transactions on Information Theory, 2009, 55(11): 5263-5271.

[105] Zhao X, Qi W, Zhang J. Further results on the equivalence between Galois NFSRs and Fibonacci NFSRs. Designs, Codes and Cryptography, 2020, 88(1): 153-171.

索 引